中国能源研究会
抽水蓄能专委会
2024 年度论文集

中国能源研究会抽水蓄能专业委员会　组编

中国电力出版社
CHINA ELECTRIC POWER PRESS

图书在版编目（CIP）数据

中国能源研究会抽水蓄能专委会 2024 年度论文集 / 中国能源研究会抽水蓄能专业委员会组编. -- 北京：中国电力出版社，2024. 12. -- ISBN 978-7-5198-9440-5

I. TV743-53

中国国家版本馆 CIP 数据核字第 2024HE8376 号

出版发行：中国电力出版社

地　　址：北京市东城区北京站西街 19 号（邮政编码 100005）

网　　址：http://www.cepp.sgcc.com.cn

责任编辑：安小丹（010-63412367）　董艳荣

责任校对：黄　蓓　王海南　常燕昆

装帧设计：赵姗姗

责任印制：吴　迪

印　　刷：北京天泽润科贸有限公司

版　　次：2024 年 12 月第一版

印　　次：2024 年 12 月北京第一次印刷

开　　本：787 毫米 × 1092 毫米　16 开本

印　　张：25

字　　数：592 千字

定　　价：125.00 元

前　言

在当前全球能源结构转型和气候变化挑战日益严峻的背景下，抽水蓄能作为一种技术成熟、经济高效的储能技术，对于促进可再生能源的利用、增强电网调节能力、实现碳达峰碳中和目标具有重要意义。中国能源研究会抽水蓄能专业委员会（以下简称"专委会"）自2022年成立以来，始终秉承"为抽水蓄能事业发展服务、为抽水蓄能企业和会员服务、为抽水蓄能科技工作者服务"的宗旨，一直致力于推动抽水蓄能领域的科学研究、技术创新与行业发展，为构建新型电力系统提供坚实的技术支持和智力保障。

专委会通过搭建一个开放、兼容的交流合作平台，汇聚了国内外水电及抽水蓄能领域的专家学者、产业技术人员及相关政府部门，共同探讨抽水蓄能发展的最新动态、资讯、方法及案例。我们致力于研究相关政策、管理和科技等方面的前沿问题，推动学科理论和政策创新；接受各级政府部门的委托，开展抽水蓄能规划、法规、标准和科技项目的研究与评估；收集和发布行业发展信息，促进产学研的成果转化；组织论文应用价值评价，传播科学精神和方法，尤其注重对解决实际问题的方法研究；开展国内外学术交流，营造开放生态环境。

随着"双碳"目标的设立，抽水蓄能行业迎来了快速发展的新机遇。然而，这一进程也伴随着诸多挑战，如产能不足、资源短缺，以及在迅猛发展中出现的一些重速度轻质量的现象。同时，伴随新型电力系统构建的需求，对抽水蓄能系统的定位与性能要求，包括其安全性、稳定性和经济性，均被提升到了新的高标准。在这一背景下，行业内的长期建设和操作经验成了宝贵的财富，理论研究、基建生产到实践应用各方面都呈现出多样化的见解和创新尝试。为进一步推动抽水蓄能领域的学术交流与合作，为抽水蓄能领域从业者提供更好的信息支撑和专业支持，本论文集应运而生。

本论文集收录了本年度的部分优秀论文，内容涵盖抽水蓄能领域的最新研究成果、技术创新与实践经验。这些论文不仅为业界同仁提供了宝贵的学术资源和实操参考，也展现了抽水蓄能技术发展和应用的多样性与深度。我们相信，这些成果的分享将极大地丰富抽水蓄能领域的知识体系，激发更多的创新思维和研究热情。

展望未来，专委会将坚持每年出版论文集，持续汇集和推广抽水蓄能领域的最新研究和技术成果，促进学术交流和行业合作。我们期待更多的专家学者加入到我们专业委员会的行列中来，通过不断地研究和探索，共同推进抽水蓄能技术的创新与应用，为构建清洁、低碳、安全、高效的能源体系和新型电力系统做出更大的贡献。

目 录

抽水蓄能电站投资增长影响因素及作用程度研究

吴浩军[1]，张菊梅[2]，马　赫[2]，葛志娟[1]

（1. 中国电建集团北京勘测设计研究院有限公司，北京　100024；
2. 国网新源控股有限公司，北京　100052）

摘要　为明确近年来抽水蓄能电站投资水平增长的主要影响因素及作用程度，选取四组抽水蓄能电站为样本，从费率标准因素、物价变化因素、工程量差异因素三方面分析抽水蓄能电站投资增长情况，并构建云模型测度各项目构成对抽水蓄能电站整体投资增长的作用程度及作用等级。研究结果对加强抽水蓄能电站投资管控具有一定的参考价值。

关键词　抽水蓄能电站；工程投资；影响因素；作用程度；云模型

0　引言

《抽水蓄能中长期发展规划（2021—2035 年）》提出，到 2030 年，我国抽水蓄能电站投产总规模达到 1.2 亿 kW 左右[1]，抽水蓄能行业迎来空前的发展机遇。

目前，学者对抽水蓄能电站投资的研究主要集中在投资管控和影响因素方面，肖程宸[2]等研究了抽水蓄能电站全过程工程咨询中造价咨询业务的实现路径，吴立兴[3]等研究了工程量对抽水蓄能电站投资的影响，孙铭泽[4]等分析了蓄能项目交通工程投资的影响因素。

综合来看，抽水蓄能电站投资研究已取得一定成果，但对跨期的抽水蓄能投资水平变化研究较为欠缺。而投资指标作为工程决策的重要依据，其增长情况和影响因素是项目关注要点，因此研究影响抽水蓄能电站投资水平增长的主要因素，并明确其作用程度，对增强抽水蓄能电站建设项目投资管控具有重要参考价值。

1　研究方法和数据来源

1.1　框架体系

本研究选取四组建设特征相近、建设时间相距较远、建设地点不同的典型项目组进行

基金项目：国家电网有限公司总部管理科技项目资助"能源绿色低碳转型体制下抽水蓄能投资计价体系研究"（1400-202343349A-1-1-ZN）。

对比分析,每组由一个早期项目和一个近期项目组成。本研究中抽水蓄能电站投资项目划分结构如图 1 所示,并依据项目特点及概算编制流程,将投资增长影响因素归类为费率标准因素、物价变化因素以及工程量差异因素,通过调整费用标准和物价变化,得到各项目由各因素引起的投资增长幅度,进而对比分析经济指标。最终建立的三维框架体系见图 2。

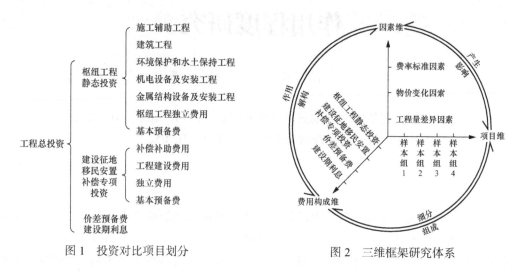

图 1　投资对比项目划分　　　　　图 2　三维框架研究体系

1.2　研究方法

1.2.1　投资调整方法

以近期项目为基础,依次代入费率标准变化、物价变化调整投资,具体调整方法见表 1。

表 1　投 资 调 整 方 法

原项目	投资调整方法	调整后项目	调整后结果说明
近期项目 A			
	将早期项目费用标准代入 A	投资 C	A–C 为费率标准因素变化引起的投资变化
	将投资 C 材料价格按早期项目价格水平年调整	投资 D	C–D 为物价变化因素变化引起的投资变化
早期项目 B			D–B 为工程量差异因素变化引起的投资变化

1.2.2　整体影响因素对比分析方法

得到各因素引起的各项投资变化后,转换为单位千瓦投资,并分析各因素引起的各项投资变化占总投资变化的占比,即为各因素对各投资增长的作用程度,其数学定义见式(1)。

$$E_{ij} = \frac{\Delta V_{ij}}{V_j} \times 100\% \tag{1}$$

式中　E_{ij}——第 i 个因素对 j 个项目投资增长的作用程度;

　　　ΔV_{ij}——第 i 个因素对 j 个项目引起的投资变化;

　　　V_j——第 j 个项目投资变化。

1.2.3 作用等级对比分析方法

在明晰上述各因素作用程度后，本研究引入云模型[5]从工程量角度分析各项目对总投资增长的作用程度。云模型直观表现为云滴图，由期望值 Ex、熵 En 和超熵 He 三个云数字特征确定云滴图的形状，如图3所示，通过与标准云图的叠加对比，判断对象所处评价等级。

（1）云模型等级划分。本文采用黄金分割法划分云模型等级，划分结果参考文献[6]，生成的标准云图见图4。

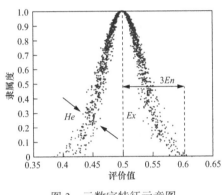

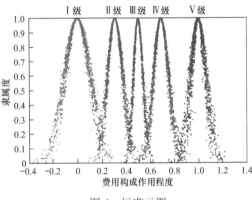

图3　云数字特征示意图　　　　　　　图4　标准云图

（2）数据标准化处理。采用 Min-Max 标准化法对各项目投资变化占比数据进行标准化处理，其计算如下：

$$X_{jk} = \begin{cases} 0, X_{jk}^* = X_{\min} \\ \dfrac{X_{jk}^* - X_{\min}}{X_{\max} - X_{\min}}, X_{\min} < X_{jk}^* < X_{\max} \\ 1, X_{jk}^* = X_{\max} \end{cases} \quad (2)$$

式中　X_{jk}^*——第 k 个样本组第 j 个项目投资变化占比原始数值；

$X_{\min}$、$X_{\max}$——四个样本组中所有项目投资变化占比数据的最小值和最大值；

X_{jk}——第 k 个样本组第 j 个项目投资变化占比标准化处理后的数据值。

（3）计算云数字特征。本文采用 MBCT-SR 逆向云算法[7]计算各项目构成云数字特征，算法如下。

1）计算均值。

$$Ex_j = \overline{x_j} = \frac{1}{4} \sum_{k=1}^{4} x_{jk} \quad (3)$$

式中　Ex_j——第 j 个项目的作用程度；

x_{jk}——第 k 个样本组的第 j 个项目的作用程度。

2）随机抽样分组。

对各项目构成数据值进行随机可重复地抽样，每组抽取 θ 个元素为一组，共抽取 m

组，得到数据 $\{T_{pq} \mid p=1 \sim \theta, q=1 \sim m\}$，$T_{pq}$ 表示第 q 组的第 p 个数据，进而计算每组的期望值：

$$\overline{T_q} = \frac{1}{\theta}\sum_{p=1}^{\theta} T_{pq} \qquad (4)$$

由 m 组数据计算得到新的数据序列 $\{Y_q^2 \mid Y_1^2, Y_2^2, \cdots, Y_m^2\}$：

$$Y_q^2 = \frac{1}{\theta-1}\sum_{p=1}^{\theta}\left(T_{pq} - \overline{T_q}\right)^2 \qquad (5)$$

计算新数据序列 $\{Y_q^2 \mid Y_1^2, Y_2^2, \cdots, Y_m^2\}$ 样本期望 $E(Y^2)$ 和方差 $D(Y^2)$。

$$\begin{cases} E(Y^2) = \dfrac{1}{m}\sum_{q=1}^{m} Y_q^2 \\[2mm] D(Y^2) = \dfrac{1}{m-1}\sum_{q=1}^{m}\left[Y_q^2 - E(Y^2)\right]^2 \end{cases} \qquad (6)$$

3）计算云数字特征。

$$\begin{cases} E(x_j) = \overline{x_j} \\[2mm] En_j = \sqrt{\dfrac{1}{2}\sqrt{4E(Y^2)^2 - 2D(Y^2)}} \\[2mm] He_j = \sqrt{E(Y^2) - En^2} \end{cases} \qquad (7)$$

（4）确定目标云等级。得到目标云数字特征（Ex, En, He）后，利用正向云发生器生成目标云，将目标云与标准云图进行比对，通过贴近度可以直观地判断目标云隶属于哪一个标准云，进而确定其等级。

1.3 数据来源

本研究从核准的抽水蓄能电站项目中挑选四组，每组两个典型项目进行对比分析，两项目在时间、空间上要有一定跨度差异。最终选取的样本组具体情况对比见表 2。

表 2 典型项目特征表

组别	样本组 1		样本组 2		样本组 3		样本组 4	
项目名称	项目 1	项目 2	项目 3	项目 4	项目 5	项目 6	项目 7	项目 8
装机容量（台数 × 单机容量，MW）	4×300	4×300	4×300	4×350	4×300	4×300	6×300	6×300
价格水平年	2013 年 3 季度	2021 年 3 季度	2013 年 3 季度	2022 年 3 季度	2008 年 4 季度	2020 年 3 季度	2013 年 3 季度	2019 年 2 季度
编制规定及计算标准版本	2007	2013	2007	2013	2007	2013	2007	2013
单位千瓦投资指标（元/kW）	6142	6965	5626	6680	4298	6366	4759	5660

2 结果与分析

2.1 整体影响因素作用分析

对抽水蓄能电站早期与近期各项目核准概算报告投资加权平均后对比分析，具体对比结果见表3。

表3 　　　　　　　　　　　　　　　影响因素对比分析表

编号	项目构成	指标增减（元/kW）	占总指标增减额的比例（%）	费率标准因素占比（%）	物价变化因素占比（%）	工程量差异因素占比（%）
Ⅰ	枢纽工程静态投资	1011.98	85.07	4.09	9.22	86.69
Ⅰ-1	枢纽建筑物	849.34	71.40	3.36	9.64	87.00
一	施工辅助工程	122.31	10.28	1.28	4.62	94.10
二	建筑工程	604.37	50.81	2.76	12.41	84.83
三	环境保护和水土保持工程	82.74	6.96	0.00	0.00	100.00
四	机电设备及安装工程	23.69	1.99	22.20	9.29	68.51
五	金属结构设备及安装工程	16.23	1.36	30.87	−5.98	75.11
Ⅰ-2	独立费用	148.30	12.47	7.30	4.71	87.99
Ⅰ-3	基本预备费	14.34	1.21	14.50	30.96	54.53
Ⅱ	建设征地和移民安置静态投资	142.87	12.01	2.18	−0.09	97.91
Ⅲ	工程静态投资	1154.85	97.08	3.86	8.07	88.07
Ⅳ	价差预备费	39.91	3.36	5.91	15.18	78.90
Ⅴ	建设期利息	−5.23	−0.44	6919.89	−437.67	−6382.22
	工程总投资（Ⅲ～Ⅴ部分合计）	1189.53	100.00	−26.48	10.27	116.21

从表3可以看出，总投资指标增长1189.53元/kW，其中费率标准因素、物价变化因素、工程量差异因素分别占比−26.48%、10.27%、116.21%，表明近年来抽水蓄能电站投资增长的原因主要为工程量差异因素，主要是由于站点建设条件愈发艰难；物价变化因素对总投资增长有促进作用，主要是由于材料价格不断上涨；费率标准因素对静态投资增长有促进作用，主要原因是编规和取费标准的动态调整，以及受"营改增"等国家政策的调控影响，但由于贷款利率近十年处于下降周期，导致建设期利息呈现负增长，引起动态投资整体下降。

2.2 投资构成作用程度分析

2.2.1 作用程度等级

将数据进行归一化处理，利用MBCT-SR逆向云算法求得各项目构成的云数字特征，确定作用程度等级，并生成目标云图与标准云图进行叠加对比，具体如表4和图5所示。

表4 　　　　　　　　　　　　　　　项目构成作用等级表

编号	项目构成	云数字特征	作用等级	作用排名
Ⅰ	枢纽工程静态投资	（0.7650，0.0711，0.0400）	Ⅳ	2
Ⅰ-1	枢纽建筑物	（0.6700，0.0554，0.0417）	Ⅳ	3
一	施工辅助工程	（0.2175，0.0219，0.0081）	Ⅱ	7

续表

编号	项目构成	云数字特征	作用等级	作用排名
二	建筑工程	（0.5225，0.0662，0.0833）	Ⅲ	4
三	环境保护和水土保持工程	（0.2025，0.0125，0.0114）	Ⅱ	8
四	机电设备及安装工程	（0.1700，0.0401，0.0130）	Ⅱ	11
五	金属结构设备及安装工程	（0.1500，0.0523，0.0155）	Ⅰ	15
Ⅰ-2	独立费用	（0.2350，0.0152，0.0194）	Ⅱ	6
Ⅰ-3	基本预备费	（0.1525，0.0018，0.0032）	Ⅰ	13
Ⅱ	建设征地和移民安置静态投资	（0.2375，0.0716，0.0135）	Ⅱ	5
Ⅱ-1	建设征地和移民安置补偿费	（0.1850，0.0481，0.0250）	Ⅱ	10
Ⅱ-2	独立费用	（0.1950，0.0319，0.0068）	Ⅱ	9
Ⅱ-3	基本预备费	（0.1505，0.0035，0.0010）	Ⅰ	14
Ⅲ	工程静态投资	（0.8530，0.0518，0.0517）	Ⅴ	1
Ⅳ	价差预备费	（0.1697，0.0283，0.0084）	Ⅱ	12
Ⅴ	建设期利息	（0.1207，0.0620，0.0323）	Ⅰ	16

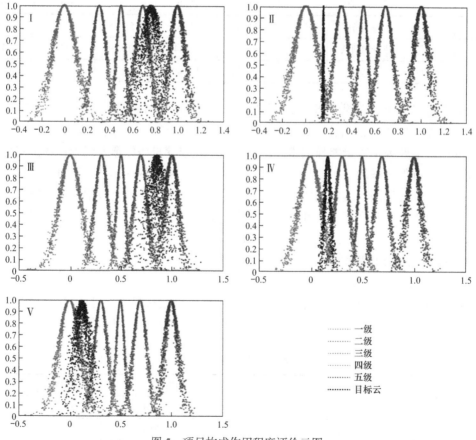

图5 项目构成作用程度评价云图

2.2.2 主要作用项目及影响原因分析

（1）枢纽工程。

1）施工辅助工程作用等级为Ⅱ级，主要作用项目为施工交通工程、施工及建设管理房屋建筑工程、施工管理信息系统工程，其主要原因分别为道路建设标准普遍提高、项目地形条件不同引起场地平整工程投资不同、近期项目数字化智能化程度显著提高。

2）建筑工程作用等级为Ⅲ级，其中上、下水库工程、交通工程、输水工程及地下发电厂房工程投资增长显著。上、下水库工程投资增长主要原因是坝型、坝体差异导致开挖及填筑工程量增大；交通工程投资增长主要是因为支护和挡墙工程量显著增加；输水系统、地下发电厂房因地质条件差异导致衬砌比例提高，且装饰装修项目受物价上涨影响指标提高。

3）环境保护和水土保持工程作用等级为Ⅱ级，指标增长幅度较大，其增长原因主要是环境保护要求不断提高，水环境设备投资增长明显，以及渣场防护要求和标准不断提高。

4）机电设备及安装工程作用等级为Ⅱ级，投资水平整体平稳。其中设备购置费指标平均降低 59.05 元/kW，平均降幅 5.33%；安装费呈现增长趋势，主要是由于油、气、水管路以及动力电缆、控制和保护电缆及母线工程投资增长较大。

5）金属结构设备及安装工程作用等级为Ⅰ级，指标增长幅度为 8.57%，其中拦污栅、闸门及启闭机设备投资增长显著。

（2）受政策影响，建设征地和移民安置工程指标增加 142.87 元/kW，增长幅度 47.64%。

（3）价差预备费投资增长，主要受计算基数、分年度建设内容影响。

（4）建设期利息对投资增长具有小幅抑制作用，主要是由于近期项目贷款利率降低。

3 结束语

本文选取四组典型项目，从费率标准因素、物价变化因素和工程量差异因素分析抽水蓄能电站投资增长情况，构建云模型分析各项目对投资增长的作用程度，得到以下结论：

（1）从整体影响来看，对抽水蓄能电站投资增长影响程度从高到低依次为工程量差异因素、物价变化因素、费率标准因素；其中工程量差异因素占比 116.21%，物价变化因素占比 10.27%，费率标准因素占比 -26.48%。

（2）从投资构成看，对抽水蓄能电站投资增长影响从高到低的项目依次为枢纽工程，作用等级为Ⅳ级；建设征地移民安置工程，作用等级为Ⅱ级；价差预备费，作用等级为Ⅱ级；建设期利息，作用等级为Ⅰ级。

（3）抽水蓄能电站投资增长的主要原因有站点建设条件日趋严峻、环保标准不断提高、物价水平持续上涨以及相关政策动态调整。

（4）根据研究提出如下建议，一是提高设计深度，减少变更；二是完善计价标准，合理计列概算投资；三是加强施工方案评审和施工资源投入，强化工期管理，实现投资节约。

参考文献

［1］ 国家能源局. 抽水蓄能中长期发展规划（20121—2035 年）［Z］. 2021-09-17.

［2］ 肖程宸；王岩. 抽水蓄能电站全过程造价咨询实现路径探讨［J］. 水利水电工程造价，2018（3）：34-36.

［3］ 吴立兴，戴昕. 基于抽水蓄能项目工程量变化对于工程投资的影响研究与分析［J］. 水电与抽水蓄能，2023（2）：115-120.

［4］ 孙铭泽，刘泓志，魏连涛，朱琳. 基于某抽水蓄能项目交通工程投资影响因素研究与分析［J］. 水电与抽水蓄能，2022（6）：110-113，116.

［5］ 李德毅，孟海军，史雪梅. 隶属云和隶属云发生器［J］. 计算机研究与发展，1995（6）：15-20.

［6］ 陈璐. 我国省域水利现代化建设水平测度及短板分析［D］. 西安：西安理工大学，2021.

［7］ Xu C L，Wang G Y，Zhang Q H. A New Multi-Step Backward Cloud Transformation Algorithm Based on Normal Cloud Model［J］. Fundamenta Informaticae，2014，133（1）：55-85.

作者简介

吴浩军（1996— ），男，工程师，主要从事水利水电工程造价工作。E-mail：wuhaoj@bjy.powerchina.cn

张菊梅（1982— ），女，高级经济师，主要从事水利水电工程技术经济及管理工作。E-mail：870953963@qq.com

马　赫（1986— ），男，高级工程师，主要从事水利水电工程技术经济及管理工作。E-mail：515993292@qq.com

葛志娟（1981— ），女，正高级工程师，主要从事水利水电工程造价工作。E-mail：gezj@bjy.powerchina.cn

大型球阀水压智能测控系统研究与应用

刘学东，崔兴国，杜芝鹏，罗钧铧，吴建杰，杨王波，衡　宇

（中国东方电气集团东方电机有限公司，四川德阳　515044）

摘要　为实现优化抽水蓄能机组球阀试验过程的目标，设计了大型球阀水压智能测控系统。该系统由水泵、电磁阀、蓄能器等元器件组成，通过工控软件控制。基于该系统优化后的球阀试验流程，大大提升了试验流程的效率、安全性和可靠性，确保了球阀的制造质量，使其满足设计要求。研究成果提升了球阀的制造水平，为行业的高质量发展注入了新的活力。

关键词　大型球阀；水压试验；智能测控；数采

0　引言

抽水蓄能电站近年来被大力推广，作为现代电力系统中的重要储能方式。球阀作为其中的核心组件，负责控制水流通断，对机组的稳定运行起着关键作用。前人已在球阀的试验方面进行了大量研究，例如，如何设置合适的试验参数来检验球阀设计的正确性和制造的准确性。然而，目前仍存在一些问题，如传统试验方法的效率低下和精度不高等，这制约了球阀制造水平的提升。当前的研究热点在于如何通过技术创新提升球阀的试验质量和效率。本研究旨在解决上述问题，通过深入探讨球阀试验阶段的创新解决方案，引入先进技术来优化试验流程。

1　球阀系统的构成与工作原理

球阀系统是抽水蓄能电站中的重要组成部分，主要用于控制水流的通断。球阀系统主要由球阀本体、驱动机构和控制系统等构成。球阀本体由阀体、活门、活门轴和密封件等部件组成。球阀内部有一个通道，通过旋转活门可以实现水流的通断[1]，见图1。驱动机构则负责驱动活门的旋转。活门全关时，位于下游的工作活动密封环投入，防止水流泄漏，确保球阀的密封性能。

在工作原理方面，当需要开启球阀时，驱动机构

图1　球阀结构示意图

会推动臂柄使活门旋转，使活门内部的通道与管道对齐，从而实现水流的通过。当需要关闭球阀时，驱动机构则会拉动臂柄使活门旋转到关闭位置，阻断水流。同时，活动密封环投入，完成封水。控制系统则负责监控和控制球阀的开启和关闭过程，确保球阀能够按照要求准确动作。

总的来说，球阀系统在抽水蓄能电站中起着至关重要的作用，它能够确保机组在启动、运行和停机过程中的安全性和稳定性，同时也有助于提高机组的运行效率[2]。

2 球阀装配过程概述与试验需求分析

2.1 装配过程概述

本研究中，球阀各部件焊接，加工后转装配车间统一装配。装配时先装活门轴端轴承，在上下游消缺后，压入活动密封环，装配结束后开始进行试验。装配的质量直接影响后续球阀试验的结果和电站运行的安全。

2.2 试验需求分析

为了确保球阀的性能和质量，需要进行一系列的试验。以下是主要的试验需求：

2.2.1 功能性试验

（1）开闭功能试验：验证球阀在正常操作条件下的开闭功能是否正常。这包括检查球阀的开启和关闭是否顺畅，以及是否存在卡滞等异常现象。

（2）密封性能试验：通过引入试验介质（水）并检查泄漏情况，来评估球阀的密封性能。这是确保球阀在实际运行中能够有效防止泄漏的关键试验。

2.2.2 耐久性试验

模拟长期运行试验：用升压、降压、保压过程来模拟球阀在长期运行过程中的各种工况，从而评估其性能稳定性。这有助于预测球阀的使用寿命，并为其维护保养提供依据。

2.2.3 安全性试验

异常工况试验：评估球阀在高压工况下的安全性能。这包括检查球阀在高压情况下是否能够保持结构完整性和功能稳定性，以及是否存在安全隐患。通过这些试验，可以确保球阀在各种极端条件下都能安全可靠地运行。

3 水压智能测控系统

3.1 系统原理与功能概述

图2 球阀手动打压试验图

目前，行业主要使用手动打压设备来控制试验时各阶段各腔室的压力，相较于自动控制，手动控制存在调压不及时、不准确的问题。球阀手动打压试验见图2。

水压智能测控系统是基于先进的硬件和软件技术构建的，旨在实现球阀测试的自动化和智能化。该系统通过集成高性能的硬件设备、专业的测控软件以及完善的数据处理功能，为球阀的质量控制提供了有力支持。其内部结构示意图见图3，外观图见图4。

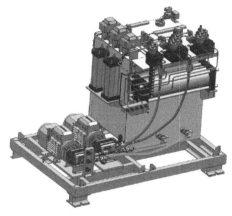

图 3　水压智能测控系统内部结构示意图　　　　图 4　水压智能测控系统外观图

水压智能测控系统的核心原理在于利用工控机作为主控制平台，集成电磁阀、单向阀、联通阀及蓄能器等元器件组成一个控制系统，其原理图见图 5。

该系统由两台水泵组成，一台大水泵用于球阀阀体的压力操作，一台小水泵用于检修密封环和工作密封环的投入，退出腔的压力操作。采用电磁阀来精准控制压力。通过设置在球阀上的压力传感器，结合两个蓄能器来调节两腔的压力，且可以通过程序控制实现两腔体的压力跟随，避免试验时漏水。通过测控软件将这些元器件联动，实现球阀试验过程中的升压、降压、保压动作。同时，系统采用模块化设计，支持多种测试模块，以满足不同测试需求。并且系统还具备实时显示测试数据和系统状态的功能，方便随时了解测试进展和结果。

自动化试验设备相较于手动打压设备，具有显著的优势。首先，自动化试验设备能够大幅提高效率。手动打压设备需要人工进行升压、降压和保压操作，这不仅耗时耗力，而且容易受到人为因素的影响，导致效率低下。而自动化试验设备可以自动完成这些操作。

此外，自动化试验设备还能够提高稳定性。手动打压设备由于依赖人工操作，因此难以保证每次打压的准确性和一致性，容易导致试验数据波动。而自动化试验设备则可以通过精确的控制系统，确保每次打压的准确性和稳定性。

3.2　数字化方面的应用

在数字化方面，水压智能测控系统的应用深入且广泛，主要体现在以下几个关键方面：

3.2.1　数据录入与导出

水压智能测控系统支持将待试验球阀的相关测试数据便捷地导入到 PLC（可编程逻辑控制器）中。这不仅大幅简化了数据录入的流程，还为后续的数据处理和分析奠定了坚实基础。同时，测试完成后，系统能够迅速导出压力测试数据，这些数据以标准化的格式呈现，为质量检验部门提供了可靠、客观的评估依据。这有助于及时发现潜在的问题，能确保每一款球阀产品都符合严格的质量标准，见图 6。

3.2.2　实时显示与数据记录

系统的另一大亮点在于能够实时显示测试过程中的压力曲线和系统元件的工作状态。通过直观的图形化界面，可以实时监控试验的每一个细节，确保试验的准确性和有效性，见图 7。

11

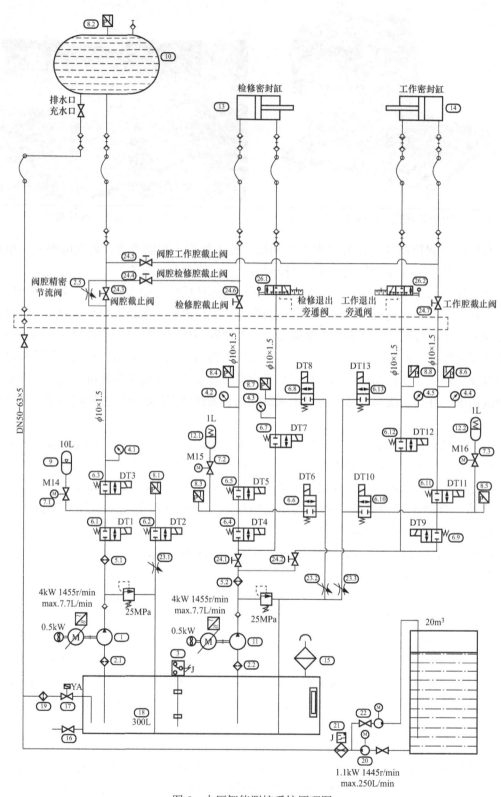

图 5　水压智能测控系统原理图

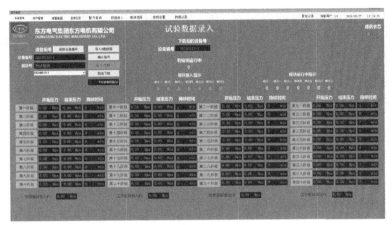

图 6　智能测控系统试验数据录入图

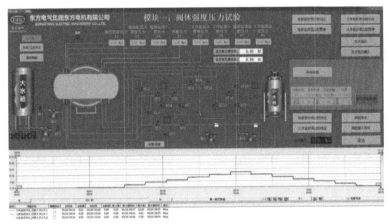

图 7　智能测控系统试验数据实时显示图

　　此外，系统还配备了强大的数据记录能力。它能自动生成详细的测试数据记录，并支持历史数据的快速查询，这意味着可以轻松追溯任何一次试验的详细数据。这一功能为提供了宝贵的数据支持，有助于指导产品的持续改进和优化。

3.3　智能化方面的应用

　　高度的自动化、模块化的设计以及智能报警与处置等功能，使得系统可以高效、便捷、安全地进行球阀试验。以下是水压智能测控系统在智能化方面的主要应用特点：

3.3.1　高度自动化

　　系统通过先进的自动化技术，实现了加压、保压、降压等测试步骤的自动执行。这显著减少了人工干预，降低了人为错误的可能性，也提高了测试效率。系统能够按照预设的程序自动完成测试流程，并在测试结束后自动生成详细的测试报告。

3.3.2　模块化设计

　　为了满足不同测试需求，系统采用了模块化设计。它支持多种测试模块，包括整体压力试验、上下游活门压力试验、漏水试验等，这些模块可以根据实际需要进行灵活组合和配置。这种模块化设计不仅使得系统更加灵活多变，还能够满足不同场景下的测试需求。

图8 智能测控系统试验模块选择图

通过模块化设计，可以轻松选择合适的测试模块进行测试，无须进行复杂的设置和调整。这种模块化的设计方式大大提高了系统的易用性和可扩展性，见图8。

3.3.3 远程操控

传统模式下，大型球阀水压试验需操作人员近距离接触设备和压力源，存在安全隐患高、效率低的问题。而该系统通过本机与远端电脑相连可以实现远程操控，使业主可远程验收，见图9。操作人员远离压力源，见图10。既提高了安全性，又提升了工作效率。这种远程操作方式有效减少了人为错误，是现代工业智能化的重要体现。

图9 智能测控系统远程操控图

图10 球阀远程试验时人员远离避免
安全风险示意图

3.3.4 智能报警与处置

系统还具备实时报警提示功能，能够在测试过程中及时发现异常情况并发出警报。这一功能有效地保障了测试过程的安全性和可靠性，避免了因异常情况而导致的设备损坏。

同时，系统还提供了历史报警数据查询功能。可以方便地查询历史报警记录，了解报警原因和处理情况。这一功能不仅有助于及时发现和解决问题，还能够提供宝贵的数据支持，来优化测试流程和提升产品质量。

3.4 使用方法与操作流程

使用水压智能测控系统进行球阀测试时，需要遵循以下操作流程：

（1）数据录入。首先需要将待测球阀的相关数据录入到PLC中，以便系统进行后续处理。

（2）模块选择。根据测试需求选择合适的测试模块进行测试。

（3）参数设置。根据球阀的容积大小等实际情况调整泵的运行频率等参数，以确保测试的准确性和可靠性。

（4）试验操作。执行具体的测试操作包括加压、保压和降压等步骤。

（5）数据导出与查询。测试完成后可以导出测试数据进行后续的数据处理和分析工作。

（6）报警记录与处置。如果在测试过程中出现异常情况，系统会发出实时报警提示，以便及时采取措施进行处理。同时，系统也提供了历史报警数据查询功能，便于了解历史报警情况并进行相应的处理措施。

4　结束语

大型球阀水压智能测控系统全面优化了球阀试验过程，显著提高了试验效率和准确性，同时推动了抽水蓄能行业的产业协同。该系统解决了传统试验方法效率低下和精度不高的问题。在创新方面，该系统集成了高性能硬件设备和专业测控软件，不仅实现了球阀试验的自动化和智能化，还支持多种测试模块，增强了系统的灵活性和可扩展性。与现有的球阀试验流程相比，该研究更专注于球阀试验流程的智能化优化。最后，对智能化测控系统在实际应用中的长期效果进行跟踪和评估，也被视为未来研究的重要方向。

参考文献

[1]　张健，郑源. 抽水蓄能技术［M］. 南京：河海大学出版社，2011.
[2]　安辉. 浅谈抽水蓄能机组球阀动水关试验［J］. 中国科技纵横，2014（19）：76-76.
[3]　杨昭，顾志坚，陈泓宇. 深圳抽水蓄能电站球阀结构及试验工艺分析［J］. 水电站机电技术，2018，41（2）：32-35，55.

作者简介

刘学东（1971—），男，高级工程师，主要从事水轮机工艺工作。
崔兴国（1968—），男，特级技师，主要从事水轮机装配的指导工作。
杜芝鹏（1988—），男，高级工程师，主要从事智能制造工作。
罗钧铧（1999—），男，助理工程师，主要从事水轮机工艺工作。
吴建杰（1984—），男，高级工程师，主要从事水轮机厂的领导工作。
杨王波（1989—），男，高级工程师，主要从事工艺部门的领导工作。
衡　宇（1988—），男，技师，主要从事球阀装配工作。

寒区抽水蓄能电站冬季上库放水条件下冰盖破坏模拟分析

马栋和[1]，朱海波[1, 2]，任　航[3]

（1. 中水东北勘测设计研究有限责任公司，吉林长春　130000；
2. 水利部寒区工程技术研究中心，吉林长春　130000；
3. 北京金水信息技术发展有限公司，北京　100089）

摘要　采用数值模拟方法，对寒区某抽水蓄能电站上水库放水发电时，冰盖在自重作用下发生破坏的规律展开研究。研究成果表明，当上库冰厚不超过30cm的情况下，可正常启动机组的发电运行，冰盖会在放水导致的真空压力和自重作用下，发生失稳破坏，与现场实际观测结果一致。该成果对于保障电站冬季稳定运行具有重要意义。

关键词　严寒地区；抽水蓄能电站；上水库；冰盖

0　引言

我国在严寒地区规划和建设了众多抽水蓄能电站工程，因电网调度要求及工程进度整体安排等，诸多电站在冬季仍需正常运行。而严寒地区抽蓄电站最大特点在于，其上水库水位在冬季运行期间会出现大幅升降，变化幅度可达数米至数十米。如电站在冬季出现停机检修等情况，上库则停留在高水位一段时间并在库面形成了完整冰盖。此时，需启动放水发电工况重新恢复发电、冰盖能否在自重作用下发生破坏、是否预先准备人工破冰方式及对机组运行产生何种影响等，将是电站运行管理单位重点关注的问题。

本次采用数值模拟方法，对寒区某抽水蓄能电站上水库放水发电时，冰盖在自重作用下发生破坏的规律展开研究。以应变速率作为冰盖失稳判断标准，分析上水库冰厚破裂限值，即冰厚超过该限值（也是在启动机组放水发电时无法使冰盖在自重作用下发生破碎的最大冰厚值）时，将对机组运行产生影响，需要采取破冰措施保证机组正常运行，旨在对寒区抽水蓄能电站冬季稳定运行提供技术支撑。

1　数值模型的建立

基于该抽水蓄能电站上水库库区形状，取最大截面建立模型计算域。具体尺寸为长209.1m，高36.26m，进水管孔径12m。网格 Element 选用 Tet/Hybrid，Type 选用 TGrid，即四面体非结构网格，模型正视图和侧视图见图1，最大截面见图2。

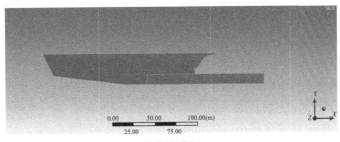

(a) 模型正视图

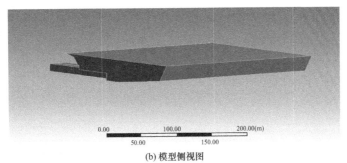

(b) 模型侧视图

图 1 三维模型建立

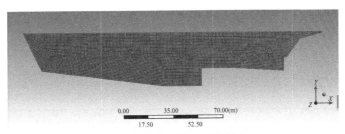

图 2 最大截面模型网格划分

2 冰盖失稳破坏判断依据

国内外相关研究表明，通过数值模拟分析时，可依据冰块的应变速率判断冰块由韧性材料转变为脆性材料，从而失稳。受到温度的影响，失稳对应的应变速率范围 1.1～1.6cm/s。据此，本次数值模拟计算选取以应变速率达到 1.1cm/s 作为失稳破坏的判断依据。根据现场调查可知，寒区抽水蓄能电站在冬季运行一段时间后，上库冰盖分布自库中心向岸边依次为厚冰带－碎冰带－薄冰带。如电站在冬季因检修等原因出现一段时间停机后，上库会逐渐形成完整冰盖，自库中心向岸边逐渐变薄。

模拟抽水蓄能电站上水库放水时，上水库水位下降对库面冰层变形产生影响。结合现场冰后观测结果，设定水库表面冰层在水库中央处得到最厚为 1m，并向两岸边的薄冰带逐渐减小。外部环境温度设置为 −15℃，并维持不变，模拟过程共设置了 3 个情况（薄冰带冰厚分别为 20、30、40cm），每种情况设置 4 种运行工况：第一种工况设置为水位仅下降 0.2m；第二种工况设置为水位下降 0.4m；第三种工况设置为水位下降 0.6m；第 4 种工况设置为水位下降 1.0m，即达到冰盖完全凌空状态。

3 上库放水条件下冰盖破坏模拟

3.1 岸边薄冰带冰厚 20cm

数值模拟结果表明，当上水库水位下降至 0.2m 时，冰层竖向变形并不明显，水库右侧的竖向较大，约为 1.0cm，而左侧竖向变形较小，约为 0.7cm。可见水位下降初期对水库表面冰层的影响较小，主要是因为绝大部分冰块仍浸泡在水中，受到水的浮力作用，仍然稳定；此时冰块的应变速率很小，约为 0.1cm/s，见图 3、图 4。

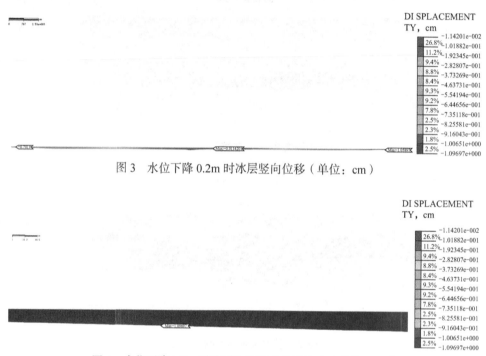

图 3　水位下降 0.2m 时冰层竖向位移（单位：cm）

图 4　水位下降 0.2m 时冰层右侧竖向位移放大（单位：cm）

当水位下降至 0.4m 时，冰层竖向变形较为明显，水库右侧的竖向较大，约为 4.7cm，而左侧竖向变形较小，约为 2.5cm。可见水位下降至 0.4m 时，水库表面冰层产出了明显的位移，但大部分冰层仍浸泡在水中，冰层仍为稳定；此时冰块的应变速率有所增加，约为 0.7cm/s，见图 5、图 6。

图 5　水位下降 0.4m 时冰层竖向位移（单位：cm）

图 6　水位下降 0.4m 时冰层右侧竖向位移放大（单位：cm）

当水位下降至 0.6m 时，冰层竖向变形明显，水库右侧的竖向较大，约为 9.5cm，而左侧竖向变形较小，约为 6.0cm。可见水位下降至 0.6m 时，水库表面冰层产出了明显的位移，此时冰层已基本脱离水面，几乎处于凌空状态，水库左右两侧薄冰带的竖向位移增加变快，因此该状态下可判断为冰层基本失稳；此时冰块的应变速率继续增加，约为 1.4cm/s，见图 7、图 8。

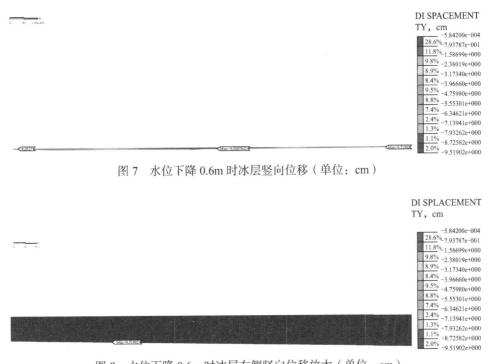

图 7　水位下降 0.6m 时冰层竖向位移（单位：cm）

图 8　水位下降 0.6m 时冰层右侧竖向位移放大（单位：cm）

当水位下降至 1.0m 时，冰层竖向变形较小，水库右侧的竖向较大，约为 12.7cm，而左侧竖向变形较小，仅约为 8.2cm。可见水位下降至 1m 时，水库表面冰层位移进一步增大，但并不明显。此时冰层已完全脱离水面，处于凌空状态，水库左右两侧薄冰带的竖向位移已接近甚至超过其自身冰层厚度，因此该状态下可判断为冰层已完成失稳。此时冰块的应变速率约为 1.2cm/s，见图 9、图 10。

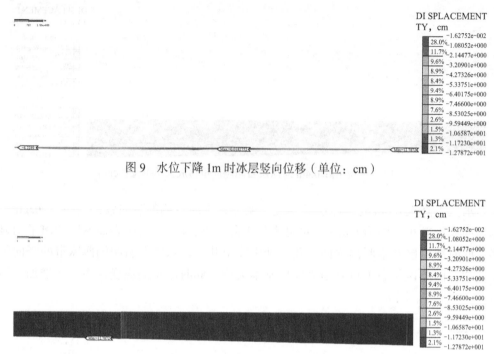

图 9 水位下降 1m 时冰层竖向位移（单位：cm）

图 10 水位下降 1m 时冰层右侧竖向位移放大（单位：cm）

根据薄冰带变形规律，上库放水后库水位下降，冰块的应变速率开始时很小，仅为 0.1cm/s，接着增大至 1.4cm/s，最后稍有减小至 1.2cm/s。相关资料显示，可依据冰块的应变速率判断冰块由韧性材料转变为脆性材料，从而失稳。受到温度的影响，失稳对应的应变速率范围 1.1～1.6cm/s。由此可知，当薄冰带厚度为 0.2m 时，水位下降至 0.6m 以下，可判断其失稳，或向失稳状态转变，见表 1。

表 1 薄冰带厚度 20cm 数值模拟结果

水位下降（m）	右侧竖向变形（cm）	左侧竖向变形（cm）	冰块应变速率（cm/s）	是否稳定
0.2	1.0	0.7	0.1	是
0.4	4.7	2.5	0.7	是
0.6	9.5	6.0	1.4	否
1.0	12.7	8.2	1.2	否

3.2 岸边薄冰带冰厚 30cm

薄冰带厚度 30cm 时计算结果如表 2 所示。

表 2 薄冰带厚度 30cm 数值模拟结果

水位下降（m）	右侧竖向变形（cm）	左侧竖向变形（cm）	冰块应变速率（cm/s）	是否稳定
0.2	1.0	0.7	0.1	是

水位下降 （m）	右侧竖向变形 （cm）	左侧竖向变形 （cm）	冰块应变速率 （cm/s）	是否稳定
0.4	3.8	1.9	0.3	是
0.6	7.8	3.9	0.8	是
1.0	11.0	5.7	1.2	否

由上表可知，当水位下降至 1.0m 时，水库右侧的竖向较大约为 11cm，而左侧竖向变为 5.7cm。此时冰层已完全脱离水面，处于凌空状态，水库左右两侧薄冰带的竖向位移增加，因此该状态下可判断为冰层失稳。此时冰块的应变速率约为 1.2cm/s。

3.3 岸边薄冰带冰厚 40cm

薄冰带厚度 40cm 时计算结果如表 3 所示，当薄冰带厚度为 40cm 时，模拟不同放水工况，冰盖难以在自重情况下发生破碎。

表 3   薄冰带厚度 40cm 数值模拟结果

水位下降 （m）	右侧竖向变形 （cm）	左侧竖向变形 （cm）	冰块应变速率 （cm/s）	是否稳定
0.2	1.0	0.7	0.1	是
0.4	3.4	2.0	0.4	是
0.6	5.8	3.5	0.6	是
1.0	8.6	5.4	0.8	是

4   数值计算结果分析

由数值模拟结果可知，该抽水蓄能电站在放水时，冰厚不超过 30cm 的情况下，可正常启动机组的发电运行，冰盖会在放水导致的真空压力和自重作用下，发生失稳破坏。另据现场观测可知，该抽水蓄能电站于 2021 年 3 月开始进行首机调试运行，此时上水库实测完整冰盖厚度为 32cm，在放水条件下，冰盖失去水面支撑，自重作用使冰盖沿库周出现开裂，发生可见向下变形，验证了数值模拟结果的可靠性。

同时，根据抽水蓄能电站静水结冰斯蒂芬公式，在平均气温 -10℃ 条件下，机组停机 6 天，冰厚可达 20cm，停机 14 天，冰厚可达 30cm；在平均气温 -15℃ 条件下，机组停机 4 天，冰厚可达 20cm，停机 9 天，冰厚可达 30cm；在平均气温 -20℃ 条件下，机组停机 3 天，冰厚可达 20cm，停机 7 天，冰厚可达 30cm。计算结果表明，在不同气温影响下，经过一段时间停运后上库形成完整冰盖，电站启动运行时需要采取防冰破冰措施。

参考文献

［1］ 陈胖胖，程铁杰，赵海镜，等. 寒区水电站库区冰情数值模拟研究［C］//水动力

学研究与进展，第二十九届全国水动力学研讨会论文集，2018 年 8 月 26 日，江苏，中国：564-570.

［2］ 张凯. 寒冷地区抽水蓄能电站冰盖破裂机理分析研究［D］. 合肥：合肥工业大学，2020.

［3］ 管魁卿. 淡水冰的断裂韧度和破坏行为研究［D］. 西安：西安理工大学，2021.

［4］ 杨波. 冻结冰的准静态和冲击碰撞破坏特性研究［D］. 哈尔滨：哈尔滨工程大学，2020.

［5］ 张凯，王军，程铁杰. 寒区抽水蓄能电站上水库冰盖破裂机制分析［J］. 工程与建设，2020，34（6）：1043-1046.

作者简介

马栋和（1986—），男，正高级工程师，主要从事水利工程信息化工作。E-mail：105466178@qq.com

朱海波（1986—），男，高级工程师，主要从事水利水电岩土工程试验及检测研究工作。E-mail：153319072@qq.com

任　航（1994—），男，工程师，主要从事水利信息化工作。E-mail：1659031387@qq.com

荒沟抽水蓄能电站地下厂房岩壁吊车梁荷载试验专项监测研究

马洪亮[1, 2]，彭立斌[1, 2]

（1. 中水东北勘测设计研究有限责任公司，吉林长春 130061；
2. 水利部寒区工程技术中心，吉林长春 130021）

摘要 为了保证荒沟抽水蓄能电站地下厂房岩壁吊车梁荷载试验的安全，对地下厂房开挖阶段吊车梁监测成果反映的锚杆应力超限问题进行成因分析，制定了分两个阶段进行荷载试验的方案，并开展专项监测。通过对比分析锚杆应力、接缝开合度、围岩变形等监测数据，认为斜拉锚杆与系统锚杆应力规律性较好，测值较小，斜拉锚杆、剪切锚杆、系统锚杆在试验过程中均发挥了作用。试验表明，岩壁吊车梁在吊装重物工况下是稳定安全的。

关键词 地下厂房；岩壁吊车梁；荷载试验；安全监测

0 引言

岩壁吊车梁是地下厂房非常重要的承重结构，主要依靠岩台提供给钢筋混凝土吊车梁的支承力、吊车梁锚杆的拉力和压力等来维持其结构稳定和承载力。根据相关规范[1]要求，1、2级地下厂房的岩壁吊车梁或地质条件较差的岩壁吊车梁应进行现场荷载试验。对荷载试验过程中，监测各种负荷工况下吊车梁内及附近围岩内的变形、应力等，是试验的一项重要工作，也是评价吊车梁稳定状态的重要手段之一。黑龙江省荒沟抽水蓄能电站地下厂房规模较大，岩体稳定条件较好，但岩壁吊车梁荷载试验前部分监测点锚杆应力出现超限的现象。本文针对此问题进行了成因分析及发展过程分析，为优化岩壁吊车梁荷载试验方案，以及评价岩壁吊车梁的稳定状态提供支持。

1 工程概况

1.1 工程概况

黑龙江省荒沟抽水蓄能电站位于黑龙江省牡丹江市海林市境内，主要由上水库、输水系统、地下厂房系统、下水库等建筑物组成，属一等大（1）型工程，电站装机容量1200MW，4台机组，单机容量为300MW。

深埋式地下厂房布置于输水隧洞中部的山体内，埋深300～310m。主厂房开挖尺寸

143.70m×25.00m×53.80m（长×宽×高），副厂房开挖尺寸 19.50m×25.00m×45.60m，主厂房洞开挖全长 163.20m，岩壁吊车梁以上跨度为 26m，厂房布置两台 250t 桥机，厂房与主变室间岩体厚度 38.20m。

围岩为新鲜白岗花岗岩，岩质坚硬、完整，纵波波速达 5.0～5.3km/s，岩体变形模量 23.7～30.1GPa。岩体中节理不甚发育，多呈闭合状态，结构面无明显不利组合，岩体稳定条件较好，岩体新鲜完整，实测最大主应力值 12.2～13.38MPa，为Ⅱ类围岩，开挖中有岩爆现象。

岩壁吊车梁结构主要包括梁体（高 2.83m、宽 1.75m）、上部两排斜拉锚杆、下部一排受压锚杆。岩壁夹角 $\alpha=30°$，两排斜拉锚杆倾斜角分别为 $\beta_1=25°$、$\beta_2=20°$，上部两排受拉锚杆 $\phi36@700mm$，锚杆长度为 9.0m，入岩深度 7.5m，受压锚杆 $\phi32@700mm$，锚杆长度为 9.0m，入岩深度 7.5m。锚杆采用 HRB400 钢筋。

1.2 地下厂房开挖过程

地下厂房开挖工程于 2016 年 6 月 25 日开工，分 7 层逐层进行开挖。岩壁吊车梁位于第Ⅱ层（高程 159.50～168.60m），于 2017 年 3 月 16 日进行开挖，6 月 17 日完成开挖，7 月 15 日完成支护，8 月 6 日开始岩壁吊车梁混凝土浇筑，8 月 30 日完成岩壁吊车梁混凝土浇筑，10 月 11 日进行第Ⅲ层开挖。地下厂房开挖工程于 2018 年 10 月 10 日全部完成。各分层施工进度节点见图 1。

1.3 安全监测布置

主厂房岩壁吊车梁锚杆应力监测共布置 5 个监测断面，桩号为：厂右 0-040m、厂左 0+000m、厂左 0+024m、厂左 0+048m 和厂左 0+072m。

为监测斜接锚杆应力，每个断面上下游边墙各布置 2 套 4 点式锚杆应力计，4 个测点孔内深度分别为 0.5、2.0、4.0、6.0m，共布置锚杆应力计 20 套、80 个测点。各断面监测仪器布置见图 2。

同时布置 38 支测缝计监测岩壁吊车梁与边墙裂缝开度、20 支裂缝计监测岩壁吊车梁混凝土变形、40 支钢筋计监测岩壁吊车梁混凝土钢筋应力、10 支接触压力计监测岩壁吊车梁与岩台间接触压力。

安装的锚杆应力计量程上限为 400MPa，具备 20% 的超量程能力（即超过 480MPa 后应力测值仅供趋势性参考）。

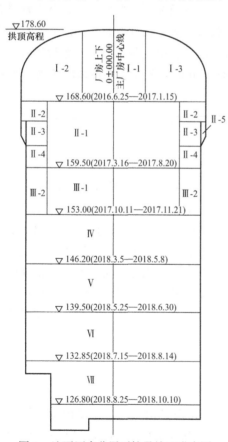

图 1　地下厂房分层开挖及施工进度图

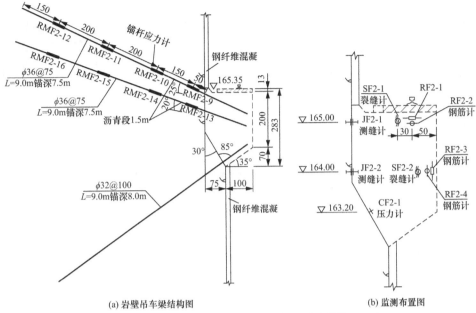

(a) 岩壁吊车梁结构图   (b) 监测布置图

图 2 岩壁吊车梁结构及监测仪器布置图（单位：cm）

2 超限锚杆应力分析

2.1 2 号机组锚杆应力监测成果

厂房 2 号机组下游边墙岩壁吊车梁两套锚杆的应力测值于 2017 年 12 月 25 日同时超过 400MPa，超限测点均位于孔内 4.0m 深度位置，并分别于 2018 年 6 月 28 日、2018 年 8 月 24 日相继失效。失效前锚杆应力测值过程线见图 3。

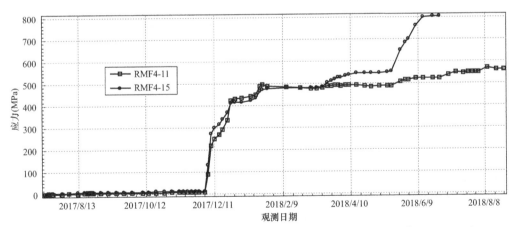

图 3 厂房 2 号机组下游边墙岩壁吊车梁锚杆应力测值过程线（桩号厂房左 0+048m）

2.2 3 号机组锚杆应力监测成果

厂房 3 号机组下游边墙岩壁吊车梁两套锚杆的应力测值于 2018 年 7 月 12 日同时超过 400MPa，超限测点均位于孔内 4.0m 深度位置，并分别于 2018 年 9 月 21 日、2018 年 9 月 25 日锚杆应力相继回落。该部位锚杆应力测值过程线见图 4。

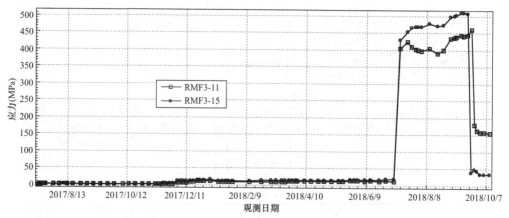

图 4 厂房 3 号机组下游边墙岩壁吊车梁锚杆压力测值过程线（桩号厂房左 0+024m）

厂房 3 号机组上游边墙岩壁吊车梁两套锚杆的应力测值分别于 2018 年 8 月 31 日、2018 年 9 月 13 日超过 400MPa，超限测点均位于孔内 2.0m 深度位置，并分别于 2018 年 9 月 21 日、2018 年 9 月 25 日锚杆应力相继回落。该部位锚杆应力测值过程线见图 5。

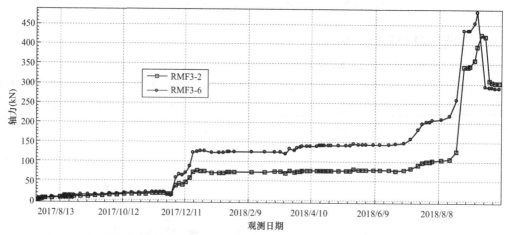

图 5 厂房 3 号机组上游边墙岩壁吊车梁锚杆压力测值过程线（桩号厂房左 0+024m）

2.3 围岩外观检查

针对 2、3 号机组段岩壁吊车梁锚杆应力测值超过 400MPa 的情况，有针对性的对其附近围岩进行检测。在桩号厂房左 0+023.00m、0+025m、0+047m 及 0+049m 处布置检查孔，采用孔内数字成像技术检查该部位的围岩情况。

检查成果表明，围岩岩体整体上较完整，局部有完整性差段及较破碎段，未发现明显的宽度较大的张开裂隙。桩号厂房左 0+022.9m 和 0+025.1m 高程 166.3m 孔内岩石图像显示 3.4～3.6m 深度位置岩石破碎，与超标锚杆应力计位置一致（锚杆应力计锚头位于孔内 4m，相对于边墙深度为 3.6m）。桩号厂房左 0+046.9m 和 0+049.1m 高程 166.3m 孔内岩石图像显示该部位锚杆应力计所在位置围岩整体性较好，未见明显张开裂隙。各检查孔内岩石图像见图 6。

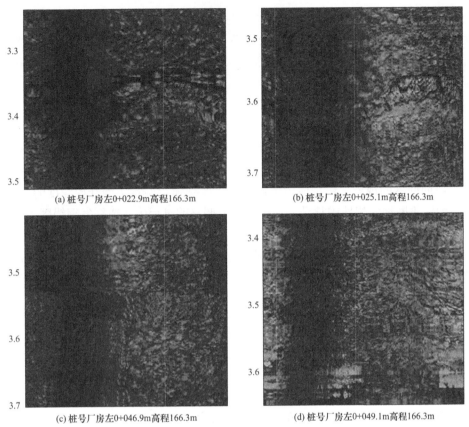

(a) 桩号厂房左0+022.9m高程166.3m　　　　(b) 桩号厂房左0+025.1m高程166.3m

(c) 桩号厂房左0+046.9m高程166.3m　　　　(d) 桩号厂房左0+049.1m高程166.3m

图 6　检查孔内岩石图像

2.4　综合分析评价

（1）锚杆应力超限成因分析。

地下洞室开挖过程中锚杆应力测值快速增加主要是围岩变形快速增长引起的[2]，其实质是地下洞室逐层开挖边墙围岩应力重新调整。开挖后浅层围岩应力释放，围岩表面形成塑性区，随着洞室边墙开挖深度的不断增加，围岩高应力区不断向岩体深部移动，进行应力重新调整。在围岩应力调整的过程中，锚杆发挥了限制围岩变形的锚固支护作用，导致锚杆应力增加。

本工程岩壁吊车梁处围岩地质条件为新鲜白岗花岗岩，岩质坚硬、较完整，节理不发育，属于Ⅱ类围岩，围岩条件较好。对于围岩条件较好的岩体，在高应力区向岩体内调整过程中，受到围岩挤压，极易在节理面或在完整岩体中发生爆裂裂隙，导致锚杆应力突变式增长。

锚杆应力计自由区长度 10～15cm，HRB400 锚杆弹性模量 $2\times105\text{N/mm}^2$，当锚杆达到屈服极限 400MPa 时，计算锚杆应力计自由区伸长量为 0.2～0.3mm，即围岩中形成宽度为 0.2～0.3mm 的微裂隙或变形，锚杆应力即可达到 400MPa。

对 2、3 号机组下游边墙岩壁吊车梁受拉锚杆应力测值过程线及围岩岩体数字成像检测结果进行对比分析，判断围岩在孔深 4m 附近可能发生过爆裂裂隙，导致锚杆应力计在该处测值超过 400MPa，即锚杆在孔深 4m 处应力超过 400MPa，可能发生了屈服。

参考类似工程经验，在地质条件好高应力区地下工程中，锚杆易发生屈服情况。综合分析认为，岩壁吊车梁处检查孔内岩体较完整，多点位移计观测围岩变形趋势平稳，说明锚杆伸长量有限，虽然锚杆应力超过屈服极限，但未超过抗拉极限，测值变化过程表明，锚杆没有发生破断。

（2）锚杆应力发展过程分析。

2 号机组下游边墙岩壁吊车梁受拉锚杆应力测值过程线显示，锚杆应力计后期已失效，分析其原因是监测仪器长期在超仪器量程限值条件下运行而造成仪器钢弦松脱停振。

3 号机组上、下游边墙岩壁吊车梁受拉锚杆应力测值过程线显示，锚杆应力测值呈现先期上升后期回落的现象。锚杆应力增加原因主要是随着洞室边墙开挖深度的不断增加，围岩高应力区不断地向岩体内移动，在围岩应力调整的过程中，锚杆发挥锚固支护作用限制围岩变形，锚杆应力上升。再次开挖后，围岩高应力区向岩体内调整过程中逐渐远离锚杆应力计，当锚杆应力计整体脱离高应力区时锚杆应力降低。当围岩高应力区不再向岩体内调整时，锚杆应力超限产生屈服变形钢弦受激振动频率降低，也会出现锚杆应力降低。综合分析认为，锚杆应力计工作性态是正常的。

3 吊车梁荷载试验方案

3.1 荷载试验流程

根据主厂房岩壁吊车梁承载运行条件及安全监测要求，荷载试验按两个阶段进行。

第一阶段，负荷按 25%、50%、66%、75%、100%、110%、125% 七级逐级加载进行，主起升 66%（165t）及以下大车动载在厂房内全行程进行，主起升 66%（165t）以上的动载在厂左右 0±000.00 到厂房右 0-048.6 之间进行，主起升静载试验在安装间厂右 0-040m 桩号进行，试验过程中同步进行岩壁吊车梁安全监测，当监测成果有超警戒指标出现异常情况时，则立即停止试验。

第二阶段，根据第一阶段岩壁吊车梁安全监测成果，经分析评估后，负荷按 78%（195t）、90%（225t）、100%（250t）、110%（275t）四级逐级加载进行，每级完成后根据安全监测分析评估结果，进行下一级荷载试验。该阶段试验在厂房全行程安装间监测断面和 4 号机监测断面进行。

3.2 专项监测

对荷载试验过程中各种负荷工况下吊车梁内及附近围岩内的变形、应力等进行监测，通过分析监测数据掌握吊车梁安全状况，评价梁体结构和体型设计的合理性，是地下厂房岩壁吊车梁荷载试验的一项重要工作[3-5]。

根据荷载试验方案，确定试验期间专项安全监测流程为：2018 年 12 月 9～12 日进行地下厂房、岩壁吊车梁相关监测仪器鉴定，确定现场监测控制指标、预警指标；13 日进行试验前联合调度现场演练，确定监测断面停车位置；14 日进行试验前基准值观测；16～24 日进行岩壁吊车梁荷载试验专项监测。

4 监测成果分析

4.1 监测仪器鉴定结果

本工程地下厂房监测采用的监测仪器是振弦式仪器，振弦式仪器是利用钢弦受力后其固有频率发生变化的原理制成的传感器，通常采用内置测温电阻来修正温度对振弦式监测仪器测值的影响。为了确保试验过程中监测数据的可靠性，依据《钢弦式监测仪器鉴定技术规程》（DL/T 1271—2013）对现场监测仪器进行鉴定，内容包括历史数据分析评价、现场检测评价和综合评价。

通过对地下厂房系统 7 类监测仪器 479 个测点进行现场检测、历史数据分析、综合评价一系列鉴定工作，结果表明其中 458 个测点工作状态正常，仪器完好率 95.62%，满足荷载试验岩壁吊车梁专项监测要求。

4.2 斜拉锚杆应力监测成果分析

荷载试验过程中，岩壁吊车梁斜拉锚杆应力随负荷吨位增加同步增大，但增幅较小，最大增量 3.44MPa，卸荷后锚杆应力基本回弹至初始状态，所有测点未出现异常或超限测值。所有测点中 1、5、9、13 号测点位于锚杆的端头自由段，其他测点位于锚固段，个别位置锚固段锚杆应力增量较自由段显著，说明岩壁吊车梁与岩壁整体性较好。斜拉锚杆应力典型测值过程线见图 7。

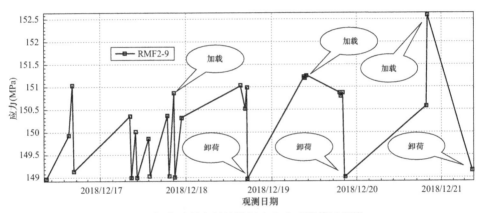

图 7　加载过程中斜拉锚杆应力典型测值过程线

4.3 系统锚杆应力监测成果分析

岩壁吊车梁荷载试验过程中，2 号机上游边墙桩号厂左 0+015.45 高程 172m 系统锚杆（RMFB4-1）1.5m 深位置锚杆应力增加 6.52MPa，卸荷时锚杆应力部分回弹，受荷载试验影响效果明显。该部位在岩壁吊车梁上部 7m 左右，说明该仪器已在吊车梁荷载试验影响范围内，其他系统锚杆应力变化较小，所有测点未出现异常或超限测值。系统锚杆应力典型测值过程线见图 8。

4.4 接缝开合度监测成果分析

荷载试验过程中，吊车梁与岩壁间接缝开合度无明显变化，所有测点未出现异常或超限测值，说明吊车梁与岩壁整体性较好。

4.5 围岩变形监测成果分析

荷载试验过程中，地下厂房上、下游边墙围岩变形增量较小，最大为 0.1mm。围岩变形典型过程线见图 9。

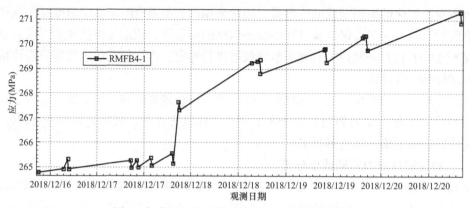

图 8　加载过程中系统锚杆应力典型测值过程线

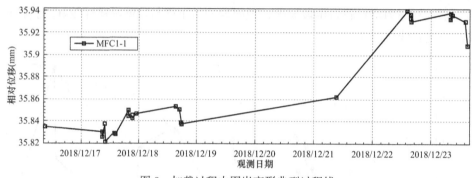

图 9　加载过程中围岩变形典型过程线

4.6　岩台压力监测成果分析

荷载试验过程中，岩壁吊车梁与岩台间接触压力无明显变化，所有测点未出现异常或超限测值，说明岩壁吊车梁、斜拉锚杆、剪切锚杆联合使用，梁体与岩壁已形成一体，整体性较好。

4.7　综合评价

本工程岩壁吊车梁荷载试验过程中，通过 8 天持续监测，取得了各级荷载加载过程中吊车梁内及附近围岩内完整的监测数据资料，满足岩壁吊车梁锚杆应力、接缝开度、围岩变形等观测项目分析要求。

第一阶段试验完成后，岩壁吊车梁斜拉锚杆应力、系统锚杆应力规律性较好，测值较小，接缝开度、围岩变形、接触压力无明显变化。经分析研判，认为岩壁吊车梁的整体性较好，斜拉锚杆、剪切锚杆、系统锚杆在加载过程中均发挥了作用，具备实施第二阶段试验的条件。

第二阶段试验完成后，斜拉锚杆自由段锚杆应力最大增量为 3.44MPa，锚固段锚杆应力最大增量 2.35MPa（深度 4m），围岩系统锚杆应力最大增量 6.52MPa，围岩变形、接缝开合度、接触压力无明显变化。锚杆应力延续第一阶段的变化规律，其他监测成果与第一阶段基本一致，进一步验证了岩壁吊车梁整体的完整性及围岩的稳定性。试验表明岩壁吊车梁在吊装重物工况下是稳定安全的。

5 结束语

基于荒沟抽水蓄能电站地下厂房开挖阶段岩壁吊车梁锚杆应力计监测成果，对锚杆应力超限问题进行了成因分析及发展过程分析，确定了岩壁吊车梁荷载试验分两阶段进行，并加强安全监测、实时分析、及时反馈的试验方案。

荷载试验过程中为保证岩壁吊车梁结构安全的万无一失，做到了荷载试验与安全监测同步进行，安全监测与分析评估预警同步进行，分析评估与反馈同步进行，利用上一级监测分析评估成果指导下一级荷载试验，做到了"监测—分析—评估—反馈—试验"整个工作流程的安全闭环。

参考文献

［1］ 国家能源局. NB/T 35079—2016 地下厂房岩壁吊车梁设计规范［S］. 北京：中国电力出版社，2016.

［2］ 马雨峰，何军，王兰普，孔张宇，吕凤英. 大型地下厂房岩壁吊车梁锚杆应力突变机理分析［J］. 人民长江，2022，53：129-134.

［3］ 赵振军，上官瑾，刘洁. 白鹤滩水电站左岸地下厂房岩壁吊车梁荷载试验监测分析［J］. 水利建设与管理，2021.

［4］ 王洪岩，张习平，李志. 安全监测技术在大华桥水电站地下厂房岩壁吊车梁荷载试验的应用［J］. 水力发电，2019，45（6）：56-59.

［5］ 王洪岩，张岳，杨豪. 安全监测技术在地下厂房岩壁吊车梁荷载试验的应用［J］. 大坝与安全，2012，3：20-24.

作者简介

马洪亮（1982—），男，高级工程师，主要从事水利水电工程安全监测设计与施工工作。E-mail：767370638@qq.com

彭立斌（1974—），男，高级工程师，主要从事水利水电工程安全监测设计与施工工作。E-mail：l_b_peng@163.com

吉林省抽水蓄能电站容量费用
对输配电价影响分析

蒋　攀，刘玉青

（中水东北勘测设计研究有限责任公司，吉林长春　130021）

摘要　以吉林省为研究对象，通过分析抽水蓄能容量费用回收对电网输配电价的影响，为区域抽水蓄能电站的发展提供参考。首先介绍了吉林省抽水蓄能电站的概况，然后分析了抽水蓄能容量费用回收对电网输配电价的影响，并针对影响结果提出了相应的政策建议。

关键词　抽水蓄能；容量费用；电网输配电价；影响分析

0　引言

在"双碳"目标的引导下，我国的可再生能源进入大规模、高比例、高质量发展的新阶段，对电力系统的安全稳定运行提出了更高的要求。抽水蓄能电站作为一种清洁的可再生能源，具有调峰、填谷、储能、调频、调相等作用，对于实现"双碳"目标和保障电力系统安全稳定运行具有重要意义。加快抽水蓄能项目建设，是建设新型电力系统的重要支撑。吉林省作为我国东北地区的重要新能源基地和电力输出省份，拥有丰富的抽水蓄能电站资源，为电网运行提供了重要支撑。然而，抽水蓄能电站的建设和运营过程中的费用回收，将对电网输配电价产生直接影响。因此，研究区域抽水蓄能容量费用回收对电网输配电价的影响，具有重要的理论指导和实践意义。

1　研究目的与方法

1.1　研究目的与意义

本文旨在通过分析吉林省抽水蓄能容量费用回收对电网输配电价的影响，为我国抽水蓄能电站的发展提供参考。研究结果将有助于完善抽水蓄能容量费用回收政策，优化电网输配电价形成机制，提高抽水蓄能电站运行效率，从而推动我国新型电力系统的建设。

1.2　研究方法与数据来源

本文以吉林省抽水蓄能电站为研究对象，按照《进一步完善抽水蓄能价格形成机制的意见》（发改价格〔2021〕633号）要求，测算吉林省抽水蓄能容量费用，收集相关数据和资料。数据来源于抽水蓄能行业协会、国家能源局、吉林省电力公司等公开发布的统计数据，以及国内外相关研究成果。通过吉林省抽水蓄能电站概况、抽水蓄能容量费用回收对电网输配电价的影响等方面的分析，为吉林省抽水蓄能电站发展提供参考。

2 吉林省抽水蓄能电站概况

2.1 吉林省抽水蓄能电站现状

目前，吉林省投产运行的抽水蓄能电站是白山抽水蓄能电站（300MW）和敦化抽水蓄能电站（1400MW），在建抽水蓄能电站是蛟河抽水蓄能电站（1200MW）。这些电站为电网运行提供了重要支撑，为吉林省乃至整个东北地区的电力供应提供了保障。

2.2 2035年吉林省抽水蓄能电站概况

依据国家《抽水蓄能中长期发展规划（2021—2035年）》（2021年8月）、《吉林省新增抽水蓄能中长期发展规划报告》（2022年9月）和《吉林省主要流域可再生能源一体化规划研究报告》（2022年12月），经预测，2035年吉林电网抽水蓄能需求为2810万kW，扣除目前已建设的290万kW，2035年吉林电网装机需求为2520万kW。

3 抽水蓄能容量费用对电网输配电价的影响

3.1 抽水蓄能容量费用回收方案

按发改价格〔2021〕633号文要求，抽水蓄能电站通过电量电价回收抽水、发电的运行成本，政府核定的抽水蓄能容量电价对应的容量电费由电网企业支付，纳入省级电网输配电价回收。

在新型电力系统条件下，新增抽水蓄能电站主要任务除调峰、填谷、调频外，还有储能任务，服务于新能源高比例并网要求，消纳新能源多余电量。因此，本次研究的抽水蓄能容量费用回收方案分别是：①通过吉林电网输配电价回收；②通过新能源电价回收。

3.2 2035年新增抽水蓄能容量费用估算

参照目前完成的吉林省"十四五"重点实施项目预可研成果，单位千瓦投资最高为6292元/kW，最低为4664元/kW，平均水平约5603元/kW；按发改价格〔2021〕633号文规定的项目资本金财务内容收益率6.5%为控制条件测算，容量价格最高为818元/kW，最低为541.9元/kW，平均容量价格约681.4元/kW。

本次按吉林电网2035年新增蓄能装机容量2520万kW计算容量费用，容量价格采用目前已完成预可工作的蓄能电站的平均容量价格681.4元/kW。经估算，吉林省2035年将新增容量费用约为171.7亿元。

3.3 通过吉林电网输配电价回收

3.3.1 吉林电网现状输配电价

依据《区域电网输电价格定价办法》，目前吉林电网输配电价按分电压等级核算，输配电价分电度电价和容（需）量电价。其中，大工业用电输配电价为0.1235～0.1685元/kWh，平均值为0.146元/kWh，输配容（需）量电价33元/（kW·月）。一般工商业及其他用电户，输配电价为0.2741～0.3041元/kWh。因此，估算电网现状综合输配电价为0.2712元/kWh。

3.3.2 容量费用回收对输变电价的影响分析

由 3.2 的分析可知，吉林省 2035 年新增抽水蓄能容量费用约为 171.7 亿元，2035 年吉林省全社会用电量 1810 亿 kWh，新能源外送电量 1892 亿 kWh。

（1）通过吉林电网输配电价回收容量费用方案。若仅将新增容量费用分摊到吉林电网，通过输配电价回收，将使吉林电网输配电成本提高 0.095 元 /kWh。

通过吉林电网输配电价回收容量费用方案具体见表 1。

表 1 　　　　　　　　　　吉林电网输配电价回收容量费方案

序号	项目	单位	指标
一	需回收费用	亿元	171.7
二	2035 年吉林省全社会用电量	亿 kWh	1810
三	单位输配电价增加值	元 /kWh	0.095
四	现状输配电价	元 /kWh	0.2712
五	占现状输配电价的比例	%	35

（2）通过省级电网和新能源外送输配电价回收容量费用方案。若将新增容量费用通过吉林电网和新能源外送输配电价回收，将使全网输配电成本提高 0.046 元 /kWh，具体见表 2。

表 2 　　　　　　　通过吉林电网和新能源外送输配电价回收方案

序号	项目	单位	指标
一	需回收费用	亿元	171.7
二	分摊电量	亿 kWh	3702
1	2035 年吉林省全社会用电量	亿 kWh	1810
2	新能源外送	亿 kWh	1892
三	单位输配电价增加值	元 /kWh	0.046
四	现状输配电价	元 /kWh	0.2712
五	占现状输配电价的比例	%	17

3.4 通过新能源电价回收方案

3.4.1 新能源装机及发电量

2035 年吉林省新能源规划装机容量为 9900 万 kW，发电利用小时数约 2300h，年发电量约为 2277 亿 kWh。

3.4.2 通过新能源电价回收容量费用方案

目前，吉林电网新能源电量按平价上网，上网电价 0.3731 元 /kWh，若仅将新增容量费用分摊到新能源电价中，将使吉林电网新能源上网电价提高 0.075 元 /kWh，占新能源上网电价 20.2%，具体见表 3。

考虑到 2035 年，随着科学技术进步，新能源发电成本会进一步降低，从全面平价进入到全面低价水平，仅按照上网电价平均降低 20% 计，正好抵消新增抽蓄容量费用，基

表 3   通过新能源电价回收方案

序号	项目	单位	指标
一	需回收费用	亿元	171.7
二	2035 新能源发电量	亿 kWh	2277
三	单位新能源电价增加值	元 /kWh	0.075
四	现状新能源电价水平	元 /kWh	0.3731
五	占新能源现状电价的比例	%	20.2

本不影响用户电价。

3.5 吉林省抽水蓄能容量费用对电网输配电价的影响

2035 年，吉林省新增抽水蓄能电站的年均容量费用为 171.7 亿元，若通过吉林电网输配电价回收，将使吉林电网输配电成本提高 0.095 元 /kWh，提高输配电价幅度 35%；若通过吉林电网和新能源外送输配电价回收，将使吉林电网输配电成本提高 0.046 元 /kWh，提高输配电价幅度 17%，若从用电端解决，需提高用电户成本 7%；若通过新能源电价回收新增容量费用，将使吉林电网新能源上网电价提高 0.075 元 /kWh，占新能源现状上网电价比例 20.2%，考虑到 2035 年，新能源上网电价降低 20%，正好抵消新增抽蓄容量费用，基本不影响用户电价。

4   结论与建议

通过对吉林省的分析，可以发现抽水蓄能容量费用回收对电网输配电价具有影响。当前吉林省抽水蓄能容量费用回收机制不完善，导致抽水蓄能电站容量费用回收对输配电价影响较高。因此，完善吉林省抽水蓄能容量费用回收政策，优化电网输配电价形成机制，提高抽水蓄能电站运行效率，对于推动吉林省电力系统可持续发展具有重要意义。

（1）吉林省抽水蓄能电站的建设是必要的和紧迫的，对于构建新型电力系统，优化电源结构，促进新能源发展和消纳，助力碳达峰碳中和目标意义重大。

（2）抽水蓄能电站的建设将增加社会用电成本，如果仅仅依靠吉林电网自身承担费用，负担较重，不利于新能源大规模高比例发展的新型电力系统建设，而且吉林省抽水蓄能电站是服务于吉林电网和电力外送。建议容量费用通过吉林电网和新能源外送电量共同承担，考虑到新能源未来建设成本将进一步降低，抽水蓄能容量费用对用电户用电成本的影响将更小。

（3）建议相关部门结合吉林省实际情况，制定合理的容量费用回收办法和机制，深化电力市场化改革，加强政策宣传和舆论引导，提高社会各界对抽水蓄能电站的认识，形成有利于抽水蓄能电站发展的良好氛围，保障抽水蓄能健康有序发展。

参考文献

［1］ 国家能源局. 抽水蓄能中长期发展规划（2021—2035 年）［R］.

［2］ 国家发展和改革委员会．关于进一步完善抽水蓄能价格形成机制的意见（发改价格〔2021〕633 号）．2021-04-30．

作者简介

蒋　攀（1983—），男，高级工程师，主要从事水利水电工程规划设计工作。
E-mail：277715981@qq.com

刘玉青（1978—），男，高级工程师，主要从事水利水电工程规划设计工作。
E-mail：18853897@qq.com

全功率变速抽水蓄能技术应用前景研究

杨 柳，官 澜，王震洲

（国网经济技术研究院有限公司，北京 102209）

摘要 抽水蓄能全功率变速技术具有变速范围广、响应速度快、调节能力强、稳定性能好等诸多优点，是抽水蓄能机组的重要技术发展方向，但受大功率变频装置制造难度及成本制约，目前仅在中小容量机组上应用具有经济性。在国家大力推进抽水蓄能项目建设背景下，抽水蓄能的开发方式日趋多样，中小型抽水蓄能电站以其资源多、周期短、布局灵活等特点，逐步得到重视和发展，为全功率变速技术的推广应用创造了条件。为促进抽水蓄能全功率变速技术的国产化、规模化应用，更好地服务新型电力系统建设，首先介绍了变速抽水蓄能技术原理及其发展现状，然后从技术优势、应用场景和发展面临的挑战三个方面分析了全功率变速抽水蓄能技术的发展前景，结果表明，缺乏科学的变速机组作用效益量化评估方法、相关工程配套设计以及全功率变速机组实际运行经验，是当前制约全功率变速技术推广的主要因素，建立变速机组应用收益指标评价体系、加快推进全功率变速机组相关配套设计、因地制宜开展中小型抽水蓄能全功率变速机组示范工程建设是破解上述问题的关键之要，可为后续全功率变速技术在中小型抽水蓄能项目落地应用、高质量服务新型电力系统提供参考。

关键词 中小型抽水蓄能；变速机组；全功率变速

0 引言

构建新型电力系统，推动能源清洁转型，是贯彻落实我国能源安全新战略的重大需要，是实现碳达峰、碳中和目标的必由之路[1]。当前，我国正处于能源绿色低碳转型发展的关键时期，风、光等新能源大规模高比例发展，新型电力系统对调节电源的需求更加迫切[2]。抽水蓄能作为现阶段技术最成熟、经济性最优、最具大规模开发条件的电力系统绿色低碳清洁灵活调节电源，在新型电力系统中的功能作用越发凸显。随着国家一系列抽水蓄能利好政策的颁布实施[2-5]，我国抽水蓄能迎来高速发展新局面，抽水蓄能的功能定位、开发方式、运行模式日趋多样。

基金项目：面向新型电力系统的抽水蓄能精益化开发建设和安全运行技术研究支撑（SGZB0000XNJS2400474）。

连续变速抽水蓄能技术是近几十年来抽水蓄能领域最为重要的技术进步之一[6]，与传统的定速抽水蓄能相比，具有水头变幅适应性强、运行效率高、稳定性好、响应速度快等优点[6-8]。连续变速抽水机组可在几毫秒内调整有功和无功功率，抑制电网波动，促进新能源消纳，保障电网安全稳定运行，实现抽水蓄能电站与电力系统的灵活连接。因此，被认为是实现新能源高比例消纳的重要手段，逐渐成为抽水蓄能领域的研究热点[9-19]。

关于连续变速抽水蓄能技术的研究主要集中在交流励磁变速和全功率变速两个方向。在交流励磁变速方面，韩继超[9]等分析了变速机组在发电机工况下不同转速时磁密的分部规律，研究了不同转速定子铁芯损耗占总铁芯损耗比例的变化规律。井浩然[10]等建立了可在发电和抽水条件之间转换的变速机组机电暂态模型，实现了机组运行过程中有功和无功功率的解耦控制和最佳导叶开度及最优转速跟踪。赵志高[11]等通过模型实验，分析了不同水头、不同转速下变速机组的空载特性，揭示了机组空载变速运行的演变规律。刘元洪[12]等对变速机组在不同初始转速下发生水泵断电的导叶关闭和导叶拒动工况进行数值模拟，分析了水力过渡过程中各关键物理量的变化规律、调节保证极值以及工况点轨迹演变规律。贾鑫[13]等提出了变速机组协调控制单元的硬件接口和功能设计要求，以及变速机组适应电网不同频差的调整策略。陈龙翔[14]等提出了变速发电电动机、水泵水轮机、变频器等核心装备的研制框架和重点，并给出变速机组研制的总体方法；在全功率变速方面，邵子轩[15]等构建了变速机组水 – 机 – 电耦合的过渡过程数值仿真模型，揭示了变速机组的能量转换特性。衣传宝[16]等提出了一种满足弱电网络故障时无功电压需求的变速机组无功电流优先控制策略。叶宏[17]等对变速机组在局部电网中的应用进行了仿真分析，验证了变速机组在小电网中的作用。丁理杰[18]等提出了一种发电工况快速频率控制与快速功率控制相结合的协调控制策略，以及一种水泵工况定导叶开度变转速控制策略。畅欣等[19]结合仿真分析，阐述了变速机组对可新能源引起的电网波动的抑制作用。需要指出的是，尽管近年来关于连续变速抽水蓄能技术的研究取得了较为丰硕的成果，但这些成果大多集中在技术本身或相关的运行控制上，对该技术未来发展前景和推广方法的研究相对较少。

本文基于全功率变速抽水蓄能技术特点和应用范围，结合我国中小抽水蓄能的发展趋势，系统研究了全功率变速蓄能技术的发展前景，分析了当前该技术发展面临的主要问题，并提供相关解决方案。研究成果可为全功率变速抽水蓄能技术的推广应用提供参考。

1 连续变速抽水蓄能技术原理

1.1 交流励磁变速技术原理

交流励磁变速机组的转子为三相绕线式绕组，发电电动机转子与电网之间连接有变频器（容量为机组容量的 $1/8\sim1/6$）[20]，通过变频器改变转子的三相交流励磁电流的频率来改变机组转速，其技术原理如图 1 所示[6]。

1.2 全功率变速技术原理

全功率变速机组在发电电动机定子与电网间连接一个与发电电动机容量相同的变频器，通过改变定子三相磁通的频率来改变机组转速，其技术原理如图 2 所示[20]。

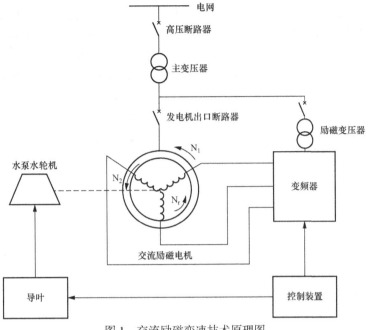

图 1　交流励磁变速技术原理图

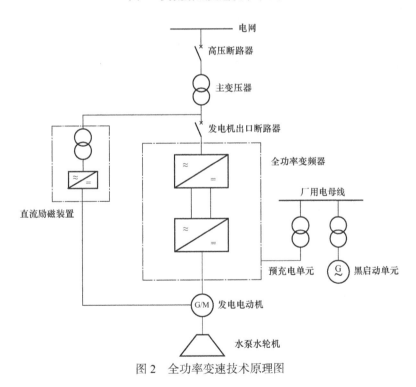

图 2　全功率变速技术原理图

2　连续变速抽水蓄能技术发展现状

2.1　国外发展现状

国外交流励磁变速技术发展相对成熟，日本、欧洲等国家和地区已经实现了抽水蓄能交流励磁变速机组的规模化工程应用。据相关统计，截至 2022 年 9 月底，共计有 11 个国家的 22 座抽水蓄能电站、48 台机组（含在建机组）采用了交流励磁变速机组[20]。东芝、日立、安德里茨、通用电气等国外主要主机设备厂商均具有相关大型交流励磁变速机组供货业绩。相比于交流励磁变速机组成熟的工程应用，国外全功率变速机组应用业绩较少，仅有瑞士和奥地利 2 个国家的 5 座抽水蓄能电站、8 台机组[21]，其中以瑞士格里姆塞尔 2 号水力发电站（安装 1 台 100MW 全功率变速机组）、奥地利 Malta Oberstufe 抽水蓄能电站（安装 2 台 80MW 全功率变速机组）[20-21] 比较有代表性。受益于风电场分布式抽水蓄能电站[22]、矿坑抽水蓄能电站[23-24] 的开发建设，国外主机设备厂商也逐步加大了全功率变速抽水蓄能机组的研发力度。

2.2 国内发展现状

我国关于连续变速抽水蓄能技术的研发起步较晚。交流励磁变速方面，2017 年 9 月，河北丰宁抽水蓄能电站 11、12 号两台变速机组招标采购项目公布中标结果，为国内抽水蓄能领域大型交流励磁变速机组的首次引进[25]。为攻克抽水蓄能设备制造核心技术，加快实现科技高水平自立自强，国家能源局于 2022 年 5 月发布公告，决定将"300MW 级变速抽水蓄能机组成套设备"项目列为 2021 年能源领域首台（套）重大技术装备项目，依托辽宁庄河、山东泰安二期、广东肇庆浪江三个抽水蓄能项目开展自主研发[26]。2024 年 8 月 11 日，河北丰宁抽水蓄能电站 12 号机组正式投产发电，标志着我国大型交流励磁变速机组应用实现了零的突破。电网公司、设备厂商、设计单位、科研院所等围绕交流励磁变速机组功能特性、系统性能、关键零部件制造、机组相关配套设计各方面取得了卓有成效的研究成果。全功率变速方面，2018 年 9 月，国家重点研发计划《分布式光伏与梯级小水电互补联合发电技术研究及应用示范》项目正式启动，依托已投产的四川春厂坝水电站新建一座安装一台 5MW 全功率变速恒频机组的抽水蓄能电站，与流域其他梯级小水电以及光伏形成梯级水光蓄互补联合运行发电系统工程[27]。2022 年 5 月，春厂坝抽水蓄能电站并网发电，标志着我国已攻克全功率变速机组成套设备设计、制造及协同控制技术，具备 5MW 全功率变速机组自主研发运行业绩。

3 全功率变速抽水蓄能技术发展前景

3.1 技术优势明显

与交流励磁变速技术相比，全功率变速技术具有以下优点。

（1）结构简单，制造难度低。全功率变速机组的发电电动机为常规机组，仅在发电电动机定子与电网之间装设一个与发电电动机容量相同的变频器。而交流励磁变速机组发电电动机转子为三相绕线式绕组，结构复杂，设计和制造难度较大[14]。

（2）水头变幅适应力更强。全功率变速机组的转速变化幅度一般可达 ±30%，而交流励磁变速机组的转速变化幅度仅为 ±7% 左右。这意味着全功率变速机组可以适应抽水蓄能电站更大的水头变幅，尤其是在低水头的中小型抽水蓄能电站，机组运行稳定性更好，效率更高[20, 28]。

（3）功率调节范围更广。全功率变速机组将发电电动机与电网完全隔离，在水轮机工况下可实现功率的完全调节；在水泵工况下，功率变化范围可达到 50%[16] 以上，远远超过交流励磁变速机组约 30% 的功率变化范围[16, 29]，可以进一步提高机组的运行灵活性，提升机组对新能源的消纳能力。

（4）可实现有功和无功独立解耦控制。全功率变速机组通过自动频率控制可快速响应有功功率的变化，维持电网频率稳定。可在各种运行状态（甚至停机状态）下实现对电网无功功率的快速补偿和吸收[16, 29]，这是交流励磁变速机组所不具备的。

全功率变速和交流励磁变速技术对比见表1。

表 1　　　　　　　　全功率变速与交流励磁变速技术对比

特性	全功率变速	交流励磁变速
变频器功率	机组容量的 1/8～1/6	100% 机组容量
电机类型	异步电机 转子交流励磁致使电机结构更复杂	传统同步电机
变速范围	±7%，受限于转子功率	理论上 ±100%，受限于水轮机特性 一般可达 ±30%
无功能力	无功容量较小，且无功损耗较大	无功容量很大 甚至在静止情况下也可输出无功
已投运机组最大容量	400MW	100MW

需要指出的是，尽管全功率变速技术比交流励磁变速技术的技术性能更优越，但受大功率变频器制造水平及制造成本的限制，全功率变速技术只有在中小型机组（约 110MW 及以下）[20-21]上应用才具有经济性，110MW 以上容量机组多采用交流励磁变速机组。由于目前抽水蓄能的发展主要集中在大型电站，因此交流励磁变速机组的工程应用业绩远高于全功率变速机组。

3.2　应用场景多样

在国家抽水蓄能大发展新形势下，抽水蓄能开发方式日趋多样，中小型抽水蓄能电站（指装机容量小于 300MW 的抽水蓄能电站）[30-31]逐步得到重视和发展。相比于大型抽水蓄能电站，中小型抽水蓄能电站站点资源丰富（为大型抽水蓄能电站的 5 倍以上）、布局灵活、建设周期短（3～5 年）[31]，可通过新建、常规水电厂混合式改造、与分布式能源基地打捆开发等方式建设，就近接入地区电网，参与源网荷储一体化互动、风光水储协同运行，提高新能源消纳水平与电网韧性，在分布式电源发展迅猛、调峰电源相对缺乏的配电网或线路走廊开辟困难、与主网连接较弱的边缘地区电网中，具有一定的发展前景。

中小型抽水蓄能电站的发展，弥补了全功率变速技术只适用于中小容量机组的缺陷，拓宽了其应用场景。

（1）规模化应用后的生产成本趋近于定速机组。全功率变速机组与定速机组的生产成本差异主要体现在全功率变频装置上。以一台 100MW 容量的全功率变频器为例，其价格约为 8000 万元人民币。随着全功率变速机组应用规模的扩大，通过技术引进和吸收实现大功率变频器的国产化，将大大降低其制造成本。此外，由于采用了变转速设计，可以通过几种标准化的系列产品覆盖很大的应用范围，进一步降低机组的开发制造成本，甚至比定速抽水蓄能机组更具成本优势。根据某国外主机设备厂商提供的资料，只需进行 3 组定型化设计，即可覆盖住 50～200m 水头段 30MW 机组 90% 以上的应用范围。

（2）应用方式多样。全功率变速机组既可直接应用于新建中小型抽水蓄能电站，又可在有条件的已建中小型抽水蓄能电站通过加装全功率变频器实现对定速机组的改造，以充分发挥其技术优越性，进一步提升机组调节能力和运行灵活性。

4　全功率变速抽水蓄能技术发展面临的挑战

当前，全功率变速抽水蓄能技术的发展主要面临以下三个方面的挑战。一是缺乏应用效益的量化评估方法。目前，评估抽水蓄能变速技术带来的收益时，往往采用定性评价方法，缺乏科学合理的收益评价体系和测算方法，导致全功率变速机组应用决策结果主观性较大。二是相关配套设计不完善。缺乏全功率变频器设备综合布置和参数匹配方面的配套设计方案，机组励磁、保护等控制系统设计还不够成熟。三是缺乏实际工程运行经验。国内仅有四川春厂坝抽水蓄能电站一台 5MW 全功率变速机组示范工程运行业绩，对全功率变速机组的运行特性、实际调节能力还缺乏足够了解。

5　相关建议

为推动全功率变速抽水蓄能机组国产化、规模化应用，更好地服务于新型电力系统建设，针对全功率变速技术发展面临的问题，提出以下建议：

（1）研究建立全功率变速机组应用收益评价指标体系。结合全功率变速机组技术特点，从机组参与调峰调频服务、抑制新能源发电波动、提高新能源消纳水平、提高供电可靠性等方面建立收益评标指标体系，量化全功率变速机组应用效益，科学权衡成本收益，提高应用决策水平。

（2）加快推进全功率变速机组相关配套设计。针对全功率变速机组，电站投资主体、设计单位、设备厂商应共同研究制定新建电站的厂房布置设计和改造电站变频器布置可行实施方案，结合变频器技术方案优化机电设备参数。围绕全功率变速机组技术特点开展配套励磁、保护等控制策略研究，为全功率变速机组顺利应用创造条件。

（3）结合国家抽水蓄能中长期发展规划和电网公司新型电力系统示范区建设，开展更多全功率变速机组示范工程建设。可在浙江、湖北、江西等资源较好的省份，结合当地电力发展和新能源发展需求，因地制宜开展中小型抽水蓄能全功率变速机组示范工程建设，积极申请国家能源领域首台（套）重大技术装备项目，围绕全功率变速机组培育全产业链制造商，为全功率变速技术规模化、国产化应用提供助力，为全功率变速机组更好参与源网荷储协同运行，服务新型电力系统建设探索经验。

建立全功率变速机组应用效益评价指标体系，加快全功率变速机组相关配套设计，可以分别为全功率变速机组示范工程提供决策支持和技术支持。随着更多配备全功率变速机组的中小型抽水蓄能电站的示范应用，不仅有利于进一步掌握全功率变速机组对电网的支撑作用，促进应用效益评价指标体系的优化完善，同时也可为全功率变速机组项目的实施积累经验，推动相关配套设计的再升级。如此良性循环，推动全功率变速机组规模化和国产化进程不断深化，所提建议间的关联关系如图 3 所示。

6 结束语

在努力实现"双碳"目标，全力建设新型能源体系、构建新型电力系统大背景下，电力系统对变速抽水蓄能这类更加灵活的调节电源需求越发强烈。与交流励磁变速技术相比，全功率变速技术机组结构更为简单、水头变幅适应性更强、功率调节范围更广，但受大容量变频器制造难度和成本限制，目前只适用于中小容量机组。中小型抽水蓄能电站打开了全功率变速技术规模化的应用空间，使其优势不断显现。未来，

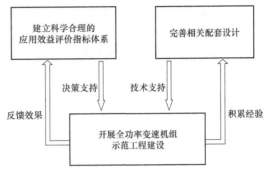

图 3　推动全功率变速机组规模化和国产化相关建议间的关系图

通过建立科学合理的全功率变速机组应用收益评价指标体系、完善全功率变速机组相关配套设计以及开展更多的中小型全功率变速机组示范工程建设，我国将逐步攻克全功率变速机组装备国产化关键技术，为新型电力系统提供更加坚强的调节能力。

参考文献

［1］ 张智刚，康重庆. 碳中和目标下构建新型电力系统的挑战与展望［J］. 中国电机工程学报，2022，42（8）：2806-2818.

［2］ 国家能源局.《抽水蓄能中长期发展规划（2021—2035 年）》印发实施［EB/OL］.［2021-09-09］. http://www.nea.gov.cn/2021/09/09/c_1310177087.htm.

［3］ 中共中央，国务院. 关于完整准确全面贯彻新发展理念做好碳达峰碳中和工作的意见［EB/OL］.［2021-10-24］. http://www.gov.cn/zhengce/2021/10/24/content_5644613.htm.

［4］ 国务院. 关于印发 2030 年前碳达峰行动方案的通知［EB/OL］.［2021-10-26］. http://www.gov.cn/zhengce/content/2021-10/26/content_5644984.htm.

［5］ 国家发展改革委. 关于进一步完善抽水蓄能价格形成机制的意见［EB/OL］.［2021-04-30］. https://www.ndrc.gov.cn/xxgk/zcfb/tz/202105/t20210507_1279341.html?code=&state=123.

［6］ 韩民晓，Othman Hassan ABDALLA. 可变速抽水蓄能发电技术应用与进展［J］. 科技导报，2013，31（16）：69-75.

［7］ KOUGIAS I, AGGIDIS G, AVELLAN F, et al. Analysis of emerging technologies in the hydropower sector［J］. Renewable and Sustainable Energy Reviews, 2019, 113: 109257.

［8］ ILIEV I, TRIVEDI C, DAHLHAUG O G. Variable-speed operation of Francis turbines: A review of the perspectives and challenges［J］. Renewable and Sustainable Energy Reviews, 2019, 103: 109-121.

［9］ 韩继超，董桀辰，张勇，等. 变速抽水蓄能电机在发电工况不同转速下磁场和损耗

研究［J］．大电机技术，2024（1）：48-53．

［10］ 井浩然，李佳，赵红生，等．双馈变速抽水蓄能全工况转换过程建模与仿真［J］．电力建设，2023，44（10）：41-50．

［11］ 赵志高，杨建东，董旭柱，等．基于动态实验的双馈抽水蓄能机组空载特性与变速演化［J］．中国电机工程学报，2022，42（20）：7439-7451．

［12］ 刘元洪，杨威嘉，黄一凡，等．变速抽水蓄能机组运行转速对水泵断电工况的影响规律研究［J］．水利水电技术（中英文），2023，54（3）：144-153．

［13］ 贾鑫，蔡卫江，翟进男，等．可变速抽水蓄能机组协调控制设计与功能研究［J］．水电与抽水蓄能，2023，9（5）：91-97．

［14］ 陈龙翔，乐振春，刘永奇．大型交流励磁变速抽水蓄能机组技术特征与研制框架［J/OL］．电网技术．［2023-10-11］．https://link.cnki.net/urlid/11.2410.tm.20231010.1031.002．

［15］ 邵子轩，杨威嘉，廖溢文，等．全功率变流变速抽蓄机组水泵入力调节特性［J］．水力发电学报，2023，42（4）：46-56．

［16］ 衣传宝，梁廷婷，汪卫平，等．全功率变速抽水蓄能机组无功优先控制策略研究［J］．电力电容器与无功补偿，2021，42（1）：25-31．

［17］ 叶宏，孙平，王婷婷，等．全功率变频抽水蓄能机组在局部电网应用模拟分析［J］．水电与抽水蓄能，2022，8（6）：1-4，31．

［18］ 丁理杰，史华勃，陈刚，等．全功率变速抽水蓄能机组控制策略与调节特性［J/OL］．电力自动化设备．［2023-07-03］．https://doi.org/10.16081/j.epae.202306015．

［19］ 畅欣，韩民晓，郑超．FSC 可变速抽水蓄能在含大规模风光发电系统中的应用［J］．水电与抽水蓄能，2016，2（2）：93-98．

［20］ 衣传宝，杨梅，梁廷婷，等．全功率变频抽水蓄能机组技术应用浅析［J］．水电与抽水蓄能，2020，6（5）：56-61．

［21］ 张立春，杨梅，梁国才，等．全功率变频抽水蓄能机组工程设计与认识［J］．水电与抽水蓄能，2023，9（2）：45-53．

［22］ 井浩然，赵红生，姚伟，等．含分布式变速抽水蓄能的新能源发电系统灵活性资源规划［J］．电力自动化设备，2023，43（11）：117-123，173．

［23］ GAO Renbo, WU Fei, ZOU Quanle, et al. Optimal dispatching of wind-PV-mine pumped storage power station: A case study in Lingxin Coal Mine in Ningxia Province, China［J］. Energy, 2022（243）: 123061.1-123061.14.

［24］ SHANG Dacheng, PEI Peng. Analysis of Influencing Factors of Modification Potential of Abandoned Coal Mine Into Pumped Storage Power Station［J］. Journal of Energy Resources Technology, 2021, 143（11）: 1-34.

［25］ 费万堂，衣传宝，杨梅，等．河北丰宁抽水蓄能电站交流励磁变速机组工程设计与认识［J］．水电与抽水蓄能，2020，6（4）：12-18，57．

［26］ 国家能源局．国家能源局公告［EB/OL］．［2022-05-07］．http://zfxxgk.nea.gov.cn/2022-05/07/c_1310591797.htm．

［27］杨书. 春厂坝抽水蓄能电站应用全功率变速恒频可逆式机组的可行性分析［J］. 水电站机电技术，2023，46（4）：1-4，46.

［28］贺儒飞，王方，张豪. 海水可变速抽水蓄能机组技术路线及关键参数选择［J］. 水利水电技术，2020，51（增刊2）：184-189.

［29］贺儒飞. 定速与变速抽水蓄能机组功率特性分析对比［J］. 水电与抽水蓄能，2021，7（4）：51-55，74.

［30］于倩倩，杨德权，徐玲君，等. 中小型抽水蓄能电站合理发展探讨［J］. 水力发电，2021，47（8）：94-98.

［31］苏南. 中小型抽蓄项目建设箭在弦上［N］. 中国能源报，2022-07-04（5）.

作者简介

杨　柳（1990—），男，硕士，高级工程师，主要研究方向：抽水蓄能电站机电设计、抽水蓄能和新型储能协同运行等。E-mail：yangliu_speri@126.com

官　澜（1984—），男，博士，高级工程师，主要研究方向：抽水蓄能电站电气设计、输变电工程三维设计等。E-mail：guan_lansszz@163.com

王震洲（1990—），男，硕士，工程师，主要研究方向：抽水蓄能工程建设管理。E-mail：wangzhenzhou@chinasperi.sgcc.com.cn

宜兴抽水蓄能电厂综合厂用电率
影响因素分析及控制措施研究

丁　枭[1]，徐　伟[1]，胡馨月[2]，吉俊杰[1]，姚航宇[1]

（1. 华东宜兴抽水蓄能有限公司，江苏宜兴　214205；

2. 国网新源控股有限公司检修分公司，北京　100068）

摘要　在电力市场化背景下，常规主体参与电力市场交易逐渐成熟，同时对调节性电源参与电力市场交易的规则和要求日趋明确。综合厂用电率是抽蓄电厂一项重要经济性指标，鉴于此，阐述了抽蓄电厂厂用电率的构成，分析了影响综合厂用电率的相关因素，同时提出了降低综合厂用电率的控制措施，旨在为抽水蓄能电厂综合效率提升工作提供参考和借鉴。

关键词　综合厂用电率；抽水蓄能；能效提升；机组负荷

0　引言

当前我国电力市场建设加快推进，对调节性电源参与电力市场交易的规则和要求日趋明确。在新形势、新要求下，电站的综合效率的提升也将直接影响电量电费收益。为主动适应抽蓄参与电力市场，提升电站市场化竞争力和盈利能力，很有必要从综合厂用电率运行情况进行深入分析，并提出预控、改进措施，确保电站经济、稳定运行[1]。

1　厂用电配置

宜兴抽水蓄能厂用电系统采用 10kV、0.4kV 两级供电，按照抽水蓄能电站的各个系统，可以划分成不同的部分和区域[2]，主要包括：开关站、中控楼、上下库、35kV 地区电源区域及机组辅机设备系统、全厂公用设备系统、生产照明、渗漏排水、检修配电系统。其中，辅助设备主要包括水系统、气系统和液压油系统，一般简称为油、气、水系统。

按照全厂的各个区域系统（见表 1），针对主要辅机设备及负荷影响因素进行分析。

表 1　　　　　　　　　　　全厂的各个区域及系统

区域	主要系统
开关站区域	生产照明
中控楼区域	渗漏排水

区域	主要系统
上库区域	公用设备
下库区域	检修配电
35kV 地区电源	机组自用

通过对上述区域及设备的重点分析，将有利于提高综合厂用电率计算的准确性。

宜兴抽水蓄能电厂厂用电负荷类型的构成主要有：机组辅机设备（包括励磁系统、调速器油泵、球阀油泵、技术供水泵、主轴密封增压泵、交 / 直流高压注油泵、碳粉油雾收集装置等）；全厂公用设备（包括中压气机、低压气机、主变压器空载冷却水泵、直流充电器、厂房除湿机、厂房送风机、油污处理装置、信息机房服务器等）；生产照明（包括工作照明、事故照明、中控楼照明等）；SFC 拖动机组用电、中控楼办公用电、主变压器损耗、厂用变压器损耗、线路损耗等[3]。

2 综合厂用电率整体情况

综合厂用电率是指：综合厂用电耗电量占同一时期全厂发电量与下网电量之和的百分比数。综合厂用电率（抽蓄）=（发电量 – 上网电量 + 下网电量 – 抽水电量）/（发电量 + 下网电量）× 100%。公式如下：

$$C = \frac{W_C}{W_f + W_x} \times 100\% \qquad (1)$$

式中 C——综合厂用电率；

W_C——综合厂用电量；

W_x——下网电量；

W_f——发电量。

采集宜兴抽水蓄能开关站关口计量电能表数据，统计 2016—2023 年总机端发电量与总上网电量如表 2 所示。

表 2　　　　宜兴抽水蓄能 2016—2023 年总机端发电量与总上网电量

年份	上网电量（kWh）	受网电量（kWh）	综合厂用电（kWh）	综合厂用电率（%）
2016	149125.9752	187576.244	2657.1007	0.79
2017	152330.55	191399.41	2742.21	0.80
2018	116983.33	146909.85	2455.3	0.93
2019	119487.12	150331.52	2366.796281	0.88
2020	118913.17	149352.32	2379.499	0.89
2021	102804.53	129155.81	2191.265	0.94
2022	101972.42	127859.425	2241.677	0.98
2023	100133.233	125903.679	2113.856	0.94

对比 2016—2023 年的数据，可以看出宜兴抽水蓄能综合厂用电率增长之间的关系总

体呈现负相关。

统计 2023 各重点区域及设备厂用电量占总量的比重，得出结果如图 1 所示。

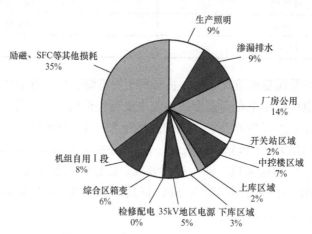

图 1　2023 年度厂用电用量占比情况

经统计数据显示，生产照明、渗漏排水、厂房公用、开关站、中控楼、上水库、下水库、35kV 地区电源、检修配电、综合区、辅机设备用电分别约占综合厂用电的 8.6%、9.01%、14.09%、1.83%、7.30%、1.95%、3.58%、4.73%、0.33%、5.72%、7.60%。

其中，厂房公用设备及辅机设备占厂用电总量较大的比重，达到 21.7%，励磁、SFC 及主变线路等损耗占厂用电的 35.26%。

3　影响厂用电率的因素分析

3.1　开展大型检修对综合厂用电率的影响

宜兴抽水蓄能电厂的年度大型计划性检修工作分为春检和秋检。根据网调批准的实际工期，取两台机组同时进入检修的时间作为样本，如表 3 所示。

表 3　　　　　　　　　　　　　　检　修　时　间　表

年份	检修期	非检修期
2023	5 月 16 日—6 月 14 日	4 月 16 日—5 月 16 日
	11 月 7 日—12 月 7 日	10 月 1 日—10 月 31 日
2022	3 月 2 日—3 月 20 日	2 月 12 日—3 月 1 日
	10 月 12 日—10 月 28 日	9 月 23 日—10 月 11 日

根据监控系统采集的电量数据统计得出结果，如图 2、图 3 所示。

通过统计数据对比，可以得出结论：生产照明、厂房公用、开关站、综合区、上水库、下水库区域用电在两个时期基本持平，几乎不受影响；检修期渗漏排水耗电量略高于非检修期，分析原因为机组检修期间，残水会通过尾水管角阀排至渗漏集水井，渗漏排水泵的启停次数要高于非检修期，通过监控采集的渗漏集水井雷达静水位显示，对应检修期的平均水位明显高于非检修期，可以侧面得到验证；检修配电用电量在检修期明显高于非

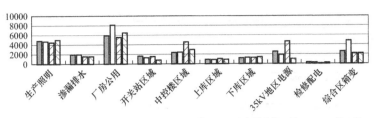

图 2　2022 年度检修期与非检修期厂用电量对比情况

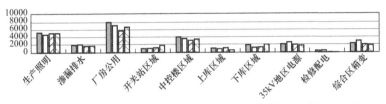

图 3　2023 年度检修期与非检修期厂用电量对比情况

检修期[4]；35kV 地区电源用电量在检修期要略高于非检修期，与非检修期相比增加的用电量主要服务于进入宜兴电厂检修的外包队伍人员。

3.2　季节温度对于综合厂用电率的影响

图 4、图 5 分别为 2022、2023 年度无锡宜兴市平均气温趋势。

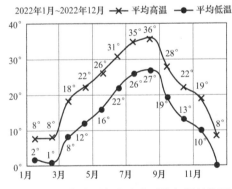

图 4　2022 年度无锡宜兴市平均气温趋势图

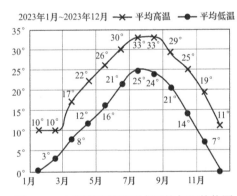

图 5　2023 年度无锡宜兴市平均气温趋势图

通过查询近两年宜兴市平均气温趋势，避开检修期、节假日等干扰因素影响。设置低温、高温、常温期为样本，分别为 2022 年 4 月、8 月、12 月，2023 年 4 月、8 月、12 月，进行对比分析。

通过统计数据对比，可以得出结论（见图 6、图 7）。

综合区、35kV 地区电源、中控楼区域受温度变化用电量影响较大。其中，中控楼和综合区在夏季和冬季增加的用电量，主要来自于空调使用频次的增加。厂房公用系统在高温期增加的用电量，主要服务于螺杆机的冷却散热。35kV 地区电源区域受温度影响较大

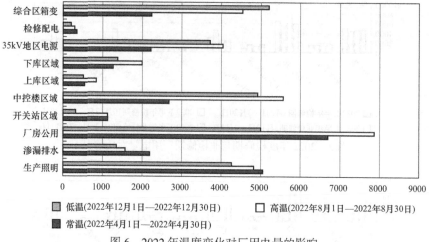

图 6 2022 年温度变化对厂用电量的影响

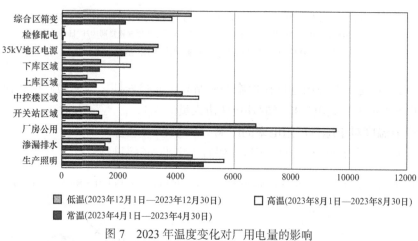

图 7 2023 年温度变化对厂用电量的影响

的负荷主要有恒温仓库、C4 栋营地及实训楼。

3.3 重要设备异动改造对于综合厂用电率的影响

重要设备异动之后，对于厂用电的消耗也存在一定的影响因素。通过取两次规模较大的异动前后一个月的用电量作对比，分析总结提高综合厂用电率的方法如表 4、图 8、图 9 所示。

表 4　　　　　　　　　　　**2022 年与 2023 年重要设备异动改造**

年份	异动内容	异动前	异动后
2022	500kV 出线场计量 CT 改造	9 月 12 日—10 月 12 日	12 月 29 日—2023 年 1 月 28 日
	输变电设备在线监测平台系统增设		
	中控室集中显示系统改造		
	二级泵站电源及控制系统改造		
	同步相量测量装置改造		

年份	异动内容	异动前	异动后
2023	4号机励磁系统改造	10月2日— 11月1日	12月20日— 2024年1月19日
	地下厂房应急照明改造		
	3、4号发电电动机碳粉收集装置增设		

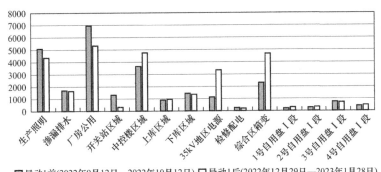

■ 异动1前(2022年9月12日—2022年10月12日)　□ 异动1后(2022年12月29日—2023年1月28日)

图8　2022年重要异动前后厂用电量对比情况

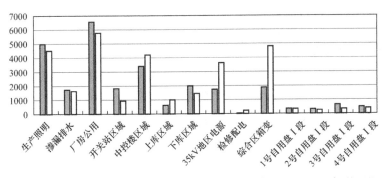

■ 异动2前(2023年10月2日—2023年11月1日)　□ 异动1后(2023年12月20日—2024年1月19日)

图9　2023年重要异动前后厂用电量对比情况

2022年底对开关站设备、中控楼设备进行了规模较大的改造。通过图表不难发现，开关站设备相比在异动后，用电量有明显的下降趋势；中控楼集中显示改造后，用电量有一定的增加。

2023年底对4号机组励磁系统改造以及增设了3、4号发电电动机碳粉收集装置，碳粉收集装置总进线电源取自机组辅助设备220V交流配电盘，机组开停机时，随辅机系统一同启停[5]。通过对比数据，发现异动前后机组自用盘耗电量无明显变化。

3.4　其他可能影响综合厂用电率的因素

厂区大部分照明设备采用的泛光灯、金卤灯均为高耗能设备，且不涉及巡检的非生产区域，常年亮灯。

宜兴抽水蓄能电厂自2008年投入商业运行以来，已安全平稳运行了16年，设备状态也进入老化阶段。主变压器空载损耗、线路损耗等也成为厂用电量上升的一个客观因素[6]。

4 综合厂用电率的控制措施

4.1 优化检修策略，提高机组利用效率

通过逐年数据分析，目前影响综合厂用电率的最大因素为机组的运行时常，运行时长越长，综合厂用电率就越低，反之则越高。因此，要结合企业自身特点，缩短计划性检修工期，增加机组在运时间，提升员工运维技能水平，提升机组可靠性，从而降低综合厂用电率。

4.2 调整辅机系统运行方式

对于电站经济运行而言，特别是对于一些大功率、高耗能设备（渗漏排水系统、厂房公用系统），仍有能耗优化的空间和不合理设计的纠偏。在不影响机组运行安全性的前提下，要有策略的优化调整运行方式。

（1）优化渗漏排水泵启停逻辑。渗漏排水系统在检修期出现单台排水泵频繁启停的现象，可考虑优化启停逻辑，使多台泵同时运行，提高排水效率。避免出现漏水量与排水量相当，单台泵连续运行 4h 后才启第二台泵排水的现象。

（2）优化空载冷却水泵运行方式。宜兴抽水蓄能电厂 4 台主变压器空载状态的冷却，需要依靠 2 台空载冷却水泵提供满足设计要求的冷却水压力。而空载冷却水泵的进口水压力受下水库压力影响。当下水库水位较高时，空载冷却水泵进口压力高。可考虑根据冷却水进口压力，优化调整空载冷却水泵运行策略，达到节能的目的。

4.3 尽可能选择节能型设备

面对不断提高地机组运行本质安全的要求，设备国产化替代、异动、技改是宜兴抽水蓄能电厂今后很长一段时间的重点工作。深思熟虑做好前期方案设计、节能设备中期选型、运行策略后期优化，成为降低综合厂用电率指标的一条有效的路径。

4.4 优化运行管理模式

受气温影响，电厂中控楼办公区及综合区空调的大量使用对于综合厂用电率指标有很大的影响。可以通过在中控楼、综合区、35kV 地区电源区域安装电表，建立奖惩机制、多措并举，践行厉行节约、勤俭办企的理念。培养人走关灯、关空调、关电脑等良好习惯。

4.5 优化厂区照明

在生产照明用电方面，可以通过优选更加节能的新型照明设备，结合工业电视巡检仪合理减少无人区域的照明投入，优化厂内夜间亮化工程投入的时间。

4.6 加强用电跟踪监控、监督管理

宜兴抽水蓄能电厂目前电量表未实现重要设备全覆盖，缺少对能耗的实时监测能力。目前的厂用电采集装置，仅仅对电量进行记录、集采，还无法进行初步的分析计算。在投入更多计量设备之后，加强对各个用户定量分析，加强远程节能诊断平台应用[7]，可以有助于经营的成本透明化[1]。优化内部用电经营模式，加强监督管理。办公用电可以考虑采用地区电源与厂用电共同供电的方式，不仅可以增加办公用电的可靠性，还能降低综合厂用电率。

5 结束语

降低综合厂用电率是以电价政策为导向，提升绿电调节服务商市场竞争力，追求企业

经济效益最大化。本文分析了宜兴抽水蓄能电厂综合厂用电率的影响因素并提出控制措施，可为抽蓄电厂综合厂用电率影响因素分析及控制提供了一些思路及方法。不同抽蓄电站应结合现场实际设备运用，强化技术管理，以科技创新为突破点，不断深挖效能潜力。

参考文献

[1] 孟凡垟. 试析燃煤机组厂用电率影响因素及节电优化措施探讨 [J]. 节能减排，2023，1（1）：175-177.

[2] 陈宁，李琦，袁亮. 废弃矿洞抽水蓄能地下储水空间多场耦合特性研究 [J]. 水电与抽水蓄能，2022，8（1）：7-12.

[3] 裴哲义，孙骁强，王学斌，等."双碳"目标下电网多能源联合优化调度研究与实践 [J]. 水电与抽水蓄能，2022，8（4）：1-12.

[4] 张雷防，龚相杰. 集控模式下的水电厂区域化设备远程集中运维研究 [J]. 水电与抽水蓄能，2022，8（5）：109-111.

[5] 袁波，吕鹏飞，茅雨培，等. 抽水蓄能电站静止变频启动电能质量分析与抑制措施研究 [J]. 水电与抽水蓄能，2022，8（5）：116-120.

[6] 倪晋兵，张云飞. 抽水蓄能在新型电力系统中发展的思考 [J]. 水电与抽水蓄能，2022，8（6）：5-7.

[7] 陈鹤虎，胡静，梁庆春，等. 宜兴抽水蓄能电站机组背靠背启动故障试验分析 [J]. 水电与抽水蓄能，2023，9（2）：40-44，53.

作者简介

丁枭（1997—），男，助理工程师，主要从事抽水蓄能电站运行业务工作。E-mail：997383891@qq.com

徐伟（1979—），男，工程师，主要从事抽水蓄能电站发电技术管理、运行管理工作。

胡馨月（1991—），女，工程师，主要从事水电水利二次设备检修、人力资源管理工作。E-mail：421154280@qq.com

吉俊杰（1987—），男，工程师，主要从事抽水蓄能电站设备运维工作。E-mail：jijunjie2010@126.com

姚航宇（1990—），男，工程师，主要从事抽水蓄能电站设备运维工作。E-mail：18961580189@189.cn

"蓄能 +"融合助力抽水蓄能电站发展趋势浅探

卢碧涵，王　聪

（中国电建建筑规划设计研究院有限公司，北京　100024）

摘要　为探讨抽水蓄能电站在新能源时代背景下，如何通过产业融合促进抽水蓄能电站综合发展的路径与策略，首先分析了抽水蓄能电站作为清洁能源基础设施的独特优势及其在推动地方经济转型中的作用，随后基于其独特优势与作用，聚焦于文旅康养产业的融合契机，提出了从文旅项目规划、品牌建设、基础设施建设、生态环境保护、产业融合发展、社区参与、智慧旅游以及持续运营与优化等八个方面抽水蓄能电站与文旅产业结合的发展策略。通过分析与实践探索，揭示了抽水蓄能电站与文旅康养产业融合的可行性及其对社会经济的积极影响。研究结果显示，此融合发展模式不仅提升了电站的附加值，还促进了区域生态平衡、文化传承与公众健康，为实现绿色可持续发展提供了有力支撑。

关键词　抽水蓄能电站；蓄能 +；产业融合；建设与乡村振兴；生态修复；旅游产业赋能

0　引言

随着全球能源结构转型和"双碳"目标的提出，抽水蓄能电站作为目前技术最成熟、运行最可靠的储能方式，发展规模将持续扩大。抽水蓄能不仅承担着调节电网、保障电力供应的重要职责，还因其独特的地理位置、壮观的工程设施以及丰富的自然资源，成为融合其他产业发展的新亮点。

本文旨在探讨在国家政策及时代发展趋势的大背景下，可以与抽水蓄能相结合发展的产业，这种结合不仅有助于提升抽水蓄能电站的综合效益，还能促进相关产业的协同发展。

1　新冠疫情后中国经济发展政策导向

新冠疫情后中国 CPI 指数增长较为温和，但旅游业呈现出强劲的复苏势头，并成为推动中国经济增长的新引擎。

党的二十大报告提出，"坚持以文塑旅、以旅彰文，推进文化和旅游深度融合发展"。当下全球能源结构转型与旅游业多元化发展的背景下，抽水蓄能电站与文旅康养等产业的深度融合展现出巨大的潜力和独特的优势。未来，抽水蓄能电站与旅游康养等产业的结合发展，因中国居民消费升级与文化自信将更加注重人们的体验和产业的可持续发展。这种跨界融合不仅丰富了清洁能源项目的内涵，也为地方经济发展、社会福祉提升及生态环境保护提供了新思路。

2   新趋势下"蓄能 +"产业融合的独特优势

抽水蓄能电站的产业融合发展，具备优良的基础条件和融合优势，结合目前的国家政策支持条件及抽水蓄能电站长远化发展的需求，抽水蓄能电站的多产业融合作为一种新型发展模式，其必要性日益凸显，主要表现在以下几个方面：

2.1   基础资源独特优势

抽水蓄能电站以其独特的资源禀赋成为文旅康养产业融合的重要基础。其选址通常位于自然风光优美、山水相依之地，拥有丰富的自然景观资源和清新的生态环境。如高山峡谷、湖泊水源等。在抽水蓄能电站建设过程中，工程区注重环保和生态修复，使得工程区及周边的生态环境得到保护和改善，不仅提升了当地的环境质量，也为发展生态旅游、休闲、康养、户外运动等旅游产业提供了得天独厚的条件，能够吸引大量游客前来体验自然之美，享受身心放松。

2.2   产业融合促进蓄能发展升级

抽水蓄能电站与文旅康养产业的融合，促进了产业间的相互渗透和协同创新。这种融合不仅丰富了旅游产品类型，提升了旅游品质，还推动了清洁能源技术、生态环保技术、健康管理技术、智能化与数字化、环保与可持续发展等领域的创新发展。推动了发展的核心动力，顺应市场变化，对新技术、新材料、新工艺有了更深入的需求。同时，产业融合还有助于优化资源配置，构建新的产业体系，加强上下游企业合作与协同，推动产业创新式发展升级，提高产业整体效率和竞争力，为地方经济转型升级注入了新的活力。

2.3   蓄能建设助力乡村振兴

抽水蓄能电站项目的建设往往选址于乡村地区，这对于推动乡村振兴具有重要意义。项目的落地不仅改善了乡村的基础设施条件，提高了乡村的知名度和美誉度，还带动了乡村旅游、乡村民宿、乡村农产品等相关产业的发展，为当地创造了大量的就业机会，促进了农民增收，为政府带来可观的税收。通过文旅康养项目的引入，丰富了乡村产业结构，提高了产业附加值，乡村经济得到了全面提升，对改善村民生活条件、基础设施、公共服务提供了有力支持，促进了乡村生态的改善和治理水平的提升，乡村面貌焕然一新，农民群众的生活水平也得到了显著提高。由此，抽水蓄能工程实现乡村全面振兴贡献的力量是非常可观的。

2.4   传承文化展示地域特色

抽水蓄能电站的建设往往与当地的自然、文化、历史、民俗、艺术等特色相结合，形成了独具特色的电站景观和文化底蕴。通过多产业融合模式的发展，可以进一步挖掘和传承地方特色文化元素，打造具有地方特色的抽水蓄能电站品牌。抽水蓄能电站作为地域文化传承的重要载体，不仅有助于提升电站的知名度和美誉度，还能促进当地文化旅游等产业的发展，带来不可预估的经济效益。

3 新趋势下的蓄能产业融合发展的策略方式

结合抽水蓄能产业融合的优势，具体分析抽水蓄能的独特基础条件与相关产业融合的契合度，分析联合打造的方向与策略。在新能源时代背景下，聚焦于"蓄能＋"产业的融合契机，提出在新能源革命与文旅产业融合发展的背景下，抽水蓄能电站作为清洁能源的重要基础设施，其独特的资源禀赋与文旅产业的结合展现出巨大的发展潜力。从文旅项目规划、品牌建设、基础设施建设、生态环境保护、产业融合发展、社区参与、智慧旅游以及持续运营与优化等八个方面，探讨抽水蓄能电站与文旅产业结合的发展策略。

3.1 文旅项目规划

科学合理的文旅项目规划是抽水蓄能电站与文旅产业结合的基础。规划应紧密结合抽水蓄能电站的自身特色与周边自然人文环境，深入挖掘文化内涵，打造独具特色的旅游项目。通过规划，明确旅游线路、景点布局、服务设施等关键要素，确保项目既符合游客需求，又能有效展示蓄能电站的科技魅力和环保价值。

3.2 品牌建设

品牌建设是抽水蓄能电站文旅项目脱颖而出的关键。通过构建鲜明的品牌形象，提升项目的知名度和美誉度。品牌建设中应强调抽水蓄能电站的清洁能源属性、科技创新能力以及对地方经济的贡献，同时注重与地域文化的深度融合，形成独特的品牌故事和 IP 形象。通过多渠道、多形式的宣传推广，扩大品牌影响力，吸引更多游客前来参观体验。

3.3 基础设施建设

完善的基础设施是保障抽水蓄能电站文旅项目顺利运行的基础。应加大投入，完善交通、住宿、餐饮、娱乐等配套设施建设，提升游客的旅游体验。同时，注重设施的环保节能设计，体现绿色旅游理念。通过提升服务质量和管理水平，为游客提供更加便捷、舒适、安全的旅游环境。

3.4 生态环境保护

抽水蓄能电站作为清洁能源设施，其建设与运营应始终遵循生态保护优先的原则。在文旅项目开发过程中，应严格执行环保法规和标准，采取有效措施减少对环境的影响。通过生态修复、绿化美化等手段改善周边环境质量，打造生态友好型旅游目的地。同时，加强环保宣传教育，引导游客文明旅游、绿色消费。

3.5 产业融合发展

抽水蓄能电站与文旅产业的结合需要推动相关产业的融合发展。通过产业链的延伸和拓展，形成多元化的旅游产品体系。例如，可以结合当地农业、林业、渔业等资源，开发乡村旅游、生态旅游等特色产品；或者与文化产业、体育产业等相结合，举办文化节庆、体育赛事等活动，提升项目的吸引力和附加值。

3.6 社区参与

社区参与是推动抽水蓄能电站文旅项目可持续发展的重要力量。应充分尊重当地社区的意愿和利益诉求，积极吸纳社区居民参与项目规划、建设和运营等环节。通过提供就业机会、开展技能培训等方式促进社区经济发展；同时，加强文化交流与互动，增强社区居民对项目的认同感和归属感。

3.7 智慧旅游

智慧旅游是提升抽水蓄能电站文旅项目竞争力的有效途径。通过运用大数据、云计算、物联网等现代信息技术手段，实现旅游信息的智能化采集、处理和应用。打造智慧旅游服务平台，为游客提供个性化、便捷化的旅游服务；同时，通过数据分析掌握游客需求和市场动态，为项目优化和升级提供决策支持。

3.8 持续运营与优化

抽水蓄能电站文旅项目的持续运营与优化是实现长期发展的关键。应建立健全的运营管理体系和监控机制，确保项目的高效稳定运行。同时，注重项目的持续优化和创新发展，根据市场需求和游客反馈及时调整和完善项目内容和服务方式。通过持续投入和创新驱动，不断提升项目的吸引力和竞争力，实现可持续发展。

综合以上，"蓄能 +"融合发展模式不仅提升了电站的附加值，还促进了区域生态平衡、文化传承与公众健康，为实现绿色可持续发展提供了有力支撑。

4 结束语

抽水蓄能电站的未来发展极具广阔的空间，如何更精准、更高效、更实业地把握好"蓄能 +"的发展模式与长远规划，是值得引起我们重视和思考的问题。

本文提出了抽水蓄能电站与文旅康养产业融合发展的独特优势，并指出了未来研究的方向与重点。未来应进一步关注政策环境的优化、技术创新的推动、市场需求的变化等因素对融合发展模式的影响，不断完善与丰富相关理论与实践体系。

综上所述，抽水蓄能电站产业融合实现资源共享、优势互补和协同发展。这种结合将有助于提升抽水蓄能电站的综合效益，推动相关产业的共同发展。抽水蓄能电站的未来发展将为我们带来更多的可能性，值得我们去更深层次地开发和研究，"蓄能 +"也将有更多的可延展性，期待"蓄能 +"的时代绽放异彩！

参考文献

［1］ 兰思仁．谢祥财．中国水利风景区发展报告［M］．北京：社会科学文献出版社，1998．

［2］ 晏雄．赵泽宽．文化旅游融合发展：理论、路径与方法［M］．北京：中国旅游出版社，2022．

［3］ 袁建伟，等．文旅融合产业区域发展创新与绍兴东亚文化之都研究［M］．杭州：浙江工商大学出版社，2023．

［4］ 丁乙乙．抢先布局"未来产业"上海为"后天"发展蓄能［J］．上海信息化，2023：6-11．

［5］ 黄健．张记坤．高新萍．喻刚．抽水蓄能电站开发工业旅游产业的探讨［J］．中国电力企业管理，2021：44-45．

［6］ 左其亭．邱曦．钟涛．"双碳"目标下我国水利发展新征程［J］．中国水利，2021：29-33．

［7］ 苏健等．碳中和目标下我国能源发展战略探讨［J］．中国科学院院刊，2021（9）：1001-1009．

［8］ 韩瑜．"AI＋文旅"引领智慧旅游新体验［J］．呼伦贝尔日报，2024．

［9］ 何昶成．黄仲山．打造智慧文旅新景观［J］．经济日报，2024．

［10］ 陈诗文等．旅游业成为中国经济持续增长新引擎［EB/OL］．光明网，2024．

［11］ 陶俊．石美姣．崔雨萌．沉浸式文旅空间：概念、模式与趋势［EB/OL］．图书馆论坛，2024．

［12］ 孟祥鑫．李芍毅．胡森昶．唐文哲．多能互补视角下抽水蓄能电站运营管理关键影响因素分析——以辽宁清原抽水蓄能电站为例［EB/OL］．北京大学学报（自然科学版），2024．

作者简介

卢碧涵（1982—），女，高级工程师，主要从事水利水电工程区规划、设计与施工工作，同时涉及旅游策划及规划、城市更新、乡村振兴、风景区策划、生态环境治理、园林景观工程等多项领域。

王　聪（1989—），女，中级工程师，主要从事水电水利工程区规划、设计工作。E-mail：526515972@qq.com

500kV 母线电压互感器铁磁谐振的产生机理与仿真验证

韦志付[1]，冯海超[2]，李栋梁[1]，梁逸帆[1]，于彦东[1]

（1. 国网新源华东天荒坪抽水蓄能有限责任公司，浙江安吉　313302；
2. 国家电网公司水新部，北京　100032）

摘要　电压互感器（TV）铁磁谐振在电力系统中常有发生，铁磁谐振发生后不及时处理会导致电压互感器烧坏或爆炸，且可能危及电力系统中其他电气设备，如避雷器爆炸或电气设备绝缘击穿等。基于国内某大型抽水蓄能电站 500kV GIS 开关站首次启动过程中，母线 TV 发生铁磁谐振的现象，探索电力系统中铁磁谐振产生机理。同时，对铁磁谐振现象进行仿真验证，并提出几点预防措施。

关键词　铁磁谐振；电压互感器；仿真计算

0　引言

国内某大型抽水蓄能电站 500kV 开关站采用双母线接线，经 2 回出线接入华东电网。开关站采用西安西电开关电气有限公司（简称"西开"）生产的 550kV SF₆ 封闭式组合电器（GIS）断路器设备，其型号为 ZF8A-550/Y5000-63，断路器型号为 LW13A-550/Y500-63，采用卧式双断口结构，带并联均压电容，无分合闸电阻；电压互感器型号为 JDQX-500V，为常规电磁式。该电站 500kV GIS 开关站建设完成后，在正式投入商业运行前，需完成启动试验。

1　母线 TV 铁磁谐振情况

按照 500kV GIS 开关站启动试验流程，需对 500kV 系统进行倒闸操作。如图 1 所示，操作前长妙 5P01 线经断路器 5051 运行于 500kV I 段母线，龙妙 5P02 线经断路器 5052 运行于 500kV II 段母线，母线联络断路器 5012 合闸，主变压器高压侧断路器（5001/5003/5005）不在本次启动范围内，处于检修状态。根据试验安排，先断开断路器 5052，再断开母线联络断路器 5012（500kV II 段母线停电）。此时监控显示 500kV II 段母线 C 相电压为 234kV，A/B 相电压约为 30kV（正常感应电压）。按照试验要求，继续操作断开断路器 5051（500kV I 段母线停电），此时监控显示 500kV I 段母线三相电压约为 30kV（正常感应电压），且 500kV II 段母线 C 相电压依然维持保持 234kV 不变。现场检查发现 500kV II

段母线 C 相 TV 振动较大，运行声音明显，A/B 相均无此现象。查看故障录波器波形图，初步判断 500kV Ⅱ 段母线 C 相 TV 发生铁磁谐振，波形如图 2 所示。经研究讨论，通过合上母线联络断路器 5012 来消除谐振（此时 500kV Ⅰ/Ⅱ 段母线均为停电状态）。断路器 5012 合闸后，监控显示 500kV Ⅱ 段母线 C 相电压降至 30kV（正常感应电压），同时 500kV Ⅰ 段母线 C 相电压瞬时升高至 91.65kV 后又恢复至 30kV，A/B 相均无此现象。

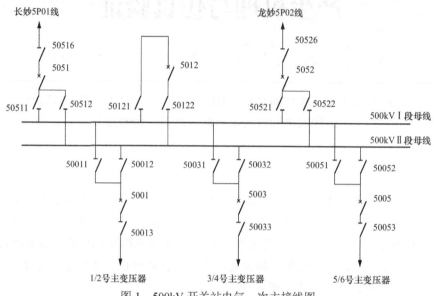

图 1　500kV 开关站电气一次主接线图

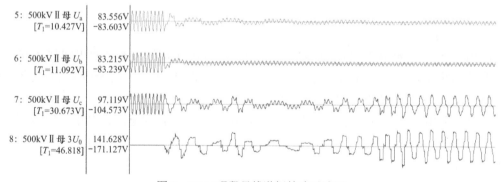

图 2　500kV Ⅱ 段母线谐振故障录波图

2　铁磁谐振产生机理分析

如图 1 所示，该电站 500kV 开关站采用双母线接线。正常运行时，6 台主变压器每两台为一个单元，分别经断路器 5001/5003/5005 与 500kV Ⅰ/Ⅱ 段母线相连；母线联络断路器 5012 正常为合闸状态，将两段母线并列运行，再分别经两条出线（5P01/5P02 线）送出。本次事件初始状态为断路器 5001/5003/5005 检修状态，500kV Ⅰ/Ⅱ 段母线运行，长妙 5P01 线及龙妙 5P02 线运行。此时先断开断路器 5052，再断开母线联络断路器 5012 时，谐振发生。现对产生原因分析如下。

2.1 铁磁谐振物理模型

一个谐振电路必须含有电感和电容原件。[1]
可将图 1 回路中电气设备简化为电感和电容原件。该电站 500kV 系统采用中性点直接接地方式，TV 也是三相分立，所以可以简化为一相进行分析。以 A 相为例建立物理模型，其等效电路图如图 3 所示。[2]

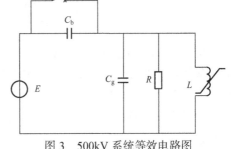

图 3　500kV 系统等效电路图

C_b—断路器 5012 的断口电容；C_g—母线对地电容；
R—TV 铁芯损耗等值电阻；L—TV 的非线性电感；
E—电源

当断路器 5012 断开时，为简化分析过程，利用戴维南等效定理，可以将电路图进一步简化为串联 RLC 电路，其中：

$$C_0 = C_b + C_g \quad (1)$$

令：

$$Z_1 = R$$
$$Z_2 = +jX_L$$

式中　X_L——电感的阻抗。[2]

对其进行并联计算：

$$Z = Z_1 \parallel Z_2 \quad (2)$$

即：

$$\frac{1}{Z} = \frac{1}{R} + \frac{1}{jX_L} \quad (3)$$

经计算可得：

$$Z = \frac{RX_L^2}{R^2 + X_L^2} + j\frac{R^2 X_L}{R^2 + X_L^2} \quad (4)$$

则简化后：

$$R_0 = \frac{RX_L^2}{R^2 + X_L^2} \quad (5)$$

$$X_{L0} = \frac{R^2 X_L}{R^2 + X_L^2} \quad (6)$$

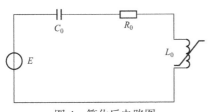

图 4　简化后电路图

根据计算结果，可将等效电路图简化为图 4 所示串联电路。

图 4 中，电路总阻抗 Z_T 可表示为：

$$Z_T = R_0 + X_{L_0} + X_{C_0} \quad (7)$$

式中　X_{C_0}——电容的阻抗。

将式（1）、式（5）、式（6）代入式（7）可得：

$$Z_T = R_0 + jX_{L_0} - jX_{C_0} \quad (8)$$

$$Z_{\mathrm{T}} = \frac{RX_{\mathrm{L}}^2}{R^2 + X_{\mathrm{L}}^2} + \mathrm{j}\left(\frac{R^2 X_{\mathrm{L}}}{R^2 + X_{\mathrm{L}}^2} - X_{\mathrm{C}_0} \right) \qquad (9)$$

在简单的 RLC 电路中，正常情况下，若其初始状态感抗大于容抗，即 $X_{\mathrm{L}_0} > X_{\mathrm{C}_0}$，此时不具备线性谐振条件，回路保持稳定状态。[1] 但当电源电压升高，或电感线圈出现涌流时，就有可能使铁芯饱和，其感抗值减小，当满足式（10）条件时，即满足串联谐振条件。在电感和电容两端便形成过电压，回路电流的相位和幅值会突变，发生铁磁谐振现象，谐振一旦形成，谐振状态可能自保持，维持很长时间而不衰减，直到遇到新的干扰改变了其谐振条件才可能消除谐振。[3]

$$X_{\mathrm{L}_0} = X_{\mathrm{C}_0} \qquad (10)$$

即：

$$\frac{R^2 X_{\mathrm{L}}}{R^2 + X_{\mathrm{L}}^2} = X_{\mathrm{C}_0} \qquad (11)$$

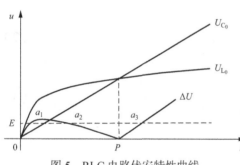

图 5　RLC 电路伏安特性曲线

在正常运行的电力系统中，在正常情况下，电压互感器不饱和，若其初始状态感抗大于容抗，即 $X_{\mathrm{L}_0} > X_{\mathrm{C}_0}$，此时不具备线性谐振条件，回路保持稳定状态。而随着电压互感器上电压上升到一定数值时，电压互感器的铁芯饱和，感抗变小，即满足 $X_{\mathrm{L}_0} < X_{\mathrm{C}_0}$ 时，就构成了谐振条件，如图 5 所示为 RLC 电路伏安特性曲线，谐振一般发生在 α_3 点。[4] 在电力系统运行中，下列几种激发条件易造成铁磁谐振：

（1）电压互感器的突然投入。

（2）线路发生单相接地。

（3）系统运行方式的突然改变或电气设备的投切。[5]

（4）系统负荷发生较大的波动。

（5）电网频率的波动。

（6）负荷的不平衡变化等。

结合此次该电厂开关站 GIS 设备发生铁磁谐振情况，确认其符合上述第（3）种情况，即系统切空载母线操作时，发生铁磁谐振。[6]

2.2　铁磁谐振仿真分析与验证

现利用电磁暂态仿真软件，建立该电站 500kV GIS 开关站铁磁谐振数值仿真模型。[2]

2.2.1　系统参数确定

仿真中需要关注的物理模型主要有：等值电源、线路、负载、电压互感器、断路器、电流互感器、避雷器、各连接导杆等。经与 GIS 设备厂家沟通，对系统各参数进行确定。

依据 GIS 设备的结构尺寸计算得到连接导杆的等值电气参数：

单位长度等效电感 $L_0 = 0.26\mu\mathrm{H}$；

单位长度等效对地电容 C_0=50pF；

电压互感器二次、三次副边绕组等值对地电容取值为 10pF。

500kV GIS 断路器结构为双断口带并联均压电容、无分合闸电阻，在分闸状态下，采用断口间电容和对地电容模拟；在合闸状态下，仅采用对地电容模拟；断路器在分、合闸操作时，若考虑弧道电弧，电阻采用断口电容与电弧电阻并联模型模拟，电弧电阻按 0.5Ω 定值电阻选取，断路器断口电容 1080pF 和对地电容 250pF。

电流互感器通串接在断路器导杆上，仿真中电流互感器的等效为对地电容，电容值为 55pF。

依据避雷器的结构和工作特性，其等效电路为非线性电阻与电容并联，并联电容值由避雷器结构和电阻片数量、电容参数等确定，等值对地电容为 150pF。

仿真计算分析时采用的过电压、过电流基准值：

过电压基准值（峰值）为：1.0p.u.=449.07kV；

500kV 电磁式电压互感器一次侧电流基准值（峰值）为：1.0p.u.=1.6mA；

500kV 电磁式电压互感器持续时间≤1s 允许的最大工频电流有效值≤200mA，即 282.8mA。

2.2.2 仿真分析与验证

依据给定的初始参数，该开关站的 I 段母线、II 段母线总长度均为 32m，按单位长度等效对地电容 C_0=50pF 计算，单根母线对地电容为 1600pF。仿真研究系统单母线运行时，切空载母线可能引起的铁磁谐振。

（1）500kV I 段母线空载切 II 段母线。

模拟 500kV I 段母线空载切 II 段母线情况，如图 1 所示，试验前长妙 5P01 线经断路器 5051 运行于 500kV I 段母线，母线联络断路器 5012 合闸，主变压器高压侧断路器 5001/5003/5005 处于检修状态，断路器 5052 处于检修状态。在 0.02s 母线 A 相电压峰值时刻，通过断开母线联络断路器 5012 空载切 II 段母线。可得在 500kV I 段母线运行，II 段母线电压互感器一次侧电压波形和一次侧电流波形分别如图 6、图 7 所示。

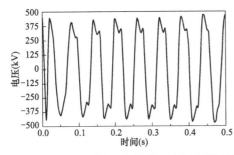
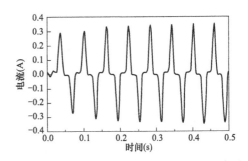

图 6　I 段母线空载切 II 段母线一次侧电压波形　　图 7　I 段母线空载切 II 段母线一次侧电流波形

由图 6 及图 7 可以看出，500kV I 段母线通过断路器 5012 空载切 II 段母线，系统出现 17Hz 的三分频铁磁谐振，系统出现过电流。

（2）500kV II 段母线空载切 I 段母线。

模拟 500kV II 段母线空载切 I 段母线情况，如图 1 所示，试验前龙妙 5P02 线经断路器 5052 运行于 500kVⅡ段母线，母线联络断路器 5012 合闸，主变压器高压侧断路器 5001/5003/5005 处于检修状态，断路器 5051 检修状态。在 0.02s 母线 A 相电压峰值时刻，通过断开母线联络断路器 5012 空载切Ⅰ段母线。可得在 500kVⅡ母线运行，Ⅰ段母线电压互感器一次侧电压波形和一次侧电流波形分别如图 8、图 9 所示。

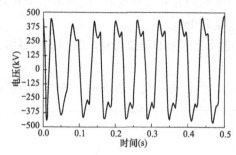

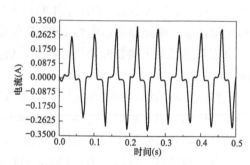

图 8　Ⅱ段母线空载切Ⅰ段母线一次侧电压波形　　　图 9　Ⅱ段母线空载切Ⅰ段母线一次侧电流波形

由图 8 和图 9 可以看出，500kVⅡ段母线通过断路器 5012 空载切Ⅰ段母线，系统同样出现 17Hz 的三分频铁磁谐振及因谐振产生的过电流现象。

根据以上暂态过程的仿真计算结果，母线联络运行时，断路器和隔离开关的切空载母线分闸操作时，会激发铁磁谐振。[7] 电压互感器一次侧电压和电流出现分频铁磁振荡，有分频过电流出现。

2.3　铁磁谐振的危害及预防措施

电压互感器引起谐振必须由工频电源供给能量才能维持下去，如能抑制或消耗掉这部分能量，就可避免谐振的产生。[8] 此外，提高电压互感器的励磁特性，使系统感抗远远大于容抗，系统参数不满足谐振条件也能很好地预防谐振发生，但由于现在电压互感器设计追求小型化，这样一来，电压互感器的铁芯很容易饱和，因此电压互感器的励磁特性不良，极易引起谐振过电压。如果发现不及时，电压互感器将被烧毁。[9] 当谐振过电压消除后，由于有些设备的绝缘已被击穿，一旦再次谐振，将会造成电压互感器爆炸，直接危及一次电网，对整个电网的供电造成危害。目前大多采用改变电压互感器参数和增加阻尼等措施来抑制铁磁谐振。

2.3.1　增加阻尼电阻抑制谐振

结合该开关站的实际结构特点和低频谐振产生的条件，可在每一单相电压互感器二次绕组两端子间并入阻尼电阻抑制谐振，从而抑制断路器和隔离开关切空载母线操作时产生的铁磁谐振。据此，做出仿真验证。

如图 10 所示。利用建立的长龙山 500kV GIS 开关站仿真模型对电压互感器二次绕组接入阻尼电阻 R（0.1Ω）的抑制效果和参数进行了计算和验证。

计算分析表明：在电压互感器二次绕组接入阻尼电阻 R 时，可以迅速衰减震荡幅值，同时降低系统铁磁谐振时的过电压和过电流。该开关站据此计算结果，增加阻尼电阻，作为临时消协装置，起到较好的消谐作用。

2.3.2　改变电压互感器参数抑制谐振

该开关站为彻底解决铁磁谐振问题，通过重新设计制造母线电压互感器，选用励磁特

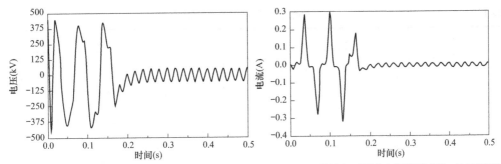

(a) 加入阻尼装置后 I 段母线空载切 II 段母线一次侧电压波形　(b) 加入阻尼装置后 I 母线空载切 II 段母线一次侧电流波形

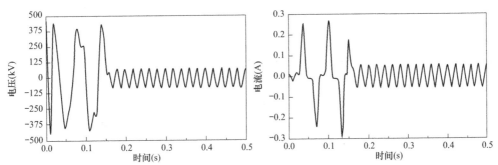

(c) 加入阻尼装置后 II 段母线空载切 I 段母线一次侧电压波形　(d) 加入阻尼装置后 II 段母线空载切 I 母线一次侧电流波形

图 10　加入阻尼装置后空载切除母线一次侧电压、电流波形

性更好、铁芯更加不容易饱和的电压互感器。[3]

　　在设计新的电压互感器时，通常会遇到电压互感器抗饱和能力与其精准度不可兼顾的矛盾，根据电压互感器铁芯磁通密度计算公式（12）：

$$B_{n} = \frac{E_{2n} \times 10^{4}}{4.44 f N_{2n} A_{C}} \tag{12}$$

式中　B_{n}——额定磁通密度，T；

　　　A_{C}——铁芯有效截面积，cm^{2}；

　　　E_{2n}——额定二次电压，V；

　　　f——额定频率，Hz；

　　　N_{2n}——额定二次匝数。

　　在电力系统中，电网频率 f、二次额定电压 E_{2n}、铁芯有效截面积 A_{C} 不变的情况下，二次绕组匝数 N_{2n} 与磁通密度 B_{n} 成反比，即匝数越多，磁通密度越小，电压互感器越不容易饱和。[10]同时导致二次侧实际电压与理论电压偏差越大，电压互感器的准确度越低。

　　根据以上计算结果，该开关站联系设备制造厂家，最终通过适当降低电压互感器精度的改造方案，即增加二次绕组匝数。改造前后，母线电压互感器电气参数变化如表 1 所示。

　　按照上述计算结果，该电站会同 GIS 设备厂家，对母线电压互感器进行重新设计计算，改造后经试验验证，该方案能有效抑制铁磁谐振的发生。

表1　　　　　　　　　　　　　　电压互感器改造前后参数对比

项目	改造前				改造后			
	额定电压（V）	额定输出（VA）	准确级	磁通密度（T）	额定电压（V）	额定输出（VA）	准确级	磁通密度（T）
二次侧参数	$100/\sqrt{3}$	10	0.2	0.85	$100/\sqrt{3}$	10	0.2	0.46
	$100/\sqrt{3}$	50	0.5		$100/\sqrt{3}$	20	0.5	
	$100/\sqrt{3}$	50	3P		$100/\sqrt{3}$	20	3P	
剩余电压绕组	100	50	6P		100	50	6P	

3　结束语

本文结合国内某抽水蓄能电站开关站启动试验过程中出现的铁磁谐振现象，通过建立物理模型，详细阐述了母线在空载切除时铁磁谐振现象的产生机理，并对其进行仿真验证。最后结合生产实际情况给出两条解决问题的思路，为抽水蓄能电站及 GIS 设备厂家在设备设计制造和运行阶段，有效预防铁磁谐振危害提供了可供参考的解决方案。

参考文献

［1］ Robert L. Boylestad, Introductory Circuit Analysis 12th Edition. 电路分析导论，陈希有，张新燕，李冠林，等，译. 北京：机械工业出版社. 2014.

［2］ 汪伟，汲胜昌，李彦明，等. 电压互感器饱和引起铁磁谐振过电压的定性分析与仿真验证［J］. 变压器，2009，46（2）：30-33.

［3］ 王权，李炜. 某电厂电压互感器铁磁谐振案例的分析与对策［J］. 水电与抽水蓄能，2022，8（1）：35-39.

［4］ 陈海龙，李建强，张玉宝，等. 电压互感器铁磁谐振引起的基波定子接地保护动作分析［J］. 水电与抽水蓄能，2017，3（1）：110-114.

［5］ 郑世明. 10kV PT 铁磁谐振产生原因及预防措施探讨［J］. 电气工程与自动化，2013（15）：3-4.

［6］ 王慧楠，王晓卉. 电压互感器铁磁谐振的产生与消除［J］. 科技创新与应用，2016（8）：202.

［7］ 赵兴泉. 论开关断口电容与母线 PT 的谐振过电压问题［J］. 山西电力技术，2000（4）：45-47.

［8］ 李浩良，孙华平. 抽水蓄能电站运行与管理［M］. 杭州：浙江大学出版社，2013.

［9］ 凌子恕. 高压互感器技术手册［M］. 北京：中国电力出版社，2005.

［10］ 梁逸帆，危伟，夏向龙. 500kV GIS PT 铁磁谐振过电压分析及预控措施［C］// 抽水蓄能电站工程建设文集 2021：182-185.

作者简介

韦志付（1990—），男，工程师，主要研究方向：抽水蓄能电站运行维护管理、生产准备管理等。E-mail：510812422@qq.com

冯海超（1990—），男，高级工程师，主要研究方向：抽水蓄能电站运行维护管理、生产准备管理等。E-mail：854401322@qq.com

李栋梁（1993—），男，工程师，主要研究方向：抽水蓄能电站运行维护管理、生产准备管理等。E-mail：924355638@qq.com

梁逸帆（1996—），男，助理工程师，主要研究方向：抽水蓄能电站运行维护管理、生产准备管理等。E-mail：523037044@qq.com

于彦东（1993—），男，工程师，主要研究方向：抽水蓄能电站运行维护管理、生产准备管理等。E-mail：784299507@qq.com

抽水蓄能变速机组空化性能简析

黄大岸，喻　冉，于　剑，杜可人

（中国葛洲坝集团股份有限公司，湖北武汉　430033）

摘要　通过对抽水蓄能电站空化空蚀产生的原因分析，说明水位、流量等参数对空化性能的影响，对比常规机组和变速机组运行范围的不同对空化性能的影响，从而对变速机组的空化性能进行分析。

关键词　抽水蓄能；变速机组；空化性能

0　引言

变速机组在适应水头变化、快速有功调节、提高机组效率等方面有着显著的优势[1-2]。定速机组在额定工况以外运行时，为了维持转速恒定，会牺牲机组效率，同时机组稳定性也有所下降。变速机组可以通过改变转速来提升机组效率，增强机组稳定性。

变速机组和定速机组空化产生的机理是一致的，但变速机组由于水泵工况宽功率调节需要，运行范围比常规机组宽泛[3-7]，因此，变速机组要求机组具有更高的空化性能。

1　空化空蚀产生的原因和危害

1.1　空化

流道中的液体局部压力下降到汽化压力后，会在液体内部或固液交界面上产生小气泡，这些气泡形成、发展和溃灭的过程就是空化。若压力继续下降，则小气泡发展为大气泡；若遇到压力升高，则小气泡被挤压，若压力激增，气泡则被周围水流迅速挤破溃灭，在气泡溃灭的过程中伴随着高温、高压、放电、激震等作用。

在水泵抽水时，如果发生空化现场，气泡在水泵进口产生，随水流向出口移动，当气泡很多时，会堵塞流道，使泵的流量、扬程和效率明显下降。

1.2　空蚀

空蚀又称气蚀或穴蚀，当空化产生的气泡在过流结构表面溃灭时，在机械、电化、化学等作用下，过流结构表面会产生腐蚀破坏的现象。空蚀对过流部件产生严重的损坏，改变水流特性，降低水机的出力和效率，使机组产生振动和噪声等，破坏机组的稳定性。图1为某抽水蓄能电站导叶被空蚀破坏现象。

空化是液体压力降低的结果，液体在流道中流动，当速度变化时，压力随之变化，当压力降低到临界压力以下，此处将发生空化。由于水流和转轮相互作用，会导致转轮内某些区域压力降低，局部流速过高和局部脱流也会导压力降低。

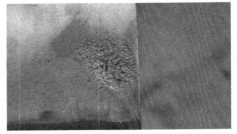

图 1　某抽水蓄能电站导叶被空蚀破坏现象

2　空化系数和吸出高度

在某工况水头为 H 时，假设转轮内某点 K 压力最低，出口边有某点 M，下库水平有某点 N，则吸出高度 $H_S=Z_K-Z_N$，根据转轮空化系数表达式：

$$\sigma = \frac{W_K^2 - W_N^2}{2gH} + \eta_W \frac{V_N^2}{2gH} \tag{1}$$

可知 σ 是表述转轮空化性能的一个无因次量，其与转轮翼型的几何形态、机组工况和尾水管性能有关，在某一工况时 σ 为定值。

电站空化系数为：

$$\sigma_p = \frac{\dfrac{P_N}{\rho g} - \dfrac{P_V}{\rho g} - H_S}{H} \tag{2}$$

根据公式可知，电站空化系数仅与吸出高度 H_S 有关，即电站水轮机转轮与下水库水位的相对高差。

则 σ_P 与 σ 有以下关系：

$$\sigma_P - \sigma = \frac{P_K - P_V}{\rho g H} \tag{3}$$

当 K 点的压力大于相应温度的汽化压力 P_V 时，转轮中不会发生空化现象，此时 $\sigma > \sigma_P$；当 K 点压力降低至 P_V 时，转轮处于空化的临界状态，此时 $\sigma = \sigma_P$；当 K 点压力低于 P_V 时，转轮中出现空化现象，此时 $\sigma > \sigma_P$；所以可通过比选合适的吸出高度 H_S 来保证转轮不发生空化现象。

为了使转轮不发生空化，须使 $\sigma > \sigma_P$，即：

$$H_S \leqslant \frac{P_N}{\rho g} - \frac{P_V}{\rho g} - \sigma H \tag{4}$$

P_N 为下水库大气压，∇ 为转轮安装位置海拔高程，P_N 可近似简化为：

$$H_S \leqslant 10 - \frac{\nabla}{900} - \sigma H \tag{5}$$

由此可知，机组转轮安装高程越低，则吸出高度 H_S 安全余量越大，转轮越不会发生空化现象。但安装高程越低，厂房开挖量越大，投资越大，所以要综合考虑。

3　下水库水位对空化性能的影响

根据以上分析可得，当下水库水位增高时，可视为安装高程变低，此时空化安全余量增加；当下水库水位降低时，可视为安装高程变高，此时空化安全余量减少。

4　流量对空化性能的影响

水泵水轮机出力 / 入力的公式为：$P=9.81QH$，当机组在水泵工况运行时，入力 P 为恒值。由于定速机组转速恒定，所以在非额定工况为了维持额定转速，牺牲了空化性能。

根据伯努利原理，流体机械能守恒，同一截面机械能守恒，当流量变大时，流速会随之变大，动能增加，则压能减小，压力降低，则此处更容易发生空化，所以流量对空化性能是负相关的。当扬程最高时，流量最小，空化性能较好；当扬程最低时，流量最大，空化性能较差。

5　变速机组对空化性能的优化

不同的机组均有一定的适应的水头运行范围，超过该运行范围，将导致机组的运行不稳定[8]，水泵水轮机组是以满足水泵工况主要性能为设计基础的，水轮机工况往往偏离其最优工况，定转速机组一般在偏离最优工况的高单位转速区域运行。所以定速机组在低负荷区和低水头大负荷工况两个区域空化性能差，这主要是偏离最优工况较远，部分负荷运行时有可能产生叶道涡，而低水头大负荷工况则有可能产生叶片正面脱流[8-9]。图 2 为常规机组发电工况运行范围。

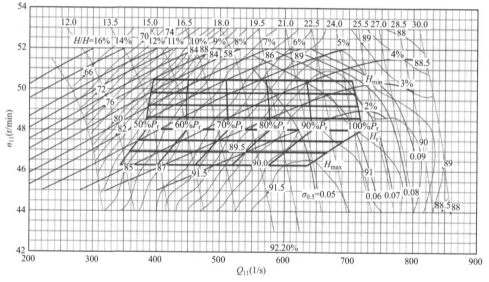

图 2　常规机组发电工况运行范围

对变速机组水轮机工况来说，可通过降低转速，使其向最优工况点平移，提升机组的性能。

当水轮机工况带部分负荷时，定速机组为了维持转速恒定，牺牲了机组的空化性能。变速机组可通过降低转速，使机组向最优工况点平移，提升空化性能。受空化性能和最优运行范围限制，水轮机只能在一定范围内变速运行。图 3 为变速机组发电工况运行范围。

在水轮机工况时，低水头时流量较大，对机组空化性能是有损的，但此时下水库水位较高，对机组空化性能是有益的，变速机组可通过减小转速来减小流量，提升机组空化性能。

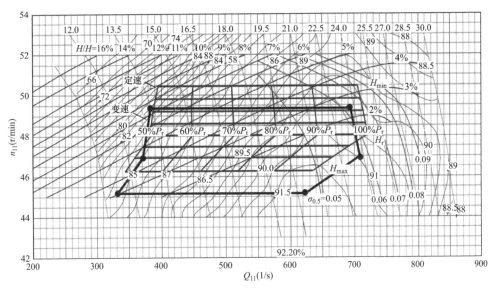

图 3 变速机组发电工况运行范围

高水头时流量较小，对机组空化性能是有益的，此时下水库水位较低，对机组空化性能是有损的。

当机组在低扬程时，下水库水位较高，对机组空化性能是有益的。但对于定速机组来说，低扬程时转速升高流量增大，工况点向着高空化系数区域平移，对机组空化性能是有损的，由于变速机组在水泵工况转速调节范围，所以降低转速进而降低入力，控制流量的增大，提升空化性能。

当机组在高扬程时，下水库水位较低，对机组空化性能是有损的，对定速机组来说高扬程时有驼峰区稳定性运行限制，此时流量较小，对机组空化性能是有益的。

6 结束语

对于变速机组，水轮机工况空化性能得到较大的改善，尤其是在机组带部分负荷运行工况，水泵工况需通过选择合理的变速范围确保水泵的空化性能。

参考文献

［1］ 邓磊，李国凤，郑津生，等. 变速抽水蓄能机组水泵工况运行范围分析［J］. 水电站机电技术，2023，46（10）：1-6，123.

［2］ 喻冉，杨武星，孙文东，等. 抽水蓄能变速机组抽水和发电工况运行范围简析［J］. 水电与抽水蓄能，2021，7（6）：87-90.

［3］ 刘德民. 中国变速抽水蓄能机组及水泵关键技术研究［J］. 水电与抽水蓄能，2020，6（4）：2-3.

［4］ 刘德民，许唯林，赵永智. 变速抽水蓄能机组空化特性及运转特性研究［J］. 水电

与抽水蓄能，2020，6（4）：36-45.

［5］ 邵子轩，杨威嘉，廖溢文，等．全功率变流变速抽蓄机组水泵入力调节特性［J］．水力发电学报，2023，42（4）：46-56.

［6］ 张韬，王焕茂，覃大清．可变速水泵水轮机水泵选型特点分析［J］．大电机技术，2020（2）：65-69.

［7］ 蔡卫江，王永潭，施海东，等．大型变速抽水蓄能机组的转速及开度寻优策略研究［J］．大电机技术，2020（4）：58-63.

［8］ 费万堂，衣传宝，杨梅，等．河北丰宁抽水蓄能电站交流励磁变速机组工程设计与认识［J］．水电与抽水蓄能，2020，6（4）：12-18，57.

［9］ 张宝勇，沈剑初．可变转速水泵水轮机主要参数选择浅析［J］．水电站机电技术，2021，44（2）：5-9，120.

作者简介

黄大岸（1982—），男（土家族），本科，高级工程师，主要从事储能、抽水蓄能、新能源的研究与投资建设管理工作。E-mail：huangdaan@cggc.cn

喻 冉（1988—），男，研究生，主要从事抽水蓄能电站前期规划、水机设备选型、工程建设管理、电站运维管理工作。E-mail：yuran813@163.com

于 剑（1986—），男，本科，主要从事抽水蓄能电站前期规划、工程建设管理工作。E-mail：engineeryu@163.com

杜可人（1998—），女，研究生，主要从事抽水蓄能电站项目管理。E-mail：2462326394@qq.com

抽水蓄能电站边坡生态修复技术探讨

王　祯[1]，徐　奥[2]

[1. 北京清玉德科技有限公司，北京　100043；
2. 安能益科（北京）科技有限公司，北京　100012]

摘要　全面分析了抽水蓄能电站的生态环境问题及解决方案，探讨了 GPI 岩坡植被再造技术在岩石坡面生态修复中的应用。尽管 GPI 岩坡植被再造技术在多个项目中取得了成功，但其推广和应用仍面临诸多挑战，如技术普及度、施工人员技能水平等。因此，未来在抽水蓄能电站建设中，应继续加强应用和推广。

关键词　抽水蓄能电站；GPI 岩坡植被再造技术；生态修复；岩质边坡

0　引言

为应对全球气候变化，缓解全球变暖，我国主动承担起促进节能减排、推动可持续发展的艰巨责任，提出了两步走实现"双碳"目标的宏伟计划。清洁发电量的猛增将令中国的碳排放减少，并使中国走上碳排放持续下降的道路。然而，新兴的风电、光伏发电等绿色能源存在电压闪变、能量不连续和谐波污染等危害，对电网的安全运行产生冲击[1]。

抽水蓄能技术是指在电力负荷低谷期将水从下水库抽到上水库，将电能转化成水的势能储存起来，在电力负荷高峰期，释放上水库中的水发电。抽水蓄能是目前最成熟的储能和电网调节技术手段，具有清洁无污染、可再生、稳定电网运行、改善生态环境和抵御自然灾害等优点[2-3]，主要用于电力系统削峰填谷、调频调相和紧急事故备用等，能够有效缓解新型能源对电网安全的潜在危害[4]。

世界上许多国家和地区均在电网中配置一定比例的抽水蓄能电站，以保持电网的稳定性。中国经历了 20 余年抽水蓄能电站的建设和运营，已经成为了世界上抽水蓄能电站总装机容量最大的国家，加快抽水蓄能电站的开发建设是今后中国电力发展的重点方向之一[5]。

伴随着抽水蓄能电站开发力度的不断加大，抽水蓄能电站建设与环境生态保护的矛盾也正在日益凸显，抽水蓄能电站周边生态、环境等方面出现的问题不容忽视。

1　抽水蓄能电站主要生态环境问题

1.1　水环境污染

抽水蓄能电站对水生态环境的破坏主要表现为厂区建设破坏植被及占地，水道改变对水生生物的影响以及施工、生产过程中排放的污水对水体产生的污染。随着国家对生态文明建设要求的不断提高，相关配套设施已经基本完善。目前，抽水蓄能电站对水生态环境的破坏主要为施工过程中产生的基坑、洞室废水排放和施工弃渣等在雨水等冲刷作用下造成的水生态破坏。有研究数据显示，施工期砂石骨料及混凝土是建设期最主要的污染来源，其引起的悬浮物（SS）浓度水平可达 20000～90000mg/L[6]。如不妥善处理，会对施工区及流域水生态环境造成严重影响，因此，在抽水蓄能电站建设过程中应加强绿色文明工程要求，加大鼓励使用生态环保材料、设备和技术的力度，从而减少施工过程中对环境的污染。

1.2 生物多样性变化

抽水蓄能电站建设时需要将部分陆地改造成水域，浅水蓄成深水，将流动的水域改建成封闭性蓄水池，从而对当地的生物多样性产生影响[7]。抽水蓄能电站建设过程中，部分植被的生长空间被占用，栖息其中的昆虫、动物也被迫迁徙；而水坝的建设导致水深发生变化，水生生物生存空间又被改变，从而造成水生生物分布发生变化[8]。当然，生物多样性并不是一定减少，以三峡大坝为例，尽管三峡工程建设淹没和改变了长江水文情势，同样的，因为库区建设建立了 3 个珍稀和特有鱼类自然保护区，并开展珍稀和特有植物保护工作，特别是疏花水柏枝和荷叶铁线蕨的抢救性保护。因此，在规划设计之初，就应当充分平衡抽水蓄能电站的建设与生物多样性之间的关系。

1.3 陆地环境破坏和水土流失

抽水蓄能电站的建设不可避免地伴随着开挖、填筑、构建等施工过程，施工过程中的车辆、机械等会造成扬尘、噪声等环境污染。随着施工结束，这些影响随之消失，对周围环境的破坏是局部的、短时的。而真正给周边环境造成真正破坏的，是施工造成的表土剥离、压实，地表植被损毁，土壤抗冲刷、抗侵蚀能力下降，使水土流失加剧；施工后产生的石渣、弃料等建筑垃圾的堆放又要占用土地，破坏植被，成为新的水土流失源；开凿的岩坡、道路边坡等不但加剧水土流失，如果修复措施不得当，还会造成滑坡、泥石流等自然灾害。这些才是抽水蓄能电站给环境带来的主要问题，也是今后抽水蓄能电站发展过程中需要重点解决的问题。

2 抽水蓄能电站建设中的生态理念

在"双碳"目标驱动下，抽水蓄能电站作为当前技术最成熟、经济性最优、最具大规模开发条件的绿电调节手段，产业规模化发展势必将迎来前所未有的浪潮。在高速发展的进程中，抽水蓄能产业理应为中国电力事业的发展，为中国迈向"碳中和"的未来做出应有的贡献。

2.1 规划阶段引入生态理念

把抽水蓄能电站视作一个生态要素放到流域环境中去衡量它与周边环境之间的相互影响。要从发展的角度看待水利工程与经济、生态环境之间的关系，更要从微观的角度斟酌各生态要素之间的关系；不但要对上下游进行整体分析，还要按照全寿命周期去计算工程效益。从工程的规划、设计、开发建设到施工以及后期的运行，自始至终贯穿生态意识，以达到对生态环境的保护，使得抽水蓄能电站工程成为真正意义上的绿色环保，可持续发展的工程。

2.2 设计过程贯彻生态精神

在条件满足设计要求时，最大限度地对水电站工程进行结构优化，减少地表水土流失，保护生态环境；加强水电站工程边坡防护设计，边坡防护是水电站工程开发建设中最重要的一个环节，对整体建设质量具有直接影响。为了减少水土流失现象的发生，可在边坡防护设计中积极引入生态护坡的新技术、新方法，既达到边坡防护的目的，又能有恢复生态环境，预防水土流失，同时还可将边坡防护与周边的自然景观结合，增加水电站工程生态景观的观赏性。

2.3 施工过程遵从生态原则

施工人员除了按照施工规范要求做到安全文明施工，及时对地表进行防护，对永久占地进行生态修复等基本要求，更重要的是不断提高自身的生态认知能力，了解并应用生态原则和思想。通过深入学习进一步明确绿化施工与生态恢复技术的区别，从而更好地实现抽水蓄能电站工程施工与环境保护的良性循环。

3 GPI 岩坡植被再造技术——基于生态理念打造的岩坡植被恢复专用技术

3.1 技术简介

GPI 岩坡植被再造技术（Geosynthetics-Plant-Intelligence ecological slope protection system，简称"GPI 技术"），是针对高大陡岩石坡面而研发的生态修复与绿色防护系统，该技术是集"轻支护－固表土－植被护坡（灌木建群）－智能监测、养护"于一体的生态护坡整体解决方案，尤其适用于岩质边坡的生态修复。

GPI 技术是通过高分子土工格室和金属网形成高强度的轻支护体系固定边坡生态保护结构，其功能主要体现在：

（1）土壤层面。从生态和工程两方面需求入手，通过煤基高效有机质材料、火山矿物材料、微生物材料等配制边坡生态修复人造土壤层，具有轻质、生物活性高、结构性好的特点。

（2）表层保护。可降解的木质纤维水土保持产品，可在植物成坪前对坡面提供保护（施工 2h 即可抵御 125mm 的特大暴雨冲刷），同时能够锁住水分，减少蒸发。

（3）生物层面。在对原生群落进行调查、分析的基础上构建高覆盖度、还原度高的边坡生态修复群落，具有自我调节、独立演替的能力。

3.2 技术特点

区别于常见的绿化手段，GPI 技术是以原生植被群落为模板按照植被群落生长需求构建生态修复所需的土壤环境。该技术是按照"植被群落分析→土壤环境重建→植被群落重建→自然演替"的工作流程，综合运用土工合成材料、土壤改良（活化）产品、抗侵蚀产品、植被群落建植方法以及智能监测养护设备等，形成"（小）乔－灌－草"复合的长效稳定护坡植被群落，达到生态防护、保持水土、增加生物多样性的目标。有其技术环节主要包括：

（1）固土及浅表层防护。植物的生长需要一定厚度的有效土壤。据此 GPI 技术通过土工合成材料、金属网等，在岩石坡面构建符合植物生长要求的有效土壤层，并稳固边坡浅表层。

（2）土壤基质层的设计。为调节植物生长与岩石坡面覆土轻量化的矛盾，选用土土壤改良木质纤维、长效多孔陶粒石等材料重建土壤，使其既具备工程土壤所需的高附着性、耐冲刷性等物理性能，又具备植物生长所需的结构和养分；通过土壤微生物，提高土壤生物活性，降解凋落物，保持土壤肥力，实现长期护坡效果。

（3）抗侵蚀层构建。通过特种纤维材料在土壤基质层表面构筑一层抗侵蚀防护结构，能与土壤紧密结合形成连续、多孔、吸水和柔性的抗侵蚀覆盖层，保护坡面土壤不会因雨水或其他水作用而造成水土流失。同时，可以促进植物种子的萌发，提高坡面植被生长的均匀性。

（4）生态群落构建及景观营造。GPI 技术对坡面进行复绿的过程中，强调生态建群。在对周边环境进行生态调查的基础上，结合坡面情况、施工条件、工程要求等，因地制宜，综合配置坡面群落及景观。

（5）自动化监测及智能养护。通过在坡面布设高精度传感器对土壤含水率和表土层相对位移进行实时自动监测，并通过搭建大数据平台，对数据进行科学分析，实时掌握边坡表面位移和含水率状况，如有超阈值现象发生，及时向相关人员发出预警，采取措施。

3.3 技术效果

从华北到青藏高原，从华南到西北干旱半干旱区域，GPI 技术共完成了上百项工程项目。代表性的有京张、京沈、中兰、济莱等铁路项目，首环、京承、冬奥大道等公路项目，以及故宫南迁博物馆、大足石刻、广阳岛护山专项等[14-16]，见图 1、图 2。其中，重庆广阳岛生态修复项目入选联合国"生态恢复十年"优秀案例[17]。得益于贯穿始终的生态理念，GPI 生态护坡效果非常突出：

（1）防护过程连续，不间断。施工结束抗侵蚀层即刻发挥作用，有效抑制坡面水土流失；复合草种在短期内迅速成坪，接替抗侵蚀层起到表层防护作用，同时抗侵蚀层自然分解转化为植物生长所需的养分；之后护坡植被逐步由单一的草本群落向灌草复合群落自然演替，达到永久恢复生态的目的。

（2）群落结构科学，不退化。在选择植物种类时以生态理论为指引，坚持生物多样性原则，从生态位的角度出发多科属结合，乔灌草结合，构建复层生态群落。重建的生态群落不仅盖度适宜，在环境发生变化时还具有自我调节的功能。

（3）灌草复合建群，植物护坡。灌草结合不仅能有效地控制水土流失、滑坡等灾害现

图 1　广阳岛大河文明馆 GPI 施工效果　　　　图 2　广阳岛国际会议中心 GPI 施工效果

象，而且解决了坡面品种单一的问题，使坡面最终构成一个稳定的群落生态系统进而能实现长期有效的固土护坡作用。

3.4 工程实例

石龙匝道是冬奥大道起始点，正对首钢园，是奥组委进出的唯一通道，地理位置极为重要。为响应"绿色冬奥、科技冬奥"，要求北京城六区内最大的山体边坡能够做到"像高尔夫球场一样平，并且冬天保持绿色"。石龙匝道山体坡面为陡峭的岩石边坡，坡率高达 1：0.5，坡高 50m。坡面经过混凝土框架梁防护，设计方案要求不得破坏框格梁，施工后坡面需达到高尔夫球场草坪效果。

土层构建时需要在锚墩完全覆盖的基础上再构建 10cm 以上的土层才能实现设计意图，覆土厚度超过 40cm，难度之高放眼世界也实属罕见。

2021 年 9 月 30 日施工结束，至冬奥会开幕坡面植被长势良好，使项目以最好的风貌迎接此次盛会。工程效果得到业界一致好评，并收获了"中国方案，世界称赞"的高度赞誉。

石龙匝道施工前、后情况分别见图 3、图 4。

图 3　石龙匝道施工前（2021 年）　　　图 4　石龙匝道施工后（2022 年 1 月）

4　结束语

综上所述，抽水蓄能电站的建设会给周边的生态环境造成不同程度的破坏，如果不能引起足够的重视，将会对站区及下游水生物的生存环境造成影响；山体及站区生态环境破坏还会导致周边区域发生水土流失。需要通过生态环境修复来降低水电站建设对生态环境的破坏，进而逐步实现水电站工程与生态环境的共存。

应当针对抽水蓄能电站的工程现状，研究抽水蓄能电站工程设计及施工组织等的优化措施；重视土壤改良和植物配置，从综合恢复的角度出发对抽水蓄能电站周边环境的生态修复加大投入，增加植被覆盖率，进一步加强水土保持，实现抽水蓄能电站与社会共同和谐发展。

GPI 岩坡植被再造技术是针对岩石坡面开发的生态修复专用技术，目前已经广泛应用于岩石边坡、混凝土边坡的生态修复以及废弃矿区、河道及库区的植被恢复工程中，技术成熟，效果显著，其技术值得大力推广应用。

参考文献

［1］ 洪昌红，邱静，刘达. 河流生态修复技术浅议［J］. 广东水利水电，2010（10）：33-35，39.

［2］ 张彦文. 白龙江流域引水式电站的环境风险评估及减水河段生态系统恢复研究［D］. 西北师范大学，2013.

［3］ 侯涛，黄滔. 生态修复在水电水利工程水土保持生态建设中的应用分析［J］. 建材与装饰，2018（31）：288-289.

［4］ 王斌. 水土保持生态修复在水利工程中的应用［J］. 农村经济与科技，2009（12）：42，44.

［5］ 中国甘肃网. 甘肃省人民政府办公厅关于水电站生态环境问题整治工作的意见. ［EB/OL］中国甘肃网，2019-04-09.

［6］ 何新颖，吕阳勇，戴骏. 句容抽水蓄能电站施工期污废水处理及回用：句容抽水蓄能电站施工期污废水处理及回用［C］// 中国水力发电工程学会电网调峰与抽水蓄能专业委员会，抽水蓄能电站工程建设文集 2021，2021，北京，中国.

［7］ 孙宇. 水利水电工程对环境的影响及环保理念的应用［J］. 智能城市，2021，7（21）：116-117.

［8］ 陶伟锋. 水利水电工程对环境的影响分析［J］. 工程技术研究，2020，5（22）：169-170.

［9］ 马萧萧，吴强，王亮春，等. 抽水蓄能电站建设期环境与生态问题及治理措施［J/OL］. 水利水电快报. https://link.cnki.net/urlid/42.1142.TV.20240418.1130.004.

［10］ 金可，常世举. 等. 抽水蓄能电站水库岩质边坡消落带生态修复探讨［J］. 长江科学院院报，2024（6）：51-57.

［11］ 纵向群，王轩. 抽水蓄能电站生态边坡支护技术探讨［J］. 人民黄河，2022（6）：162-163.

［12］ 刘志爽. 水电站工程生态完整性评价研究［D］. 合肥：合肥工业大学，2020.

［13］ 周兴波，周建平. 等. 新时期抽水蓄能电站高质量发展的思考［J］. 水电与抽水蓄能，2023（6）：20-24.

［14］ 朱燕辉. 舞——"石龙匝道"冬奥大道门户景观设计［J］. 城市建筑空间，2023（2）：25-27.

［15］ 张世杰. GPI 岩质边坡植被再造技术在京张高速铁路中的应用［J］. 铁道建筑，2020（6）：112-116.

［16］ 中国交通建设集团有限公司. 在巫山播种绿色［EB/OL］. 国务院国有资产监督管理委员会. http://www.sasac.gov.cn/n2588025/n2641611/c22158533/content.html.

［17］ 中国建筑集团有限公司. 重庆广阳岛生态修复项目入选联合国"生态恢复十年"优秀案例［EB/OL］. 国务院国有资产监督管理委员会. http://www.sasac.gov.cn/n2588025/n2588124/c30556335/content.html.

作者简介

王　祯（1986—），男，工程师，主要从事水电工程项目规划、设计与管理。E-mail: lodds@163.com

徐　奥（1982—），男，工程师，主要从事土壤、生态环境研究。E-mail: xuao@anew-eco.com

抽水蓄能电站堆石坝填筑质量检测方法研究

孟　昕，孙乙庭

（中水东北勘测设计研究有限责任公司，吉林长春　130061）

摘要　堆石坝作为抽水蓄能电站的常见建筑物，其填筑质量关系到工程质量及安全性，目前主要采用试坑法检测填筑料压实干密度进行质量控制，但这一方法比较费时、费力，且具有一定的破坏性。为提高大坝填筑检测效率及准确性，结合国内外现有工程大坝填筑料检测情况，简述了各检测方法的试验原理、评价判定指标等，总结了各检测方法的准确度、优缺点及适用范围，提出大坝填筑质量检测技术未来的发展方向为研究新型非破坏性检测技术、提高检测方法准确度和操作便捷性、探索新的材料和技术应用；同时，应研究已有检测方法的适用性及评价指标的合理性，制定更加标准化、具有普遍适用性的堆石坝填筑料干密度检测方法标准，为堆石坝检测提供科学可靠依据。

关键词　填筑料；压实密度；检测方法；抽水蓄能；质量控制

0　引言

堆石坝具有可节约水泥、可使用当地石料筑坝减少物资运输成本、对坝基地质条件适应性强等优点，广泛用于抽水蓄能电站工程。填筑料干密度是评价堆石坝施工质量的关键指标之一，干密度检测方法的选择直接影响施工质量控制的效率和准确性，关系到大坝的安全稳定性。传统挖坑法存在效率低、浪费人力物力、具有破坏性等缺点。近年来，随着技术水平的发展，无损方法相继被应用于大坝填筑质量控制，但各类无损方法也存在各种问题，如检测技术复杂、可靠性差等。因此，研究开发高效、便捷、准确的干密度检测方法以及选用适宜的检测方法，对于提高施工效率及保证工程质量具有重要意义。本文将介绍传统坑测法，现代无损检测技术如附加质量法、瞬态瑞利波法等在填筑料检测中的应用情况，并分析各方法的优缺点及适用性，同时提出筑坝料检测方法未来的发展方向，为大坝填筑料检测技术的发展提供参考和建议，提高检测工作的效率和准确度，确保堆石坝的安全性和可靠性。

1　传统填筑料密度检测方法

1.1　传统检测方法简介

目前，国内对填筑料的压实质量检测主要采用现场试验直接测量并计算求得填筑料干密度的传统检测方法，主要方法包括试坑法、压实计法等，这些方法虽直观可信，但存在效率低、浪费人力物力、成本高且具有破坏性的缺点。

1.2 试坑法

试坑法主要为在填筑料挖一符合相关规程要求的试坑，采用灌砂法或灌水法测出试坑体积，再通过室内检测测得填筑料的质量及含水率，计算求出现场填筑料干密度。该种方法虽比较直观、原理简单，但工作量大，需耗费大量人力物力，而且易受人为因素干扰，检测离散性大。同时，挖坑灌水法也存在堆石料粒径过大时造成开挖试坑坑壁壁不平整度大导致试坑体积检测不准进而影响检测结果准确性的缺点。

钟野[1]依托珊溪面板堆石坝工程，进行了传统试坑法进行堆石料密度检测的方法研究，提出了传统方法目前的检测标准已不适应于大粒径堆石料的检测，同时分析了试坑直径确定、试坑体积及确定弃坑标准对较大粒径主堆石区对检测结果的影响：首先，指出了对于较大粒径堆石料，采用土样最大粒径的3～5倍确定试坑直径不合理性；其次，根据实际检测数据的误差、石料粒径的大小等探讨了灌砂法及灌水法的适用性；最后，提出应确定一个合适的检测后弃坑的确定标准。

1.3 压实计法

该方法为将振动碾的波形进行频谱分析，将二次谐波频率对应的加速度值与振动波形中的基频对应的加速度值作为衡量压实度的标准，通过对比试验，建立这种比值与压实密度的关系，进而求得压实密度。压实计法存在读数或干密度与碾压遍数非正相关现象的问题，对于压实度或干密度的评价影响较大[1]。

传统压实密度检测方法虽然在某些方面存在局限性，但目前仍是评估堆石坝填筑料干密度的基础手段。

2 新兴填筑料密度检测方法

2.1 附加质量法

附加质量法是一种新兴的快速无损检测技术，它通过测定及分析结构的动态特性参数（弹性模量、弹性波速、地基刚度、泊松比等）来确定材料的干密度。

武晓杰等[2]在两河口水电站大坝心墙掺砾土料现场碾压试验过程中开展了附加质量法研究，并介绍了这一检测方法中求取密度的三种方法：依托质弹模型的率定系数法、依托质弹阻模型求取堆石体密度的相关法以及以相关法为基础求取密度的数字量板法，比较了三种方法的优缺点如下：

（1）率定系数法需要测定大量的对比测点才能建立完整的率定系数矩阵，由于大坝填筑料的复杂性和施工参数的多样性，这种方法常会导致率定系数间产生冲突。

（2）基于质弹阻模型的相关法也需建立大量对比对不同岩性筑坝料、不同级配的关系，反算求取密度值只能通过线对线的对应关系，无法实现数据的扩展。

（3）数字量板法以相关法为基础，具体方法为在堆石体上任意选取一组基础测点，并在每个测点上分别进行附加质量法测试和坑测法测试建立数字量板，在同一堆石体的不同点位，利用附加质量法测试得到的参振质量 m_0 和动刚度 K，计算自振角频率 ω^{-2}，利用 K 和 ω^{-2} 在数字量板上找到对应的参振体积 V_0 和量板上的含水率 η_2，然后依据公式求取密度，该方法解决了线性相关法相关关系简单、误差大等问题，而建立面对面的对应关系，使得建立模型数据具有可扩充性和可移植性，并且可不短修正。与传统的坑测法相比，大大提高了检测效率，可以作为施工质量评价的依据。

最终选取数字量板法进行了现场防渗掺砾土料及堆石料两种筑坝料的密度检测，并与坑测法检测的密度结果进行了比较，结果表明，附加质量法不太适用于掺砾土料密度检测，与坑测成果相比误差在 1% 的测点不到 45%，误差小于 4% 的测点达到 90% 以上；可用于堆石料检测，但可靠性及保证率不高，误差在 1% 的测点近 50%，误差小于 4% 的测点达到 92% 以上。

郑庆举等[3]在水布垭面板堆石坝的研究中采用附加质量法进行了不同碾压变数、不同洒水量的大坝堆石体密度检测，并与挖坑注水法检测结果进行了比较，对比结果表明，表明采用附加质量法检测堆石体干密度的方法是可行的，附加质量法的检测相对误差 1% 以内的占 70%，相对误差在 1%～3% 的占 19%，大于 3% 仅占约 10%，存在的误差可能与填料粒径大或架空有关，结合挖坑法可以有效控制施工填筑层的质量。

张智等[4]介绍了附加质量法的原理、现场测试技术、仪器设备以及数据处理方法，并通过与坑测法的对比分析，得出附加质量法测试成果与实际的坑测成果比对结果相符，建立的不同坝料料物特性与附加质量法测试参数的关系符合客观实际，解析法和相关法检测结果一致。

总的来说，附加质量法以其快速、无损的特点，在堆石坝的填筑料干密度检测中显示出了良好的应用潜力，但其目前也存在一定弊端，如测出的密度可能是几层铺筑料的平均密度，而不一定是被检测层的密度[3]。

2.2 瞬态瑞利波检测技术

瞬态瑞利波检测技术是一种基于材料特性的非破坏性检测方法，是利用波的运动学及动力学特征对土石坝填筑质量进行检测的新技术，通过分析波在材料中的传播特性来评估其干密度。

其检测原理及过程如下：通过在自由面进行垂向瞬态激振，在其表面附近产生沿波传播方向垂直面振动的瑞利波，它由多个简谐波组成，这些简谐波进行叠加并以脉冲的形式进行传播，在地面上布置检波器并把各测点不同频率的瑞利波进行分离，给出瑞利波随深度变化曲线，即频散曲线，对各测点频散曲线进行反演分析，计算出各测点的各层介质的瑞利波速度值，根据所测得瑞利波在介质中的传播速度与现场取样室内试验测得的干密度数据建立波速与干密度关系，求出土石坝坝体填筑材料的干密度。

例如，刘超英等[5]应用瞬态瑞利波检测技术对郑徐水库土石坝吹填粉土填筑质量检测进行了研究，给出了该土石坝坝体各测点瑞利波频散曲线及反演分析结果、填筑材料瑞利波波速分布及填筑材料的密实性、均匀性，并将瞬态瑞利波检测结果与现场钻孔取样室内填筑材料干密度试验资料的对比分析，建立了土石坝填筑材料波速与干密度的相关关系，为土石坝工程坝体填筑施工质量监控及全面评价提供了科学依据。

此外，李金峰[6]同样采用瞬态瑞利波技术对辽宁省某水库坝体吹填粉土填筑质量进行检测研究，通过在现场选取 4 个钻孔点，分别测定波速大小，并与现场所取样的试验室干密度检测数据对比，建立了波速 V_R 与干密度 ρ_d 的关系式，揭示了干密度与波速之间的关系，为水库土石坝填筑质量评价和施工质量监控提供了指导。

总的来说，瞬态瑞利波检测技术为堆石坝填筑料的干密度检测提供了一个高效且非破坏性的新方法，且其具有操作简单、高效率等优点。但其仍存在一些应用技术难题，如其技术实现相对复杂，需要专业的设备和具备一定相关专业检测知识的操作及数据处理人员，造成瑞利波法的成本相对较高；并且由于检测设备笨重，在一定程度导致其检测效率低，搬运、安装、检测成本提高；此外，虽然该方法能够提供有关填筑材料质量的信息，但在复杂地质条件下，其准确性和可靠性可能会受到一定影响。因此，在使用瞬态瑞利波法进行检测时，需要综合考虑地质条件、人员技能以及数据分析的准确性，以确保检测结果的可靠性。

2.3 稳态面波法

堆石坝的填料每层摊铺后采用振动碾压实，随着碾压变数增加，地基反力系数和弹性常数增大。当在地面上施加一个垂直激振力时，在介质中产生垂直于结构材料表面震动的表面波，即瑞雷波，其只在地表一定深度内以圆柱波阵面形式传播，其传播平均深度为波长的一半，能量按 $1/\sqrt{\gamma}$ 比例衰减，同时由于表面波波速、波长及振动频率具有如下关系：

$$v_R = \lambda f$$

式中　　v_R——表面波速度，m/s；

　　　　λ——波长，m；

　　　　f——表面波振动频率，Hz。

并且表面波波速 v_R 与材料干密度具有良好的相关性，因此，通过测铺筑层厚度内表面波波速，建立波速与所测点处干密度的相关方程，即可求出各测点的干密度。

稳态面波法具有试验操作简单、仪器体积小、检测误差小、可适应较差检测条件等优点[7]；同时，稳态面波法还具有抗干扰性强的特点，其无论在高信噪比、低信噪比或多种干扰条件下，都可利用互相关函数分析理论，达到消除干扰和提高计算面波波速精度的目的[8]。

2.4 基于三维激光扫描的快速检测方法

随着现代科技的发展，基于三维激光扫描、图像智能识别与小粒径骨料自动筛分机的快速检测方法开始应用于堆石坝填筑料干密度检测。

例如，蔡荣生等[9]介绍了一种新的快速检测方法，该方法通过三维激光扫描技术获取试坑表面轮廓的三维点云数据，通过数据坐标转换、点云去噪、数据拼接等方法，对试坑表面进行 3D 建模，从而实现试坑体积的快速计算；同时这项技术还可结合图像智能识别技术和骨料自动筛分机，实现了对骨料粒径的自动测量及定量评价压实状态，这种方法具有非接触、高精度等特点，不仅提高了检测的准确度和效率，而且保障了水利工程的安全。

总的来说，基于三维激光扫描的快速检测方法为堆石坝填筑料的干密度检测提供了一种高精度、高效率的新途径。

3　结束语

通过对以上各种堆石坝填筑料检测方法的介绍及分析，可以总结出，目前堆石坝填筑料干密度检测方法除包括传统的试坑法、压实计法外，还包括新兴的稳态面波仪法、附加质量法、基于瞬态瑞利波检测技术和三维激光扫描技术的方法等。这些方法各有优缺点，如挖坑注水法和附加质量法操作简单但对结构有破坏性；而瞬态瑞利波检测技术对人员技术水平要求较高,造成瑞利波法的成本相对较高,并且由于检测设备笨重,容易影响检测效率。综合考虑准确度、可靠性、效率和对结构的影响,选择合适的检测方法对确保堆石坝的安全性和经济性至关重要。

堆石坝填筑质量检测未来的研究方向包括进一步优化现有的非破坏性检测技术,提高其准确度和操作便捷性,同时探索新的材料和技术应用,如通过机器学习和人工智能技术进一步提升检测技术的智能化水平。此外,进一步研究已有检测方法的适用性及评价指标的合理性,制定更加标准化、具有普遍适用性的堆石坝填筑料干密度检测方法标准,也是未来的一个重要任务,以便于填筑料检测技术的广泛采用和推广,为堆石坝填筑质量控制提供科学可靠依据。

参考文献

[1] 钟野. 珊溪面板堆石坝填筑密度检测方法的探讨 [J]. 水力发电,2000(10):39-42.

[2] 武晓杰,施召云. 两河口水电站大坝填筑料附加质量快速检测方法 [J]. 云南水力发电,2016(3):29-32,49.

[3] 郑庆举,唐儒敏,岑中山. 水布垭面板堆石坝填筑检测方法应用 [J]. 人民长江,2005(5):25-26.

[4] 张智,刘家琦,闵晓莉,等. 堆石坝施工堆石体密度附加质量法检测技术应用研究 [C] // 第一届堆石坝国际研讨会,2009:694-699.

[5] 刘超英,陈式华,王良,沈水进. 土石坝坝体填筑质量瞬态瑞利波检测技术 [J]. 中国农村水利水电,2014,380(6):173-175,179.

[6] 李金峰. 基于瞬态瑞利波检测技术的水库土石坝坝体填筑质量研究 [J]. 黑龙江水利科技,2020,48(6):18-21.

[7] 孙继增,高凤龙,奚美芳. 表面波无损试验法在十三陵堆石坝填筑质量检测中的应用 [J]. 水利水电技术,1994(8):42-46.

[8] 李胜平,吴杰芳,李声平. 粗粒料压实干密度无损检测试验研究 [J]. 长江科学院院报,2004(6):61-64.

[9] 蔡荣生,董东雪,王利楠. 堆石坝压实密度快速检测方法的研究 [J]. 山西建筑,2024,50(5):188-191.

作者简介

孟 昕(1989—),女,工程师,主要从事水电工程质量检测及试验研究工作。E-mail:2568040733@qq.com

抽水蓄能电站发电机出口断路器和 SF_6 泄漏监测系统联动功能的应用

朱传宗，李世昌，李 勇，黄 嘉，杜志健

（河北张河湾蓄能发电有限责任公司，河北石家庄 050300）

摘要 聚焦于抽水蓄能发电机出口断路器因频繁操作而引发的潜在安全风险，深入剖析了发电机出口断路器分合闸过程中巡检人员可能遭遇的危险情境。通过系统性分析，提出了针对人员巡检该类型断路器时面临危险的具体解决方案，并成功实施了这些措施。此举不仅有效保障了人员安全，更为未来抽水蓄能电站面临相似问题时提供了可借鉴的处理范例。

关键词 发电机出口断路器；SF_6；红外热成像；巡检；语音提醒

0 引言

抽水蓄能电站作为电网中储能的重要一环，尤其风能、太阳能等能源大量接入电网，抽水蓄能机组运行强度进一步加大。发电机机组抽水及发电两种模式的频繁转换，发电机出口断路器动作次数也随之增加，以某抽水蓄能电站为例，2023 年 1 号发电机出口断路器总共动作 816 次。但是，随着发电机出口断路器运行强度的进一步增大，出现缺陷的概率也在进一步增加。发电机出口断路器出现缺陷后直接威胁现场巡检人员人身安全，如何进一步保障巡检人员的安全对于抽水蓄能电站越发的紧迫。

1 背景

1.1 应用需求分析

经过调查发现，抽水蓄能电站发电机出口断路器较为严重的故障大部分发生在分合闸过程中，发电机出口开关在分合闸过程中发生短路或接触不良时，可能产生强烈的电弧。电弧不仅具有高温和强光，还可能产生有害气体和金属飞溅物，对巡检人员造成烧伤、眼睛伤害或吸入有害气体的风险。另外，抽水蓄能电站大多数发电机出口断路器使用的是 SF_6 气体进行灭弧，断路器灭弧室内部故障，极大可能引起灭弧室爆炸、开裂，导致内部 SF_6 及有毒气体泄漏，巡检人员一旦出现在现场，对巡检人员造成窒息及中毒的风险。图 1 为发电机出口断路器故障时情况。

图 1　发电机出口断路器故障时情况

综上，巡检人员避开发电机出口断路器分合闸时段，能够有效降低巡检人员发生人身伤害的风险。

1.2　研究现状

根据《六氟化硫电气设备中气体管理和检测导则》（GB/T 8905）规定：在室内的 SF_6 设备安装场所的地面应安装带报警装置的氧量仪和 SF_6 浓度仪。另外，根据国家电网公司《电力安全工作规程（变电部分）》规定：在 SF_6 配电装置室低位区应安装能报警的氧量仪和 SF_6 气体泄漏报警仪，在工作人员入口处应装设显示器。上述仪器应定期检验，保证完好。抽水蓄能电站发电机出口断路器所在设备室会安装 SF_6 及含氧量监视装置，并把报警主机安装在设备室门口，及时准确监测到 SF_6 和氧气含量，以确保进入设备间人员安全。在发电机出口断路器合闸运行或已经分闸后断路器出现故障较少，在分合闸过程中或刚分合闸操作的短时间内出现故障较多，抽水蓄能机组在调相转抽水、发电并网及停机解列 10min 内，巡检人员应尽量避免靠近发电机出口断路器区域。但是，现实中巡检人员不可能提前预知发电机出口断路器在什么时候才会分合闸。

1.3　研究目的和意义

鉴于发电机出口断路器的分合闸操作具有不可预测性，巡检人员难以事先确切知晓其具体发生时间，本文旨在深入探讨并研究如何利用现有方法与技术手段，在机组断路器执行分合闸操作时，实现对巡检人员的即时有效提醒机制，通过技术创新与流程优化，显著降低巡检作业过程中因未能及时避让而导致的潜在人身伤害风险，进而提升电力生产现场的安全管理水平与作业人员的安全保障。

2　抽水蓄能电站发电机出口断路器和 SF_6 泄漏监测系统联动功能的应用

某抽水蓄能电站 1～4 号机组母线洞未安装 SF_6 及含氧量监视装置，无法及时准确监测到 SF_6 和氧气含量以确保进入设备间人员安全，需要对 1～4 号母线洞设备间增设 SF_6 及含氧量监视装置，便于监测 SF_6 设备运行情况，确保人员安全。抽水蓄能机组在调相转抽水、发电并网及停机解列 10min 内进入 SF_6 断路器区域较危险，应尽量避免靠近发电机出口断路器区域，所以，该抽水蓄能电站结合改造将发电机出口断路器分合闸的语音提醒功能加入到 4 台母线洞 SF_6 监测主机中。图 2 为 SF_6 及含氧量监测主机。

2.1　SF_6 监测系统设备组成

SF_6 监测系统分为三大模块：

（1）采集器。包括温湿度采集器和 SF_6/O_2 采集器，主要完成各测量点温度和湿度的测量以及 SF_6 和 O_2 定量分析。

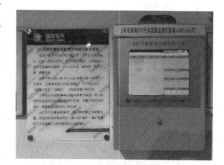

图 2　SF_6 及含氧量监测主机

（2）主机及辅助功能模块。主要完成各模块协调工作，显示、报警。

（3）风机控制器。主要完成启动风机的功能。

系统集多重监测功能于一身，主要针对最重要的SF_6气体和O_2超标报警，并兼有温度、湿度等环境数据的辅助监测功能，相关示意见图3～图5。

图3　SF_6及O_2采集器　　　　图4　温湿度采集器　　　图5　SF_6及含氧量监测主机

2.2　SF_6监测系统主要特点

SF_6监测系统主要特点如下：

（1）环境中O_2含量监测显示功能。

（2）环境中SF_6气体含量监测显示功能。

（3）环境中温、湿度监测显示功能。

（4）SF_6气体含量超标报警功能，缺氧报警功能。

（5）定时排风功能，人工强制排风功能，缺氧或SF_6超标，强制排风功能。

（6）实时显示各种参数功能。

（7）历史资料查询功能。

（8）支持远动系统遥测遥信。

（9）独创的每天自动零点校准功能，自动克服漂移和误报。

（10）巡检间隔用户可调，可疑检测点自动加强跟踪功能。

（11）发生报警时，自动开启风机和声光报警。

（12）用户可调整SF_6、O_2的报警参数。

（13）支持RTU遥测遥信功能。

（14）海量报警数据记录存储功能，长寿命设计。

（15）10.4寸彩色触摸屏显示，人性化操作界面。

（16）宽电压电源设计85～265V AC，防浪涌和雷击功能。

（17）人体感应、语音系统。

（18）显示比较稳定，很好地解决了数据漂移的问题。

（19）可与上位计算机连接，实现远程监控，并进行事件记录与历史事件查询。

2.3　系统工作原理

传感器工作原理：SF_6传感器采用红外技术原理测量，无铅氧传感器测量氧气浓度，通过检测SF_6气体分解产生的有毒有害气体将其转化为数字信号输出。

数据采集原理：数据采集器接收来自传感器的电信号，通过内置的 ADC（模数转换器）将电信号转换为数字信号，并对数据进行处理、存储和分析。

信号处理原理：信号处理单元对采集到的数据进行进一步分析，根据预先设定的报警阈值，实现泄漏预警、浓度显示等功能，同时将数据上传至监控中心，以便工作人员进行远程监控和管理。

2.4 系统安装介绍

1～4 号机组母线洞分别安装 1 台 SF_6 含氧量及氧气监测主机，6 个 SF_6 及含氧量监测单元、1 个温湿度监测单元，1 个就地声光报警器，SF_6 含氧量及氧气监测主机通过自带脉冲型信号节点与各区域风机控制箱相连，主机支持定时启动、报警启动等，SF_6 含氧量及氧气监测主机具备了母线洞发电机出口断路器分合闸的语音提醒功能（断路器分合信号分别由 1～4 号机组现地控制盘 2 号盘接入），见图 6。

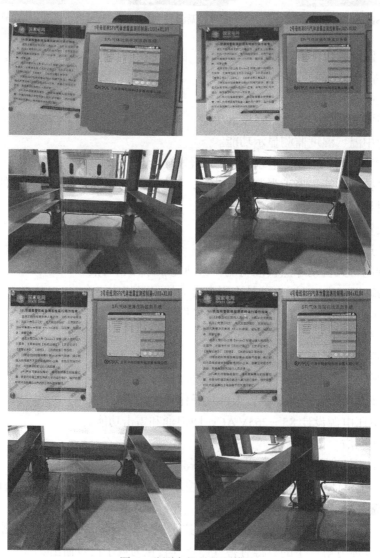

图 6 监测主机及监测模块

3 系统主要亮点

3.1 系统主要亮点

1~4号母线洞SF$_6$及含氧量监测主机具备和发电机出口断路器联动功能，当发电机出口断路器分合闸时，相对应的母线洞SF$_6$监测主机接收到信号，立即开始语音提醒。

3.2 主要实现原理

SF$_6$监测主机安装在母线洞门口外侧，显示当前母线洞SF$_6$和O$_2$含量数据，为了实现与发电机出口断路器联动，在原有系统功能基础上增加了状态检测模块，实时监测发电机出口断路器的状态，当发电机出口断路器动作时（包含合闸及分闸），发电机出口断路器通过该机组现地控制单元给SF$_6$监测主机1个约2s的脉冲信号，SF$_6$监测主机收到脉冲信号后计时模块启动，整个计时周期约600s，计时周期内有任何人靠近SF$_6$监测主机时，主机语音提示："开关已动作，避免进入母线洞"，当计时周期600s结束时，SF$_6$恢复正常语音提示"SF$_6$及氧气含量正常，可以进入"。图7为发电机出口断路器与监测主机联动原理图。

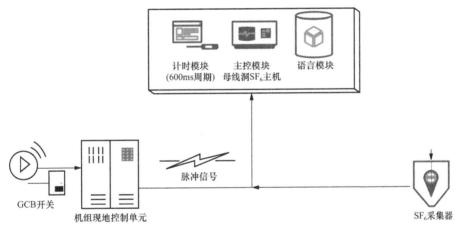

图7 发电机出口断路器与监测主机联动原理图

4 应用总结

（1）在电力系统中，SF$_6$在线监测系统的至关重要性不言而喻。该系统通过实时监测，一旦检测到SF$_6$气体的泄漏情况，即可迅速触发预警机制，确保维护团队能够立即采取针对性措施。这不仅要求精准定位泄漏源点，还强调了及时修复泄漏以消除高压断路器潜在安全隐患的紧迫性，从而维护电力系统的稳定运行与安全性。

（2）构建SF$_6$在线监测系统，对于推动电力系统向智能电网的转型具有里程碑式的意义。该系统有效解决了传统方式下SF$_6$浓度超标难以及时察觉，进而可能导致的设备损毁与人员伤害的难题。更重要的是，它实现了对SF$_6$气体的智能化、远程化、安全化管理，显著提升了管理效率与应急响应能力，为电力系统的安全稳定运行提供了强有力的技术支撑。

（3）在母线洞区域，SF$_6$监测主机的创新应用尤为显著，其独特的断路器分合闸语音提醒功能，为现场巡检及维护人员构筑了一道坚实的安全防线。这一设计不仅增强了人员操作的规范性，更在紧急情况下通过及时提醒，有效降低了因误操作导致的事故风险，进一步保障了巡检及维护人员的生命安全与职业健康，体现了技术进步对电力安全管理的深刻影响。

参考文献

[1] GB/T 8905—2012，六氟化硫电气设备中气体管理和检测导则［S］.

[2] Q/GDW 1799.1—2013，电力安全工作规程（变电部分）［S］.

作者简介

朱传宗（1991—），男，工程师，主要从事抽水蓄能电站设备的维护与施工工作。E-mail：252808443@qq.com

抽水蓄能电站钢岔管水压试验及分析

黄大岸，喻 冉，于 剑，杜可人

（中国葛洲坝集团股份有限公司，湖北武汉 430033）

摘要 钢岔管是抽水蓄能电站输水系统的关键部件，钢岔管在水压试验过程中处于弹性变形，钢岔管的结构应力、进水量、位移及试验前后的残余应力是水压试验的重要监测对象，根据这些参数的变化情况，来评估水压试验消除应力的效果。

关键词 抽水蓄能；钢岔管；水压试验；残余应力

0 引言

抽水蓄能电站钢岔管是由多块高强钢板经卷压切割成型后在工厂进行预组装，验收合格后拆解为多个运输单元发至工地现场，完成拼组、焊接、闷头挂焊，通过反复校形和大量焊接，局部残余应力较大，水压试验是消除残余应力的有效措施。本文以某大型抽水蓄能电站为例，对钢岔管水压试验内容和结果进行分析，为抽水蓄能电站钢岔管水压试验提供借鉴。

该抽水蓄能电站额定水头 425m，引水系统采用"一洞两机"的布置方式，每条高压主管长约 1000m，高压支管长约 50m，安装 780MPa 级钢岔管。主锥管进口内直径 4800mm，支锥管出口内直径 3400mm，最大公切球半径 2760mm，主锥管、支锥管壁厚 70mm，月牙肋厚 126mm，材料为 B780CF，总重 66.6t，为对称"Y"形内加强月牙肋钢岔管，分岔角为 74 岔。

1 水压试验的作用

抽水蓄能电站钢岔管焊缝密集分布，焊缝全面包络整个钢岔管，通常包括约 12 条工厂焊缝和 15 条工地焊缝，平焊、立焊、仰焊同时存在，手工焊、气保焊均有应用，焊接难度大，热输入控制难度大，焊接残余应力较大。

若钢岔管高残余应力区域存在焊接缺陷，则会降低该处静载强度，在往复水流的冲击下，会加剧应力集中处的金属疲劳，可能导致焊缝开裂，也可能使焊件局部屈服或失稳，影响钢岔管的刚度、强度和稳定性。同时，残余应力会降低钢岔管抗腐蚀能力和抗脆断性，严重影响设备质量[1-3]。

实践证明，通过水压试验可以复核钢岔管的强度和变形，改善钢岔管的结构应力分布，消除焊接残余应力，使结构局部应力得到调整、均化并趋于稳定，提高设备安全稳定性能。

2 水压试验的内容

抽水蓄能电站钢岔管在工地完成组焊，各种检测检验合格后，对主管、支管端头设置临时闷头，形成密闭容器，对钢岔管进行打压，遵循胡克定律的原理，在一定的范围内进行弹性变形，按照既定的压力循环计划进行试验。钢岔管水平卧放于数个鞍形支架上，并垫有四氟乙烯板，整个设备处于自由状态下，保证试验过程中钢岔管可以自由位移。

在钢岔管月牙肋的下半部分、岔管的左下部分和右侧腰部布置应力测点，在钢岔管的顶、底、腰、主管闷头中心及月牙肋腰线部位布置变形观测点，加压系统布置于左侧支管下部，应变仪及传感器的显示屏等布置在安全区域的工作台上。打压介质选用水，可以避免气压带来的危险，水压试验采用重复逐级加载的方式缓慢增压，对加压过程中位移、应力、内水温度及进水量的实时监测，而且需在水压试验前后分别对钢岔管整体尺寸、漏水情况进行检查，并对焊缝及热影响区的残余应力进行测试[4-6]。

若应力－压力、进水量－压力曲线呈良好线性关系，说明在水压试验过程中，钢岔管处于弹性变形状态，且未发生渗漏和焊缝开裂[7-10]。

钢岔管水压试验往往分为预打压和两次正式打压进行，当进水量和多个特征点的应力出现非线性的突变时，需立即停止试验。如果出现任何一个测点的应力达到其许用应力，则应立即停止升压。

2.1 水压试验系统

该电站钢岔管水压试验前，通过组织多方联合验收，3 个管口均与闷头焊接良好并探伤合格，形成密闭容器。水平卧放于数个鞍形支架上，鞍形支座与钢岔管之间有垫板，水压试验时岔管能自由位移。水压试验要求环境温度不低于 10℃，水温不低于 5℃。

水压试验打压系统由充水系统、排水系统、增压系统及排气系统等组成，其中增压系统由阀门、打压泵、管路及压力表组成。水压试验前需完成对系统安装调试，并通过探伤检查[1-2]。

2.2 钢岔管受力分析

根据对该电站钢岔管有限元分析，在内外壁共布置 28 个三向应变片、24 个双向应变片和 2 个单向应变片，管壁内外均对应布置，且应变片距离焊缝边缘为 15～20mm，如图 1 所示。在中心纵缝附近布置 4 个三向应变片，在肋旁管壳布置 4 个三向应变片，在主岔管右腰布置 3 个双向应变片。在钢岔管左侧腰线布置 8 个双向应变片，在顶底附近布置 2 个双向应变片，在左侧支岔腰线布置 2 个双向应变片；在钢岔管左下部布置 3 个双向应变片。在钢岔管月牙肋腰线部位内外布置两个单向应变片。

将应变片通过导线与应变测量分析系统连接起来，调试完毕，进行水压试验，及时记录每个压力循环下各个压力等级对应的应变值，推算出每个压力循环下各个压力等级对应的应力值。

2.3 钢岔管残余应力

残余应力测试采用无损的压痕应变法，测试设备为压痕应变法应力测试系统，钢岔管水压试验前后都应进行残余应力测试。

根据该电站钢岔管结构特点，在内外壁分别布置了 6 个残余应力测区，如图 2 所示，每个测区包含熔合线、焊缝中心和热影响区。

2.4 水压试验其他参数

水压试验过程中内水温是通过内置温度传感器进行监测，即将温度传感器安装在钢岔管内，测试导线从出线装置引出后接入显示装置，环境温度则由温度计进行监测。

水压试验过程中进水量是通过记录各个压力等级下注入管内水的体积来实现的，通过

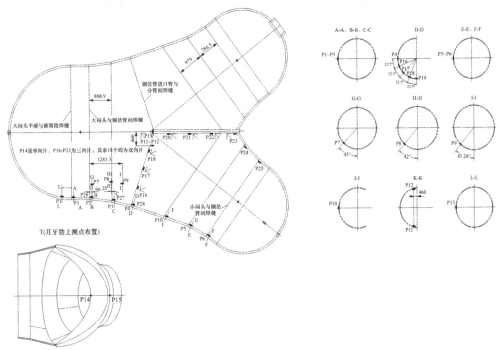

图 1　钢岔管应力测点分布图

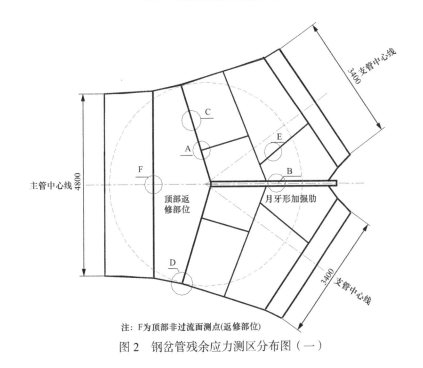

注：F为顶部非过流面测点(返修部位)

图 2　钢岔管残余应力测区分布图（一）

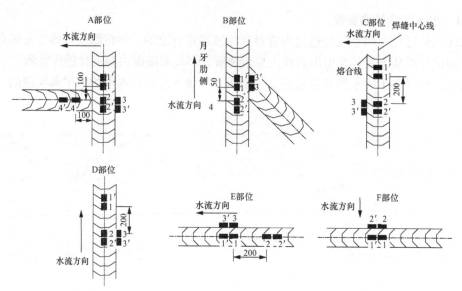

图 2　钢岔管残余应力测区分布图（二）

对外置水箱的水位或水量来推算。

　　水压试验过程中变形监测的测点布置在岔管的顶、底、腰、主管闷头中心及月牙肋腰线上，共布置 10 个位移传感器和 1 套无线信号采集系统，在各个压力循环下，按一定的压力等级采集记录一次数据。钢岔管变形测点布置图见图 3。

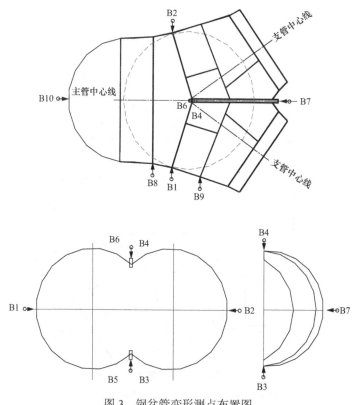

图 3　钢岔管变形测点布置图

3 水压试验结果

按照水压试验方案，试验以 0.05MPa/min 的速率逐级打压，并在各级压特征力下停泵保压，保压期间需注意听是否有异响，观察是否有漏水。停泵保压后要尽快完成结构应力测试数据摘录和分析，将数据录入提前做好的表格中，并及时将测试数据进行线性分析。

3.1 钢岔管结构应力

钢岔管内壁、外壁分别选定了 27 个测点，每个测点同时将测试出轴向应力和环向应力（月牙肋两个测点除外），则每个压力等级下将产生 106 个数据。岔管管壁的应力区域分为整体膜应力区、局部膜应力区和局部膜应力＋弯曲应力区，其中整体膜应力区不受焊缝和弯折影响，具有典型性，如 P9 位于两条焊缝中间区域，结构应力简明，本文以 P9 为例进行分析。

P9 位于整体膜应力区，根据钢岔管及闷头刚强度有限元分析计算结果，此处许用应力（抗力限值）为 302MPa，即打压过程最高压力不得高于 302MPa，P9 在预打压和两次正式打压过程中实测应力线性关系如图 4 所示。

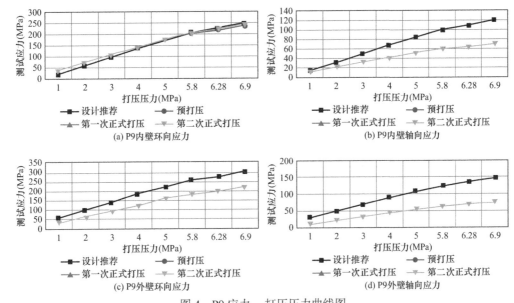

图 4 P9 应力－打压压力曲线图

由以上线性图形可知，在升压过程中 P9 外壁最大应力为 222.7MPa，内壁最大应力为243.2MPa，均小于许用应力。通过对本次水压试验全部应力测试结果分析，应力测试值和打压压力值呈较好的线性关系，说明水压试验过程中，P9 处于线弹性变形状态。

3.2 钢岔管进水量

进水量是水压试验的重要参数，若进水量突增，则说明钢岔管焊缝开裂；若进水量和打压压力值应呈线性关系，则钢岔管整体处于弹性变形状态，说明水压试验正常。在正式打压中，各个压力等级下进水量线性关系如图 5 所示。

本次试验通过增压共打进约 1 立方米水，通过对进水量分析，进水量与打压压力呈良好线性关系，说明钢岔管在水压试验过程中处于弹性变形，且未出现漏水情况。

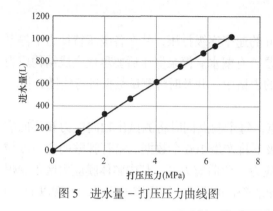

图 5　进水量 - 打压压力曲线图

3.3　钢岔管位移变形

水压试验过程中，在各个压力等级下，各测试部位的位移与打压压力呈良好的线性关系。在最大压力等级 6.9MPa 时，岔管的单侧最大位移位于管外右侧腰线位置，最大位移量 −4.97mm（膨胀），与模拟计算的位移量相当，变形在安全范围内。

4　残余应力消除情况

残余应力测试共进行 6 个区域，其中 E 区焊缝曾经返修，二次热输入较大，焊接残余应力更为明显，本文以 E 区为例进行分析，E 区内外壁在水压试验前、后残余应力测试数据对比如图 6 所示。

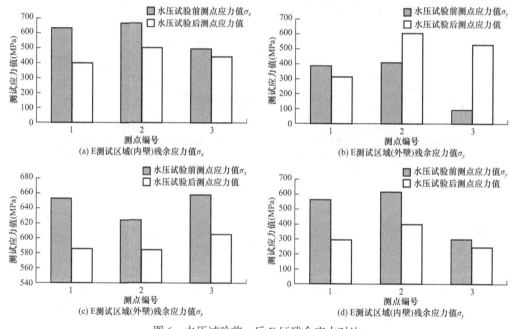

图 6　水压试验前、后 E 区残余应力对比

从测试数据看，通过水压试验，E 区的焊接残余应力整体有下降的趋势，但外壁垂直焊缝方向的焊接残余应力略有上升。通过对全部试验结果对比分析，水压试验前岔管内壁焊接残余应力最大值位于 E 测试区域 2 号测点，应力值为 667MPa，水压试验后该测点应力值为 503MPa，下降 24.5%；水压试验前岔管外壁焊接残余应力最大值位于 E 测试区域 3 号测点，应力值为 658MPa，水压试验后该测点应力值为 605MPa，下降 8.3%。

5　结束语

在本次水压试验中，钢岔管在最大试验压力 6.9MPa 下，应力 - 压力、进水量 - 压力、位移 - 压力曲线呈良好的线性关系，说明水压试验过程中钢岔管处于弹性变形状态，且无渗漏和焊缝开裂，钢岔管焊接质量合格。焊接残余应力在水压试验后最大降幅为8.3%，说明通过水压试验可以使焊接残余应力重新分布，并消除钢岔管的尖端应力及施工附加变形，钝化缺陷尖部，达到对钢岔管的局部削峰消应，从而提高钢岔管整体抗脆断和抗应力腐蚀能力，保证钢岔管安全稳定运行。

本文通过对华北地区某抽水蓄能电站 3 号钢岔管水压试验内容和具体试验结果分析，说明水压试验前后钢岔管焊接残余应力有所下降，证明了水压试验对钢岔管具有消应作用。

参考文献

[1] 王志国，陈永兴. 西龙池抽水蓄能电站内加强月牙肋岔管水力特性研究 [J]. 水力发电学报，2007，1（1）：42-47.

[2] 何少云，付强. 浙江仙居抽水蓄能电站 780MPa 级钢岔管制造质量控制 [J]. 水电与抽水蓄能，2015，6（6）：5-8，86.

[3] 秦继章，马善定，伍鹤皋，等. 埋藏式内加强月牙肋钢岔管结构研究 [J]. 水力发电学报，2006，2（5）：83-87.

[4] 余健，刘蕊. 呼和浩特抽水蓄能电站钢岔管国产化研究与工程应用 [J]. 水电与抽水蓄能，2019，2（2）：87-90.

[5] 胡旺兴，苏军安. 溧阳抽水蓄能电站引水钢岔管设计与施工技术研究 [J]. 水力发电，2010，7（7）：39-42.

[6] 罗全胜，徐昕昀，张程，等. 基于间隙变化的月牙肋钢岔管联合承载能力研究 [J]. 水力发电，2019，2（2）：71-73.

[7] 陈初龙，张伟平，铁朝虎，等. 呼和浩特抽水蓄能电站工程高压钢岔管关键技术研究 [J]. 中国三峡，2013，12（12）：26-28，32.

[8] 姚敏杰，高雅芬. 洪屏抽水蓄能电站内加强月牙肋钢岔管原型水压试验研究 [J]. 水力发电，2016，6（6）：92-94.

[9] 胡木生，张伟平，靳红泽，等. 水电站压力钢岔管水压试验应力测试 [J]. 水力发电学报，2010，29（4）：184-188.

[10] 伍鹤皋，汪艳青，苏凯，等. 内加强月牙肋钢岔管水压试验 [J]. 武汉大学学报（工学版），2008，5（5）：35-39.

作者简介

黄大岸（1982—），男（土家族），大学本科，高级工程师，主要从事储能、抽水蓄能、新能源的研究与投资建设管理。E-mail：huangdaan@cggc.cn

喻　冉（1988—），男，研究生，主要从事抽水蓄能电站前期规划、水机设备选型、工程建设管理、电站运维管理工作。E-mail：yuran813@163.com

于　剑（1986—），男，大学本科，主要从事抽水蓄能电站前期规划、工程建设管理工作。E-mail：engineeryu@163.com

杜可人（1998—），女，研究生，主要从事抽水蓄能电站项目管理。E-mail：2462326394@qq.com

抽水蓄能电站拦沙坝上游淹没处理范围界定方式

杨孝辉，朱　瑜，谭金龙，韩　款，杜立强

（中国电建集团北京勘测设计研究院有限公司，北京　100024）

摘要　以抽水蓄能电站拦沙坝上游区域淹没范围为研究对象，结合《水电工程建设征地处理范围界定规范》（NB/T 10338—2019），将拦沙坝上游区域分为水库型、河道型两类情况进行界定，分别对水库型、河道型的经常淹没区和临时淹没区进行分析，探讨拦沙坝上游区域抽水蓄能电站上游区域淹没范围界定方法。

关键词　拦沙坝上游区域；水库型淹没范围；河道型淹没范围

0　引言

水库淹没处理是水库建设的重要组成部分，水库淹没处理是对受到水库淹没区内的土地、房屋、专业项目、企事业单位等实物指标采取合理的经济补偿和有计划的妥善安排。水库淹没处理往往关系到大量城乡居民，影响到许多方面，既是一个自然科学问题，也是一个社会科学问题，主要表现在它既受到天然地形地貌的影响，需要水文学、水力学原理计算确定，又受到地方社会经济发展水平影响。

设有拦沙坝的抽水蓄能电站，拦沙坝上游局部挡排水设施复杂，拦沙坝建成后，拦沙坝上游水位常抬高形成淹没区，但不同抽水蓄能电站运行调度、补水方式各有不同，与常规水电站存在一定差异，《水电工程建设征地处理范围界定规范》（NB/T 10338—2019）中淹没范围界定方法在拦沙坝上游淹没范围界定时不能完全适用。一套适用于抽水蓄能电站拦沙坝上游区域淹没处理范围界定方法，有助于推动设有拦沙坝的抽水蓄能电站淹没处理范围界定进一步规范化。

1　背景

当前社会经济发展态势稳中向好，电力需求明显回暖，但由于煤电机组建设受限，导致网内煤电机组调峰压力进一步加剧，电网电力系统将迎来更加严峻的挑战。为了实现国家"双碳"目标，构建清洁低碳、安全高效的现代能源体系和以新能源为主体的新型电力系统，电力系统内需配置抽水蓄能电站，以改善网内煤电机组运行条件，缓解电网调峰压力。

抽水蓄能电站主要有三种形式：一是上下库在原地形上挖填成库；二是上库在原地形上挖填成库，下库利用已有水库成库；三是上库在原地形上挖填成库，下库拦截河道成库。

大部分多泥沙河流地区以干旱半干旱气候为主，海拔高，气温低，水资源较为缺乏。满足过机含沙量要求，下库拦截河道成库形式，抽水蓄能电站在枢纽布置时，常采取在拦河坝上游布置拦沙坝形成抽水蓄能电站专用下水库，并设置泄洪排沙洞、取水补水站等建筑物，通过合理的运行调度方式，使得电站下水库保持"一盆清水"。

2 水库淹没处理范围

水库淹没处理范围即水库淹没区的界定是水库淹没处理的重要内容。水库淹没区是指水电站大坝建成后，大坝上游水位抬高形成淹没的区域。水库淹没区包括水库正常蓄水位（水库在正常运行情况下所蓄到的最高水位）以下的区域和水库正常蓄水位以上临时淹没区域。正常蓄水位以下的淹没区域，按照正常蓄水位高程，以坝轴线为起始断面，水平延伸至与天然河道多年平均流量水面线相交处。水库正常蓄水位以上临时淹没区域主要是指受洪水回水、风浪和船行波、冰塞壅水等临时淹没的区域。

3 水库型淹没处理范围分析

3.1 A 抽水蓄能电站

（1）工程概况。A 抽水蓄能电站下水库设置有拦河坝、拦沙坝，拦沙坝、拦河坝坝型均为沥青混凝土心墙坝，采用局部防渗方案，并在拦沙坝上游左岸 1.8km 处设有泄洪排沙洞，线裁弯取直布置在山体内，进口底板高程 1369m，洞长 670m。泄洪排沙洞设有弧形工作闸门阻拦天然径流来水形成拦沙库，具有蓄清排浑、拦沙排沙并向下水库补水的功能，拦沙坝溢流坝段堰顶高程为 1389m，拦沙库最高蓄水位限制为 1389m，当拦沙库水位超过 1389m 时，将会有水流通过拦沙坝溢流坝段进入下水库，此时开启泄洪排沙洞工作闸门泄放多余水量。

A 抽水蓄能电站泄洪排沙洞设有弧形工作闸门阻拦天然径流来水形成拦沙库，则拦沙坝前成库，为水库型，拦沙库最高蓄水位 1389m。

（2）已知拦沙坝上游存在耕地、林地、草地、未利用地淹没对象，其中林地、草地、未利用地无相应防洪标准，因此仅对经常淹没区范围内的林地、草地、未利用地进行处理，无需考虑临时淹没区的影响。拦沙库存在最高蓄水位并有蓄水功能，因此拦沙坝上游区域存在经常淹没区，为拦沙坝轴线以上水库最高蓄水位 1389m 至与天然河道多年平均流量水面线相交处以下区域。

（3）耕地存在防洪标准，为 5 年一遇，因此需要考虑临时淹没区对耕地的影响。已知拦沙坝上游集雨面积较大，回水长度较长，因此上游区域会受到频率洪水回水影响，需进一步比较建坝前后频率洪水水面线，经对比可得建坝后频率洪水水面线高于建坝前天然水面线，因此耕地的临时淹没区为经常淹没区以上，经常淹没区水面线加安全超高接洪水回水以下区域，根据《水电工程建设征地处理范围界定规范》（NB/T 10338），安全超高建议取 0.5m。

表 1 为 A 抽水蓄能电站拦沙坝上游回水成果。

表1   A 抽水蓄能电站拦沙坝上游回水成果

断面	距坝里程 （m）	P=20%	
		天然水面 （m）	回水水面 （m）
拦沙坝	0	1368.8	1389
1	165	1373.8	1389
2	265	1376.6	1389
3	373	1379.6	1389
4	558	1386.5	1389
5	798	1391	1391
6	1044	1396.7	

（4）经分析，A 抽水蓄能电站拦沙库淹没区包括经常淹没区和临时淹没区两部分。经常淹没区指拦沙坝轴线以上最高蓄水位 1389m 高程以下区域；临时淹没区是指经常淹没区以上、坝前最高蓄水位加安全超高接洪水回水以下区域。

1）林地、草地、未利用土地征收线按水库最高蓄水位确定。

2）耕地征收线：坝前最高蓄水位加 0.5m 安全超高接 5 年一遇洪水回水线。

3.2 B 抽水蓄能电站

（1）工程概况。B 抽水蓄能电站下水库利用已建的水库，由于泥沙淤积严重，为使抽水蓄能电站正常运行，下水库需设置拦排沙设施。通过在原水库库尾设置拦沙坝，将原水库分成蓄能专用库和拦沙库两部分。

蓄能专用库由改建加高拦河坝和拦沙坝围筑形成，主要建筑物包括改建加高拦河坝、改建溢洪道及泄洪放空洞，正常蓄水位为 1061m。

拦沙库主要建筑物由拦沙坝、泄洪排沙洞、导沙明渠和溢洪道组成，具有蓄清排浑、拦沙排沙并向下水库补水的功能，拦沙库正常蓄水位采用 1061m。

拦沙库溢洪道设置在拦沙坝左岸下游山梁处，连通拦沙库和抽水蓄能电站专用库，堰型为宽顶堰，设置五孔，其中四孔堰顶高程 1061m，为无闸门控制自由溢流，另外一孔为满足下水库补水及初期蓄水的要求，堰顶高程采用 1056m，设置两道闸门，闸门尺寸为 15m×5m（宽×高），当需要补水时，开启闸门，补水自流至抽水蓄能电站下水库。泄洪排沙洞进口位于拦沙坝右岸上游约 100m 处，洞线裁弯取直布置在山体内，进口底板高程为 1045m，设有平板检修闸门和弧形工作闸门，对应闸门均设有永久启闭设备，洞长 2062m。为使水流排沙顺畅，将拦沙坝左岸上游山梁处挖开一宽 30m 的导沙明渠，使上游来水通过明渠直接流至泄洪排沙洞进口，排沙更顺畅。

B 抽水蓄能电站通过在原水库库尾设置拦沙坝，将原水库分成蓄能专用库和拦沙库两部分，泄洪排沙洞溢洪道均设有工作闸门，具备并向专用库补水的功能，为水库型，设有正常蓄水位 1061m。

（2）已知拦沙坝上游存在耕地、园地、居民点、林地、草地、10kV 线路、淹没对象，其中林地、草地、未利用地无相应防洪标准，因此仅对经常淹没区范围内的林地、草地、未利用地进行处理，无需考虑临时淹没区的影响。拦沙库存在正常蓄水位并有蓄水功能，因此拦沙坝上游区域存在经常淹没区为坝轴线以上水库最高蓄水位 1061m 至与天然河道多年平均流量水面线相交处以下区域。

（3）耕地、园地存在防洪标准为 5 年一遇，居民点、10kV 线路存在防洪标准为 20 年一遇。已知拦沙坝上游集雨面积较大，回水长度较长，因此上游区域会受到频率洪水回水影响，进一步比较建坝前后频率洪水水面线，经对比可得建坝后频率洪水水面线高于建坝前天然水面线，因此耕地、园地、居民点、10kV 线路的临时淹没区为经常淹没区以上，经常淹没区水面线加安全超高接相应频率洪水回水以下区域，耕地、园地根据《水电工程建设征地处理范围界定规范》（NB/T 10338），安全超高建议取 0.5m，居民点、10kV 线路、通信光缆根据《水电工程建设征地处理范围界定规范》（NB/T 10338），安全超高建议取 1.0m。

表 2 为 B 抽水蓄能电站拦沙坝上游回水成果。

表 2   B 抽水蓄能电站拦沙坝上游回水成果

断面	距坝里程（m）	P=20%	
		天然水面（m）	回水水面（m）
lf-1（拦河坝）	-4540	1019.02	1061
lf-12	0	1034.56	1061
lf-18	1040	1045.96	1061
lf-19	1580	1048.14	1061
lf-20	1960	1049.78	1061
lf-21	2310	1050.88	1061
lf-22	2760	1051.88	1061.98
lf-23	3330	1054.22	1062.11
lf-24	3720	1055.66	1063.32
lf-25	4100	1056.7	1063.71
lf-26	4550	1058.38	1064.75
lf-27	5040	1059.58	1065.31
lf-28	5330	1060.37	1065.83
lf-29	5850	1061.84	1066.05
lf-30	6410	1063.6	1067.16
lf-31	6940	1064.86	1067.71
lf-32	7300	1066.06	1068.24
lf-33	7880	1067.72	1068.74
lf-34	8710	1070.35	1070.58
lf-1（拦河坝）	-4540	1019.02	1061
lf-12	0	1035.18	1061
lf-18	1040	1046.53	1061
lf-19	1580	1049.02	1061
lf-20	1960	1050.66	1061
lf-21	2310	1052.07	1061

断面	距坝里程（m）	P=20%	
		天然水面（m）	回水水面（m）
lf-22	2760	1053.21	1062.64
lf-23	3330	1055.31	1063.23
lf-24	3720	1056.36	1063.85
lf-25	4100	1057.91	1064.26
lf-26	4550	1059.03	1065.28
lf-27	5040	1060.31	1065.87
lf-28	5330	1061.09	1066.33
lf-29	5850	1062.42	1066.59
lf-30	6410	1064.19	1067.64
lf-31	6940	1065.53	1068.29
lf-32	7300	1066.91	1068.81
lf-33	7880	1068.29	1069.34
lf-34	8710	1071.21	1071.38

（4）经分析，B抽水蓄能电站拦沙库淹没区包括经常淹没区和临时淹没区两部分。经常淹没区指拦沙坝轴线以上水库正常蓄水位1061m高程以下区域；临时淹没区是指经常淹没区以上、坝前正常蓄水位加安全超高接洪水回水以下区域。

1）林地、草地及未利用地征用线按正常蓄水位确定。

2）耕地、园地征用线：坝前正常蓄水位加0.5m安全超高接5年一遇洪水回水线。

3）居民迁移线：坝前正常蓄水位加1.0m安全超高接20年一遇洪水回水线。

4）10kV线路处理线：根据库区实际情况，按坝前正常蓄水位加1.0m安全超高接该20年一遇标准洪水回水线确定。

4 河道型淹没处理范围分析

4.1 C抽水蓄能电站

（1）工程概况。C抽水蓄能电站下水库位于某河上，修筑上下游拦河坝截取河道形成下水库，库区内河谷较宽阔，断面呈不对称的"U"字形。下水库上游拦河坝，与上游拦河坝共用左岸山脊。

为彻底解决下水库泥沙问题，采用洪水不入库的布置方式，利用河湾单薄分水岭垭口地形开挖河道明渠进行泄洪排沙，河道洪水不进入库内直接经河道明渠泄入下游河道。C抽水蓄能电站上游拦河坝上游不成库，无蓄水功能，为河道型，无特征水位。

表3为C抽水蓄能电站水库建设前后水位流量成果。

表3   C抽水蓄能电站水库建设前后水位流量成果

明渠上游（天然）		明渠上游（建设后）	
水位（m）	流量（m³/s）	水位（m）	流量（m³/s）
415	13.9	410	52.1
415.5	54.5	410.2	124

续表

明渠上游（天然）		明渠上游（建设后）	
416	120	410.4	219
416.5	216	410.6	334
417	340	410.8	467
417.5	472	411	614
418	657	411.2	776
418.5	877	411.4	950
419	1122	411.6	1141
419.5	1388	411.8	1348
420	1667	412	1568
420.5	1953	412.2	1801
421	2276	412.4	2048

（2）已知利用河湾单薄分水岭垭口地形开挖河道明渠进行泄洪排沙，河道洪水不进入库内直接经河道明渠泄入下游河道。根据水文专业计算成果，新开挖明渠过流能力大于天然河道过流能力，上游拦河坝上游不会造成河道壅水，因此修建上游拦河坝不会造成上游区域新增经常淹没区、临时淹没区，对于上游拦河坝上游的实物指标不会产生淹没影响无需处理。

4.2 D 抽水蓄能电站

（1）工程概况。D 抽水蓄能电站下水库设置有拦河坝和拦沙坝，并在拦沙坝上游库前左岸凹岸处设置泄洪排沙洞，裁弯取直布置在山体内，进口底板高程为 1200m，洞长1616m。泄洪排沙洞采用敞泄方式，上游来水均通过泄洪排沙洞流入下游河道，仅设一道检修闸门，平常闸门全开，仅检修时关闭，检修完毕即打开，因此拦沙坝上游不成库。但泄洪排沙洞设置需避开拦沙坝坝肩位置，因此泄洪排沙洞进口处与拦沙坝间存在一定距离，由于存在河床比降，泄洪排沙洞底板高程会略高于拦沙坝前河床深泓点高程，综上所述即使拦沙坝上游不成库，但泄洪排沙洞底板高程以下区域水流无法流入下游河道，并且泄洪排沙洞过流能力小于原天然河道，因此拦沙坝上游仍存在淹没区。图 1 为 D 抽水蓄能电站经常淹没区示意图。

D 抽水蓄能电站泄洪排沙洞不阻拦天然径流来水，拦沙坝上游不成库，无蓄水功能，为河道型，无特征水位。

（2）已知拦沙坝上游存在林地、草地、未利用地、居民点、汽车便道、电力线路、输水管线淹没对象，其中林地、草地、未利用地无相应防洪标准，因此仅对经常淹没区范围内的林地、草地、未利用地进行处理，无需考虑临时淹没区的影响。

已知但泄洪排沙洞底板高程以下区域水流无法流入下游河道，在多年平均流量条件下新构成河道与原天然河道水位过流能力无明显区别，但拦沙坝轴线以上泄洪排沙洞底板高程 1200m 至与天然河道多年平均流量水面线相交处以下区域为经常淹没区。

（3）居民点、汽车便道、电力线路、输水管线存在防洪标准，为 20 年一遇。已知下水库所在河道属季节性河流，其洪水主要由暴雨形成，暴雨的特点是强度大、历时短、笼罩面积小，沟谷两岸山峦起伏，坡度陡峭，植被稀疏，沟底比降大，洪水过程陡涨陡落，

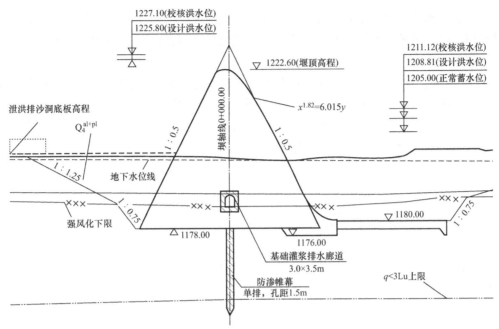

图 1   D 抽水蓄能电站经常淹没区示意图

多为单峰一次洪水过程一般不到 24h。

因此，一旦发生洪水，拦沙坝前将迅速形成壅水，如表 4 所示，发生 5 年一遇洪水拦沙坝前水位将抬高到 1207.48m，较原天然河道水位抬高 12.14m，发生 20 年一遇洪水拦沙坝前水位将抬高到 1218.58m，较原天然河道水位抬高 22.01m，在 5 年一遇、20 年一遇洪水条件下新构成河道过流能力小于原天然河道，需考虑根据调洪水位计算的回水影响范围内各类淹没对象的处理。

表 4   D 抽水蓄能电站拦沙坝上游回水成果

断面	距坝里程（m）	P=5%	
		天然水面（m）	回水水面（m）
TYG-20	0	1196.57	1218.58
TYG-21	192.16	1199.91	1218.58
TYG-22	322.64	1202.37	1218.58
TYG-23	369.63	1204.44	1218.58
TYG-24	540.79	1207.7	1218.59
TYG-25	703.28	1210.69	1218.59
TYG-26	807.49	1212.75	1218.64
TYG-27	889.62	1214.4	1218.65
TYG-28	1044.41	1216.83	1218.67
TYG-29	1163	1219.26	1219.66
TYG-30	1243.85	1221.41	

经对比可得建坝后频率洪水水面线高于建坝前天然水面线，因此居民点、汽车便道、

电力线路、输水管线地的临时淹没区为经常淹没区以上，坝前调洪水位水面线加安全超高接洪水回水以下区域，根据《水电工程建设征地处理范围界定规范》（NB/T 10338），安全超高建议取 1.0m。

（4）经分析，D 抽水蓄能电站拦沙坝上游不成水库，但由于拦沙坝、泄洪排沙洞的布置降低了原天然河道的过流能力，导致拦沙坝上游的一些区域受到了水流的淹没影响，拦沙坝上游淹没区包括经常淹没区和临时淹没区两部分。经常淹没区指拦沙坝轴线以上泄洪排沙洞底板高程 1200m 以下区域；临时淹没区是指经常淹没区以上、坝前调洪水位加安全超高接洪水回水以下区域。

1）林地、草地、未利用地土地征收范围为泄洪排沙洞底板高程以下区域。

2）居民点、汽车便道、电力线路、输水管线等淹没对象按照拦沙坝前 5% 频率洪水调洪水位加安全超高值和 20 年一遇洪水水位外包线确定淹没处理范围。

5 拦沙坝上游淹没处理范围界定方法探讨

5.1 水库型

经核实拦沙坝前规划有正常蓄水位、常水位、最高运行水位时，拦沙坝上游具备蓄水功能为蓄能专用库补水，为水库型，水库型一定会有经常淹没区与临时淹没区。

经常淹没区应以拦沙坝轴线为起始断面，按正常蓄水位、常水位、最高运行水位高程水平延伸至与天然河道多年平均流量水面线相交处，经常淹没区内的所有淹没对象均需处理。

临时淹没区内范围的界定应考虑经常淹没区周边是否存在具备相应防洪标准的淹没对象。若不存在该类淹没对象，则无须考虑经常淹没区；若存在该类淹没对象，例如人口、土地中耕地和园地、房屋及附属建筑物、专项设施等，则需根据淹没对象是否受到对应的频率洪水回水影响界定临时淹没区范围，防洪标准不同的淹没对象对应的临时淹没区范围也会存在一定差异，若具备防洪标准的淹没对象位于对应的临时淹没区范围内，则需处理，临时淹没区范围主要有以下情况：

（1）建坝后拦沙坝上游区域受到淹没对象对应频率洪水回水影响，若频率洪水回水水面线高于频率洪水天然水面线，该淹没对象的临时淹没区为经常淹没区以上、经常淹没区水面线加安全超高接洪水回水以下区域，安全超高宜根据《水电工程建设征地处理范围界定规范》（NB/T 10338）执行。

（2）建坝后拦沙坝上游区域受到淹没对象对应频率洪水回水影响，若频率洪水回水水面线低于或等于频率洪水天然水面线，该淹没对象的临时淹没区为经常淹没区以上、经常淹没区水面线加安全超高以下区域，安全超高宜根据《水电工程建设征地处理范围界定规范》（NB/T 10338）执行。

（3）建坝后拦沙坝上游区域集雨面积较小、回水长度较短，不受淹没对象对应频率洪水回水影响，该淹没对象的临时淹没区为经常淹没区以上、经常淹没区水面线加安全超高以下区域，安全超高宜根据《抽水蓄能电站建设征地移民安置规划设计规范》（NB/T 11173）执行。

5.2 河道型

若坝前不蓄水，通过布置泄洪排沙洞、开挖明渠、溢洪道等水工建筑物将坝前天然径流改变流向流入与下游天然河道相接，此时上游天然河道 – 新布置泄水建筑物 – 下游天然河道相结合构成了新的河道（简称"新构成河道"），拦沙坝前不蓄水依旧为天然河道，为河道型。与水库型一定会有经常淹没区和临时淹没区不同，河道型拦沙坝上游不成水库，但往往会由于水工建筑物的布置造成某些区域受到水流的淹没影响，因此需要通过分析建坝前后多年平均流量、频率洪水条件下的水面线拦沙坝上游是否存在经常淹没区和临时淹没区。

是否存在经常淹没区需要对比建坝前后多年平均流量水面线，若是建坝后多年平均流量水面线高于天然多年平均流量水面线，则存在经常淹没区，经常淹没区为以拦沙坝轴线为起始断面，建坝后多年平均流量水面线直至与天然河道多年平均流量水面线重合处以下区域，经常淹没区内的所有淹没对象均需处理；若是建坝后多年平均流量水面线低于或等于天然多年平均流量水面线，此时不存在经常淹没区。

临时淹没区内范围的界定应考虑经常淹没区周边是否存在具备相应防洪标准的淹没对象。若不存在该类淹没对象，则无需考虑经常淹没区；若存在该类淹没对象，例如人口、土地中耕地和园地、房屋及附属建筑物、专项设施等，则需根据淹没对象是否受到对应的频率洪水回水影响界定临时淹没区范围，防洪标准不同的淹没对象对应的临时淹没区范围也会存在一定差异，若具备防洪标准的淹没对象位于对应的临时淹没区范围内，则需处理。是否存在临时淹没区与是否存在经常淹没区之间无必然联系，但临时淹没区范围确定首先需确定是否存在经常淹没区。

5.2.1 存在经常淹没区

（1）建坝后拦沙坝上游区域受到淹没对象对应频率洪水回水影响，若频率洪水回水水面线高于频率洪水天然水面线，该淹没对象的临时淹没区为经常淹没区以上、坝前调洪水位加安全超高接洪水回水以下区域，安全超高宜根据《水电工程建设征地处理范围界定规范》（NB/T 10338）执行。

（2）建坝后拦沙坝上游区域受到淹没对象对应频率洪水回水影响，若频率洪水回水水面线低于或等于频率洪水天然水面线，该淹没对象的临时淹没区为经常淹没区以上、经常淹没区水面线加安全超高以下区域，安全超高宜根据《水电工程建设征地处理范围界定规范》（NB/T 10338）执行。

（3）建坝后拦沙坝上游区域集雨面积较小、回水长度较短，不受淹没对象对应频率洪水回水影响，该淹没对象的临时淹没区为经常淹没区以上、经常淹没区水面线加安全超高以下区域，安全超高宜根据《抽水蓄能电站建设征地移民安置规划设计规范》（NB/T 11173）执行。

5.2.2 不存在经常淹没区

（1）建坝后拦沙坝上游区域受到淹没对象对应频率洪水回水影响，若频率洪水回水水面线高于频率洪水天然水面线，该淹没对象的临时淹没区为建坝后多年平均流量水面线以上、坝前调洪水位加安全超高接洪水回水以下区域，安全超高宜根据《水电工程建设征地处理范围界定规范》（NB/T 10338）执行。

（2）建坝后拦沙坝上游区域受到淹没对象对应频率洪水回水影响，若频率洪水回水水面线低于或等于频率洪水天然水面线，不存在临时淹没区。

（3）建坝后拦沙坝上游区域集雨面积较小、回水长度较短，不受淹没对象对应频率洪水回水影响，不存在临时淹没区。

图2为拦沙坝上游淹没处理范围界定流程图。

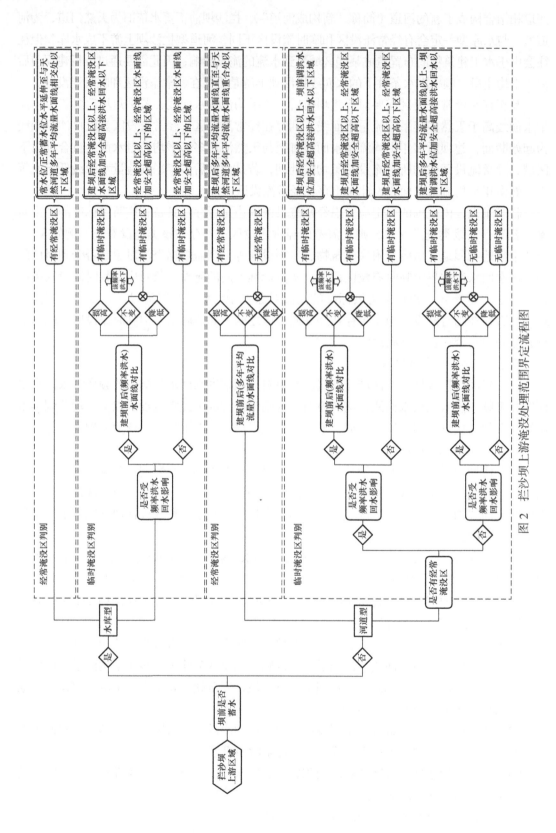

图 2 拦沙坝上游淹没处理范围界定流程图

6 结束语

以抽水蓄能电站拦沙坝前淹没处理范围为研究对象，结合《水电工程建设征地处理范围界定规范》（NB/T 10338—2019），根据拦沙坝前是否蓄水承担下水库补水的功能，将拦沙坝上游区域分为水库型、河道型两类情况进行界定。若坝前蓄水，则拦沙坝前成库，为水库型。若坝前不蓄水，通过布置泄洪排沙洞等水工建筑物将坝前天然径流改变流向流入与下游天然河道相接，此时上游天然河道–新布置泄水建筑物–下游天然河道相结合构成了新的河道，拦沙坝前不蓄水依旧为天然河道，为河道型。

水库淹没涉及各类土地、居民点、城镇、交通设施、水利设施、电力设施、电信设施、企事业单位等对象往往对应不同的淹没处理范围，不同淹没对象对应不同的水库淹没处理设计洪水标准，将拦沙坝上游区域划分为水库型、河道型，通过分析多年平均流量、频率洪水条件水面线判别经常淹没区和临时淹没区，可以更直观地判定不同淹没对象的淹没处理范围。

参考文献

［1］ NB/T 10338—2019，水电工程建设征地处理范围界定规范［S］.
［2］ NB/T 11173—2023，抽水蓄能电站建设征地移民安置规划设计规范［S］.
［3］ GB 50201—2014，防洪标准［S］.

作者简介

杨孝辉（1998—），男，工程师，主要研究方向：水利水电工程建设征地移民工程。E-mail：yangxiaohui@bjy.powerchina.cn

朱 瑜（1985—），女，高级工程师，主要研究方向：水利水电工程建设征地移民工程。E-mail：zhuy@bjy.powerchina.cn

谭金龙（1983—），男，高级工程师，主要研究方向：水电水利工程建设征地移民工程。E-mail：tanjl@bjy.powerchina.cn

韩 款（1982—），女，正高级工程师，主要研究方向：水利水电工程建设征地移民工程。E-mail：hank@bjy.powerchina.cn

杜立强（1981—），男，正高级工程师，主要研究方向：水电水利工程建设征地移民工程。E-mail：dulq@bjy.powerchina.cn

抽水蓄能电站数字化建设探索与实践

王　仲[1]，张柄乾[1]，王　祯[2]，王翠娥[2]，韩　康[2]

（1. 中国电建集团北京勘测设计研究院有限公司，北京　100024；
2. 北京清玉德科技有限公司，北京　100043）

摘要　随着全球能源结构的转型和新型电力系统的构建，抽水蓄能电站作为重要的调峰电源和储能技术，其运维管理面临着新的挑战和机遇。依托某抽水蓄能电站，以智慧运维为基础，围绕数据中心建设、数据分析应用及数字孪生应用三个方面进行深入研究，旨在提高抽水蓄能电站的运行效率、安全性和智能化水平，同时为我国抽水蓄能电站的数字化建设提供理论参考与实践指导。

关键词　抽水蓄能电站；数字化；数据分析；数字孪生

0　引言

抽水蓄能电站具有调峰、调频、调相、事故备用、黑启动等功能[1-2]。伴随全球能源结构转型和能源消费革命，抽水蓄能电站在保障电网安全、提供系统灵活调节和促进新能源发展方面发挥越来越重要的作用[3]。

传统的抽水蓄能电站运维管理层次多，机组自动化与智能化水平低，专业划分细致，导致运维人员技术能力局限，缺乏跨专业解决问题能力。这使得生产人员数量庞大，效率不高，运维难度大、易出错，周期长、成本高，且存在安全隐患[4-5]。

近年来，随着信息技术的迅猛发展，特别是数字孪生、人工智能等前沿技术的不断突破和应用，抽水蓄能电站正迎来数字化、智能化的转型机遇[6-8]。本文旨在探讨抽水蓄能电站的数字化研究与应用，期望通过本研究能够进一步提升智慧电站的数字化和智慧化水平，为电站的高效运行与智能化管理提供有力支持。

1　总体设计

系统架构设计通常遵循分层原则，以确保系统的可扩展性、可维护性和安全性。本文系统架构分为前端展示层、业务应用层、模型层、平台层、数据资源层等，如图1所示。

2　抽水蓄能电站数字化建设核心功能

2.1　数据中心建设

依照中台建设思路与标准，构建电站级数据仓库，实现数据获取、数据处理、数据存

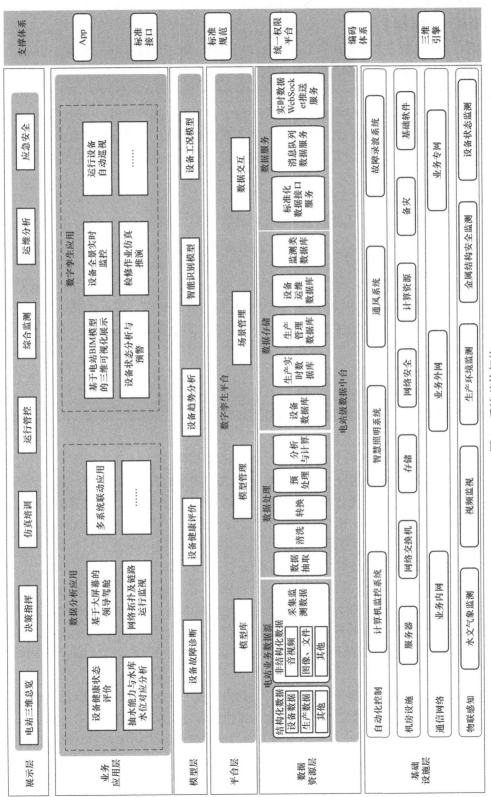

图 1　系统总体架构

111

储、数据服务四部分核心功能，系统采用标准化接口设计，满足系统二次开发条件。

2.1.1　数据仓库

构建电站级数据仓库，对所有数据实现编码设计，制定可读且唯一的编码规则，为后期数据调用提供主要访问依据。

2.1.2　数据获取

构建通信网关，针对时效性较高的监测系统，建立消息队列通道，实时订阅监测系统数据，达到数据的秒级传输；针对时效性要求不高的监测系统，建立数据服务接口实现数据获取。针对各大业务系统建立数据获取物理通道，基于各大业务系统提供的数据获取接口实现数据访问。

2.1.3　数据处理

基于设备台账信息，配置物联感知数据的映射关系，进行数据轻量化、过滤、分析与计算等处理。

2.1.4　数据服务

基于数字孪生电站应用需求，构建标准化数据接口服务、消息队列数据服务和实时数据 WebSocket 推送服务，实现数字孪生应用的数据获取与融合。所有数据接口、消息队列、WebSocket 数据推送等服务遵循易扩展、易维护、高数据质量的原则开发，为后期应用建设建立坚实基础。

2.2　数据分析应用建设

2.2.1　设备健康状态评价

通过可设定参数或配置进行定时生成各类运行数据的分析结果、报表、图表、曲线数据结果。

算法管理：构建算法分析平台，结合专家经验构建算法模块，用户通过平台对电站遥信、遥测数据可自定义自由组合进行与或非、最大值、最小值、均值等运算，基于运算结果可设定相应阈值，超过阈值会通知设备主人，从而实现设备健康分析。通过算法管理平台实现了对球阀开启、关闭时间；机组 GCB 动作时间；机组抽水态某水导轴承瓦测温度电阻最大值、最小值、平均值等场景算法的应用。

算法管理界面见图 2，计算结果界面见图 3。

设备健康分析：以检验设备的健康状态为目的，根据设备台账的基本属性、使用期效、损坏程度等属性数据判断设备健康状态，设定提醒阈值，通过数据处理模块对待处理数据进行分析处理，得到反映设备健康的设备状态量，对达到条件不健康的设备进行对指定人员告警提醒，并通过内部网络定向推送办公内网邮箱，同时，通过 App 定向推送到个人手机。

自定义分析：构建设备劣化、预警模型、趋势分析、数据预测的分析算法，建立相对应的分析功能，基于组态数据，用户可对数据自由组合，实现数据定制组合分析。可自主选择测点，采用与或非的形式自定义规则，通过拖拉拽的形式创建自定义算法，设置阈值，分析设备告警信息。

机组状态评价：基于数据中心的数据，依据国家电网公司《水轮发电机组状态评价及检修导则　第 2 部分：抽水蓄能机组》(Q/GDW 11966.2—2019)、《水轮发电机组状态评

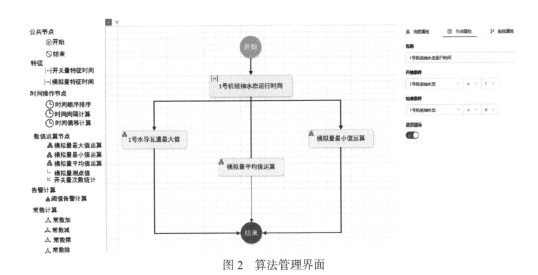

图 2　算法管理界面

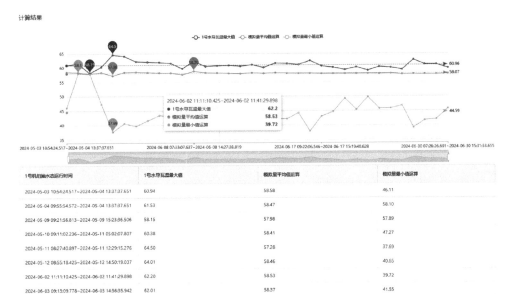

图 3　计算结果界面

价及检修导则　第 3 部分：控制、保护及重要金属设备》（Q/GDW 11966.3—2019）等标准，开展机组设备状态定期评价和动态评价，形成设备状态评价报告。

机组状态评价见图 4。

2.2.2　多系统联动

实现数据的统一性和实时性。通过与生产管理、工业电视等系统的集成，能够实时同步工作票数据信息，自动关联工作票对应的工业电视视频地址，实现工作票与视频的对应管理。

2.2.3　抽水能力与水库水位对应分析管理

构建抽水能力与水库水位对应关系的分析算法，实现水库发电量与抽水耗电量的计算与统计。

发电电动机非在线状态　　水泵水轮机非在线状态　　发电电动机在线状态　　水泵水轮机在线状态

序号	状态量组别	权重	状态量劣化程度	状态量	状态量基本扣分值	家族性缺陷扣分值	状态量的扣分值
1.1	定子机架						
1.1.1	定子机架合缝螺栓	5	7至10级	螺栓划线位置出现偏移，松动迹象明显，手能拧动螺栓；锁垫片失效、能转动；螺栓锈蚀面积80%以上；螺栓有可见裂纹		ℓ	ℓ
			4至6级	螺栓划线位置出现偏移，但无明显松动迹象，螺栓能达到80%以上设计要求的扭矩值，锁垫片不能完全锁固螺栓；螺栓锈蚀面积20%至80%，无可见裂纹	0	ℓ 0	ℓ 0
			0至3级	螺栓划线位置无偏移，且螺栓能达到90%以上设计要求的扭矩；锁垫片有效，螺栓锈蚀面积不足20%；螺纹部位无锈蚀，无可见裂纹	3	ℓ 5	ℓ 20
1.1.2	定子基础螺栓	3	7至10	螺栓划线位置出现偏移，明显松动，手能拧动螺栓；锁垫片失效、能转动；螺栓锈蚀面积80%以上		ℓ 0	ℓ 0
			4至6级	螺栓划线位置出现偏移，但无明显松动迹象，螺栓能达到80%以上设计要求的扭矩值，锁垫片不能完全锁固螺栓；螺栓有锈蚀面积不足螺栓有锈蚀面积20%至80%		ℓ	ℓ
			0至3级	螺栓划线位置无偏移，螺栓能达到90%以上设计要求的扭矩值；锁垫片有效，螺栓锈蚀面积不足20%，但螺纹部位无锈蚀	1	ℓ 0	ℓ 3

图 4　机组状态评价

抽发能力分析：通过设备参数，水位、库容参数等进行对抽发能力的分析，进行相应图表的展示，见图 5。

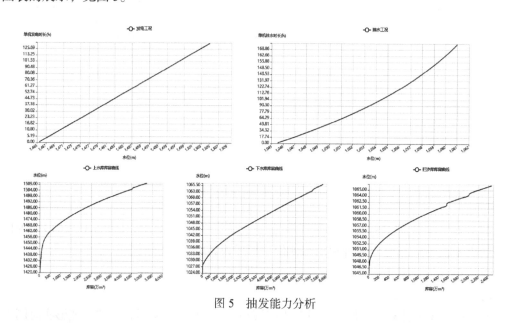

图 5　抽发能力分析

抽发电量分析：根据选择某一时间段查看各机组发电、耗电的数据变化，来统计分析水库的发电量、耗电量情况，见图 6。

2.2.4　基于大屏幕的驾驶舱

整合各类资源，建立生产运行信息全画幅驾驶舱展示功能，展示内容包括机组运行工况、运行参数、抽发电量、水库信息等数据。驾驶舱信息可以通过 App 实时获取。

2.2.5 网络拓扑及链路通道运行监视

根据网络拓扑图（见图 7），直观地查看整个链接连接关系，并监视链路是否阻塞断开、畅通等信息。当链路出现问题时，及时发送故障信息，快速定位故障点，减少查询时间，提高故障排除效率。

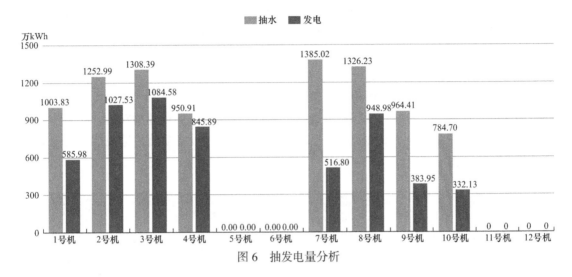

图 6　抽发电量分析

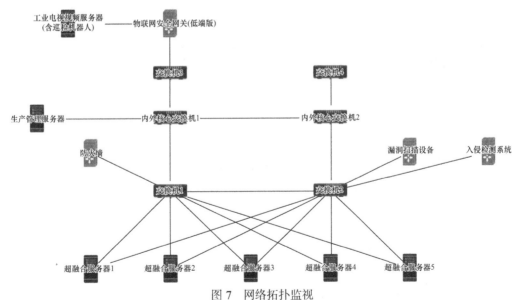

图 7　网络拓扑监视

2.3　数字孪生应用建设

数字孪生应用建设基于三维可视化平台，通过集成高精度建模、实时数据传输、云计算等关键技术，实现了抽水蓄能电站的实时监控。

2.3.1　基于电站 BIM 模型的三维可视化展示

将 BIM 模型与虚拟现实引擎结合，平台能够生成发电机组、水轮机组的三维透视图、剖切图等。这一功能实现了核心设备和电站总体的三维漫游展示,提高了运维人员对电站设备的直观理解。

2.3.2 设备全景实时监控

运用全站 BIM 模型数据和三维点云数据,平台构建了抽水蓄能电站三维全景监控中心,形成带有业务信息的结构化时序数据,使站内设备具备实时展示其运行参数及台账信息的能力,并以直观的三维可视化方式呈现出来。以醒目标识效果定位告警设备具体位置,提供动态直观的告警提醒,实时诊断、研判设备健康状态以及异常趋势,及时自动预警风险提示,实现系统远端监控与智能运维的可视化功能。

2.3.3 运行设备自动巡视

通过三维可视化平台联动视频监控和巡检机器人系统,实现了抽水蓄能电站重点区域的智能无人化巡检。平台融合视频图像数据,具备一键自动 / 周期巡检功能,能监测关键指标并展示重点设备画面。利用 AI 识别算法,平台能识别设备缺陷,巡视结束后生成报告。设备自动巡视见图 8。

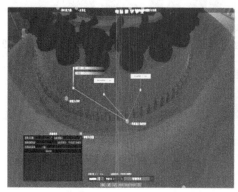

图 8　设备自动巡视

2.3.4 设备健康分析与预警

运用人工智能技术,实现了对电站设备运行状态的全面、实时监测,自动采集并分析大量运行数据,精准提取设备健康特征,有效识别设备的正常运行与异常模式。在此基础上,运用人工智能技术对设备的健康状态进行准确评估,并预测其未来发展趋势,从而及时发现潜在故障风险,发出预警信号。

2.3.5 检修作业仿真推演

机组模型爆炸(见图 9):可在数字孪生场景中查看关键设备模型,通过剖切大型设备,帮助作业人员直观认识设备内部结构、掌握工艺标准,提升培训质效、降低现场实操培训作业风险。

水轮机组仿真推演:针对水轮机组建立其内部详细三维模型,精确到具体零部件,并基于水轮机组检修标准化工作票,在数字孪生场景中实现水轮机组停电维护或小修仿真推演作业,对关键步骤实现知识点讲解等。

发电机组检修作业仿真推演:针对发电机组,以 BIM 模型或设备图纸为依据,建立发电机组的内部详细三维模型,并基于发电机组检修标准化工作票,在数字孪生场景中实

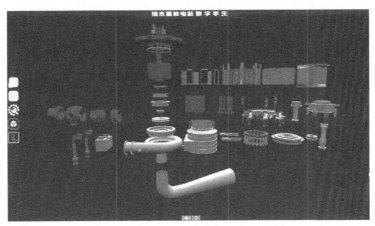

图 9　机组模型爆炸

现发电机组停电维护或小修仿真推演作业，对关键步骤实现知识点讲解等。

3　关键技术点应用

在系统的建设过程中，一系列关键技术点的突破与应用起到了至关重要的作用。这些关键技术点不仅涵盖了技术创新的前沿领域，还紧密结合了电站运维的实际需求，为提升运维效率、降低运营成本提供了强有力的支撑。主要体现在以下几个方面：

（1）预测性维护与优化调度。通过数字孪生模型，结合大数据分析与人工智能算法，对电站设备的健康状况进行预测性评估，提前发现潜在故障，制定维护计划，避免非计划停机。同时，还能根据电网需求和电站实际运行情况，优化能源调度策略，提高能源利用效率。

（2）智能分析与决策支持。通过机器学习、人工智能等算法对电站运行数据进行智能分析，提取有价值的信息，为运维决策提供科学依据。

（3）海量数据处理与分析。构建大数据平台，对电站运行过程中产生的海量数据进行集中存储、处理和分析。运用数据挖掘和关联分析等技术，发掘潜在问题，为运维管理提供有力支持。

（4）数据可视化与报表生成。通过可视化手段如仪表盘、热力图等展现复杂电站运行数据，使运维人员直观了解设备运行状态，并自动生成运维报表和分析报告，为管理层提供决策参考。

4　应用成效

通过在某抽水蓄能电站实施本项目，应用成效逐步显现：

（1）在设备管理方面，实现了设备健康状态的实时监控和预警，提高了设备的可靠性和安全性。运维人员通过设备状态评价和故障预警功能，能及时发现并处理潜在问题，避免电站运行中断，保障稳定供电。

（2）在运维效率方面，数字孪生应用的建设极大提高了运维效率。全景实时监控使得运维人员能够直观了解设备状态和参数，减少巡检时间和人力成本。自动巡视和检修作业仿真推演进一步提升了运维智能化，使工作更精准、高效。

（3）在决策支持方面，通过设备健康分析和预警，运维人员能制定更合理的检修计划和项目，实现差异化、精益化管理。提高了检修的有效性，降低了盲目和过度检修的资源浪费与成本。

（4）在虚拟电厂建设方面，本研究为其实施奠定了坚实基础。通过数字孪生技术的应用，实现了对电站设备的全面监控和管理，为虚拟电厂的集成和优化运行提供了可靠的数据支持和技术保障。这不仅有助于提升虚拟电厂的运行效率和稳定性，还为其未来的发展和扩展提供了有力的技术支撑。

5　结论与展望

本文利用数字孪生、人工智能、物联网等先进技术构建了抽水蓄能电站数字化系统，为智慧运维奠定了基础。接下来，将继续在设备状态检修、设备运行工况优化等方面进行深入探索与研究。展望未来，抽水蓄能电站的数字化进程将不断向智慧化迈进，呈现出以下几个重要的发展趋势：

（1）深度集成与协同。随着物联网、大数据、人工智能等技术不断成熟，抽水蓄能电站的数据管理与数字孪生应用将进一步深度集成与协同，实现信息无缝对接，为运维管理提供更全面、准确的数据支持。

（2）虚拟现实与增强现实的融合。虚拟现实（VR）与增强现实（AR）技术的融合将为抽水蓄能电站的运维管理带来全新的体验。

（3）跨领域应用拓展。抽水蓄能电站的智能化管理不仅仅局限于电站本身，还将向更广泛的领域拓展。例如，可以与智能电网、智慧调度等系统实现互联互通，为能源互联网的构建提供有力支持。

（4）智慧化运维。应用数据分析、机器学习和人工智能算法，电站将实现智慧化运维，包括预测性维护和实时运行优化，提升运维效率和安全性。

参考文献

［1］孙建超，王翰龙，徐鹏飞，等. 抽水蓄能电站智能作业安全管控系统设计与应用研究［J］. 水力发电，2021，47（2）：60-63.

［2］叶宏，孙勇，阎峻，等. 数字孪生智能抽水蓄能电站研究及其检修应用［J］. 水电能源科学，2022，40（6）：201-206.

［3］林铭山. 抽水蓄能发展与技术应用综述［J］. 水电与抽水蓄能，2018，4（1）：1-4.

［4］屈博兴，曾建宏，刘芙伶，蒲晓珉. 基于虚拟现实技术的抽水蓄能机组智慧检修仿真系统应用研究［J］. 东方电气评论，2024，38（149）：20-23.

［5］李翰麟，林礼清. 抽水蓄能电站运行管理及运维一体化［J］. 福建水利发电，2018（2）：24-25，28.

［6］李四维. 基于物联感知技术的电站设备监测系统设计［J］. 物联网技术，2020，10

（4）：34-38.

[7] 陈立群. 大数据分析在电力系统中的应用研究 [J]. 电力信息化，2019，17（2）：109-113.

[8] 李斌. 基于物联网和大数据的智慧电站运维模式研究 [J]. 电工技术，2023，22（4）：13-16.

作者简介

王　仲（1989—），男，工程师，主要从事水电工程数字化建设工作。E-mail：wangzhong@bjy.powerchina.cn

张柄乾（1988—），男，信息系统项目管理师，主要从事企业数字化建设工作。E-mail：zhangbingqian@bjy.powerchina.cn

王　祯（1986—），男，工程师，主要从事水电工程项目规划、设计与管理。E-mail：lodds@163.com

王翠娥（1982—），女，信息系统项目管理师，主要从事抽水蓄能电站、电网数字化系统设计、实施与管理相关工作。E-mail：258041089@qq.com

韩　康（1991—），男，工程师，主要从事抽水蓄能电站、电网信息系统设计、开发及管理工作。E-mail：1048517107@qq.com

抽水蓄能电站网络通信永临结合建设管理

鲁延晶，张　冉

（内蒙古赤峰抽水蓄能有限公司，内蒙古赤峰　024000）

摘要　抽水蓄能电站作为清洁能源的重要组成部分，其网络通信系统的建设对电站的高效运营至关重要。从网络规划、临时网络建设、永久网络构建、永临结合转换和运维管理五个方面，系统阐述了抽水蓄能电站网络通信永临结合建设管理的关键策略。通过统一规划、分步实施的方法，结合先进通信技术和灵活部署策略，实现了临时网络的快速响应和永久网络的稳定可靠。这些策略为抽水蓄能电站的智能化、数字化发展提供了坚实的通信基础。

关键词　抽水蓄能电站；网络通信；永临结合；建设管理；运维优化

0　引言

在全球能源转型的大背景下，抽水蓄能电站作为清洁能源的重要调节手段，其建设和运营效率备受关注。然而，抽水蓄能电站往往地处偏远，地形复杂，这给其网络通信系统的建设带来了巨大挑战。本文旨在探讨抽水蓄能电站网络通信永临结合建设管理的策略，为电站的智能化、数字化发展提供通信保障。

1　网络规划：统一规划，分步实施

抽水蓄能电站网络通信系统的建设需要从整体角度进行统一规划，并根据实际情况分步实施。在规划阶段，应充分考虑电站的地理位置、地形地貌、气候条件以及未来业务发展需求等因素，制定全面而有前瞻性的网络架构设计。这一设计应涵盖网络拓扑结构、传输介质选择、协议标准制定、设备选型等关键环节，确保网络系统的可扩展性和兼容性。在技术路线选择上，应优先考虑成熟稳定且具有发展潜力的通信技术，如基于 IP 的全光网络技术、5G/6G 移动通信技术、软件定义网络等。这些先进技术的应用将为电站的智能化、数字化运营提供强有力的支撑。同时，制定统一的接口标准和数据交换协议，有助于减少不同系统间的转换开销，提高网络效率。分步实施策略的制定需要充分考虑电站建设的不同阶段特点，在筹建期，可优先部署移动通信基站和卫星通信系统，满足勘测和应急通信需求。基建期则可着手铺设光纤骨干网络，构建电站内部局域网。生产运行期需要完善网络监控系统，提升网络安全防护能力。

2 临时网络建设：灵活应对，保障需求

抽水蓄能电站筹建期的临时网络建设面临诸多挑战，如地形复杂、基础设施匮乏、环境恶劣等。为此，临时网络的设计和部署需要采取灵活多变的策略，以便快速响应现场需求。移动通信基站是临时网络的核心组成部分，可选用车载式或可搬移式基站，结合太阳能供电系统，实现快速部署和灵活调整。这些基站可采用卫星回传或微波链路连接外部网络，确保通信畅通。在网络覆盖方面，可采用多种无线技术相结合的方式。例如，在地面工作区域可部署 Wi-Fi 网络，利用其自组网特性扩大覆盖范围；在地下洞室和隧道内，可采用漏缆通信系统，确保信号的连续覆盖。为应对复杂地形，可引入无人机中继站，在必要时快速扩展网络覆盖范围。考虑到筹建期的临时性和不确定性，网络设备的选择应注重便携性、耐用性和易维护性。防水、防尘、抗震等特性是设备必须具备的。同时，应采用模块化设计，便于现场快速安装和更换。在网络管理方面，可采用基于云的集中管理平台，实现对分散部署的网络设备的远程监控和配置，提高管理效率。临时网络的带宽分配需优先保障关键业务如视频监控、应急通信的带宽需求，同时为勘测数据传输、办公通信等提供必要的网络资源[1]。

3 永久网络构建：稳定可靠，支撑未来

抽水蓄能电站永久网络的构建是一项系统工程，需要在临时网络的基础上，结合电站的长期运营需求进行全面规划和实施。永久网络的核心是高可靠性的光纤骨干网，采用环网结构设计，确保任一链路故障时网络仍能正常运行。光纤线路的铺设需考虑电站的地理特点，如长距离隧道、高落差垂直井等，选用适合的光缆类型和铺设方式，如全介质自承式光缆或骨架式光缆。在接入网络设计中，应采用有线和无线相结合的方式。办公区和主要生产区可采用千兆以太网和 Wi-Fi6 技术相结合，满足高带宽、低延迟的业务需求。对于分散的监测点和远程设备，可采用工业物联网技术，实现大规模、低功耗的数据采集。网络安全是永久网络构建的重中之重。应采用纵深防御策略，包括物理隔离、访问控制、加密传输、入侵检测等多层次安全措施。特别是针对工业控制网络，应实施严格的安全分区和隔离策略，防止外部网络攻击影响电站运行安全。为支撑电站的智能化运营，永久网络需要具备强大的数据处理和分析能力。可在网络中部署边缘计算节点，实现数据的就近处理和实时分析。同时，预留与云平台的高速连接通道，为未来的大数据分析和人工智能应用奠定基础。

4 永临结合转换：无缝衔接，高效过渡

抽水蓄能电站从基建期向生产运行期过渡的关键环节之一是网络系统的永临结合转换。这一过程需要精心规划和组织，以确保网络服务的连续性和稳定性。转换的核心目标是实现临时网络到永久网络的平滑迁移，同时最大限度地利用已有资源。转换过程中，应采用并行运行策略。在永久网络逐步建成的同时，保持临时网络的正常运行。通过配置虚拟局域网和路由策略，实现两个网络系统的逻辑隔离和数据互通。这种方法允许分阶段、分区域地进行网络切换，降低了一次性大规模迁移的风险。在物理层面，临时网络中的部分设备和线路可能被纳入永久网络系统。例如，早期部署的光纤线路如果符合质量要求，

可直接整合到永久网络中。对于无线网络，可通过软件升级和参数优化，将临时基站转化为永久网络的组成部分。这种做法不仅节省了成本，也加快了网络部署进度。数据迁移是转换过程中的重点和难点。应制定详细的数据迁移方案，包括数据清理、格式转换、完整性验证等步骤[2]。对于关键业务系统，可采用实时同步技术，确保数据的连续性和一致性。在迁移过程中，应设置检查点和回滚机制，以应对可能出现的问题。

5 运维管理：持续优化，保障安全

抽水蓄能电站网络通信系统的长期稳定运行离不开高效的运维管理。运维管理的核心是建立一个综合性的网络管理平台，集成网络监控、故障诊断、性能分析、安全管理等功能。该平台应支持多维度的网络可视化，使运维人员能够直观地了解网络状态和性能指标。网络监控系统应采用分布式架构，在网络的关键节点部署探测器，实时采集网络流量、设备状态、链路质量等数据。通过大数据分析技术，可以从海量监测数据中识别出潜在的网络异常和性能瓶颈。引入机器学习算法，可以提高故障预测的准确性，实现网络问题的提前预警和主动处理。为应对复杂的网络环境，应建立多层次的故障处理机制。对于常见故障，可通过自动化脚本实现快速修复。对于复杂问题，则需要建立专家知识库和远程协作平台，集中各方面的技术力量进行分析和处理。同时，应定期进行网络压力测试和灾备演练，评估网络系统的抗压能力和恢复能力。随着技术的发展和业务需求的变化，网络系统需要不断优化和升级。应建立技术评估和规划机制，定期评估新技术的适用性和引入价值。在进行网络升级时，应采用灰度发布策略，逐步推广新技术，以降低风险。同时，应注重新旧系统的兼容性，确保升级过程不影响正常业务[3]。

6 结束语

抽水蓄能电站网络通信永临结合建设管理需要长期的规划、建设和优化。随着 5G、人工智能、边缘计算等新技术的不断发展，未来的抽水蓄能电站网络通信系统将更加智能化、自动化。通过持续的技术创新和管理优化，抽水蓄能电站的网络通信系统将为电站的高效运营、安全生产提供更加强大的支撑，进一步推动清洁能源的发展和应用。

参考文献

［1］ 石磊，李臻. 通信领域资源智能分析平台的建设路径及优化研究［J］. 网络安全和信息化，2024（7）：62-64.

［2］ 方东. 基于网络通信技术的建筑智能化系统研究［J］. 通讯世界，2024，31（6）：169-171.

［3］ 伍涛. 基于物联网技术的电力信息化监测与管理平台建设［J］. 互联网周刊，2024（10）：28-30.

作者简介

鲁延晶（2000—），男，助理工程师，主要从事抽水蓄能电站工程信息与科技工作。E-mail：luyanjing0208@163.com

张　冉（1996—），男，助理工程师，主要从事抽水蓄能电站工程电气专业工作。E-mail：891678317@qq.com

抽水蓄能电站蓄水阶段水土保持
实施情况分析评价

窦春锋[1]，朱建峰[2]

（1. 黄河工程咨询监理有限责任公司，河南郑州　450003；
2. 河南九峰山抽水蓄能有限公司，河南辉县　453600）

摘要　抽水蓄能电站建设周期长、扰动范围密集，水土流失是管控过程的难点。基于浙江缙云抽水蓄能电站蓄水阶段水土保持设施验收调查情况，分析项目区弃渣场、中转料场、表土堆存场等敏感区域实施情况，项目实施过程中根据实际情况对土方中转进行了优化调整，水土流失现象明显减少。通过对水土保持实施情况分析评价，为相似水电工程提供一定的经验借鉴。

关键词　蓄水阶段；水土保持；抽水蓄能；缙云

0　引言

我国正处于常规水电有序推进和抽水蓄能电站加速发展的阶段，作为抽水蓄能电站项目的施工配套组成，弃渣场是水土流失及其危害产生的主要源头之一[1-3]。弃渣场等土方堆积区域的合理管控，可对电站的水土保持及环境保护工作起到事半功倍的作用，也是许多学者研究的热点。顾洪宾[1]等在弃渣场选址及水电工程弃渣防护方面进行分析建议，提出完善弃渣防护措施，加强水土保持监测，实行弃渣场分类管理等管理经验。林晓纯[4]等分析项目区水土流失与水土保持现状的基础上，对水库淹没区弃渣场措施设计进行探讨，为水电站水土保持方案制定提供了借鉴。

本文以浙江缙云抽水蓄能电站为例，阐述蓄水阶段项目区域弃渣场、中转料场、表土堆存场等实施过程经验，分析其实施工程的管理方法，以期为同类型工程提供参考。

1　项目概况

浙江缙云抽水蓄能电站位于浙江省丽水市缙云县大洋镇境内，装机容量为1800MW，由6台300MW水泵水轮机组成，等级为一等大（1）型工程。枢纽工程主要包括水库大坝、输水系统、地下厂房及开关站、泄洪建筑物及水库淹没区等。工程上水库正常蓄水位926m，有效库容1025万 m^3，总库容为1323万 m^3；下水库正常蓄水位325m，有效库容1326万 m^3，总库容为1646万 m^3。

项目区属于南方红壤丘陵区（苍山水土流失重点预防区），水力侵蚀为主，容许土壤流失量为 500t/（km²·年）。水土流失防治责任范围 350.42hm²，其中项目建设区 311.20hm²，土石方开挖总量为 582.62 万 m³（自然方，下同），填筑总量为 459.71 万 m³（含表土 34.42 万 m³），无借方，弃渣量为 159.68 万 m³（32.91 万 m³ 被利用）。

项目区位于浙南括苍山山脉的南西侧，区内山峰绵延，属低山丘陵地貌；属亚热带季风气候区，其特点是冬暖夏热，雨量充沛，四季分明，山地垂直气候差异明显等气候特征；年降水量 1637.1mm，多年平均气温 17.2℃，年均相对湿度 77%，年均日照 1875.3h，年蒸发量为 1466.5mm，年平均风速 1.3m/s；土壤主要以红壤、黄壤为主，原生植物较少，多为人工种植的农田作物和毛竹、杉木、茶树等林木，植被覆盖率达 75%。

2 水土保持实施情况及分析

2.1 弃渣场及中转料场

水土保持方案设计产生弃渣 159.68 万 m³（松方 218.30 万 m³），其中 32.91 万 m³ 被缙云县 330 国道西移工程填筑利用，剩余 126.77 万 m³ 分别堆置在方案布设的 5 处弃渣场堆置（上库库内弃渣场和公路 1～4 号弃渣场），至上下水库蓄水阶段，实际实施过程中使用4 处，见表 1。

设计中转料场 3 处，分别为上库石料场中转料场（35.32 万 m³，松方，下同）、下库中转料场（40 万 m³）、对外公路中转料场（7.16 万 m³）。工程实际使用 2 处中转料场，分别为下库中转料场（40 万 m³）以及下库 2 号弃渣场顶部中转料场（27 万 m³），主要堆存大坝填筑料和后期骨料加工料。下库 2 号弃渣场顶部中转料场目前已使用完毕，中转料已全部运至下库大坝填筑，见表 2。

从现场调查情况来看，弃渣场布置与主体枢纽工程及产生弃渣的道路紧密结合，运输距离均在 5km 以下，弃渣场周边无敏感保护目标，不存在影响河道行洪问题，弃渣便利；且弃渣场尽可能利用工程永久征地，占地类型以林地为主，林地占渣场占地面积的75%，占用耕地比例相对较少；工程建设期间对施工时序安排合理，在水保方案设计中"分片集中、就近堆放"原则布置的基础上进行了优化，使得弃渣场的使用量减少，渣土进行了集中堆放，避免了不必要的水土流失和土地占压。

为了满足施工时序的要求，主体设计考虑在上库石料场附近设置中转料场，中转料场布置在石料场与上库施工生产区之间的平地上，位于上水库淹没区范围内，施工后期进行场地平整，选址不影响上库使用功能，场地地质条件较好，地表无滑坡、崩塌、泥石流等不良地质现象，周边无敏感保护目标。中转料场在施工过程中使用合理，基本按照水保方案设计的施工时序进行，在一定程度上减少了工程占地、扰动原地表和损坏水土保持设施可能性，对水土保持较为有利。

2.2 表土堆存场

方案设计两处表土堆存场（见表 3），分别为上库表土堆存场（堆存量 2.00 万 m³）和下库表土堆存场（堆存量 40.00 万 m³）；工程实际启用表土堆存场 1 处，为下库表土堆存场；共计剥离表土 30.26 万 m³（场地容量 40.80 万 m³），目前已覆土量为 7.76 万 m³，剩余 22.50 万 m³ 堆存在下库表土堆存场内，上库表土堆存场未启用。

表 1 水土保持方案批复阶段与实施阶段弃渣场特性对比分析表

名称	水土保持方案批复							实际实施					
	位置	渣场类型	渣场级别	最大堆渣高度（m）	占地面积（hm²）	容渣量（万 m³）	弃渣量	位置	渣场类型	渣场级别	堆渣高度（m）	占地面积（hm²）	弃渣量（万 m³）
上库库内弃渣场	上库库尾右岸冲沟内	沟道型	4	15	10.90	65.00	62.08	上库库尾右岸冲沟内	沟道型	4	3	1.30	1.35
公路 1 号渣场	上水库内缓坡台地区域	坡地型	5	30	1.30	10.50	9.42	上水库内缓坡台地区域	坡地型	5	15	10.90	25.54
公路 2 号渣场	下水库库内	沟道型	4	23	1.80	7.50	6.20	下水库库内	库区型	4	23	1.80	6.00
公路 3 号渣场	下库溢洪道右侧冲沟内	库区型	3	64	4.00	45.00	40.01	下库溢洪道右侧冲沟内	沟道型	3	87.6	4.00	74.01
公路 4 号渣场	下水库库外	沟道型	3	59	6.69	55.00	52.87						
合计					24.69	183.0	170.58	合计				18.00	107.15

表2　弃渣场及中转料场布置一览表

场地名称	位置	占地面积（hm²）	堆渣高程（m）	实际弃渣（中转）量（万m³）	弃渣场类型	占地类型	后期恢复情况	弃渣主要来源	现阶段使用情况
弃渣场 下库1号弃渣场	下库溢洪道右侧冲沟内	4	246.0~333.6	74.01	沟道型	以林地、耕地为主	植被恢复	上下库连接公路及其他交通设施、洞室开挖弃渣	已堆渣完毕，目前已实施拦挡、排水、绿化等措施
下库2号弃渣场	下水库库内	1.8	252.0~265.0	6.00	库底型	以林地为主	水库淹没区	上下库连接公路弃渣	已堆渣完毕、已实施拦挡、排水等措施，随下库蓄水后续将淹没
公路1号弃渣场	上库库尾右岸冲沟内	1.3	902.0~905.0	1.35	库底型	以林地为主	水库淹没区	上下库连接公路隧道开挖弃渣	已堆渣完毕、已实施拦挡、排水等措施，随上库蓄水后续将淹没
上库库内弃渣场	上水库库内缓坡台地区域	10.9	883.0~898.0	25.54	库底型	以林地为主	水库淹没区	上水库及料场弃渣	已堆渣完毕、已实施拦挡、排水等措施，目前上库蓄水已淹没
中转料场 下库中转料场	下库砂石加工系统上游侧	5.15	509.0~557.0	40	坡面型	以林地、耕地为主	植被恢复	—	正在使用，已实施挡、排水等措施
下库2号弃渣场顶部中转料场	下库2号弃渣场顶部	（1.8）		27	库底型	以林地为主	水库淹没区	—	已使用完毕，中转料已全部运至下库大坝填筑

表 3   工程表土堆存场概况一览表

区域	序号	名称	位置	占地面积（hm²）	主要占地类型	容量（万 m³）	拟堆量（万 m³）	
							自然方	松方
上水库	1	上库表土堆存场	上下库连接公路隧洞上库洞口附近	0.40	林地	2.00	1.50	2.00
下水库	2	下库表土堆存场	上下库连接公路隧洞下库洞口附近缓坡地	6.01	耕地、园地	40.00	29.64	39.42
合计				6.41		42.00	31.14	41.42

上库表土堆存场位于上下库连接公路隧洞上库洞口附近；下库表土堆存场位于上下库连接公路隧洞下库洞口附近缓坡地，分别集中堆置上、下库区枢纽工程、料场及弃渣场区域剥离的表层土。从水土保持角度分析，表土堆存场选址地质条件较好，周边无敏感保护目标，不存在影响河道行洪问题，且表土堆置相对集中，运输方便，减少新增占地，有利于水土保持；下库表土堆存场采用防护措施包括坡脚浆砌石挡墙、钢筋石笼挡墙，坡顶布设浆砌石排水沟和混凝土排水沟进行防护。由于上库表土堆存场容量较小，施工过程中未启用，将所有表土均堆存到下库表土堆存场，这样使得部分表土的运距增加，但减少了土地及水土保持设施占压损坏，管理较为方便。

2.3 料场

方案设计两个石料场分别位于上下水库。上库石料场位于库尾北岸的两个小山包，距坝址 1.0～1.1km，开采高程 933.20～1020.10m。土石料储量约 243.22 万 m³，实际开采石料 30.00 万 m³，其中有用石料 24.87 万 m³。下库库内石料场位于下水库库尾，下库进 / 出水口对岸的小山梁，开采高程 294.00～335.40m。土石料储量 14.00 万 m³，实际开采石料 13.50 万 m³，其中有用石料 13.18 万 m³。工程实际启用 2 处石料场均为批复水土保持方案中设计的取料场。从现场调查情况来看，料场使用后按照水土保持方案设计完善了边坡 TBS 生态护坡，截排水沟等措施，但边坡较为陡峭且坡面为岩石，生态恢复后夏季会出现植被缺水枯萎情况，使得生态修复未能达到理想效果；这种情况在同类型工程较为常见，在不同立地条件下，边坡生态修复应根据多因素需求（气候、地形、立地材质、施工时序及抚育等）进行施工，以免二次返工带来成本的提升。

2.4 防治效果

项目区征地土地类型以林地、耕地、园地和建设用地为主，结合工程现场查勘和浙江省水土流失遥感调查成果，项目区水土流失程度为微度，土壤侵蚀模数背景值为 400t/（km²·年）。现阶段工程施工，开挖多余土方部分堆置于下库 1 号弃渣场、下库 2 号弃渣场、公路 1 号弃渣场和上库库内弃渣场，洞挖有用料临时堆置于下库中转料场用于后期砂石料加工利用。4 处弃渣场和 1 处中转料场均布设有拦挡防护措施，基本控制了水土流失，拦渣率达到 95% 以上，满足批复方案报告书中确定的 95% 的防治目标要求。

3 结束语

项目施工过程中在水土保持方案设计的基础上，分析实际情况，对于弃渣场、表土堆存场等进行适当的优化管理，土石方平衡在满足工程自身施工时序和质量要求的前提下，最大限度利用，减少工程弃渣量，在一定程度上减少可不必要的水土保流失，有利于水土保持工作的开展。

目前该抽水蓄能电站处于蓄水阶段，在竣工验收之前仍有许多工作需要开展，本文的项目实施情况仍需要进一步完善补充，才能够对整个项目的实施开展进行更为全面、深入的评价。后续施工过程中应继续总结经验，合理安排施工时序，为抽水蓄能电站的生态建设做出更好的成绩。

参考文献

［1］顾洪宾，崔磊，薛联芳，等．水电工程土石方综合利用和弃渣场选址及防护建议［J］．中国水土保持，2023（6）：42-44，56.

［2］崔磊，宋晓彦，任远，等．水电建设项目水土保持典型措施技术分析和展望［J］．水力发电，2023，49（11）：32-35.

［3］段东亮，胡利强，郑国权，等．桐城抽水蓄能电站上库弃渣场规划设计［J］．广东水利水电，2022（11）：95-100.

［4］林晓纯，曾巧平．云霄抽水蓄能水电站弃渣场水土保持方案探析［J］．海河水利，2023（12）：21-23，28.

作者简介

窦春锋（1980—），男，高级工程师，主要从事水利水电工程水土保持监理、监测和移民监督评估工作。E-mail：9996363@qq.com

朱建峰（1979—），男，工程师，主要从事水利水电抽水蓄能施工管理工作。E-mail：81079755@qq.com

抽水蓄能电站招标采购成本控制的探索与实践

刘林梅，彭弼凤，吴奇斓

（国网新源物资有限公司，北京　100053）

摘要　招标采购是抽水蓄能电站建设与运行过程中的关键一环，采购成本是总成本的重要组成部分，通过分析抽水蓄能电站招标采购成本控制现状，指出招标采购全流程成本高、难控制的问题，找到招标采购计划管理水平不高、策略设置方式待优化、信息化应用不深三方面原因，对应提出优化灵活高效的采购实施模式、探索精益协同的采购组织形式、推动合规共赢的采购策略、推进智慧工具的开发应用四方面举措，为抽水蓄能电站招标采购成本控制与集约化管理提供解决思路。

关键词　抽水蓄能电站；招标采购；成本控制；集约化管理

0　引言

抽水蓄能具有机组多种工况转换灵活、调节速率较快、双倍容量调峰和大容量转动惯量支撑的技术特性，抽水蓄能电站是当前技术最成熟、经济性最优、最具大规模开发条件的电力系统绿色低碳清洁灵活调节资源，能有效满足新型电力系统发展需求，"十四五"以来受发展规划、电价政策、投资拉动等多重因素影响，行业发展明显提速，开发规模创历史新高。抽水蓄能电站建设市场的高速扩张带来物资采购业务量迅猛增加，但在项目的招标采购方面缺乏集约化管理，成本居高不下，成为电站建设和运行成本中不可忽视的重要组成部分。目前有学者在工程项目招标采购管理的成本方面有一定的研究成果，但大多聚焦在工程项目招标采购管理的模式、成本控制途径等方面，缺乏对抽水蓄能电站整体招标采购成本的分析与控制措施的解读。本文将研究重点聚焦在抽水蓄能电站的建设与运行过程中，介绍抽水蓄能电站招标采购成本的构成、现存问题、原因分析和控制成本的措施及成效。

1　抽水蓄能电站招标采购成本现状

1.1　抽水蓄能电站招标采购成本

招标是通过公开竞争的方式选择合适的供应商进行合作的过程，包括发布招标公告、投标、开标、评标、公示和中标等环节[1]。招标采购是企业重要的采购方式之一，通过透明、公正的招标采购机制，保障公平竞争和资源的优化利用，同时规范的招标采购可以提高采购效率，通过选择符合质量要求和合规标准的供应商，企业可以引入更多高质量、创新性的产品和服务，推动行业技术进步和创新[2]。

本文将招标采购成本定义为招标人在项目采购开始到确定中标人采购结束因评审产生的全部成本，并将抽水蓄能电站招标采购成本划分为直接成本和间接成本。招标采购直接成本是指招标人完成采购活动直接发生的成本，包括招标人组织专家审查招标文件、评审标书发生的专家费和会议费、期间产生的差旅费等。招标采购间接成本是招标人在采购活动过程中从投标人身上转嫁过来的成本，包括投标人制作标书和样品的费用、缴纳投标保证金的成本、参与投标活动过程产生的差旅费、等待中标结果过程中的窝工费等。

1.2 招标采购成本支出现状分析

经测算，抽水蓄能电站单个项目的招标采购直接成本约9600元（含单个项目审查成本1000元、评标成本7000元、专家及工作人员差旅费1600元），间接成本约2600元（含单个项目制作标书500元、购买保证保险700元、投标人现场参与投标产生的差旅费1400元），单个项目招标采购成本约12200元，占项目预算比例为0.35%。其中直接成本占单个项目招标采购成本78.70%，间接成本占单个项目招标采购成本21.30%，见图1，由此可见，直接成本是招标采购成本中的重要组成部分，是压降成本的关键因素。目前抽水蓄能电站招标采购成本较高且难以控制，集约化采购亟待探索。

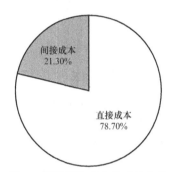

图1 招标采购成本构成及占比

2 招标采购成本现存问题的原因分析

2.1 招标采购计划管理水平待提高

抽水蓄能电站招标采购的计划安排缺乏科学统筹性，采购实施模式较为单一，以年度固定的批次采购为主，各单位的采购批次安排与综合计划、资金预算、工程建设里程碑计划匹配度不高；采购组织形式单一，电站之间的采购相互独立，"同类、同质、同期、同区域"项目合并较少，缺少协同采购，见图2。以项目数量为计算基础，单一模式下招标采购成本较高，同时项目单独招标采购与统筹合并采购相比，项目合并规模越大，筛选到产能大、质量高的优质供应商的概率更高，因此采购实施模式与组织形式单一将很有可能选不到优质的供应商，为合同履约及电站运行带来隐患。

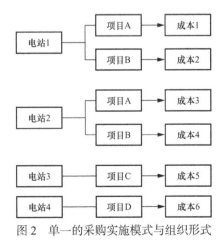

图2 单一的采购实施模式与组织形式

2.2 招标采购策略设置方式待优化

招标采购项目标准分标及策略设置方面，项目专用资格要求、采购范围、采购名称等标准化建设尚未全覆盖，资质设置不合理、要求过高都会导致项目招标失败，影响项目进度，以国网新源集团 2023 年流标项目为例，流标项目再次评审的成本共计 134 万元；投标保证金设置方面，目前抽水蓄能电站招标采购活动大多都设置了规定投标人缴纳的投标保证金，以每个项目的投标保证金按照项目预算的 1.8% 计算，平均每个项目一个投标人需缴纳约 6 万元的投标保证金，以电汇形式递交将给投标人造成一定的资金压力，而投标人的资金占用成本也会间接转嫁到招标人，构成招标采购成本的一部分。

2.3 招标采购流程信息化应用待深化

招标文件审查时大多需要人工对比和搜索，耗费时间长，专家与项目需求单位沟通链条长、时效性差，缺少文件修改反馈的审批流程；评标时专家看到的投标文件内容庞杂，初评结果和评标小结需要自己手动输入，报价文件行数多，手动清标难度大，导致专家评审时间长、效率低，经测算，每增加 1 天的评审时长，平均将增加招标采购直接成本 30 万元。如果出现应否未否和错误否决的情形，导致投标人提出异议，将进一步增加项目失败的风险和再次采购的成本。

3 抽水蓄能电站招标采购成本控制措施及成效

3.1 优化灵活高效的采购实施模式

为提高采购效率效益，抽水蓄能电站建设的采购活动应大力推广标准化设计、标准化选型，整合同类型需求，推行以集中采购为主、以授权采购为辅的采购实施模式，增强企业议价和协调能力；结合项目实际，灵活调整项目采购的实施模式，如国网新源集团法律服务项目在采购实施模式调整前采用集中采购的模式，但因法律服务项目受属地化服务限制，金额较小，投标人利润低，导致集中采购模式下项目多次招标失败，经综合考虑将法律服务项目调整为固定授权的采购实施模式，成功率得以提升，降低招标失败再次采购的评审成本；科学统筹采购计划安排，充分发挥"班车"规模效益，针对采购时间相近、具有同质性、能形成规模的采购计划进行汇总和归并，结合工程建设时序，将同类型项目进行同期采购；充分发挥"专车"灵活优势，对于"班车"批次无法满足要求的各类紧急需求，安排"专车"批次实施采购，及时快速响应各单位各类采购需求，如国网新源集团 2020 年安排检修技改专项批次和科研专项批次，能够吸引较多市场上的同类投标人，投标人之间竞争充分，能够形成较合理的竞争价格，减少招标采购成本。

3.2 探索精益协同的采购组织形式

开展招标必要性与竞争性分析，统筹批次安排，探索抽水蓄能电站多元化招标采购组织形式，利用电站建设的相似性、项目招标的同类性，加强电站之间的协调和统一，推进计划源端管控，按照"同类同批"的原则，加强同类型项目的统筹采购，科学高效划分采购标包，探索打捆采购的组织形式和应用范围，将同类型项目合并为一个项目招标，见图 3。打捆的采购形式不仅能够选择到优质的供应商，还能提升集中采购的规模效益，降低评标成本。经测算，按照打捆的形式招标，每个单独招标的电站可以节约成本约 6046元；此外如果需求覆盖的电站面较广，可以实行统一框架采购形式，在框架有效期内电站与供应商灵活签约，减少每个电站的招标采购成本。

3.3 推动合规共赢的采购策略

持续发挥"需求牵引、应用驱动"作用，坚持公开、公平、公正和诚实信用原则，秉持"质量第一、价格合理、诚信共赢"的采购理念，依法合规地设置项目专用资格要求，合理设置资质门槛，平等对待各类市场参与主体，鼓励中小企业参与投标，减少废标风险，降低重复招标采购成本；为降低招标采

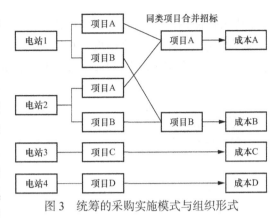

图 3 统筹的采购实施模式与组织形式

购间接成本，进一步优化投标保证金策略，提供投标保证保险金融服务，减少投标人资金占用，提出投标保证金减免措施，授权采购项目、集中采购 50 万元以下项目不收取投标保证金，同时为进一步降低投标频率较高的供应商的资金占用和成本，可以提供年度投标保证金的形式供投标人灵活选择，提倡物资、服务和工程三类项目的年度保证金额度均为 10 万元 / 年，即投标人以每年 10 万元的成本就可以参与该年度所有项目的招标采购活动。

3.4 推进智慧工具的开发应用

实行电子化单轨制采购，招标人在电子商务平台发布招标公告，投标人仅需在电子商务平台提交电子版投标文件即可完成投标，专家在电子商务平台完成评标，实现招标、投标、评标、归档等全流程、全环节、全要素的无纸化，较大程度上节约招标采购成本；借助信息化工具，通过提升采购质效降低采购成本，如开发招标文件审查系统，规范招标文件审查流程，明确各环节专家审查分工，解决审查链条长、审查人员杂、沟通修改难等问题，开发评标辅助工具，帮助专家快速生成初评结果和评标报告、一键评审报价文件等，解决评标时间长、效率低、手动输入错误等问题；开发全流程培训系统，为供应链链条上各类角色提供招标采购全流程培训。

3.5 招标采购成本控制成效

经以上一系列措施的探索与实践，抽水蓄能电站单个项目招标采购成本约 8500 元，

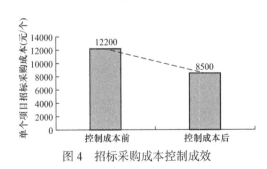

图 4 招标采购成本控制成效

与之前相比平均每个项目可节约 3700 元，见图 4。按照每年采购 2000 个项目计算，每年节约招标采购成本 740 万元，招标采购集约化管控成效显著，节约成本的同时，也推进了招标采购标准化建设水平和精益化管理能力，强化抽水蓄能电站招标采购提质增效，紧跟抽水蓄能行业高速发展的需求，推动抽水蓄能行业高质量发展。

4 结束语

本文聚焦抽水蓄能电站的招标采购成本，分析目前抽水蓄能电站招标采购成本现状，提出招标采购全流程成本高、难控制的问题，并针对问题进行系统性分析，从根源出发，

找到影响招标采购成本难压降的原因，并针对原因提出建设性举措。与以往学者不同，本文聚焦抽水蓄能行业，多维度分析电站的招标采购成本，具有全局性和系统性，能够为目前抽水蓄能电站招标采购的成本控制与集约化管理提供思路和方法。

参考文献

[1] 翁旗. 国有企业招标采购管理的有效措施分析 [J]. 中国市场，2024（23）：183-186.

[2] 李树彬. 国有企业工程建设领域招标采购成本控制存在的问题与对策 [J]. 中国物流与采购，2024（5）：36-38.

作者简介

刘林梅（1996—），女，中级经济师，主要从事招标采购管理工作。E-mail：2268705342@qq.com

彭弸夙（1991—），女，中级经济师，主要从事招标采购管理工作。E-mail：peng_pengsu@163.com

吴奇斓（1994—），女，中级经济师，主要从事招标采购管理工作。E-mail：wqloisss@163.com

抽水蓄能供应链管理队伍培养体系的构建与实施

吴奇斓，赵　文，崔艺博

（国网新源物资有限公司，北京　100053）

摘要　为适应抽水蓄能行业快速发展的需要，打造优质的抽水蓄能供应链管理队伍，有效保障物资采购质效，构建"双通道"式培养体系，通过建立物资管理人员"探索式"培养通道，以物资管理人员专业负责制为基础，补足物资管理人员抽水蓄能专业知识短板，提升物资管理水平；通过建立审查评审专家的"交互式"培养通道，围绕"新源e宝"这一学习平台，形成专家培训、实操、反馈的闭环管理，通过主动学习提升培训效果。"双通道"实现了人员队伍的主动式学习培养，提高了抽水蓄能供应链管理人员专业素质、完善了供应链管理体系、促进了物资采购质效的提升。

关键词　抽水蓄能；物资管理；人员队伍培养

0　引言

随着"双碳"目标的提出，加速构建以新能源为主体的新型电力系统需求迫切，高质量推进抽水蓄能开发建设势在必行。物资采购作为抽水蓄能建设中的关键一环，对资源配置和企业发展起着重要作用，随着抽水蓄能采购规模及范围不断加大，采购科技化程度持续提高、场景日益丰富，采购环境的复杂化对队伍素质提出更高要求。抽水蓄能供应链管理队伍主要分为物资管理人员以及专家两种角色，两种角色在采购活动的各个环节同步参与、分别发挥作用，而现有供应链保障能力与抽水蓄能行业高速发展的实际要求存在一定差距，物资管理人员以及专家难以快速适应多变的采购活动要求，在招标采购实际业务开展工作中培训针对性不强，培训体系不完整，物资管理人员缺乏现场实践经验，难以直接学习到抽水蓄能电站工程建设和专业设备等相关专业知识；同时专家管理力度不足、专家评价机制精细化程度不够、专家自主学习能力不足，这些问题对采购活动的公平性带来了一定影响，因此需要建立有效的供应链管理队伍培养通道，以保障物资管理活动的顺利高效开展、持续推进现代数智供应链建设完善。

1　"双通道"式抽水蓄能供应链管理人员队伍培养体系的构建

本文以物资管理人员及专家两种角色人员能力提升的堵点问题出发，转变传统培训方式，构建以各角色人员自主学习为主的"双通道"式培养体系（见图 1），双管齐下打造优质供应链管理队伍，有效提升物资采购质效。

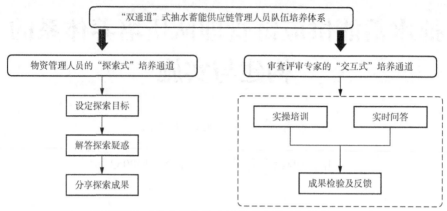

图 1 "双通道"式抽水蓄能供应链管理人员队伍培养体系示意图

1.1 物资管理人员的"探索式"培养通道

为补齐物资业务开展与抽水蓄能电站现场管理脱节的短板，建立以物资管理人员自主探索式学习为主的培养通道，即以抽水蓄能电站工程建设与运行设备实际为基础，制定物资管理人员专业负责制工作方案，梳理选定覆盖工程建设主要方面的 6 类抽水蓄能工程项目、11 类主要设备项目，确保每类项目学习责任落实到人；以党建为引领，发挥业务优势，搭建"请进来走出去"学习平台；举办专题讲堂，既是物资管理人员又是抽水蓄能专业知识讲师，转变身份发挥学习主观能动性，共举办合同研讨 4 期，专业微讲堂 8 期。

1.1.1 制定专向计划，明确探索方向

将工程项目按照施工标段、运行设备按照系统或专业进行划分，综合考虑人员所学专业、工作年限、工作经验等，明确每位物资管理人员负责某一类施工项目和设备项目。重点学习工程项目施工工艺、施工方案等，深度了解施工现场相关知识；设备类项目系统整体功能以及系统内部设备间运作关系，掌握典型设备技术要点、市场情况等；同步学习招投标文件、审查及评审要点、合同执行过程中涉及的变更、索赔事项等，实现人员抽水蓄能专业知识能力及物资管理专业能力双提升。

1.1.2 统筹专业资源，解答探索疑惑

基于物资管理人员专业负责制工作方案，有针对性地选取相应时期的电站结对，"请进来"相关专业专家一对一进行指导，并定期开展专业授课、分享电站现场典型问题和管理经验，同时总结梳理采购工作中疑难问题，邀请行业协会等相关人员就招标采购相关政策、行业发展及相关业务环节典型案例进行讲解与答疑；选派业务骨干"走出去"赴电站开展实务学习、与其他招标代理机构就采购管理专业问题开展交流研讨，同时发挥党建引领作用，充分利用评标工作契机开展临时党支部业务交流活动。

1.1.3 举办专题讲堂，分享探索成果

按照专业负责制方案分工，由主要专业负责人进行知识分享，通过"一人讲"与"大家说"的方式开展专题分享会，打造分享与探讨阵地，由物资管理人员作为讲师，组织开

展招标采购法规探讨、工程项目施工介绍与合同范本研讨、设备专业知识讲堂等,分享阶段学习成果。同时,为了有效将理论与实际结合,提出深挖抽水蓄能技术要点、梳理合同管理要点、供应商市场分析等专项课题,形成招标采购典型案例库、文件编制与审查要点等工作成果。

1.2 审查评审专家的"交互式"培养通道

由于专家抽取的随机性,可能会出现专家业务专长和水平参差不齐的情况。为强化专家工作能力、提高工作质量、提升工作效率,令专家良好应对现场工作环境,特创新开发了"新源e宝"这一以电子化形式为载体的交互式专家辅助工作平台,对专家进行集约化管理培训,同时建立专家评价与反馈机制,形成专家管理生态系统。每批次审查及评标直接使用人数可达200人,间接推广专家可至千人,覆盖60余家单位。

1.2.1 明确受众群体,精准设计交互功能

对审查与评标专家进行调研,分析专家的工作资历、工作时长、工作内容以及工作目的,汇总得出表1。由表1可知,审查专家与评标专家虽分别属于招标采购过程中两个不同的环节,但两者在专家工作开展的模式上是趋于一致的,因此,可以进行集约化管理。基于此设计开发了"新源e宝"的三大核心模块,覆盖了专家工作开展的全程,即"专家培训""模拟实操""工作资料"。

表1 专家工作要素

工作资历	工作时长	工作内容	工作目的
工作资历不同: ①经验不足,首次担任专家; ②有经验,仍有进步空间; ③经验丰富,多次担任专家	工作周期较短: ①审查:3～4天 ②评标:5～6天	①审查:招标文件 ②评标:投标文件	识别发现问题: ①审查:反馈意见 ②评标:结果判定
专家工作存在的问题			
①审查、评标经验欠缺难以迅速进入工作状态,导致工作进展缓慢,效率低; ②实际案例接触少容易出现误判、漏看情况,质量低; ③辅助工具使用不熟练,技巧性欠缺			

1.2.2 模拟实操演练,沉浸体验交互培训

传统模式下,审查与评标工作正式开展前,均会在启动会上采取一对多宣贯式培训,即一名培训主讲人与一份培训PPT,面向百余名专家开展普适内容的培训,培训效果不佳。"新源e宝"中"培训"模块覆盖了专家工作的重点关注内容以及注意事项,并对重点内容突出处理、动态提示,提供图片、表格、操作演示视频等,让专家在"培训"学习的过程中"哪里不会点哪里",实现人机一对一自主培训模式,提升专家工作主观能动性。在"实操"模块,广泛收集历史文件,梳理常见易错点,通过在模拟文件中"埋雷",以"扫雷"答题形式让专家快速熟悉工作内容、进入工作状态,同时内置案例题库,有效丰富专家工作经验。

1.2.3 系统集成管理,轻松实现交互问答

专家工作时参考资料以及形成的成果文件众多,包括审查时所需招标文件范本、审查

要点、审查记录表等，评标时所需的初评及详评辅助表、招标文件、标前澄清等，专家难以查找。"新源 e 宝"内"资料"实现专家工作资料的集成管理，专家在使用时一目了然，同时内置搜索框，实现按需搜索、指引定位，实现人机之间快速响应的交互式"问答"，提升专家自发解决问题的主观能动性。

1.2.4 建立评价机制，实时反馈交互效果

完善专家评价与反馈机制，制定专家评价体系，基于"新源 e 宝"模拟答题成绩，结合工作态度、质量、效率等量化评价考核指标，采取扣分制开展评价，建立专家激励问责机制，形成专家培养的闭环管理。

2 抽水蓄能供应链管理队伍培养体系的实施成效

"双通道"式培养体系的建立，颠覆传统培养模式，充分调动人员主观能动性，有效实现了供应链管理人员专业水平的提升；填补物资管理人员培训、专家评价机制空白，使供应链管理体系得到进一步完善；优质人才服务于物资采购工作，实现了物资采购的提质增效，助推现代数智供应链的建设。

2.1 人员专业水平全面提升

加强复合型人才队伍培养，为企业长远发展提供有力的人才保障。通过制定抽水蓄能专业知识提升专项计划，编制抽水蓄能专业负责制开展方案，借助"请进来走出去"学习交流平台，从业人员系统学习抽水蓄能电站工程建设和专业设备知识，填补了物资管理人员的知识空白；通过交互式专家培养通道，针对性弥补专家工作的短板和薄弱点，同时强化了职业自律意识，提升专家培训的参与度和体验感，助力专家成为新型复合人才。

2.2 供应链管理体系臻于完善

"双通道"式培养体系，加强了对供应链管理人员的集约化管理。专业负责制的建立，改变了传统被动的培养模式，以物资管理人员为主体，形成了从学习到分享再到成果转化的管理模式；曾经的专家管理是分散性的，且审查与评标工作是专家的"兼职"性业务，缺少完善的监管监督体系，专家自身的责任意识不强，专家管理生态系统的健全，真正理清了专家管理的逻辑、抓住专家管理的重点。

2.3 物资采购质效不断提高

供应链管理能力已成为现代企业的核心竞争力之一，人员素质在其中起到关键作用。"双通道"式培养体系旨在培养优质的供应链管理队伍，物资管理人员及专家工作水平的提升，直接作用于物资采购工作中的文件审查、评审两个关键环节，通过对项目技术、合同内容的学习、以往案例的参考等，有效提升招标文件审查与评审质量，间接减少澄清、异议，避免"应否未否"等问题，同时通过"探索式""交互式"两种培养模式的建立，有效形成人员素质与物资采购质效螺旋攀升的积极态势。

3 结束语

本文阐述了"双通道"式抽水蓄能供应链管理队伍培养体系的构建方式及实施成效，该培养模式创新地将传统被动式学习转变为主动学习，充分调动人员主观能动性，解决了人员主动学习意识不强、监督管理不到位的问题，提升了人员专业水平及物资采购质效。同时，"双通道"式培养体系的构建原理，适用于各种行业领域和使用情境，为其他行业

领域的各类人员管理提供了借鉴，对企业人才队伍的培养具有积极意义。最后，通过此培养模式，形成的一系列创新成果，如"新源 e 宝"、抽水蓄能电站招标采购典型案例、招标采购文件编制要点等，通过不断循环优化，在抽水蓄能行业发展中起到物资管理保障作用，有力推进现代绿色数智供应链的建设完善。

作者简介

吴奇斓（1994—），女，中级经济师，主要从事招标采购管理工作。E-mail：wqloisss@163.com

赵　文（1990—），男，中级经济师，主要从事招标采购管理工作。E-mail：1120124579@qq.com

崔艺博（1994—），女，主要从事招标采购管理工作。E-mail：cuiyibo163@163.com

抽水蓄能生产技改大修储备项目
技术经济评审实践研究

朱 琳[1]，陈 前[2]，韩莉华[3]

（1. 国网新源控股有限公司抽水蓄能技术经济研究院，北京 100761；
2. 重庆蟠龙抽水蓄能电站有限公司，重庆 401420；
3. 山西大同抽水蓄能电站有限公司，山西大同 037400）

摘要 经过每年度数批次生产技改大修储备库技经评审，储备项目技经专业工作整体质效明显更好，各项目单位编制项目估算书的质量越来越高，但还存在进一步规范和提高的空间。对抽水蓄能生产技改大修储备项目深入分析，总结技经评审要点及问题，同时归纳改进提升措施。

关键词 抽水蓄能；生产技改大修；技术经济评审

0 引言

国家电网公司 2017 年下半年推行的生产设备技改大修项目估算书编制的新模板、新要求在所有储备项目中得到了全面贯彻和落实，做到每个储备项目单独编制一份项目估算书的全覆盖。大部分单位已基本掌握投资估算书的编制流程、编制依据、计价原则、定额使用、计费取费等技经方面的专业知识，部分单位项目生产管理人员能够在评审现场根据专家意见准确修订或重编估算书。各单位依法合规开展项目储备和成本控制的意识越来越强，项目储备前的市场调研摸底、设备材料选型询价等前期准备工作已融入项目储备工作流程，项目储备阶段的内容与年度计划、资金预算、项目实施有效衔接的理念已深入人心。

1 储备项目技经评审要点

依据《电网技术改造工程预算编制与计算规定》，有关文件评审是指项目法人单位委托有资质的咨询机构，依据法律、法规和行业标准、规范等，对设计方案的安全性、可靠性、先进性和经济性进行全面评审并提出评审报告。储备项目技经评审要点主要有以下几方面：

1.1 技改项目立项内容和范围

立项规范化，杜绝不属于生产技改范畴的项目划归技改项目。项目内容应符合生产技改项目要求，不可包含生产技改以外的其他类别项目。技改 200 万元以上项目出正式可研文件，不可以用项目建议书代替可研。项目建议书、可研报告、项目投资估算汇总表、估算的技术与造价对应性，必须达到深度与范围一致性要求。估算书中的总价、设备购置费、建筑工程费、安装工程费、其他费用应与预算管理规定保持一致，为横纵向比较和造价分析做好基础工作。

1.2 费用计取的合规性，依据的充分性

技改项目应按《电网技术改造工程预算编制与计算规定（2015 年版）》、相应定额估价表、估算编报指导意见执行。定额选用是否正确、定额套用是否有误，是否存在高套定额的现象，套用定额的工作内容是否与设计要求的项目内容完全一致，是否存在重复套取定额的现象。

项目管理费由项目单位根据工程的实施的具体情况决定是否计列，但费用标准不能超过预规规定的标准。直接费取费考虑是否合理，是否有相应说明。社会保险、住房公积金按地方政府规定计列。税金按地方政府规定计列，营改增后按照国家电力行业规定执行。设备材料配送费执行技术改造预规计取，设备材料配送费仅当主要设备材料从集中储备仓库运至施工现场指定位置时发生。

1.3 设备材料等价格依据合理性

设备材料的实际价是否高于造价管理部门公布的信息价；部分包工包料范围内的特材价格，若工程造价管理部门没有公布信息价，则需要进行充分的市场调研，确定价格是否合理。

2 储备项目技经评审中的典型问题

在储备库技经专业评审过程中，仍存在编制可研报告、估算书等过程中的共性、典型问题。经梳理汇总，各项目单位在开展项目储备工作时应引起注意并加以纠正：

（1）可研报告和估算书编制日期跨度较大，容易造成项目实施内容与费用测算脱节。某单位可研报告首页编制日期为 ×× 年 6 月 5 日，项目估算书编制日期为 ×× 年 4 月 18 日，编制日期前后不一致，暴露出估算书编制工作流程和逻辑混乱。可能的原因是可研报告经多次修改，但未同步修订估算书。

（2）估算书中工程概况的内容过于冗长或简短，不能准确反映项目主要内容。内容冗长的估算书把可研报告的内容原封不动地搬过来，近千字、几十行，重点不突出；内容简单的估算书有的仅是一两句话、一行，无法看出项目的具体工作。

（3）可研报告中的实施范围与项目估算书清单项目的工作内容不一致。

某单位上下库连接公路边坡危岩治理工程，可研报告全文未提及"上库临时道路修复"的工作内容，但是在估算书清单中列项估算费用 82 万元。

某地区电气设备改造工程，在审核过程中发现其项目建议书中项目投资金额与其估算书项目投资金额不一致。核对后发现，项目方案为更换电气设备 7 台，而估算中只计列了 6 台。可能的原因是建设单位在预审阶段对方案做过调整，设计单位未及时调整估算设备数量及费用，导致方案与估算内容不一致，投资产生差异。

（4）估算书中编制原则及依据滥用、不准确。罗列一些未使用的定额编规和制度文件，定额和规范名称错误，套用的定额与估算书工作内容不匹配，参考的材料价格信息、政策文件过期等。随着定额计价体系的完善，已经形成完整的定额计价体系，包括电网基建工程、技术改造工程、检修工程、拆除工程、20kV 配网工程。例如，某线路改造工程，对线路绝缘子进行更换，依据定额套用原则，拆除子目应套用《电网拆除工程预算定额》中"CX4-1 10kV 及以下绝缘子串拆除"，而概算编制时依然套用电网技术改造工程预算定额普通绝缘子安装子目乘以系数的处理方式。

（5）专业工程估算表未正确使用定额作价。在分部分项项目作价时未套用定额作价，无依据主观估价，参考的合同价未提供说明，采用的询价数据未提供询价单，套用的定额子目与项目实际工作内容不匹配，套用了定额作价但取费计算不准确等。

（6）修改其他费用估算表模板，随意列取其他费用。某单位将大修估算书其他费用表中"1.1 场地租用、清理及赔偿费"修改为"1.1 征地及青苗补偿"，计列 14.5 万元；将"1.2 线路检修赔偿费"修改为"1.2 施工期交通管制"，计列 42 万元，后经询问核实无此项工作。

（7）管理经费、招标费和项目后评估费未据实计列。国家电网公司在估算书编制指导意见的宣贯文件中明确指出：管理经费，技改项目如果工程的管理经费由项目管理单位在年度管理总费用全额负担时，不计取。大修项目不计取。招标费，如果工程招标费用由项目管理单位在年度管理总费用全额负担时，不计取。同时，指导意见还规定：项目后评估费据实计取，基本预备费不计取。

（8）监理、设计费用估算过高。2015 年 2 月国家发展改革委发文放开建设项目监理和设计服务的价格，但是国家电网公司也有文件明确：在国家在放开上述各专项服务收费价格后、市场未形成科学合理的定价机制前，《工程勘察设计收费标准（2002 年修订本）》（计价格〔2002〕10 号）和《建设工程监理与相关服务收费管理规定》（发改价格〔2007〕670 号）也可作为规范、指导市场行为和费用测算的参考依据，项目单位在测算费用时不可过度高于该标准，确有原因的应提供专项说明和计算过程。

（9）未执行国家和行业最新的税收政策。2018 年 4 月 4 日，财政部、国家税务总局印发《关于调整增值税税率的通知》（财税〔2018〕32 号），将技改大修项目适用的税率从 11% 下调至 10%；随即水电规划总院、可再生能源定额站印发《关于调整水电工程计价依据中建筑安装工程增值税税率及相关系数的通知》（可再生定额〔2018〕16 号），相应调整了水电建筑安装工程增值税税率和施工台时费。部分单位在编制估算书时没有相应调整和应用。

（10）未注意表格费用金额的计量单位。计量单位偏差导致整个项目投资估算不准、偏差较大。如某单位在其他费用表填列时，计列工程监理费 24.7 元、设计费 49.3 元。经评审专家询问复核，项目单位实际计划计列监理费用 24.7 万元、设计费 49.3 万元。

（11）措施费问题。某技改工程直接费计列"冬雨季施工增加费""夜间施工增加费""多次进场增加费"，且未对上述费用计列依据进行解释说明。应在核实工作必要性后取消或要求设计单位补充相关说明。

（12）大修技改工程项目划分混淆，资本性项目和成本性项目定义不准确。某线路工程破损绝缘子进行更换，按工程性质属于大修项目，但是，在工程可研立项时归入了技改项目，不符合《国家电网公司关于进一步深化项目可研经济性与财务合规性评价工作的通知》（国家电网财〔2015〕536号）。在可研评审过程中，应注意资本性项目和成本性项目定义准确，明确投资分类。

（13）出现非量性描述用语。应避免出现"投产已久""设备频繁多次出现故障""锈蚀严重""造成一定污染""存在老化现象"等含糊性的描述，应尽量给出设备运行现状的定量细致的表述。

（14）工作内容界限不明确，实施方案描述不清楚。应在可研报告中侧重描述储备项目的工作范围、工程量、技术方案、实施过程、临时措施、拆旧方案等关键内容。

（15）需编写可研报告的项目，应至少提供两个方案进行比选。技术方案的描述应翔实具体，对方案中涉及的装置、结构、元器件选型、设备运行操作方式等细节应描述准确、完整，方案的技术比选要体现先进性、安全性和稳定性，方案的经济比选要有量化的对比分析和计算数据。

3 提升生产技改大修项目审查水平措施

贯彻精准投资、精益管理的理念，采取多项措施和方法提高审查的深度、细度和精度，提升生产技改大修项目精益化水平。

（1）紧扣政策，落实年度储备重点。紧紧围绕以落实重大反措要求、安全隐患和重大缺陷消除、提升主机设备健康水平的储备重点，以效率效益为中心，把有限资金投向提高设备设施安全健康水平、解决生产运行实际困难、提升经营效率效益的项目，避免项目储备不足或过度储备。

（2）精打细算，严审估算书编制质量。依据国家电网公司生产技术改造和设备大修项目估算编制指导意见，重点对投资估算书的编制依据、计价原则、项目划分、定额选用、取费基础、价格水平、询价资料、编审流程等内容进行逐项审核，确保项目估算书内容依法合规、造价合理准确。

（3）强化"技术"与"经济"结合。加强技术方案和投资估算之间衔接的审查，避免出现实施方案和费用测算脱节的现象，严防技术方案与投资估算"两张皮"。力争做到每一个数字都有来源、每一项费用都有计算过程、每一张表格都经得起推敲，让成本控制的意识入脑、入心、入行，让技改大修的每一分钱都花得值、花在刀刃上。

4 结束语

由以上研究分析总结如下：从严贯彻落实精准投资、精益管理的储备理念，多多参与生产技改大修项目技经专业的培训授课、制度宣贯解读、储备库投资估算审查、项目可研和初设阶段概算审查等工作。在提高生产技改大修储备项目可研报告和估算书编制的准度、精度和细度上下功夫，从严把关储备项目的必要性、可研报告内容的完整性、实施方案的合理性，从严复核费用计算依据的合理性、计算过程的规范性、计算数据的准确性，推动生产技改大修项目储备质效提升。

作者简介

朱　琳（1989—），女，经济师，主要从事水利水电工程施工、工程造价、预算管理等研究工作。E-mail：zhiningzhu@qq.com

陈　前（1992—），男，经济师，一级造价师，一级建筑工程师，主要从事水利水电工程施工、工程造价、预算管理等研究工作。E-mail：646324375@qq.com

韩莉华（1994—），女，经济师，主要从事水利水电工程造价、概预算管理工作。E-mail：1125042180@qq.com

传递过电压对水轮发电电动机定子
接地保护的影响

徐思雨[1]，何　苗[2]

（1. 国网新源安徽绩溪抽水蓄能有限公司，安徽宣城　242000；
2. 国网安徽省电力有限公司超高压分公司，安徽合肥　230000）

摘要　当主变压器高压侧发生接地短路时，故障点的零序电压会通过高低压绕组间的耦合电容传递至发电电动机侧，使其中性点电压发生位移。为防止机端基波零序电压保护误动作，需校验传递耦合过电压对定子接地保护的影响。通过某抽水蓄能电站实际运行参数计算，无需增加主变压器高压侧零序电压闭锁判据的情况下，论证了基波零序电压定子接地保护配置的正确性，通过适当缩短保护动作的延时，可进一步提高保护的灵敏性。

关键词　主变压器；接地短路；传递过电压；基波零序电压；定子接地保护

0　引言

当变压器的高压侧发生单相永久性接地故障时，其高压绕组侧出现的零序工频电压分量会通过绕组间的电磁耦合传递至低压系统侧[1]。对于采用联合单元接线的发电机 – 变压器组，此时低压侧发电机的中性点会产生位移电压[2]。面对这种非正常的电压升高，发电机的定子接地保护动作很可能产生误动，若与其他铁磁元件构成谐振回路，不仅严重危及电气设备绝缘的安全，甚至会造成发电机与电网系统解列，扩大故障事故范围[3]。

为提高发电机区外接地故障时定子接地保护的可靠性，杨文超[4]通过计算发电机接地电流的大小提出一种零序电压整定定值与出口时限配合选择的方法。赵健等[5]则引入主变压器高压侧零序电压闭锁条件，并提出一种反时限整定原则。王绍辉[6]指出发电机零序电压保护的整定值除了要与耦合零序电压配合外，还需考虑正常运行时中性点单相电压互感器或机端三相电压互感器开口三角绕组的最大不平衡电压。

上述文献阐述了传递零序电压对定子接地保护的影响，但由于抽水蓄能电站的发电机较常规水电站和发电厂具有更高的调峰调频性能，可运行在不同工况条件下。因此，需要针对抽水蓄能电站发电机 – 变压器组的保护配置情况进行特定的分析。本文通过某抽水蓄能电站实例计算讨论主变压器高压侧单相接地故障时产生的耦合电压对定子接地保护的实质影响，验证了发电电动机定子接地保护配置的正确性。

1　设备概况

某抽水蓄能电站总装机容量 1800MW，单机容量 300MW，共 6 台机组，每台均为立轴混流可逆式同步水轮发电电动机。相邻两台机组通过与主变压器高压侧并联共同构成联合单元接线方式。发电电动机机端额定电压 18（±7.5%）kV，中性点经二次侧带接地电阻的接地变压器接地，定子绕组采用三相四分支 Y 形接线。主变压器为三相五柱式、Ynd11 接线方式，额定容量 360MVA，额定电压 525（±2×2.5%）/18kV，其中性点直接接地。每两台主变压器的高压侧经干式电缆终端分别接于地下和地面 500kV 的 GIS。

发电电动机定子接地保护采用双重化配置，即由"基波零序电压保护 + 三次谐波电压"（见图 1）以及注入式定子接地保护共同组成 100% 定子接地保护（见图 2）。

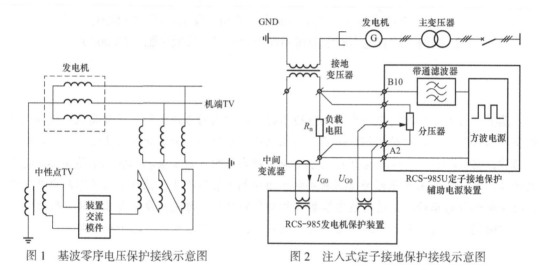

图 1　基波零序电压保护接线示意图　　　图 2　注入式定子接地保护接线示意图

2　主变压器高压侧单相接地故障计算

2.1　主变压器高压侧接地故障分析

当主变压器高压侧发生 a 相单相接地短路时，可以通过对称分量法将短路点处的不对称电压电流进行分解，由于系统参数三相对称，所以机端电压也是三相对称的，如图 3 所示。

由接地点 a 相电压电流平衡关系：

$$\begin{cases} \dot{E}_{a} - \dot{U}_{fa1} = \dot{I}_{fa1}\left(Z_{G1} + Z_{T1} + Z_{L1}\right) \\ 0 - \dot{U}_{fa2} = \dot{I}_{fa2}\left(Z_{G2} + Z_{T2} + Z_{L2}\right) \\ 0 - \dot{U}_{fa0} = \dot{I}_{fa0}\left(Z_{T0} + Z_{L0}\right) \end{cases} \tag{1}$$

式中　$\dot{E}_{a}$——故障相 a 相电动势，V；

　　　$\dot{U}_{f}$——短路点电压，V；

　　　$\dot{I}_{f}$——短路点电流，A；

　　　Z_{G}——发电机的阻抗，Ω；

　　　Z_{T}——变压器的阻抗，Ω；

Z_L——线路的阻抗，Ω；

下标1、2、0——分别表示正序、负序、零序分量。

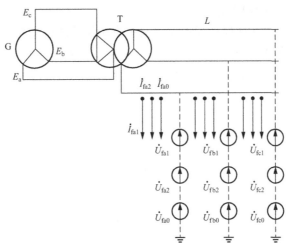

图3 接地点电压电流各序分量示意图

由于主变压器高压侧中性点为星形直接接地，主变压器低压侧为角形接线，所以零序电流不会流至发电电动机机端侧，即不存在零序阻抗。

根据单相接地短路边界条件，则：

$$\begin{cases} \dot{U}_{fa} = 0 \\ \dot{I}_{fa} = \dot{I}_{fb} = 0 \end{cases} \tag{2}$$

利用对称分量法进行分解，则有：

$$\begin{cases} \dot{U}_{fa1} + \dot{U}_{fa2} + \dot{U}_{fa0} = 0 \\ \lambda^2 \dot{I}_{fa1} + \lambda \dot{I}_{fa2} + \dot{I}_{fa0} = 0 \\ \lambda \dot{I}_{fa1} + \lambda^2 \dot{I}_{fa2} + \dot{I}_{fa0} = 0 \end{cases} \tag{3}$$

式中 λ——旋转因子 e^{j120}。

因此，可推算出：

$$U_{fa0} = \dot{E}_a \times \frac{Z_{T0} + Z_{L0}}{Z_{G1} + Z_{T1} + Z_{L1} + Z_{G2} + Z_{T2} + Z_{L2} + Z_{T0} + Z_{L0}} \tag{4}$$

令：

$$Z_{1\Sigma} = Z_{G1} + Z_{T1} + Z_{L1}$$
$$Z_{2\Sigma} = Z_{G2} + Z_{T2} + Z_{L2}$$
$$Z_{0\Sigma} = Z_{T0} + Z_{L0}$$

则有：

$$\dot{U}_{\mathrm{H0}} = \dot{E}_{\mathrm{a}} \times \frac{Z_{0\Sigma}}{Z_{1\Sigma}+Z_{2\Sigma}+Z_{0\Sigma}} \tag{5}$$

2.2 主变压器零序电压闭锁

为避免区外故障定子接地保护误动作以及不影响保护的速动性和灵敏性，增加一个零序电压保护动作闭锁条件。即当主变压器高压侧接地故障产生的零序电压大于某个整定值 $U_{0\mathrm{g}}$ 时，闭锁发电电动机机端的基波零序电压保护；反之，开放保护。

$$U_{0\mathrm{g}}=U_{0\mathrm{h}}/K_{\mathrm{sen}} \tag{6}$$

式中　$U_{0\mathrm{h}}$——主变压器高压侧接地时的零序电压，V；

　　　　K_{sen}——灵敏系数，可取 1.5～2。

通过主变压器高压侧零序电压的闭锁，当发生区内接地故障时，发电电动机的基波零序电压保护能够快速可靠动作。对于区外接地故障，可不考虑耦合电压对零序电压保护的影响，保护不会发生误动。

3　基波零序过电压保护

基波零序过电压保护发电电动机 85%～95% 的定子绕组单相接地，反应出发电电动机基波零序电压的大小。保护共设低定值和高定值两段。

低定值段基波零序电压保护的发信逻辑为：

$$U_{\mathrm{n0}}>U_{10,\mathrm{op}} \tag{7}$$

式中　U_{n0}——发电电动机中性点零序电压，V；

　　　　$U_{10,\mathrm{op}}$——低定值段动作电压，V。

$$U_{10,\mathrm{op}}=K_{\mathrm{rel}}U_{0\mathrm{unb,max}} \tag{8}$$

式中　K_{rel}——可靠系数，取 1.2～1.3；

　　　　$U_{0\mathrm{unb,max}}$——机端或中性点实测不平衡基波零序电压，V。

实际检测之前，可设：

$$U_{10,\mathrm{op}}=(5\%\sim10\%)U_{\mathrm{on}} \tag{9}$$

式中　U_{on}——机端单相金属性接地时中性点或机端零序电压的二次值，V。

高定值段基波零序电压保护动作方程为：

$$U_{\mathrm{on}}>U_{\mathrm{h0,op}} \tag{10}$$

式中　$U_{\mathrm{h0,op}}$——高定值段动作电压，V。

低定值段动作于报警，高定值段动作于跳闸。

在保护配置过程中，如果没有采用主变压器高压侧接地短路时故障点的零序电压闭锁判据，需要校验传递过电压对基波零序电压定子接地保护的影响。由于抽水蓄能电站未引入此闭锁判据，因此需要根据实际运行参数进行校核。

4　基于电站参数的传递过电压计算

4.1 相关参数

根据实际运行参数，基准容量 S_{j} 设定为 1000MVA，500kV 系统平均电压 U_{j} 为 525kV。

500kV 母线系统参数见表1，发电电动机参数见表2，主变压器参数见表3。

表 1   **500kV 母线系统阻抗标幺值**

系统运行方式	正序阻抗 X_1	零序阻抗 X_0
最大运行方式下	0.0616	0.1228
最小运行方式下	0.0660	0.1240

表 2   **发 电 动 机 参 数**

额定电压	18 ± （7.5%）kV	额定电流	10691.7A
额定容量（发电）	300MW（333.3MVA）	额定容量	322.5MW
直轴同步电抗 X_d	1.08（不饱和值）	直轴同步电抗 X_q	0.231（不饱和值）
	1.01（饱和值）		0.231（饱和值）
直轴瞬变同步电抗 X_d'	0.30（不饱和值）	交轴瞬变同步电抗 X_q'	0.702（不饱和值）
	0.27（饱和值）		0.667（饱和值）
直轴超瞬同步电抗 X_d''	0.212（不饱和值）	交轴超瞬同步电抗 X_q''	0.231（不饱和值）
	0.202（饱和值）		0.231（饱和值）
负序电抗 X_2	0.221（不饱和值）	零序电抗 X_0	0.076（不饱和值）
	0.216（饱和值）		0.074（饱和值）
定子绕组每相对地电容 C_g	1.08μF/ph	机端其他设备每相对地电容 C_1	0.01μF/ph
中性点接地方式	经二次侧带接电阻的变压器接地	中性点接地变压器变比	18kV/0.5kV
中性点接地变二次电阻	0.66Ω	二次抽取电压	173V

表 3   **主 变 压 器 参 数**

类型	三相五柱	型号	SSP－360000/500
额定容量	360MVA	额定电流	395.9/11547.0A
额定电压	525 ± 2 × 2.5%/18kV	冷却方式	ODWF
阻抗电压（360MVA）	14.81%	连接组别	Ynd11
一次风温	75℃	76	
高、低绕组间的相耦合电容 C_M	0.006929μF/ph		
低压侧绕组每相对地电容 C_t	0.03337μF/ph		

对主变压器电抗标幺值进行换算：

$$X_T^* = U_k\% \times \frac{S_B}{S_N} = 0.1481 \times \frac{1000}{360} = 0.4114 \tag{11}$$

4.2 等值电路图

发电机－变压器组为联合单元接线方式，最大运行方式下双机系统的正负零序量标幺值阻抗分布如图 4 所示。

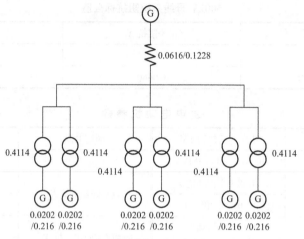

(a) 双机系统标幺值阻抗分布

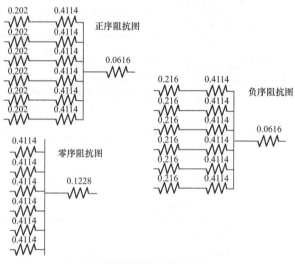

(b) 正负零序量标幺值阻抗分布

图 4　系统各序量标幺值阻抗图

根据式（5），在主变压器高压侧发生单相接地短路时，故障点的零序电压有：

$$Z_{1\Sigma} = 0.0616 // \left(\frac{0.202 + 0.4114}{6} \right) = 0.0384$$

$$Z_{2\Sigma} = 0.0616 // \left(\frac{0.216 + 0.4114}{6} \right) = 0.0384 \quad\quad (12)$$

$$Z_{0\Sigma} = 0.1228 // \left(0.4114 / 6 \right) = 0.0384$$

$$\dot{U}_{H0} = \dot{E}_a \times \frac{Z_{0\Sigma}}{Z_{1\Sigma} + Z_{2\Sigma} + Z_{0\Sigma}} = \frac{525}{\sqrt{3}} \times \frac{0.044}{0.0384 + 0.0388 + 0.044} = 110.0395(kV)$$

4.3 传递电压计算

图 5 中，E_0 为主变压器高压侧接地故障时产生的基波零序电动势，通常取 $E_0 \approx 0.6U_{Hn}/\sqrt{3}$，$U_{Hn}$ 为系统额定线电压 500kV，则：

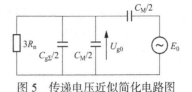

图 5　传递电压近似简化电路图

$$E_0 \approx 0.6 \times U_{Hn}/\sqrt{3} = 0.6 \times 500/\sqrt{3} = 173.21(\text{kV}) \quad (13)$$

由变压器和发电电动机相关参数可得：

$$X_{C_M/2} = \frac{10^6}{2\pi f C_M/2} = \frac{10^6}{2 \times 3.14 \times 50 \times 0.006929/2} = 919.24(\text{k}\Omega) \quad (14)$$

因为 $C_{g\Sigma} = C_g + C_t + C_1 = 1.08 + 0.03337 + 0.01 = 1.1234\mu\text{F}$，有：

$$X_{Cg\Sigma} = \frac{10^6}{2\pi f C_{g\Sigma}} = \frac{10^6}{2 \times 3.14 \times 50 \times 1.1234} = 2.83(\text{k}\Omega) \quad (15)$$

将发电电动机中性点接地变压器二次侧的接地电阻折算至一次值有：

$$R_n = R_N \times \left(\frac{U_{G.N}}{U_{L.N}}\right)^2 = 0.66 \times \left(\frac{18}{0.5}\right)^2 = 0.86(\text{kV}) \quad (16)$$

对于并联部分，其等值阻抗 Z_{con} 为：

$$Z_{con} = 3R_n // X_{C_M/2} // X_{Cg\Sigma} \quad (17)$$

当变压器高压侧发生接地时，其短路点的基波零序电动势传递至发电电动机机端侧的零序电压 U_{g0} 为：

$$U_{g0} = \frac{Z_{con}}{Z_{con} + \dfrac{1}{j\omega C_M/2}} E_0 = \left[\frac{(3R_n)(-jX_{Cg\Sigma})(-jX_{C_M/2})}{(3R_n)(-jX_{Cg\Sigma})(-jX_{C_M/2}) - jX_{C_M/2}}\right] \times E_0$$

$$= \left[\frac{(3 \times 0.86)(-j2.83)(-j919.24)}{(3 \times 0.86)(-j2.83)(-j919.24) - j919.24}\right] \times 173.21 = 0.3585(\text{kV}) \quad (18)$$

折算到二次侧：

$$\frac{U_{g0}}{N_{TV}} = \frac{0.3585 \times 10^3}{18/0.173} = 3.4(\text{V}) \quad (19)$$

式中　N_{TV}——中性点接地变压器与二次抽取电压比。

由于电站定子接地基波零序电压灵敏段整定值 $U_{10,op}$ 暂取 5V，大于传递耦合零序电压 3.4V，因此，即使发电电动机定子接地保护未采用主变压器高压侧接地故障零序电压闭锁判据，在高压侧单相接地短路时，通过高低压绕组间的耦合电容传递至机端侧的零序电压也不会对基波零序电压保护产生影响。

5　结束语

当主变压器高压侧发生接地短路时，接地点的零序电压会通过高低压绕组间的耦合电容进行传递，使发电电动机中性点电压发生位移。为防止机端基波零序电压保护误动作，需校验传递耦合过电压对定子接地保护的影响。

众多文献仅仅说明了主变压器高压侧单相接地故障时传递零序电压对定子接地保护的影响，但由于抽水蓄能电站的发电机较常规水电站和发电厂具有更高的调峰调频性能，可运行在不同工况条件下，相应发电机 – 变压器组保护的配置情况需要进行特定的分析。

经电站实际运行参数计算，大电流接地系统当主变压器高压侧发生接地故障时，零序电压约为相电压的 0.22 倍。基波零序电压定子接地保护能有效躲开经主变压器高低压绕组间耦合电容传递至机端侧的过电压，且无需增加零序电压闭锁条件，论证了抽水蓄能电站基波零序电压定子接地保护配置的正确性。

通过适当缩短保护动作的延时，可进一步提高保护的灵敏性，为抽水蓄能电站发电电动机安全稳定运行提供坚实保障。但保护动作死区依然存在，仍需与三次谐波电压共同构成 100% 定子接地保护。同时，由计算可知，传递到发电机电压系统的零序电压与主变压器高低压侧绕组每项耦合电容值的大小和发电机本身每项绕组对地电容值有很大关系。如何再次提高保护的灵敏度，减小保护动作死区，值得进一步研究。

参考文献

［1］ 孙孔明，李玉敦，梁正堂，等. 配电变压器高压侧单相接地对低压侧转移过电压研究［J］. 山东：山东电力技术，2022，49（4）：39-45，74.

［2］ 冰川. 浅谈电网运行与传递过电压［J］. 内蒙古科技与经济，2006（1）：102-103.

［3］ 贾文超，曹嵩. 大型水电机组组合型接地方式参数优化设计［J］. 电力自动化设备，2022，42（4）：79-85.

［4］ 杨文超，张立港，李红军. 大型发电机组定子接地保护 $3U_0$ 定值整定的探讨［J］. 继电器，2007，238（4）：18-21.

［5］ 赵健，陈浩，贺琰. 大型发电机零序过电压定子接地保护的改进［J］. 广东电力，2009，22（6）：10-12，40.

［6］ 王绍辉. 一起大型发电机定子接地基波零序电压整定［J］. 河南：河南科技，2018，627（1）：145-147.

作者简介

徐思雨（1997—），女，助理工程师，从事水电站生产运维工作。E-mail：2285262186@qq.com

何　苗（1994—），男，助理工程师，从事变电站生产运维工作。E-mail：1415079368@qq.com

地下工程锚索预应力损失分析及解决措施

张振伟，张晓朋，郭朋昊

（河北易县抽水蓄能有限公司，河北保定　074200）

摘要　通过开展锚索张拉试验，对锚索测力计等试验情况进行统计分析，得出了锚索预应力随着时间的推移具有一定的阶段性的特点，造成锚索预应力损失的因素主要包括短期、长期、偶然和其他四类。将试验成果应用于工程实践中，锁定后锚索有效预应力值与设计要求的张拉力值基本相符，表明施工现场通过加强质量管理或采取一定的工程措施，可以减少锚索预应力的损失，以达到预应力值长期稳定的目的。

关键词　锚索预应力；损失；分析；措施

0　引言

当前，我国抽水蓄能工程项目正处于快速、大规模开发阶段，其地下工程较多，特别是厂房系统地质条件复杂且不确定性因素多，因此，其支护形式的选用就成了影响工程安全、质量、进度和造价的关键因素。预应力锚索技术具有安全可靠、经济合理等优势，在地下工程深层支护中得到了大量应用。锚索由内锚固段、自由张拉段、外锚固段组成。内锚固段采用黏结式内锚头[1-2]，由钢绞线、导向帽、回浆管和隔离架组成，用铅丝束紧，呈枣核状结构；自由张拉段由带皮钢绞线、灌浆管、回浆管组成；外锚固段由钢垫墩、钢垫板及锚具组成。

锚索预应力的稳定直接影响锚索的锚固效果，影响预应力稳定的因素主要包括：①短期影响因素；②长期影响因素；③偶然影响因素；④其他影响因素。其中，短期因素有张拉系统及张拉过程引起的损失、锚具－夹片回缩引起的损失和锚墩－框格梁下岩土体沉降变形引起的损失等，短期影响因素可以通过定量计算得到；长期因素有岩土体的蠕变引起的损失以及钢绞线的松弛引起的损失，长期因素是预应力损失的主要来源之一；偶然因素有岩体开挖卸荷、地震、爆破、降雨和温度变化等，具有不确定性；其他因素还有外锚段封孔灌浆引起的损失、锚孔偏斜引起的预应力损失和群锚效应对锚固力的影响等。

1　开展锚索张拉试验

某电站无黏结式预应力锚索应用于地下厂房和主变洞顶拱系统支护。在地下厂房预应力锚索大规模施工前[3-4]，按照施工图设计规定进行锚索基本试验，以验证锚索的性质和性能、施工工艺、设计工艺、设计合理性、安全储备、锚索的抗拉拔承载能力、荷载、变形、松弛和蠕变等问题，以及有关搬运、储存、安装和施工过程中抗物理破坏的能力。确定开挖区所在场地条件下影响锚索承载力的各种因素，验证并确定设计参数，熟悉和检验施工工序并优化施工工艺，为大规模生产和施工积累经验，如发现问题，应及时采取变更和完善等应对措施，以便调整和修正设计参数及施工工艺。

1.1 预应力锚索张拉

（1）BMS50 号预应力锚索张拉采用 YDC270 单根张拉千斤顶（顶编号：01；回归方程为 $P=0.2256F-0.30$）进行预紧张拉，整束分级张拉采用 YDC2000 千斤顶（顶编号：06；回归方程为 $P=0.02568F-0.59$）进行张拉，预紧及分级张拉对应压力表编号均为 H564。

（2）BMS50 号锚索于 2022 年 4 月 14 日进行首次张拉，张拉至 1000kN（100%）结束；于 2022 年 4 月 20 日进行了补偿张拉，张拉至 1200kN（120%）结束。

（3）在首次张拉及补偿张拉过程中，张拉力与测力计观测数值偏差均比较大。

1）首次张拉（100%）。首张拉过程中采用的限位板空腔槽深度为 8mm，持荷状态下张拉力与测力计读数差值在 4.86～9.74t 之间。

在持荷和放张后测力计读数分别为 94.8、73.3t（卸荷前后差值为 21.5t），卸荷前后应力损失较大。

4 月 15 日测力计监测应力 73.3t，4 月 16 日测力计监测应力 73.1t，48h 内应力损失较小。

2）补偿张拉（120%）。在补偿张拉过程中采用的限位板的空腔槽深度为 6.8mm，张拉力与测力计读数差值在 11.3～12.8t 之间。

张拉至 1200kN（120%）持荷状态下，测力计读数 108.7t（差值 11.3）；卸荷锁定后测力计读数 87.6t（损失 32.4t）。

在持荷和放张后测力计读数分别为 108.7、87.6t（卸荷前后差值为 21.1t），卸荷前后应力值相差较大。

4 月 21 日测力计监测应力 87.1t，4 月 22 日测力计监测应力 86.9t，48h 内应力损失较小。

1.2 预应力锚索张拉成果及分析

本次 1000kN 预应力试验锚索 6 束，主变洞试验锚索 3 束，厂房增加试验锚索 3 束，锚索测力计型号为南瑞 NVMS-1000 和 NVMS-1500，其中各试验锚索张拉情况统计见表 1 和表 2。

表 1　　　　　　　　　　主变压器试验锚索张拉测力计数值对比

张拉分级	张拉力（kN）	压力表读数（MPa）	稳压时间（min）	理论伸长值范围（mm）	BMS50 号		BMS44 号		BMS47 号		备注
					实测伸长值（mm）	测力计读数（kN）	实测伸长值（mm）	测力计读数（kN）	实测伸长值（mm）	测力计读数（kN）	
预紧（20%）	200	6.15	2	18.18～21.05	19.43	112.9	20	97	17	94.7	
张拉（25%）	250	5.83	2	4.55～5.27	4.57	201.4	6.5	179	3	142	持荷
张拉（50%）	500	12.25	2	27.29～31.6	28.38	429.7	30	437	18.5	385	持荷
张拉（75%）	750	18.67	2	50.02～57.99	49.57	655.2	53	692	43.5	623	持荷

张拉分级	张拉力（kN）	压力表读数（MPa）	稳压时间（min）	理论伸长值范围（mm）	BMS50 号		BMS44 号		BMS47 号		备注
					实测伸长值（mm）	测力计读数（kN）	实测伸长值（mm）	测力计读数（kN）	实测伸长值（mm）	测力计读数（kN）	
张拉（90%）	900	22.52	2	63.66～73.72	65.57	818.1	65.5	840	54.5	788	持荷
张拉（95%）	950	23.81	2	65.21～78.98	68.57	852.6	71	877	57.5	834	持荷
张拉（100%）	1000	25.09	15	72.76～84.25	74.57	948	78	953	64.5	904	持荷
						733.4		766	73.5	995	卸荷后
张拉（110%）	1100	27.66	2	81.86～94.78	81.7	972	85.5	1030		750	持荷
张拉（120%）	1200	30.23	15	90.95～105.31	92	1087	96	1145	87.5	1062	持荷
						876		930		864	卸荷后

表 2 　　　　　　　　　　　厂房实验锚索张拉测力计数值对比

张拉分级	张拉力（kN）	压力表读数（MPa）	稳压时间（min）	理论伸长值范围（mm）	BMS50 号		BMS44 号		BMS47 号		备注
					实测伸长值（mm）	测力计读数（kN）	实测伸长值（mm）	测力计读数（kN）	实测伸长值（mm）	测力计读数（kN）	
预紧（20%）	200	6.15	2	18.18～21.05	29	45	23	60	22	98	
张拉（25%）	250	5.83	2	4.55～5.27	2	78	5	66	3	119	持荷
张拉（50%）	500	12.25	2	27.29～31.6	22	345	23	285	24	372	持荷
张拉（75%）	750	18.67	2	50.02～57.99	50	574	47	524	46	619	持荷
张拉（90%）	900	22.52	2	63.66～73.72	64.5	719	63.5	695	66	812	持荷
张拉（100%）	1000	25.09	2	72.76～84.25	76	826	74	800	72	884	持荷
张拉（110%）	1100	27.66	20	81.86～94.78	84	903	81.5	876	82	988	持荷
张拉（120%）	1200	30.23	20	90.95～105.31	95	1019	94	997	91	1084	持荷
						844		792		900	卸荷后

对张拉成果及施工过程进行分析：

（1）锚索张拉在持荷过程中张拉力和测力计观测数值始终存在误差，在卸荷锁定后应力损失较大。

（2）在首次及补偿张拉过程中，经现场量测，钢绞线实测伸长值在理论伸长值允许偏差范围内，钢绞线伸长值满足要求。

（3）在张拉过程中，张拉持荷时间和最大值的稳压时间均符合设计技术要求，张拉千斤顶配套的压力表读数均达到的计算数值，张拉人员操作无误。

（4）在首次及补偿张拉过程中，锚垫墩、孔口找平砂浆层及锚具等都未出现异常现象，结合张拉实测伸长值，表明锚固段的灌浆及孔口砂浆等均能满足张拉需求。

本次地下厂房 1000kN 预应力锚索试验结果表明，主变洞 3 束试验锚索张拉至 1200kN（120%）卸荷锁定后测力计测值损失分别为 21.5、21.1 和 19.8，厂房 3 束试验锚索张拉至

1200kN（120%）卸荷锁定后测力计测值损失分别为 18.4、20.5 和 17.5，6 束试验锚索应力损失平均值为 19.8t，通过后期监测 48h 内预应力锚索锁定后应力损失均较小。

2 开展应力损失原因分析

锚索测力计与千斤顶在国内工程实践中，都存在较大误差，这是由两者系统测量误差所造成的，锚索测力计作为锚索所受应力变化的监测设备，对锚索在张拉时持荷和卸荷前后的相对值的观测较准确，而在锚索张拉时应以千斤顶对应的油压表读数进行控制比较合理，以此达到设计锁定值。张拉千斤顶回归方程又称经验方程，意义在于将各个处于离散分布状态的相关数据通过统计手段使它们趋于统一稳定。因此，回归分析所得的数据永远是一个近似数，其相关系数大于 0.9999 时，运算结果可以在实际生产中应用。应力损失主要是由系统误差原因造成的，尽管张拉设备和仪表已经进行了率定，但张拉设备靠读取压力表数值，而测力计是用电子仪器进行读数，克服了人自身造成的误差，因此，张拉设备和测力计其自身误差是始终存在的，也是不可避免的[5-6]。千斤顶和测力计率定试验情况见表 3，试验曲线见图 1。

表 3 千斤顶和测力计率定试验

序号	千斤顶加载值		实验单位测值（t）	测力计测值（t）
	压力表（MPa）	荷载（t）		
1	5	21.8	18.93	21.2
2	10	41.2	36.6	41.28
3	15	60.7	54.62	60.52
4	20	80.2	72.65	77.93
5	25	99.6	91.08	96.16
6	30	119.1	110.25	114.87

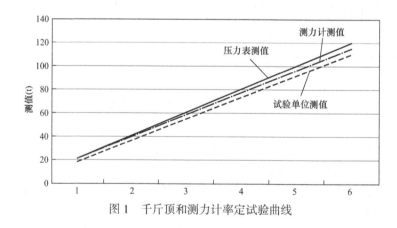

图 1 千斤顶和测力计率定试验曲线

3 试验情况总结

（1）本次地下厂房 1000kN 预应力锚索试验结果表明，主变洞 3 束试验锚索张拉至 1200kN（120%）卸荷锁定后测力计测值损失分别为 21.5、21.1 和 19.8，厂房 3 束试验锚索张拉至 1200kN（120%）卸荷锁定后测力计测值损失分别为 18.4、20.5 和 17.5，6 束试验锚索应力损失平均值为 19.8t，通过后期监测 48h 内预应力锚索锁定后应力损失均较小。因此，在后续锚索张拉中，1000kN 预应力锚索按设计吨位的 110% 进行张拉，张拉锁定吨位能满足设计锁定吨位 90% 的要求。

（2）由于测力计安装造成的偶然误差[7]。如当测力计安装不平、未与锚垫板紧密结合、未对中孔口中心或气候温度变化等，当多种误差出现叠加时，就会出现测力计反应出的锚索拉力与张拉设备反应的锚索拉力不一致，两者差距较大。

（3）由于锚具与夹片配合公差原因，限位板与工作锚具的配合不好，造成在卸荷过程中夹片持紧钢铰线时产生回缩，从而造成一部分预应力损失。

（4）试验锚索均为上倾孔，由于安装工艺的局限性，锚束自由张拉段在孔内产生弯曲，在张拉时孔口的锁定装置（锚垫板、工作锚）、测力计等与张拉段钢绞线受力不同轴，致使测力计受力不均匀，在读数过程中产生较大误差。

4 结论和建议

（1）大规模应用预应力锚索的地下工程中，开展锚索张拉试验，按照一定比例安装锚索测力计效果较好。能够精确计算锚索施加的预应力值，确保深层锚固力满足设计要求。

（2）上仰角锚索张拉锁定后出现的应力损失主要是由锚索测力计和张力千斤顶回归方程计算值引起的系统误差，占比为 20%～25%，根据锚索测力计的原理，应以锚索测力计的数值为主。其他原因比如千斤顶率定、卡槽深度等问题引起的损失占比较小，但为保证有效的应力值，也不容忽视。大面积设置锚索支护时，适当增加锚索测力计，其张拉锁定值以测力计数值为主，千斤顶数值为辅，或者根据设计要求将锁定值在千斤顶回归方程中增加一个荷载常数计算施工锁定值。

（3）本次试验选用了不同厂家的锚夹具等材料进行了相关试验对比，试验结果表明，不同厂家的锚具配合的公差精度不同，尤其是上仰角锚索施工中，会造成较大应力损失，推荐使用主流厂家的夹具和锁具，比如 OVM 等品牌。

（4）一般情况下限位板空腔槽深度为 8mm，在上仰角施工时需要尽量减少限位板空腔槽深度。有条件的情况下，要在现场进行加工，减少限位板空腔槽深度。

（5）地下厂房孔向为上倾的锚索孔，为减少锚束自由张拉段在孔内产生弯曲，将靠近孔口 3m 范围内隔离架加密至 1m。

（6）加强锚索孔 M40 干硬性预缩砂浆抹平的质量，严格控制其厚度、平整度及密实度等，厚度宜控制在 5～8cm，不宜小于 3cm 或大于 10cm，防止锚索在张拉过程中产生破裂而造成安全及质量隐患。

（7）在锚索施工过程中，应加强质量管理，并采取一定的工程措施，以减少锚索预应力的损失，以此保障预应力值长期稳定。

参考文献

[1] GB 50086—2015，岩土锚杆与喷射混凝土支护工程技术规范 [S].

［2］ DL/T 5148—2021，水工建筑物水泥灌浆施工技术规范［S］.

［3］ DL/T 5181—2017，水电水利工程锚喷支护施工规范［S］.

［4］ DL/T 5083—2019，水电水利工程预应力锚固施工规范［S］.

［5］ 王朋，贾国和. 锚索预应力损失的影响因素分析［J］. 基层建设，2017（3）.

［6］ 黄庆龙. 预应力锚索有效预应力及其检测方法研究［D］. 重庆：重庆交通大学，2009.

［7］ 郭作纯. 锚索预应力损失的影响因素及对策［J］. 水运工程，2006（7）：16-17.

作者简介

张振伟（1981—），男，高级工程师，主要从事抽水蓄能工程建设管理工作。E-mail：283646569@qq.com

张晓朋（1992—），男，工程师，主要从事抽水蓄能工程建设管理工作。E-mail：310551875@qq.com

郭朋昊（1997—），男，助理工程师，主要从事抽水蓄能工程建设管理工作。E-mail：851951073@qq.com

低密实度混凝土芯样抗冻性能评估方法初探

宁逢伟[1, 2]，毛春华[1, 2]，隋　伟[1, 2]，褚文龙[1, 2]，都秀娜[1, 2]

（1. 中水东北勘测设计研究有限责任公司，吉林长春　130061；
2. 水利部寒区工程技术研究中心，吉林长春　130061）

摘要　为提高水工建筑物混凝土芯样的抗冻检验能力，以两个典型的不密实混凝土芯样（A 和 B）作为研究对象，考察了混凝土芯样受冻前后质量、相对动弹模量、超声波时的变化情况。结果表明，根据现有技术标准，低密实度混凝土芯样很难获取有代表性的初始相对动弹模量，试件处于被冻裂状态却没有明显质量损失，相对动弹模量、质量损失表征低密实度混凝土芯样受冻破坏程度有一定的不适用性；超声波时能够定量描述低密实度混凝土芯样初始状态及受冻破坏程度，用于抗冻性检验可行性较高。此外，提出了吸水率试验、外观调查试验、芯样尺寸优化等多个抗冻检测方法方面的新构想，以期为推进低密实度混凝土芯样的抗冻检测工作提供有力支撑。

关键词　混凝土芯样；不密实；抗冻性；超声波

0　引言

冻融破坏是北方地区水工混凝土耐久性的最大威胁[1-2]。根据 GB/T 50082—2009、SL/T 352—2020、DL/T 5150—2017、JTG 3420—2020、TB/T 3275—2018、JTS/T 236—2019 等国家标准和行业标准规定，快冻法已成为主流检测方法[3]。但是，相比于新建工程混凝土拌和物成型试件检验方法，老旧工程混凝土、工程实体混凝土抗冻性检验方法并不成熟[4-6]。老旧工程混凝土、新建工程实体混凝土抗冻性检验均需取芯完成[7-8]。水利行业标准 SL 734—2016 "附录 E 取芯法测定混凝土抗冻性" 规定了混凝土芯样的抗冻性检验方法，芯样切割尺寸为 100mm × 100mm × 400mm 棱柱体，试验过程参照《水工混凝土试验规程》（SL/T 352—2020）检测，当相对动弹模量降至 60% 以下，质量损失达到 5% 以上，视为混凝土芯样失效破坏。

钻取典型的混凝土芯样进行抗冻性试验，考察了不同冻融循环次数下混凝土固有频率（相对动弹模量）和质量损失情况，并引入超声波时测试方法，尝试使用超声波时检验低密实度混凝土芯样抗冻性，并提出实现低密实度混凝土芯样冻融破坏状态有效表征的新构想。

1 现有抗冻性检测方法及其不适用性

1.1 现有芯样抗冻性检测流程

依托水工建筑物位于严寒地区，水饱和程度高，极端气温低，昼夜温差大，混凝土冻融损伤严重。制取 A 芯样、B 芯样用于试验，芯样尺寸为 $\phi100mm \times 250mm$，未采用 $100mm \times 100mm \times 400mm$ 标准试件尺寸，没有钻取 $\phi150mm \times 500mm$ 大芯样切割制样。缩小芯样尺寸是为了降低工程取芯检验对工程实体安全及使用寿命的不利影响，具有现实意义[9]。

抗冻性检验工作在吉林省长春市进行，混凝土芯样抗冻性检验过程如图 1、图 2 所示。图 1、图 2 分别是质量损失、固有频率（相对动弹模量）的检测过程。由于采用圆柱形芯样，只有两端面平整，固有频率（相对动弹模量）测试时，发射器和接收器放在芯样两个端面中心位置，并用凡士林作为耦合剂。

图 1　质量检测过程　　　　图 2　固有频率（相对动弹模量）检测过程

记录 50 次冻融循环前后混凝土芯样受冻状态以及质量、固有频率（相对动弹模量）的变化情况。

1.2 现有芯样抗冻性检测方法的不适用性

试验过程发现，经历 50～100 次冻融循环，混凝土芯样出现了受冻破坏。50 次冻融循环之后，A 芯样被冻断，试件已断成三截，部分混凝土呈粉状。B 芯样 50 次冻融循环后被冻裂，出现 4 条明显裂缝，宽度 0.7mm 左右，试件几乎断裂。可见，A 芯样、B 芯样均被冻断或冻裂，已破坏失效。

经历 50 次冻融循环试验，混凝土芯样被冻断或冻裂，说明 A 芯样、B 芯样的抗冻等级均不足 F50。然而，按照水利行业标准《水利工程质量检测技术规程》（SL 734—2016）规定的抗冻评价指标，却难以得到这显而易见的结论。

先以固有频率（相对动弹模量）检测结果来看，A 芯样冻融循环试验之前的初始固有频率试验结果如图 3 所示，同一个芯样试件的 5 个测值差异较大，波动范围为 1991～2820Hz，最大测值为最小测值的 1.4 倍。B 芯样冻融循环试验之前的初始固有频率试验结果如图 4 所示，同一个芯样试件的 5 个测值差异更大，波动范围为 1795～2887Hz，最大测值为最小测值的 1.6 倍。由于混凝土固有频率差异大，A 芯样、B 芯样均无法获得可靠的固有频率初始值，也就无法计算初始相对动弹模量，无法使用相对动弹模量对混凝土芯

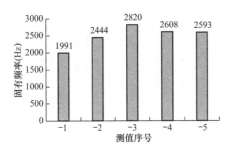

图 3　A 芯样初始固有频率试验结果

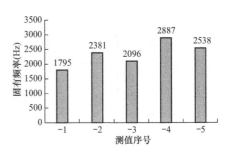

图 4　B 芯样初始固有频率试验结果

样抗冻性进行试验评价，表现出了一定的不适用性。根据混凝土抗冻试验经验，固有频率差异大、测值离散表明混凝土完整性差，混凝土内部存在较多裂隙或缺陷，密实程度低，可见，相对动弹模量表征低密实度混凝土抗冻性具有一定的不适用性。

由于 A 芯样经历 50 次冻融循环已经被冻碎，未测试受冻之后的质量情况。B 芯样只是被冻裂，仍具有质量测试条件。受冻前后 B 芯样的质量变化情况如图 5 所示。

由图 5 可以看出，B 芯样质量受冻试验之前为 4490g，50 次冻融循环之后，质量为 4500g，质量损失为 -0.22%，质量损失不仅没有达到 5%，而且还出现了负增长。质量不降反增，也达不到混凝土受冻破坏条件，无法判定混凝土芯样已经受冻破坏失效。可见，质量损失评价混凝土芯样抗冻性也出现了一定的不适用性。

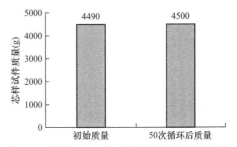

图 5　B 芯样 50 次冻融循环前后的质量情况

综上所述，肉眼可见的芯样受冻破坏却无法用规范规定的固有频率（相对动弹模量）或质量损失进行判断，低密实度混凝土芯样缺少有效的评判依据和方法。

2　超声波时检测混凝土芯样抗冻性的尝试

2.1　超声波时检测芯样抗冻性试验方法

针对 A 芯样、B 芯样初始固有频率测值离散性大、无法取得固有频率代表值及无法计算初始相对动弹模量的技术难题，引入超声波时方法进行试验尝试。

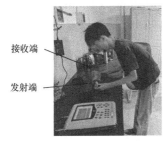

接收端

发射端

图 6　超声波时检测现场

超声波时检测采用对测方法，发射器与接收器位置与固有频率（相对动弹模量）测试时相同，如图 6 所示，放于芯样端部截面中心，也用凡士林作为耦合剂，超声波通过距离为 250mm。记录 0 次冻融循环、50 次冻融循环混凝土芯样超声波时的变化情况。

2.2　超声波时检测芯样抗冻性的有效性评估

冻融循环试验之前，A 芯样、B 芯样超声波时的初始试验结果如图 7 和图 8 所示。

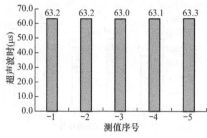

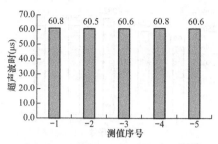

图 7　A 芯样超声波时初始试验结果　　　　　图 8　B 芯样超声波时初始试验结果

由图 7 和图 8 可以看出，A 芯样、B 芯样均测试 5 次超声波时（发射器、接收器位置不变），测值重复性均较好，A 芯样超声波时为 63.0～63.3μs，B 芯样超声波时为 60.5～60.8μs，A 芯样超声波时稍高于 B 芯样，表明 A 芯样内部初始裂隙数量多于 B 芯样，对保持抗冻性不利。观察 50 次冻融循环后芯样状态，A 芯样被冻断，破坏程度高于 B 芯样（被冻裂），超声波时试验结果与芯样受冻状态保持一致。B 芯样 50 次冻融循环前后的超声波时试验结果如图 9 所示。经历 50 次冻融循环，超声波时由 60.7μs 增加到 352.6μs，超声波时显著增加，增幅达到了 481%，混凝土芯样裂隙明显增加，与 B 芯样被冻裂的外观状态相符。由此可见，超声波时不仅能够表征初始裂隙多、密实程度不高芯样的初始状态，而且能够定量表征不密实芯样经历 50 次冻融循环的损伤程度，突破了相对动弹模量与质量损失无法定量表征不密实混凝土芯样受冻破坏程度的技术难题，具有一定的可行性。

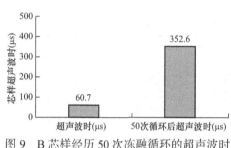

图 9　B 芯样经历 50 次冻融循环的超声波时变化情况

3　低密实度混凝土芯样抗冻检测方法新构想

尽管 SL 734—2016 规范 2016 年已经颁布实施，但是，实际应用过程中该方法表现出很多不适用性。

（1）制取抗冻芯样对混凝土实体结构破坏程度较高。棱柱体芯样宽度和高度达到 100mm，钻取芯样直径必须大于 100mm，甚至要达到 150mm；棱柱体芯样长度 400mm，钻取芯样长度要达到 450～500mm，即切割之前芯样尺寸为 φ150mm×500mm，而且一组 3 个试件，相当于对墙体造成 3 个大的孔洞，对结构主体安全以及抗渗修复均是较大的挑战。

（2）现有快冻法检验混凝土质量主要针对新拌混凝土成型试件，试件整体性好，裂隙少，固有频率比较稳定，而对于老旧工程混凝土、工程实体混凝土受搅拌、运输、浇筑等多个工序影响，容易出现质量不好、密实度不高的混凝土工程实体，其固有频率未必均匀，快冻法往往存在一定的不适用性。

（3）与固有频率（相对动弹模量）评价芯样抗冻性可能存在的不适用性相似，质量损失评价抗冻性也未必可靠。

种种迹象表明，对于低密实度混凝土芯样的抗冻性能评价仍需探索新的试验方法。结合上述试验数据，提出以下几点构想：

（1）引入超声波时测试方法表征混凝土芯样受冻状态。由上文可知，超声波时能够定量表征不密实混凝土芯样、未冻断混凝土芯样的受冻程度，可作为一种新的不密实混凝土芯样冻融循环试验的表征方法。但是，该方法处于尝试阶段，仍有很多的工作要做，特别是超声波时延长多少可以代表混凝土冻融破坏失效，尚缺乏规范性的衡量标准。而且建议进一步计算超声波速表征抗冻性能变化，取代超声波时。

（2）引入快速吸水－饱水试验评估混凝土芯样抗冻破坏能力。不密实混凝土芯样初始裂隙发育，内部与表面连通裂隙或孔道多，芯样吸水率很大程度决定了混凝土芯样的抗冻水平。可以分成两步：①根据冻融循环之前试件吸水率预判混凝土芯样抗冻水平；②经历特定次数冻融循环之后，烘干试样再测试其吸水率，评估吸水率冻融循环前后的变化程度，进而用于芯样受冻劣化状态的有力表征。

（3）引入外观状态调查方法评估混凝土芯样受冻破坏状态。芯样通过切割或钻取制成，骨料级配状态与室内湿筛成型试件不同，芯样抗冻能力一般低于同配合比混凝土室内成型试件。当相对动弹模量、质量损失不能分辨试件是否破坏时，应以裂缝状态、断裂程度等进行定性评判，目前尚缺少相关技术标准。

（4）使用圆柱形芯样取代棱柱体芯样开展试验。使用圆柱形芯样可以削除棱柱体芯样的切割过程，减小芯样钻取直径，降低取芯检验对混凝土工程实体的不利影响，可在类似工程进行推广。

4　结束语

芯样抗冻性能对老旧水工建筑物、新建工程实体均至关重要。混凝土芯样抗冻水平评价是水工检测技术领域的难点，工程经验较少，检测与评价方法尚不成熟。SL 734—2016列出的芯样抗冻试验方法更适合完整性好、密实度高的高品质芯样，用于评估低密实度混凝土芯样抗冻性则有些不妥，表现出一定的不适用性。超声波时表征低密实度混凝土芯样的受冻破坏程度优于相对动弹模量和质量损失，吸水率试验也是一种值得尝试的新方法，如何将外观描述与定量表征方法相结合，也是未来的努力方向。

参考文献

［1］乔凤玉，张志辉. 红山水库 1 号泄洪洞底板混凝土冻害成因及修复［J］. 内蒙古水利，2024（S2）：109，114.

［2］蒋金洋. 长寿命水工混凝土结构材料研究进展综述［J］. 水力发电学报，2024：1-14. ［2024-08-12］. http://xnki.xue338.com/kcms/detail/11.2241.TV.20240809.1417.002.html.

［3］李中田，雷秀玲，李艳萍，等. 快速检测混凝土抗冻性能试验方法研究［J］. 建筑知识，2012，32（7）：132-133.

［4］ 戈雪良，柯敏勇，刘伟宝，等. 混凝土冻融作用下冻结应力演化规律及对抗冻性能的影响［J］. 材料导报，2024，38（12）：111-115.

［5］ 戈雪良，刘伟宝. 极端低温对水泥基材料的影响［J］. 气候变化研究进展，2015，11（5）：319-323.

［6］ 申嘉荣，徐千军. 建筑材料微观结构的人工识别研究［J］. 水利发展研究，2023，23（10）：72-79.

［7］ 吴志新. 基于 ϕ50mm 芯样检测混凝土强度的可行性分析［J］. 安徽建筑，2024，31（5）：147-149.

［8］ S H Lessly, R Senthil, B Krishnakumar. A study on the effect of reinforcement on the strength of concrete core［J］. Materials Today: Proceedings, 2020, 45（7）.

［9］ M Taman, M A Elaty, R N Behiry. Codes applicability of estimating the FRC compressive strength by the core-drilling method［J］. Construction and Building Materials, 2022（330）: 1-14.

作者简介

宁逢伟（1986—），男，博士，高级工程师，主要从事水工混凝土耐久设计与功能防护材料研究工作。E-mail：764366800@qq.com

毛春华（1973—），男，高级工程师，主要从事水工混凝土功能设计与检测方法相关研究工作。E-mail：337817869@qq.com

隋　伟（1980—），男，正高级工程师，主要从事水工结构检测与安全评价方法研究工作。E-mail：112373741@qq.com

褚文龙（1995—），男，工程师，主要从事水工混凝土结构检测研究工作。E-mail：1124381544@qq.com

都秀娜（1994—），女，工程师，主要从事水工混凝土结构检测研究工作。E-mail：1729991024@qq.com

发电电动机定子 4 支路与 7 支路对称绕组工艺性对比

王新洪

（哈尔滨电机厂有限责任公司，黑龙江哈尔滨　150040）

摘要　以国内首个应用定子 4 支路对称绕组技术的荒沟抽水蓄能电站发电电动机参数为例，结合产品工程化制造技术应用实践，对定子 4 支路与 7 支路对称绕组两种设计方案的工艺性对比总结，为 4 支路对称绕组技术在抽水蓄能发电电动机和常规水轮发电机的应用提供参考与借鉴。

关键词　抽水蓄能电站；发电电动机；4 支路；7 支路；对称绕组；工艺性

0　引言

随着核电、风电、光伏等新能源快速发展，负荷峰谷差日趋增大，电力系统迫切需要拥有更强调峰、调频、调相、备用能力的设备来保障电网安全、稳定、经济运行。抽水蓄能电站工况转换多，具有运行方式灵活、反应速度快等优点，可以在电网中承担调峰、填谷、调频、调相、事故备用、黑启动等任务，已成为现代电力系统重要的稳压器、调节器和存储器，近年来在国内外得到了快速发展，并且机组容量、转速得到大幅提升。其中，300MW 等级、428.6r/min 发电电动机占比最大，相应转速的水轮机性能优越，但该系列发电电动机大多采用 7 支路对称绕组，此方案存在槽电流偏低、电气参数不合理、电站高压设备选择困难、技术经济指标不佳等问题，容量、电压、转速不匹配的矛盾日益显现。开发新的定子绕组设计方案，已成为技术发展方向之一。

目前，国外部分公司已拥有定子 4 支路绕组技术，如 ALSTOM、VOITH、东芝等[1]，且在 300MW 等级、428.6r/min 抽水蓄能电机上具有设计制造和运行业绩，其中应用较多的 4 支路不对称绕组，可以解决容量、转速、电压和槽电流匹配的问题，在保证水轮机性能优越的前提下，降低造价并扩大抽水蓄能电机的转速适应范围，可使电机设计技术指标大幅度提升，但仍存在环流及其损耗、温升、振动、性能参数合理性以及绕组连接困难等一系列问题，同时由于保密的原因，我们无法得到这项技术，也查不到任何相关资料，只能自主研发。

国内哈尔滨电机厂有限责任公司为荒沟抽水蓄能电站发电电动机研发定子 4 支路对称

绕组技术，在保证水轮机最优水力性能转速下，发电电动机槽电流适中，电气参数合理，电站高压设备选择简便，能提高电站系统技术经济指标，并成功应用于项目 4 台机组制造，至今机组安全稳定运行，哈尔滨电机厂有限责任公司率先成为拥有 4 支路对称绕组技术及业绩的公司[2]，目前该技术已推广至文登、尚义、南宁、抚宁、衢江等抽水蓄能电站。

1 荒沟发电电动机定子 4 支路和 7 支路对称绕组方案主要技术参数

荒沟抽水蓄能电站采用 300MW 等级、428.6r/min 发电电动机，发电工况额定容量为 334MVA，电动工况额定输出轴功率不小于 322MW，极对数为 7。项目采用分数极路比对称平衡绕组新技术后，额定电压为 18kV，并通过特殊的绕组接线型式，实现发电电动机 4 支路全对称绕组设计，这是抽水蓄能机组首次采用该绕组型式。结构相较于较成熟的 7 支路及 15.75kV 出口电压结构的优点为槽电流适中，参数合理，短路电流适中，铁芯长度适中，主保护方案简单及占地面积小，电站系统技术经济指标高等。4 支路和 7 支路对称绕组方案主要技术参数见表 1。

表 1　　　　定子 4 支路和 7 支路对称绕组方案主要技术参数

内容	7 支路方案	4 支路方案（18kV）
额定容量 / 功率（MVA/MW）	334/300	334/300
额定电压（kV）	15.75	18
额定转速（r/min）	428.6	428.6
最大飞逸转速（r/min）	622	622
额定频率（Hz）	50	50
额定功率因数	0.9（发电）/0.98（电动）	0.9（发电）/0.98（电动）
基本结构型式	立轴半伞式	立轴半伞式
定子铁芯外径（mm）	6630	6700
定子铁芯内径（mm）	5450	5470
定子铁芯长度（mm）	3200	2900
定子槽数	357	252
定子齿距（mm）	48	68.2
线棒截面尺寸（mm）	17.9（宽）×75（高）	23.2（宽）×84（高）
定子线棒种类	上、下层各 1 种	上、下层各 1 种
定子线棒绝缘工艺	VPI	VPI
定子接线图	21 处过桥连接线；22 层铜环引线	6 处跨接线；13 层铜环引线
连接线位置	非驱端	驱端
跨越槽数	26	5
每根连接线长度	1300	380

2 4 支路和 7 支路对称绕组方案工艺性对比

除额定电压外，4 支路和 7 支路对称绕组方案额定容量、额定转速、最大飞逸转速、额定频率、额定功率因数等基本技术参数完全相同，且均为立轴半伞式机组。定子结构参数差别，使两种方案工艺性不同。

定子铁芯外径 4 支路方案比 7 支路方案大 70mm，内径 4 支路方案比 7 支路方案大 20mm，在此两项指标上两种方案尺寸相差不大，制造工艺性无差别；定子铁芯长度 4 支路方案比 7 支路方案短 300mm，铁芯装配时可减少一次预压紧，更利于铁芯压紧，并缩短装配时间，同时线棒长度也会缩短，有利于线棒制造及安装，此项上 4 支路方案比 7 支路方案工艺性好，利于保证产品质量；定子槽数 4 支路方案比 7 支路方案少 105 槽，使得线棒数量少，极大减少线棒安装工作量、降低安装强度、缩短安装周期，更利于电站运行检修维护，此项上 4 支路方案工艺性远优于 7 支路方案，更利于保证产品质量；在铁芯内外径偏差不大的前提下，由于 4 支路方案槽数的大幅减少，使定子齿距比 7 支路方案大 20.2mm，不仅增大了放电距离，提高运行安全性，同时空间增大更便于线棒端部绑扎，便于线棒接头中频焊接，利于绝缘盒布置及灌注，此项上 4 支路方案工艺性远优于 7 支路方案，更利于保证产品质量，同时线棒的高宽比 4 支路方案比 7 支路方案小 0.57，利于线棒制造，减少变形，也利于线棒安装尺寸控制，此项上 4 支路方案比 7 支路方案工艺性好，利于保证产品质量；线棒种类及采用的绝缘系统相同，工艺性相同；两种方案最大差异在定子绕组接线上，定子绕组采用 4 支路对称绕组（见图 1）方案，连接线数量比 7 支路少 15 处、铜环引线数量少 9 层，连接线跨越槽数少 21 槽，长度短 920mm，不仅刚度好，更极大减少现场工作量，缩短安装时间，利于电站运行检修维护，在这些方面 4 支路方案工艺性远优于 7 支路方案，更利于保证产品质量；4 支路方案结构上形成定子下端存在跨接连接线（见图 2），造成该处连接线中频焊接、绝缘盒安装等工作操作困难，在这点上 7 支路方案工艺性优于 4 支路方案，利于保证产品质量；4 支路方案连接线跨越槽数比 7 支路少 21 槽，有利于安装，降低劳动强度，此项上 4 支路方案工艺性优于 7 支路方案；4 支路方案每根连接线长度比 7 支路短 920mm，有利于安装，减少绝缘处理工作量，降低劳动强度，缩短安装周期，此项上 4 支路方案工艺性优于 7 支路方案，利于保证产品质量。工艺性对比汇总见表 2。

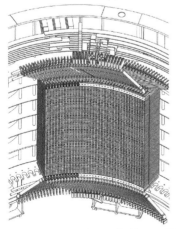

图 1　定子 4 支路绕组局部装配三维图

图 2　下端跨接连接线绕包绝缘

表 2　　　　定子 4 支路和 7 支路对称绕组方案参数及工艺性、质量保证对比

参数	内容	结构参数对比 （4 支路比 7 支路）	工艺性及质量保证 （4 支路比 7 支路）
基本参数	额定容量 / 功率（MVA/MW）	相同	
	额定电压（kV）	高 2.25	
	额定转速（r/min）	相同	
	最大飞逸转速（r/min）	相同	
	额定频率（Hz）	相同	
	额定功率因数	相同	
	基本结构型式	相同	
结构参数	定子铁芯外径（mm）	大 70，基本一致	相同
	定子铁芯内径（mm）	大 20，基本一致	相同
	定子铁芯长度（mm）	短 300	利于铁芯装压； 线棒长度短，有利于线棒制造、安装； 利于保证质量
	定子槽数	少 105（30%）	减少工作量； 降低安装强度，缩短安装周期； 利于保证质量； 利于电站运行检修维护
	定子齿距（mm）	大 20.2	放电距离大，更安全； 利于线棒绑扎、线棒端头焊接、绝缘盒装灌； 利于保证质量
	定子线棒种类	相同	相同
	线棒截面尺寸（mm）	高宽比小 0.57	利于线棒制造，减小线棒变形； 利于现场安装控制； 利于保证质量
	定子线棒绝缘工艺	相同	相同
	定子接线图	差异大	减少现场工作量，缩短安装周期，利于现场安装； 利于质量控制； 利于电站运行检修维护
	连接线位置	存在下端连接线	不利于连接端头焊接； 不利于绝缘盒装灌； 质量控制难度略大
	跨越槽数	少 21 槽	利于安装； 降低劳动强度
	每根跨接线长度	短 920	有利于安装，减少绝缘处理工作量，降低劳动强度； 缩短安装周期； 利于保证产品质量

3　结束语

通过以国内首个应用定子 4 支路对称绕组技术的荒沟抽水蓄能电站发电电动机参数为

例，结合产品工程化制造技术应用，对定子 4 支路与 7 支路对称绕组两种设计方案的工艺性对比总结，实践证明，发电电动机定子 4 支路对称绕组结构工艺性优良，利于保证产品质量，对技术发展具有重要意义。

参考文献

［1］ 葛杨. 发电电动机定子绕组 4 支路与 7 支路设计方案对比分析研究［D］. 济南：山东大学，2017.

［2］ 何雪飞，朱南龙，何万成. 发电电动机定子绕组 4 支路技术在荒沟抽水蓄能电站的应用［J］. 科技世界，2017（6）：271.

作者简介

王新洪（1970—），女，正高级工程师，主要从事水轮发电机工艺技术工作。
E-mail：2440585765@qq.com

丰宁抽水蓄能电站 3 号 SFC 冷凝报警分析处理及 SFC 冷却系统设计建议

武 波，赵人正，李宝峰

（河北丰宁抽水蓄能有限公司，河北丰宁 068350）

摘要 丰宁抽水蓄能电站 3 号静止变频器（SFC）型号为 GE/SD7622WF66SFC，冷却方式为水冷，且冷却系统依据网桥和机桥空气温度调节三通阀开度控制外冷却水进入板式冷热交换器的流量，调节内冷却水（去离子水）温度，本文简要介绍 3 号 SFC 在运行过程中冷却系统出现冷凝报警的原因分析及处理，通过逻辑优化及定值调整避免非重要量造成启动不成功并提出 SFC 冷却系统设计建议，提高运行稳定性，供相关专业人员参考。

关键词 抽水蓄能；静止变频器；冷凝报警；故障分析

0 引言

抽水蓄能电站静止变频器（SFC）主要功能是产生从零到额定频率值的变频电源，在定速机组抽水工况启动时，将机组同步拖动至并网运行后便退出，是直接影响机组抽水并网运行的主要设备之一[1]。SFC 系统结构主要包括输入输出变压器、输入输出断路器、输入输出交流电抗器、网桥机桥功率单元、直流电抗器、电流电压互感器及控制器等设备[2]。目前 SFC 配置的冷却方式主要有风冷、水冷两种形式[3]，且采取水冷方式对于 SFC 冷却系统的要求更高、条件更苛刻，需要关注内冷却水（去离子水）压力、流量、温度、电导率及冷凝等参数状态信息，任一参数异常皆可影响设备正常启动。丰宁抽水蓄能电站共配置有 3 套 SFC，其中 1、3 号 SFC 为水冷，2 号 SFC 为风冷，在运行过程中对 SFC 冷却水系统冷凝报警的问题做原因分析及处理总结，积累了较多经验，通过逻辑优化及定值调整彻底解决了冷凝报警问题，避免非重要量造成启动不成功，为同型号 SFC 运行维护提供借鉴经验，提高 SFC 设备运行可靠性，加强对 SFC 设备的技术管理[2]。

1 3 号 SFC 冷却系统配置及运行方式

1.1 3 号 SFC 冷却系统配置

3 号 SFC 冷却方式为水冷，且该水冷系统配置有外冷却水电动阀、三通阀、板式冷热交换器、去离子水泵等。

1.2 3 号 SFC 冷却系统运行方式

3 号 SFC 水冷即通过外冷却水（机组公用供水）与内冷却水（去离子水）在板式冷热

交换器进行热量交换，外冷却水将内冷却水（去离子水）热量带走，即带走 SFC 功率单元的热量，从而实现对 SFC 功率单元发热元件的冷却[3]。

3 号 SFC 水冷系统原理图如图 1 所示。

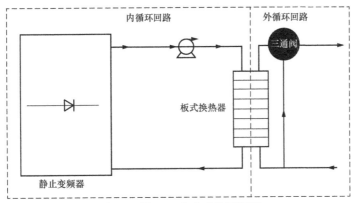

图 1　3 号 SFC 水冷系统原理图

1.3　3 号 SFC 三通阀不同开度的作用

三通阀 0% 开度，即外冷却水不对内冷却水（去离子水）进行冷却，外冷却水被旁路，不经过板式冷热交换器，外冷却水不与内冷却水（去离子水）进行热量交换；三通阀100% 开度，即外冷却水对内冷却水（去离子水）进行冷却，外冷却水经过板式冷热交换器，最大范围实现外冷却水与内冷却水（去离子水）热量交换，带走 SFC 功率单元的热量；冷却系统依据内冷却水（去离子水）温度、网桥空气温度、机桥空气温度动态调节三通阀开度，控制外冷却水进入板式冷热交换器的流量，调节内冷却水（去离子水）温度，保证 SFC 功率单元的热量被可靠带走。

1.4　3 号 SFC 三通阀控制温度设定

网桥、机桥空气温度最大值低于 28℃，设定为 37℃；网桥、机桥空气温度最大值在28～38℃之间，设定为网桥、机桥空气温度较大者加 9℃；网桥、机桥空气温度最大值高于 38℃，设定为 40℃；网桥、机桥空气温度控制死区为 1.5℃。例如：若网桥、机桥空气温度最大值（25℃）低于 28℃，3 号 SFC 在拖动机组抽水启动过程内冷却水（去离子水）冷水温度大于 38.5℃，三通阀才会打开；若网桥、机桥空气温度最大值（35℃）在28～38℃之间，3 号 SFC 在拖动机组抽水启动过程内冷却水（去离子水）冷水温度大于45.5℃，三通阀才会打开；若网桥、机桥空气温度最大值（39℃）大于 38℃，3 号 SFC 在拖动机组抽水启动过程内冷却水（去离子水）冷水温度大于 41.5℃，三通阀才会打开。

3 号 SFC 三通阀控制温度设定逻辑如图 2 所示。

2　冷凝报警现象及处理

2.1　冷凝报警的逻辑

网桥、机桥最大空气温度 – 内冷却水（去离子水）冷水温度大于 9℃，延时 5s 报冷凝预警，即冷凝预警是通过内冷却水（去离子水）冷水温度与网桥 / 机桥空气温度反应出来的。3 号 SFC 冷凝报警逻辑如图 3 所示。

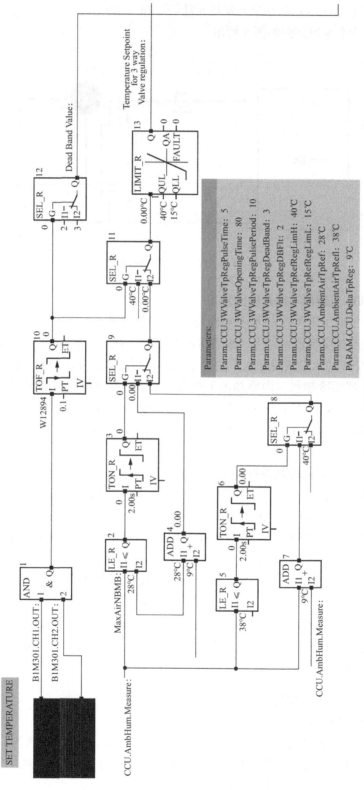

图 2 3 号 SFC 三通阀控制温度设定逻辑

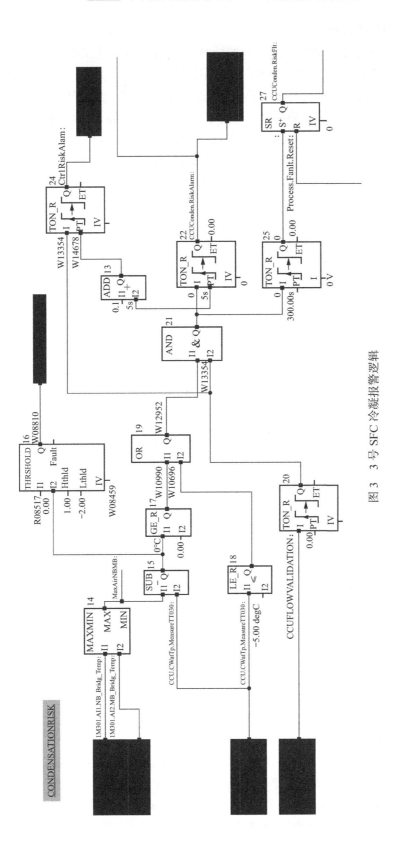

图 3　3 号 SFC 冷凝报警逻辑

2.2　冷凝报警现象

3 号 SFC 拖动第一台机组抽水启动并网后，功率单元停止工作，网桥/机桥空气温度保持在 17℃左右，内冷却水（去离子水）温度保持在 32℃左右，三通阀未全关，仍有 4% 左右开度，外冷却水电动阀与去离子水泵延时 15min 关闭；少量外冷却水通过三通阀 4% 左右的开度流入板式冷热交换器，外冷却水对内冷却水降温；大约 5min 后，外冷却水将内冷却水（去离子水）温度由 32℃冷却至 15℃，去离子水温度低于网桥/机桥空气温度超过 2℃，延时 5s，报冷凝预警；如果 3 号 SFC 拖动第一台机组抽水启动并网后三通阀全关闭，开度为 0，去离子水温度会稳定在 32℃左右，而不会下降至 15℃左右。3 号 SFC 冷凝报警现象如图 4 所示。

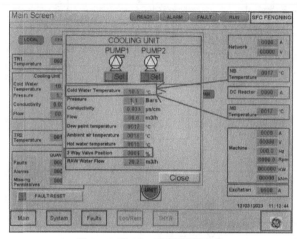

图 4　3 号 SFC 冷凝报警现象

2.3　冷凝报警原因排查

打开盘柜检测柜内湿度正常且功率元件表面无冷凝现象，控制盘室内加装除湿机，室内湿度大约在 35%；依据现场检查分析，冷凝报警的根本原因为 3 号 SFC 抽水启动并网后，三通阀仍有 4% 左右的开度，外冷却水电动阀与去离子水泵关闭延时未到的情况下，外冷却水将内冷却水温度拉低至网桥/机桥空气温度 2℃以下；检查确定为三通阀位置反馈行程落入全关区间内，即 SFC 认为全关，实际还有一定行程未全关。三通阀的全关区间为 ±1，即 0～1mm 区间内均认为全关态，不再发三通阀关闭令，例如检测三通阀关闭位置行程反馈 0.87mm，全开为 25mm，0.87÷25=0.0348（约为 3%），与显示屏三通阀仍有 3% 开度相符，导致 SFC 停机后三通阀未到全关位置（开度为 0 位置）。程序留有此位置反馈死区目的是防止关闭形程未到 0，电磁阀一直得电关闭三通阀阀体，严重烧毁电磁阀。图 5、图 6 为 3 号 SFC 三通阀行程反馈死区。

2.4　冷凝报警后果

若长时间保持内冷却水（去离子水）温度低于网桥/机桥空气温度，会造成内冷却水（去离子水）管路表面凝露，功率单元绝缘下降，再严重表面凝露水滴落在功率元器件上，对设备安全隐患较大；3 号 SFC 检测到 SFC 系统内有冷凝报警，3 号 SFC 辅机运行正常复归，无报警复归，不具备向监控发"输入开关合闸请求"的条件。正常流程为监控系统

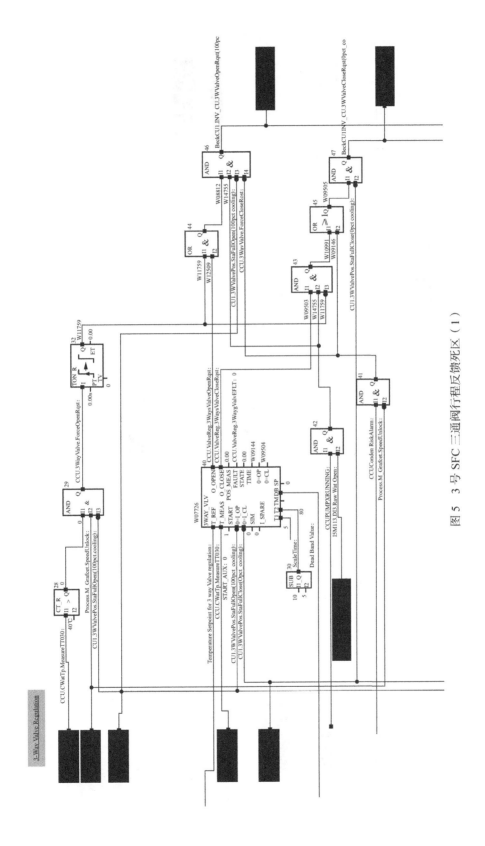

图 5 3 号 SFC 三通阀行程反馈死区（1）

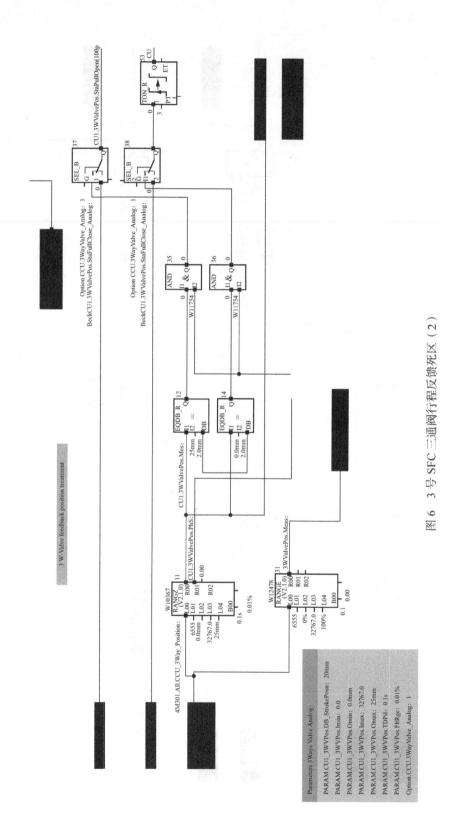

图 6　3 号 SFC 三通阀行程反馈死区（2）

给 3 号 SFC 开出"辅助电源上电令 power on"，SFC 收到监控的"辅助电源上电令 power on"后，启动去离子水泵与外冷却水电动阀，此时会有去离子水流量与外冷却水流量；SFC 检测去离子水温度、流量、冷凝等辅机运行状态；若 SFC 检测辅机运行正常，向监控发"输入开关合闸请求"。3 号 SFC 输入断路器合闸请求前检测是否有冷凝报警如图 7 所示。

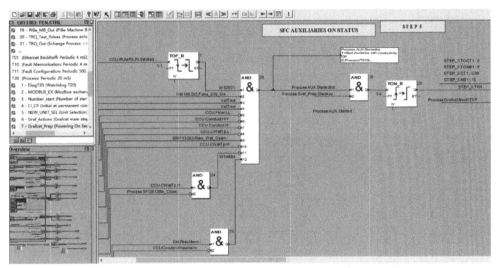

图 7　3 号 SFC 输入断路器合闸请求前检测是否有冷凝报警

2.5　冷凝报警处理

2.5.1　优化外冷却水电动阀关闭逻辑

当 SFC 拖动机组抽水并网后，三通阀开度为 0，去离子水泵关闭延时由 900s 减少为 450s，外冷却水电动阀与去离子水泵同时关闭；当 SFC 拖动机组抽水并网后，三通阀开度不为 0，内冷却水（去离子水）温度下降至 29℃，延时 10s 关闭去离子水泵，防止三通阀落入全关行程死区，仍有 4% 左右开度，外冷却水持续对内冷却水进行冷却。3 号 SFC 外冷却水电动阀关闭优化逻辑如图 8 所示。

2.5.2　优化冷凝报警温度定值

网桥 / 机桥最大温度高于去离子水冷水温度 2℃，延时 5s 报冷凝预警；温差设定值由 2℃增加至 9℃。

3　SFC 冷却系统设计思考

3.1　1 号 SFC 与 3 号 SFC 水冷系统对比

3.1.1　1 号 SFC 与 3 号 SFC 外冷却水流量传感器及手动阀配置情况

1 号 SFC 未配置外冷却水流量传感器；外冷却水进 / 排水管路分别设置有手动调节阀；3 号 SFC 配置有外冷却水流量传感器，同时程序包括外冷却水流量低、外冷却水流量高报警及故障定值；外冷却水进 / 排水管路也分别设置有手动调节阀。

3.1.2　1 号 SFC 与 3 号 SFC 内冷却水（去离子水）温度调节方式

1 号 SFC 冷却系统依据外冷却水进 / 排水管手动调节阀固定开度，控制外冷却水进入

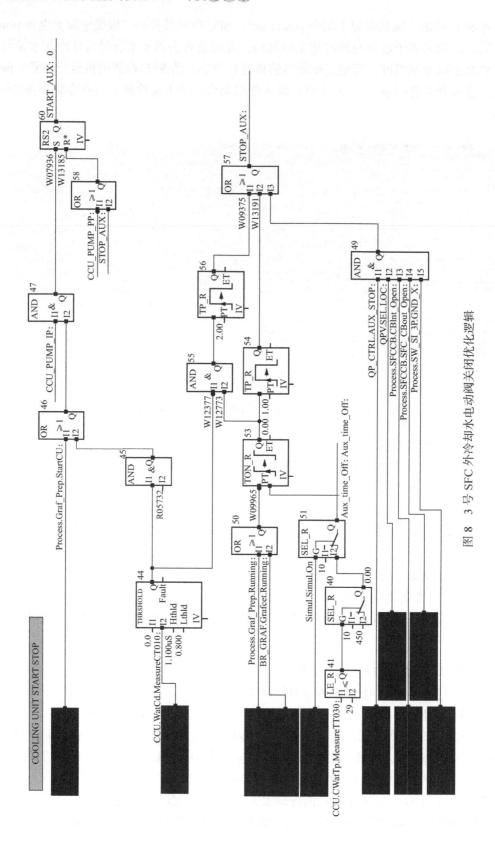

图 8　3 号 SFC 外冷却水电动阀关闭优化逻辑

板式冷热交换器的流量，降低冷却水（去离子水）温度，保证 SFC 功率单元的热量被可靠带走。该调节方式要依据冬季、夏季外冷却水的温度不同，动态调节外冷却水进 / 排水管手动调节阀的开度，以达到内冷却水（去离子水）最优温度控制；3 号 SFC 冷却系统依据内冷却水（去离子水）温度、网桥 / 机桥空气温度动态调节三通阀开度，控制外冷却水进入板式冷热交换器的流量，调节内水（去离子水）温度，保证 SFC 功率单元的热量被可靠带走。该调节方式对三通阀控制的灵敏度要求较高。

3.1.3　1 号 SFC 与 3 号 SFC 内冷却水（去离子水）启动、停止方式

1 号 SFC 在辅助设备启动时，即打开去离子水泵与外冷却水电动阀；SFC 拖动机组抽水并网后即刻停止去离子水泵与外冷却水电动阀；3 号 SFC 在辅助设备启动时，即打开去离子水泵与外冷却水电动阀；SFC 拖动机组抽水并网后延时 900s 停止去离子水泵与外冷却水电动阀。

3.2　水冷的设计要点或优化建议

3.2.1　建议取消外冷却水流量判据

由于 SFC 拖动机组抽水启动过程主要是通过外冷却水带走内冷却水（去离子水）的热量，进而控制网桥、机桥晶闸管温度，因此外冷却水流量高、低短时波动对晶闸管温度控制不是决定性作用，反而在初始阶段就判断外冷却水的流量高或低，容易造成启动不成功。

3.2.2　建议不采取外冷却水三通阀控制内冷却水（去离子水）的温度

如果采用三通阀控制外冷却水进入冷却器的流量，来控制内冷却水（去离子水）的温度，首先会增加三通阀本体动作不可靠性带来的风险；其次三通阀拖动机组抽水并网后，开度不为 0，外冷却水电动阀与去离子水泵延时关闭，外冷却水对冷却水（去离子水）持续冷却，进而达到冷凝报警温度，轻则影响下一台机组启动，重则内冷却水（去离子水）与网桥机桥空气温度的温差增大造成设备绝缘性能降低。

3.2.3　如果未采取输入变压器短期如备用，建议抽水启动并网后即刻关闭外冷却水

SFC 拖动机组抽水并网后，若采用三通阀的型式，三通阀关闭为 0，外冷却水被旁路，外冷却水与去离子水不在冷却器内热量交换，外冷却水电动阀与去离子水泵延时关闭，完全不起任何作用。

3.3　SFC 水冷与风冷对比分析

3.3.1　SFC 水冷

SFC 水冷需要关注去离子水压力（液位）、电导率、温度、流量等定值，涉及定期加注去离子水、加注去离子水后对管路进行排气、降低电导率等维护工作；SFC 水冷主要涉及通过外冷却水调节内冷却水（去离子水）的温度[3]，进而控制晶闸管功率器件的温度，连锁去离子水泵、外冷却水电动阀等一系列元器件、设备运行条件叠加。

3.3.2　SFC 风冷

SFC 启动时只需要同步启动风扇对晶闸管功率器件进行冷却，只涉及风机的启动停止。

4　结束语

丰宁抽水蓄能电站 3 号 SFC 冷却系统在三通阀落入行程死区未全关导致冷凝报警等

方面总结较多切实可行的经验，通过逻辑优化及定值调整等措施，避免非重要量造成启动不成功，保证该型号 SFC 运行在最优工况；同时对比分析 1 号 SFC 水冷方式、2 号 SFC 风冷方式，为提高设备运行稳定性，对 SFC 冷却系统的设计提供几点思考建议，供参考与探讨。

参考文献

［1］ 李浩良，孙华平. 抽水蓄能电站运行与管理［M］. 杭州：浙江大学出版社，2013.

［2］ 国网新源控股有限公司. 抽水蓄能机组及其辅助设备技术 -SFC［M］. 北京：中国电力出版社，2019.

［3］ 王超，漫自强，徐峰，蔡恒. 水冷静止变频器的研究与设计［M］. 北京：电气技术杂志社，2021.

作者简介

武　波（1993—），男，助理工程师，主要从事抽水蓄能电站 SFC 及励磁系统设备运行维护管理。E-mail：870899382@qq.com

赵人正（1993—），男，工程师，主要从事抽水蓄能电站继电保护、SFC 系统设备运行维护管理。E-mail：51411667@qq.com

李宝峰（1993—），男，工程师，主要从事抽水蓄能电站直流、SFC 及励磁系统设备运行维护管理。E-mail：783633968@qq.com

高水头抽水蓄能电站水轮机导叶卡涩问题研究

杨忠坤，王婷婷，李春阳，郝田阳，林圣杰

（吉林敦化抽水蓄能有限公司，吉林敦化 133700）

摘要 国内首座 700m 级抽水蓄能电站。3 号机出现导叶开度跟随情况逐渐变差的现象。变差的拐点基本在导叶 7% 开度左右（导叶开度中包含压紧行程，实际开度约 4%，导叶转角约为 1°，以下针对此现象定义为"导叶卡涩"）。经过对其进行分析研究及试验验证，发现主要为挡沙圈塑性变形失效、轴瓦瓦面混入泥沙，导致导叶摩擦阻力矩增大，从而发生卡涩现象。通过对导叶轴径密封结构进行改进，提出针对性改造措施，密封效果显著增强，有效阻止泥沙进入导叶轴瓦，成功解决导叶卡涩问题。

关键词 蓄能水轮机；导叶；卡涩

0 引言

某电站额定水头 655m，最高扬程达 712m，是国内首座 700m 级抽水蓄能电站，安装 4 台 350MW 可逆式抽水蓄能机组，设备全部国产化，电站于 2022 年 4 月 26 日全部投产发电。3 号机组于 2021 年 12 月 16 日投产发电，2022 年 12 月出现导叶卡涩问题，且在发电工况启机过程中开始偶发因导叶卡涩问题导致开机失败情况。本文通过对导叶轴径密封结构进行改造，成功解决导叶卡涩问题。

1 导叶卡涩问题研究及排查

1.1 问题分析

导叶在开启或关闭时，首先由调速器控制系统发送信号，随即接力器通过导叶传动机构带动导叶开启或关闭。导叶启闭过程中，需克服较大的水力矩和摩擦力矩。因此，产生导叶卡涩问题的可能原因有调速器控制系统故障、接力器操作能力不足、导叶传动机构故障、导叶水力矩异常、导叶摩擦阻力矩异常、水温变化影响等。

1.2 问题排查及试验

1.2.1 问题排查

根据导叶操作力矩复核计算、流道排空检查、机组 D 修检查和机组 D 修后启机监测等方面的结果和分析，排除调速器控制系统故障、接力器操作能力不足、导叶传动机构故障、水温变化影响、导叶水力矩异常。

根据 D 修检查结果，导叶 U 形密封外观基本完好，挡沙圈出现明显异常，导叶轴瓦瓦面存在泥沙及磨损痕迹。确定挡沙圈塑性变形失效、轴瓦瓦面混入泥沙，从而导致导叶摩擦阻力矩增大，发生导叶卡涩问题。

1.2.2 挡沙圈及轴瓦相关试验情况

为确定挡沙圈及轴瓦瓦面混入泥沙后各自的影响程度，开展下述相关试验。

1.2.2.1 挡沙圈模拟试验

1. 试验目的

模拟验证挡沙圈在设计压缩量、承受不同压力下可产生的摩擦力矩。

2. 试验方案

加工一个 $\phi 60mm$ 的轴及密封座，选用与电站尺寸相同的 $\phi 6mm$ 密封圈，设计压缩量与真机一致。两道密封之间设试验孔，通过试验泵施加水压。扭矩传感器输入端与车床卡盘连接，输出端与密封试验装置连接，测量不同水压下，密封圈产生的摩擦力矩，并将试验数值换算为真机摩擦阻力矩，见表 1。试验方案原理图见图 1，试验现场图见图 2。

表 1   试 验 数 据

水压（MPa）	试验摩擦阻力矩（扭矩 N·m）			真机摩擦阻力矩（扭矩 N·m）		
	1 组	2 组	3 组	1 组	2 组	3 组
0	38.05	22.378	18.587	1015.724	597.368	496.170
3.5	47.677	38.282	45.231	1272.711	1021.917	1207.416
7	54.653	52.84	62.06	1458.931	1410.534	1656.657

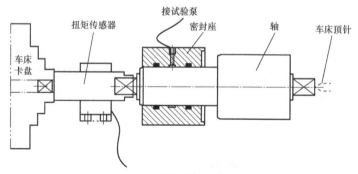

图 1   试验方案原理图

图 2   试验现场图

由表 1 可知，承压 7MPa 时，真机 2 个挡沙圈摩擦力矩约为 1.5kN·m，每个占导叶理论总阻力矩约 0.73%，占比较小，证明其不是导叶卡涩的根本原因。

1.2.2.2 导叶轴瓦摩擦系数试验

1. 试验目的

测试轴瓦在有石墨乳干摩擦、有石墨乳水润滑、无石墨乳干摩擦、无石墨乳水润滑、无石墨乳混入湿泥沙状态下，施加不同径向力时的摩擦系数。

2.试验方案

加工一个 ϕ100mm 的轴及轴座，轴瓦品牌、材质、轴瓦与轴的配合公差等级均与电站设计一致。扭矩传感器输入端与车床卡盘连接，输出端与轴瓦试验装置连接，测量轴旋转时与轴瓦产生的摩擦力矩。轴座水平中心处安装一个支顶杆，支顶杆另一端与固定在刀架上的力传感器连接。通过前后移动刀架，由力传感器向轴座传递径向力，并换算出轴瓦摩擦系数，试验方案原理见图 3，试验现场图见图 4，轴瓦摩擦系数见图 5。

由图 5 可知，在有石墨乳状态下，干摩擦、水润滑时，轴瓦与轴摩擦系数约为 0.18，考虑试验设备精度，此系数基本符合产品特性；在无石墨乳状态下，干摩擦、水润滑时，

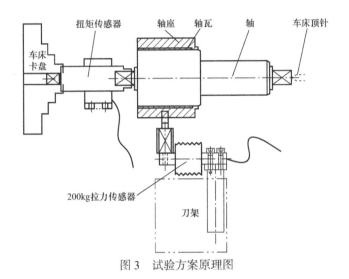

图 3　试验方案原理图

图 4　试验现场图

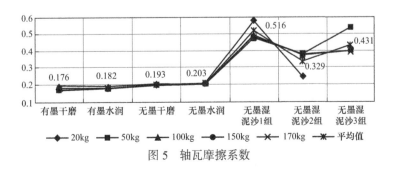

图 5　轴瓦摩擦系数

轴瓦与轴摩擦系数略微上升，约 0.2；在轴瓦瓦面混入泥沙状态下，轴瓦与轴摩擦系数不稳定，但较无泥沙状态增长明显。由于试验所涂抹的泥沙含量不易控制，摩擦系数大小应与泥沙含量及成分有直接关系。三组泥沙状态试验摩擦系数平均值约为 0.425。

湿泥沙试验后，由于轴瓦与轴之间的研磨作用，初始留存在摩擦面的泥沙基本被碾碎，触摸有轻微颗粒感，但肉眼基本不可见。轴瓦、轴表面出现磨痕，触摸磨痕时无凹凸感，表面仍然光滑，与电站真机轴瓦检查情况基本一致，试验情况见图 6～图 9。

图 6　泥沙试验后轴及轴瓦表面泥沙状态

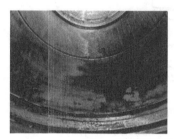 

图 7　轴瓦拆除后轴瓦表面泥沙状态

图 8　清理泥沙后轴表面状态　　　　　图 9　清理泥沙后轴瓦表面状态

根据试验结果，挡沙圈的摩擦力矩较小，不足以影响导叶开启卡涩，而导叶轴瓦混入泥沙，造成摩擦阻力矩逐渐增大，是造成导叶卡涩的直接原因。

1.3　分析结论

综合上述计算分析及推演，试验所得的摩擦系数理论上与电站当时的情况相吻合，导叶卡涩问题的原因分析结论如下。

（1）接力器操作能力在正常情况下，满足各水头下导叶操作需求。

（2）挡沙圈设计紧量偏大，造成初始安装容易出现翻滚、拧花，且后期磨损加快，使得挡沙效果较快失效，致使泥沙进入轴瓦并淤积。

（3）挡沙圈所产生的摩擦力矩不足以导致导叶卡涩。

（4）导叶轴瓦混入泥沙，造成摩擦阻力矩增大，导叶卡涩。

2 改进措施

3 号机导叶出现卡涩的根本原因为泥沙影响，因此，对导叶轴径平压孔和密封方式进行改进可有效阻止泥沙进入导叶轴瓦，降低摩擦阻力矩，解决卡涩问题。

2.1 封堵挡沙圈平压孔

将导叶长套筒靠近流道侧的平压孔焊接封堵，进行 PT 探伤检查，保证无缺陷，避免水中泥沙通过平压孔进入导叶轴瓦瓦面。导叶轴径密封结构如图 10 所示。

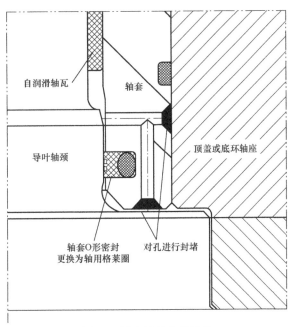

图 10　导叶轴径密封结构

2.2 将挡沙圈密封条更换为格莱圈

格莱圈在液压系统中应用广泛，如接力器活塞密封、活塞杆密封等，承压高、密封可靠。本文提出采用格莱圈替代原结构中的橡皮条。格莱圈为聚氨酯密封圈与 O 形橡胶圈的组合密封，其聚氨酯密封圈与导叶轴径接触，起到滑动密封作用；O 形橡胶圈布置在聚氨酯密封圈外侧，通过其径向压缩，为聚氨酯密封圈提供支撑作用。

3 结束语

3 号机组在按照该改造方案执行后，再未出现导叶卡涩现象。本文通过理论分析、问题排查、试验验证、结构改造等方式解决导叶卡涩问题的思路和方法，可以为近似蓄能水轮机组导叶卡涩问题的解决提供参考。

参考文献

［1］ 张健，郑源. 抽水蓄能技术［M］. 南京：河海大学出版社. 2011.

［2］ 陈鑫，王彬，申思，杨旼才. 抽水蓄能机组单导叶调速器开度不同步故障的模式影响分析. 哈尔滨：应用能源技术，2016.

作者简介

杨忠坤（1986—），男，高级工程师，从事抽水蓄能电站机电管理工作。E-mail：853423069@qq.com

王婷婷（1989—），女，高级工程师，从事抽水蓄能电站计划管理工作。E-mail：452227968@qq.com

李春阳（1990—），男，工程师，从事抽水蓄能电站机电设备维护检修管理工作。E-mail：525508159@qq.com

郝田阳（1993—），男，工程师，从事抽水蓄能电站机电设备维护检修管理工作。E-mail：852273101@qq.com

林圣杰（1996—），男，助理工程师，从事抽水蓄能电站机电设备维护检修管理工作。E-mail：1179461553@qq.com

关于蒲石河抽水蓄能电站入库洪水的研究

于思雨，王冠军，高玺炜，孙思佳，马柏吉

（辽宁蒲石河抽水蓄能有限公司，辽宁丹东　118216）

摘要　蒲石河抽水蓄能电站所在流域暴雨集中，来水猛、库容小，导致洪水陡涨陡落，防汛压力较大，对洪水的有效预测分析可减少防汛压力，根据蒲石河抽水蓄能电站实测降雨数据及上游水位数据对蒲石河电站入库流量进行分析，通过降雨及水位观测提前预测电站入库流量，并得出上游水位与入库流量关系曲线。

关键词　水库调度；洪峰流量；降雨量；水位

0　引言

蒲石河流域在地形的辐合抬升作用下，易形成暴雨和大暴雨，使得本流域常成为辽东暴雨中心及整个东北地区暴雨高值区。蒲石河抽水蓄能电站水库防洪主要满足枢纽工程自身防洪安全要求，不承担下游及其他防洪任务。在确保电站度汛安全的前提下，科学地进行洪水预报及调度，对合理管理洪水资源，提高水能利用率，确保电站安全稳定运行及效益发挥十分必要。对水库洪水与流域降雨、上游水位的关系进行研究可以提高水库调度的准确性，确保电站防汛工作安全进行。

1　流域现状

蒲石河为鸭绿江下游右岸的一级支流，发源于辽宁省宽甸满族自治县县城以北约23km的四方顶子，由北向南流贯宽甸满族自治县全境，在鸭绿江干流的太平湾水电站坝址以下约5km处汇入鸭绿江。蒲石河全长121.8km，流域面积1212km²，为南北向狭长形流域，其地理坐标为北纬40°19′～40°56′、东经124°24′～124°53′。该流域西北与瑗河流域相邻，东北与半拉江流域接壤，东南与鸭绿江干流毗邻，以南约70km为黄海，流域南低北高，最高点高程1270m，河口处高程约30m，最大高差约1200m，流域上游平均高程多为500～800m，中下游段为100～500m。蒲石河河道弯曲狭窄，凹岸一般紧连陡峻的山体，凸岸为河漫滩。漫滩宽度在50～200m不等，多由卵石组成，向上为二级台地或山体。河谷平均宽度在100～500m。蒲石河河道平均比降为2.44‰，河床多由沙卵石组成，河道比较稳定。黄草沟位于蒲石河左岸，沟口距下水库坝址约4km，沟口以上集水面积约3.1km²，分水岭至沟口距离约2.90km，比降为130.8‰。黄草沟无降雨期间没有明显地表径流。上水库所处泉眼沟内多为次生林，坝址以上集水面积 1.12km²，坝址以上河道全长约 1km，比降为 91.1‰，库区平均海拔约 360m。泉眼沟枯水季节断流，汛期无雨期间流量很小。

蒲石河流域地处温带湿润季风气候区，冬季寒冷干燥，夏季炎热多雨。多年平均气温 6.6℃，极端最高气温 35.0℃，极端最低气温 -38.5℃。流域下游的砬子沟水文站多年平均降水量 1134.6mm，其中 6—9 月降水量占年降水量的 74.8%。河流封冻期在 4 个月左右。

蒲石河流域地处辽东暴雨中心，也是整个东北地区的暴雨高值区。流域暴雨多发生在 6—9 月间，以 7—8 月出现的次数最多，降雨量级最大。一般一次天气过程所形成的暴雨历时为 1～3 天。

蒲石河洪水一般发生在 6—9 月，多由暴雨形成，且以 7、8 月出现的次数最多，量级最大。蒲石河河道比降较大，加之又处辽东暴雨中心，具有暴雨集中，来水猛、库容小的特点，致使洪水过程呈陡涨陡落，且峰高量大的特点，一般一次较集中的洪水过程仅持续 2 天左右，主要洪量集中在 24h。

当前蒲石河抽水蓄能电站水情自动测报系统覆盖范围为下水库坝址以上流域，集水面积为 1141km²，系统由 1 个中心站和 15 个遥测站组成，其中有 11 个雨量站、2 个水位站、2 个水文站，蒲石河水文站距下库坝直线距离为 8.42km，河道距离为 15.03km，下库坝下水文站距下库坝直线距离为 0.55km，河道距离为 1.62km，详见图 1。因蒲石河流域特性，洪水预报精度尚有待提高，基于入库洪水陡涨陡落的特点，根据现有监测手段，分析实测

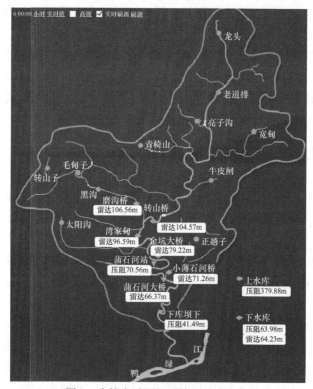

图 1　水情自动测报系统测站分布图

上游水位及降雨与入库洪水的关系，有助于水库调度人员结合实测数据提前预判洪水规模，提前进行预泄，已保证水库大坝安全。

2 降雨与洪峰流量

对近五年来 67 场降雨进行规律性分析，其中降雨后蒲石河下水库遭遇洪水共计 43 场，本研究主要针对恶劣天气情况，故未导致泄洪的降雨场次不在分析范围内。

本次研究主要针对降雨量及土壤饱和对洪峰的影响进行分析。土壤饱和无有效监测手段，故根据前一段时间内内降雨情况进行粗略分析判断。

2.1 流域平均降雨量

由图 2 可以看出，流域平均降雨量与洪峰流量基本成正比关系，本研究主要针对大雨及以上洪水，具体数据统计详见表 1。

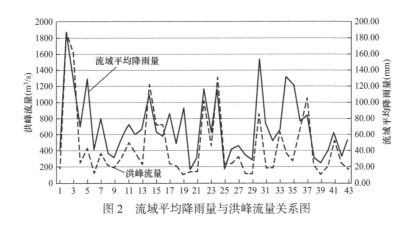

图 2 流域平均降雨量与洪峰流量关系图

表 1   降雨级别与洪水关系表

发生对应洪水概率（m³/s）	大暴雨（%）	暴雨（%）	大雨（%）
$Q \geqslant 1000$	60.00	10.53	—
$500 \leqslant Q < 1000$	10.00	26.32	—
$300 \leqslant Q < 500$	20.00	21.05	3.85

注 Q 为洪峰流量。

在不考虑土壤饱和度等其他因素的影响时，从表 1 可以看出：

（1）当流域发生大暴雨及以上级别的降雨（24h 流域降雨量达 100～200mm），蒲石河电站大概率会发生入库流量达 1000m³/s 及以上的洪水。

（2）当流域发生暴雨级别降雨（24h 流域降雨量达 50～100mm），57.89% 的概率蒲石河电站会发生入库流量达 300m³/s 及以上的洪水。

2.2 土壤饱和度

本次研究对 67 场降雨进行统计，因土壤饱和无有效监测手段，通过经验分析判断，将每场雨前 7 日内有降雨视为土壤较为饱和状态，本次研究仅取大暴雨及暴雨天气进行分析。

由图 3 及图 4 可以看出，土壤饱和度对入库流量影响较大，同样级别降雨天气下，土壤饱和度较高时，洪峰流量偏大；大暴雨天气土壤饱和度较高时，洪峰流量均大于

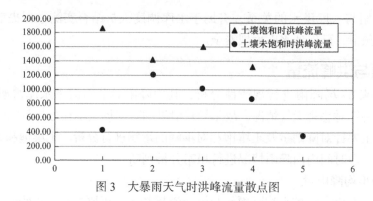

图 3 大暴雨天气时洪峰流量散点图

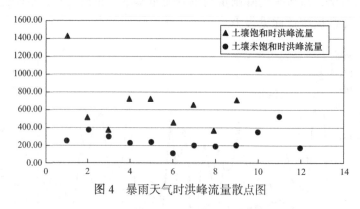

图 4 暴雨天气时洪峰流量散点图

$1300m^3/s$；暴雨天气土壤饱和度较高时，洪峰流量普遍大雨 $500m^3/s$；土壤未饱和状态下洪峰流量普遍偏低。

3 上游水位与洪水关系分析

通过对蒲石河流域近四年 34 场洪水分析，通过 correl 函数将蒲石河站水位与入库流量进行相关性计算，发现蒲石河站水位在 71m 以下时，相关系数为 0.28，蒲石河站水位在 71m 以上时，相关系数为 0.94。(相关系数代表两列数的趋势一致程度，越接近 1 代表趋势越一致)，故认为蒲石河站水位在 71m 以上时和蒲石河电站入库流量相关性更大，可以通过水位对入库洪水进行初步预测。

3.1 洪水时间

因蒲石河水位站距离下库坝河道距离为 15.03km，故受降雨区域、量级等因素影响，其中 8 场洪水洪峰流量先于蒲石河水位上涨，不作为本次研究内容。

剩余 26 场水中，7 场水在蒲石河水位上涨后超过 10h 到达库区，根据日常观测分析认为此部分数据可能存在水位浮动、计算误差等因素导致，不作为规律性分析参考。

其余 19 场洪水洪峰流量到达时间平均差值为 1.31h，即大多数时候通过蒲石河站水位上涨，可初步判断 1～1.5h 后洪水到达蒲石河下水库区域。

3.2 洪水量级

因记录时间为整点，故本次研究对蒲石河站 71m 以上水位对应的 1h 后入库流量进行分析。

通过图 5 可以看出，蒲石河水位不同区间对应的 1h 后入库流量也大致在某个区间内，其中蒲石河站水位在 71～72m 区间共计 782 组数据，在 71～72m 区间共计 200 组数据，73m 以上区间共计 54 组数据。通过统计具体见表 2。

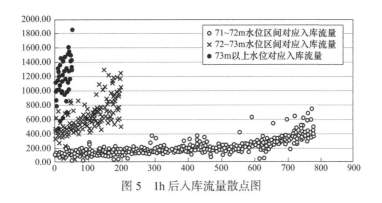

图 5　1h 后入库流量散点图

表 2　　　　　　　　　　　　　　蒲石河站水位与洪峰流量关系表

1h 后入库流量 H（m）	$Q<300$（m³/s）	$300{\leq}Q<500$（m³/s）	$500{\leq}Q<1000$（m³/s）	$Q{\geq}1000$（m³/s）
$71{\leq}H<72$	84.91%	13.55%	1.53%	—
$72{\leq}H<73$	3.00%	27.00%	62.00%	6.50%
$H{\geq}73$	—	1.85%	16.67%	77.78%

从表 2 可以看出：

（1）当蒲石河站水位在 72m 以下时，1h 后蒲石河电站入库流量大概率在 300m³/s 以下。

（2）当蒲石河站水位涨至 72m 并未超过 73m 时，1h 后蒲石河电站大概率会发生 500～1000m³/s 级别的洪水。

（3）当蒲石河站水位涨至 73m 及以上时，1h 后蒲石河电站大概率会发生入库流量达到 1000m³/s 以上的洪水。

3.3　相关性规律

3.3.1　与现有的石河站水位－流量关系曲线相关性

根据现有的蒲石河站水位－流量关系曲线（以下称为计算流量），与实际 1h 后入库流量进行对比，本次研究针对入库流量达 300m³/s 及以上洪水。

经过对 16 场洪水水情数据研究入库流量与计算流量相关参数（排除误差较大 5 场洪水），发现蒲石河站计算流量比 1h 平均入库流量多 72.67m³/s，对计算流量进行调整后通过对比各场次入库流量与调整后的计算流量，结果相关系数较高，平均值较为理想，以图 6 及图 7 2020 年某场洪水调整后入库流量与计算流量曲线图作为示例。故认为调整后的计算流量可以进行 1h 后入库流量的初步预测。

3.3.2　函数相关性

因蒲石河水文站到下库坝河道为 U～V 形之间，较为符合二次函数曲线，故初步分析可利用二次函数推求出水位－流量关系，即符合 $y=ax^2+bx+c$ 关系曲线（y—1h 后入库流量；x—蒲石河站水位）。

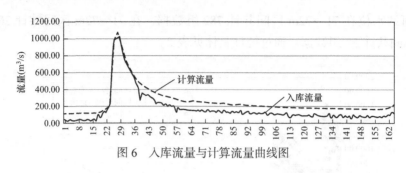

图 6　入库流量与计算流量曲线图

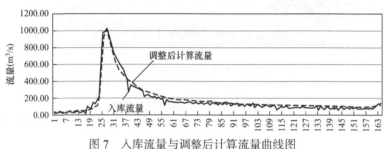

图 7　入库流量与调整后计算流量曲线图

假定该二次函数经过（70，0）点，通过对入库流量达 300m³/s 以上洪水过程进行二次函数推演，得出系数：

$$a = 146.2212126$$
$$b = -20524.54693$$
$$c = 720234.3432$$

对此公式代入洪水进行验算，图 8 所示为某 2 场洪水入库流量与计算流量曲线图。

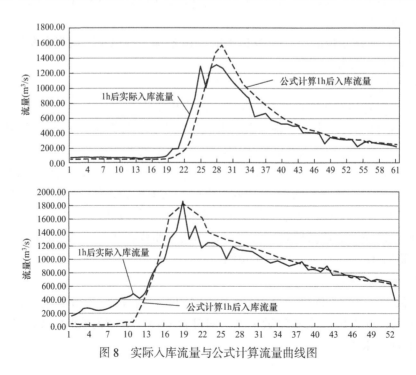

图 8　实际入库流量与公式计算流量曲线图

由图可知二次函数计算得出的入库流量与实际入库流量相关性较高，可作为水库调度过程中参考依据之一。但未做到完全重合，仍存在一定的误差，后续需结合洪水次数增加将公式不断进行完善，提高相关性。

4 结束语

本次针对蒲石河抽水蓄能电站入库流量的研究，根据现有降雨量、上游水位等实测数据进行综合分析，可根据降雨量级、降雨时间、蒲石河站水位上涨时间、蒲石河站水位高度、蒲石河站水位－流量关系曲线以及二次函数等途径，对入库流量进行提前预判，对蒲石河电站水库调度工作提供了极大的便利，水库调度人员可参照本研究提前预判洪水规模，采取相应的准备措施，提高防汛工作效率及安全性。

因调研数据较少，研究成果可随着数据累计逐步补充完善，提高洪水调度的准确性与及时性。

参考文献

［1］ 中水东北勘测设计研究有限责任公司. 蒲石河泄洪排沙闸运行方式优化报告.
［2］ 蒲石河水情自动测报系统工程建设蒲石河站（入库站）水位流量关系曲线率定成果［蒲水情（工）字〔2010〕第 014 号］.

作者简介

于思雨（1992—），女，工程师，主要从事抽水蓄能电站水工管理和水库调度工作。E-mail：282913205@qq.com

王冠军（1996—），男，助理工程师，主要从事抽水蓄能电站水工管理和水库调度工作。E-mail：893276577@qq.com

高玺炜（1991—），男，工程师，主要从事抽水蓄能电站水工管理和水库调度工作。E-mail：56733343@qq.com

孙思佳（1993—），女，工程师，主要从事抽水蓄能电站水工管理和水库调度工作。E-mail：492924252@qq.com

马柏吉（1998—），男，助理工程师，主要从事抽水蓄能电站水工管理和水库调度工作。E-mail：1074782314@qq.com

湖南省双牌天子山抽水蓄能电站信息化数字化应用研究

杨宏宇，张曙云，张志权，刘文锋

（湖南双牌抽水蓄能有限公司，湖南长沙　410000）

摘要　目前大部分抽水蓄能电站在规划设计、建设施工、运营维护各阶段之间相互割裂，不同阶段信息数据难以共享、不能整合，无法发挥出数据的融合价值，制约了数字化电站建设的发展，为了解决上述问题，从数字化电站建设全生命周期和数字化智慧电厂运营入手，结合抽水蓄能电站的规划设计、工程建设以及运行维护3个阶段来实现抽水蓄能电站的数字化、信息化、智能化，打造数字孪生抽水蓄能电站，推动抽水蓄能工程建设的管控提质和技术进步，为抽水蓄能工程建设提供参考。

关键词　抽水蓄能；数字化；智慧电厂；数字孪生

0　引言

抽水蓄能电站能够有效地提高电力系统的稳定性和灵活性，是建设现代智能电网和清洁低碳、安全可靠的电力系统的重要组成部分，截至2023年底，我国抽水蓄能累计投产规模已突破5000万kW[1]。根据《抽水蓄能中长期发展规划（2021—2035年）》要求，到2025年，抽水蓄能投产总规模将达6200万kW以上；到2030年，投产总规模将达1.2亿kW左右[2]。抽水蓄能电站建设作为大型综合施工建设工程，具有建设周期长、建设难度大和涉及专业广等特点，目前大部分抽水蓄能电站在规划设计、建设施工、运营维护各阶段之间相互割裂，存在数据"孤岛"问题，难以发掘数据之间的关联，无法发挥出数据的融合价值[3]。

随着科技不断发展，信息化和数字化已成为企业提升效率、优化管理、创新发展的必要手段。本研究的主要目标是实现数字化技术在双牌天子山抽水蓄能电站全生命周期的应用，以提高工程建设的安全、质量、进度和成本控制，减少损失和风险，致力于实现数字化技术在全生命周期的提质增效、降本减损，做好双牌天子山抽水蓄能电站工程信息化数字化建设规划，打造工程"数字孪生"交付运营期使用，提升工程管理的高效性、适用性、便捷性，推动抽水蓄能工程建设的管控提质和技术进步。

1 抽水蓄能电站数字化信息化建设现状分析

目前，智慧工地、大坝智能碾压、机组运行监测中心、安全监控中心、基建管控平台及 BIM＋GIS 技术等已逐步在部分抽水蓄能电站中得到应用。然而，这些数字化技术各自为政，缺乏一个集成各项数字化技术的综合管控中心及可视化数据中心，导致在源网协调、设备安全性及可靠性保障、信息感知及共享应用、专业应用分析决策和整体安全防护等方面能力不足，难以满足新型电力系统安全稳定运行的需求，无法从发电侧有效支持国家电网公司的能源互联网建设与运行[4-5]，数字孪生技术的出现则有效地解决了这一问题。

2 工程背景和需求分析

2.1 工程背景

双牌天子山抽水蓄能电站位于湖南省永州市双牌县境内。上水库位于麻江镇天子山坡脚冲沟上游，集水面积为 1.45km²，下水库位于麻江镇麻江村两江口，集水面积为 14.32km²。电站距双牌县县城 41km，距永州市 61km，工程拟接入永州西 500kV 变电站，地理位置良好，接入系统便利，建成后主要承担湖南电网的调峰、填谷、储能、调频、调相、紧急事故备用和黑启动。

为深入贯彻湖南省国资委关于加快推进国有企业数字化转型工作部署，响应智能发电要求，加快实施数字化转型，规划具有科学性、全面性、实用性的技术架构，建立数据驱动、业务协同应用体系和工作机制，推动数字化技术与业务深度融合。双牌天子山抽水蓄能电站工程信息化数字化建设致力于推动先进的技术和数字化解决方案的应用，特别是在抽水蓄能电站中的建设期和运营期的应用，充分应用建筑信息模型、物联网、移动互联网等现代数字技术，为电站建设提供数据管理与信息服务，赋能工程建设管控，提升基建智能化水平，积累电站数字化资产，服务电站全生命周期管理，以提高电站的运行效率、可靠性和安全性。

2.2 数字化建设基本原则

（1）优先采用国产化软硬件安全产品，以确保信息化数字化系统的安全性和可靠性。

（2）遵循国家政策要求，执行国家政策和相关法规要求，确保信息化数字化建设符合法律法规，并积极响应国家政策的号召。

（3）平台建设应采用构件化、抽屉式的构建方式，建立全要素集成、全流程一体化的基础平台；采用和国家电网公司已有数字化系统风格统一、操作逻辑一致、使用多种类访问终端的界面设计。

2.3 数字化建设技术重难点与工程管控要点

2.3.1 重难点分析

（1）抽水蓄能电站施工建管与数字化精准管理之间存在一定的差距。随着近年来施工、管理水平的提升，抽水蓄能电站的设计、施工、管理水平有了显著的提升，但目前水电工程仍然存在建设管理方式粗放、施工过程管理不精细、管理对象复杂等现象。在本项目中，需要将"数字化"理念融合贯穿于工程设计、施工、安装、调试、验收、移交的全生命周期，打造工程数字化管理平台，基于 BIM 技术，全方面、全过程、全要素对工程建设进行管理，以有效提升工程建设管理水平，同时以平台为抓手进行管理流程的梳理，部分管理办法和流程可能会进行重构和调整，用以保障数据的一致性和管理流程的高效运行。

（2）抽水蓄能电站数字化需要对海量工程数据进行集中有效管理。建立一个工程数据中心，以实现对海量数据的管理和利用，为工程项目全生命周期提供基本支撑。水电工程数据结构复杂，涉及大量数据，尤其在项目群层面。建立一个工程元数据库，组织和管理设计、建设和管理的主数据及其关系，存储和控制项目相关的信息，实现工程全过程数据的贯通，是数据存储、共享和流转的基石。在此基础上，围绕工程进行数据集成、复用和沉淀，创造数据和业务价值，可为各业务系统提供数据、模型和空间服务。

（3）用标准化支撑工程数字化管控。基于满足水电工程管理需要的标准和编码体系，将标准固化、融入平台功能。通过数字化管理平台固化管理流程，实现业务流程化、流程表单化、表单信息化，在管控过程中积累工程数据，并在功能应用中充分挖掘数据价值。强化平台各功能模块数据的关联性，通过数字化管理平台内置的标准，促进质量、进度、安全、材料设备管理等流程的规范化、程序的标准化、过程的可视化。

2.3.2 数字化管控要点分析

工程建设的核心是管理，管理是一个系统工程，对于施工的质量、安全、进度等控制起着至关重要的作用。双牌天子山抽水蓄能电站的建设周期长，工程规模大，涉及专业多，工作和工序繁杂，施工管理难度高，利用数字化建设对工程建设进行管控意义重大。

1. 工程建设全方位质量控制

双牌天子山抽水蓄能电站工程质量管理工作难点在于工程基础建设和具体施工过程中许多不确定因素，利用项目管理系统，结合工程技术化技术服务在工程技术交底、质量巡检、质量验收、试验检测等方面进行管控；结合 BIM 模型和 GIS 空间，对工程质量问题、质量验收情况进行三维、动态展示，实现质量情况的综合展示和溯源关联。

2. 工程建设全方面安全管理

双牌天子山抽水蓄能电站具有较大地下洞室群以及较大土石方开挖，基于安全管理体系的要求，明确安全管控目标，结合 BIM+GIS 场景，利用施工期多部位摄像头等设备，对工程建设主体及周边环境危险源管理及预警，利用手机 App 实现工程现场的巡检、检查，对发现的问题、隐患通过流程进行整改、闭合。

3 总体规划与专项规划

双牌天子山抽水蓄能电站的信息化与数字化建设将紧密围绕现代抽水蓄能电站的发展需求，采用信息化和数字化手段，深入推进互联网、大数据、云计算、人工智能等新一代信息技术与水电行业的深度融合。这不仅是实现优质高效工程建设和管理的重要任务，也是保障工程长期安全的关键措施。

3.1 总体规划思路与架构

3.1.1 总体规划

结合目前最新的信息化数字化技术，同时兼顾未来的技术发展，制定双牌天子山抽水蓄能电站信息化数字化系统平台总体架构。数据中心满足平台和应用系统部署对计算、存储、网络、安全、备份等资源的要求；采用容器化技术，充分利用云弹性和分布式优势，实现资源集约化管理，提升资源利用率；建立统一的工程数据中心，实现对工程全域数据接入、存储、处理、计算、分析并提供数据服务、数据治理相关内容；在工程数字化支撑平台的支撑下实现全生命周期、智能建造等软件应用服务，以 PC 应用、移动应用的方式提供给工程各参与方协同使用。提升工程管理的高效性、适用性、便捷性，改变传统工程管控手段和方法，推动工程建设的管控提质。双牌天子山抽水蓄能电站工程信息化数字化总体架构框架可分为用户层、展现层、软件服务层、支撑平台服务层、数据服务层、容器服务层，基础设施层，具体见图 1。

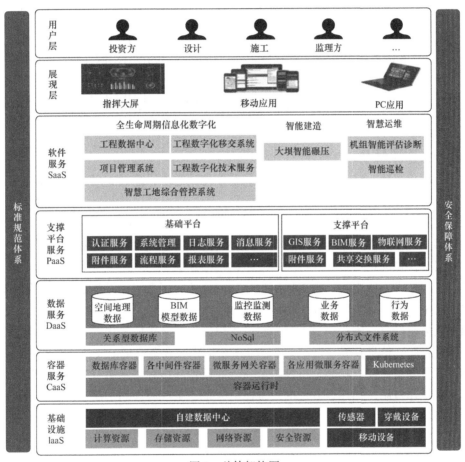

图 1　总体架构图

3.1.2　应用架构

根据总体规划目标及内容，综合考虑工程特点、建设管理需求、智能化技术适应性与成熟度等因素，全面梳理提出工程信息化数字化应用清单，规划了全生命周期信息化数字化、智能建造、智慧运营共计 24 个子应用，如图 2 所示。

3.2　阶段专项规划

3.2.1　全生命周期信息化数字化专项规划

双牌天子山抽水蓄能电站工程信息化数字化将以云计算、物联网、人工智能等新 ICT

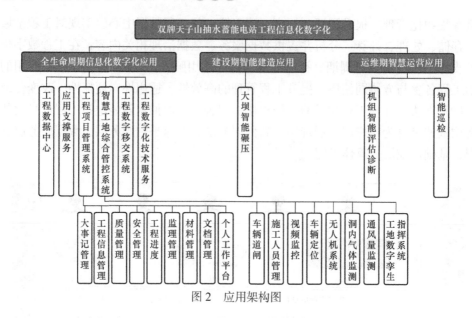

图 2　应用架构图

技术为基础，打造 IT 基础设施建设，规划如下：

（1）模块化机房：结合项目建设期和运营期使用需求，建设布局合理、安全可靠、可持续发展、绿色环保、投资合理的模块化机房，为管理人员提供安全、高效的管理手段。

（2）计算存储资源：根据项目需要，本方案采用超融合架构（HCI），由大量硬盘和高速网络接口的高性能标准服务器＋软件定义存储与计算资源虚拟化，并具备业务高可用、数据安全及自动化运维管理特性的一体化建设方案。

（3）工程建设指挥中心：为工程信息化数字化各应用系统提供集中展示、分析处理与会商讨论的基础环境，实现高效率的工程项目管理。

（4）通信与网络：围绕项目需求，建设支撑工程数字化信息化发展的数字网络，实现对网络安全互联、信息互通、资源共享、业务协同以及业务贯通的支撑。

（5）信息安全：建立和健全符合国家和行业监管部门有关网络与信息安全法律法规的管理体系和工作机制，构建全方位的安全保障体系，实现从规划、建设、运营的全生命周期的管理目标。

3.2.2　工程智能建造专项规划

1. 大坝填筑碾压及实时监控系统

以土石坝填筑施工全过程智能管理为主线，基于 BIM＋GIS 的三维填筑施工过程动态管理模型，结合物联网、智能技术、云计算与大数据等新一代信息技术，通过全面感知、实时传输和智能处理的业务管理方式，建立一个动态精细化、可感知、可分析的智能化大坝建设与管理运行体系。

2. 机电智能安装仿真

采用机电智能安装仿真模块模拟主要机电设备安装和检修过程，在主要设备供应商提供的设备模型的基础上，细化设备安装、检修主要步骤与技术要求，将各部件安装、检修步骤、过程注意事项、技术要求与三维模型有机结合，实现机电设备部件的调整、组拼、吊装、预装／安装、拆卸等全过程的虚拟安装和检修，应支持机电设备实际安装质量与国家、行业及企业相关标准的对比分析，对安装质量进行评价和纠偏，应包括以下机电设备的虚拟安装和检修。

3. 土石方智能调配

土石方智能调配系统通过规划和固化土石方动态调配管理流程，实现工程建设期土石方平衡调配管理精细化、数字化、智能化，保证项目进度及质量，降低项目成本，合理优化调配土石料，实现工程最大上坝率。将土石方平衡涉及的各主要部位进行可视化展示，包括开挖、填筑、中转、弃渣各部位的设计土石方量、实际完成量、施工进展、容量、利用率等关键参数。

3.2.3 电厂智慧运营专项规划

电厂机组的故障机理复杂，故障种类繁多，故障征兆之间呈现复杂的映射关系。简单的推理方法难以准确找出引起故障的所有因素，因此必须实现机组的故障智能预警。通过对设备关键点的运行参数进行模型构建，提取故障特征，并与故障模型进行比较，进而做出诊断决策，实现智能化、自动化的早期准确预警。为实现集控中心对电站的智能监测，本文计划将电站各个离散的状态监测系统数据进行统一规划和存储，搭建一个统一的运维数据中心，通过整合各个孤岛数据库，并引入专家系统，利用一定的逻辑和模型进行分析处理。

专家系统的故障诊断方法是根据专家的经验、知识以及大量的故障信息，设计出一个能够替代人类专家进行故障诊断的系统，通过推理分析方法进行设备故障识别诊断，并给出故障严重程度和维修建议[6-7]。故障诊断专家系统主要包括知识库、推理机、数据库、自学习模块、解释器和人机交互六个部分，还包含后台的特征数据获取模块。知识库、推理机和自学习模块是专家系统的核心。机组故障诊断专家系统的基本功能结构如图3所示，其中箭头指示了信息流动的方向。利用一定的逻辑和模型进行分析处理，大大减轻人

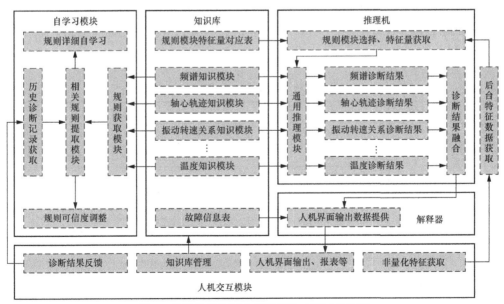

图3 机组故障诊断专家系统的功能结构框图

工数据提取和分析的负担，提高运行管理水平。基于自动化、数字化和信息化，将多方面支持电站工作人员进行设备运行信息的统计和分析，最终实现安全、稳定和高效运行的智慧电厂建设。

4 信息共享与安全

4.1 基本原则

信息资源共享和安全涉及工程信息化数字化建设、运维、全生命周期的各个时期、阶段；覆盖工程建设期各参建方和电站运营期间的各利益相关方。其设计应遵循需求导向、统一标准、统筹建设、安全可控、国产优先的原则。

4.1.1 需求导向原则

以各参建方和电站运营期各利益相关方为中心，通过持续地对相关各方的调研与收集反馈，梳理各业务系统间的数据共享的需求，力争达到最佳性能。

4.1.2 统一标准原则

对于各系统间的数据交换制定并实施统一的标准、规范和规则，提高数据交换的效率与质量。

4.1.3 统筹建设原则

以整体性、协调性、可持续性为出发点，制定合理的建设方案，最终实现工程信息化数字化的顺利完成。

4.1.4 安全可控原则

以安全和可控为出发点，采取一系列措施和方法，保障系统、数据、信息的安全性和可控性。保护隐私、防范恶意攻击、确保信息资产安全的重要保障可以提高系统和数据的安全性和可控性。

4.2 信息共享

抽水蓄能电站工程信息化数字化系统的信息共享应具备数据汇总、数据分发、数据存储访问、数据转换、任务定制、支持不同的信息交换方式等功能，提高信息资源利用率，见表1。

表1   数 据 共 享 清 单

序号	建设阶段	建设项目	数据分项
1	工程建设阶段	工程项目管理系统	质量、进度等数据
2		智慧工地系统	施工人员信息、视频监控数据、车辆道闸数据等
3		智能建造系统	碾压质量监控数据
4		空间地理数据	工程区域地形图、地理位置信息等
5		BIM 模型数据	水工、道路、机电等专业模型
6		轻量化模型	经轻量化处理及编码的组装模型
7	工程运营阶段	机组智能诊断	机组振动、摆度、压力脉动、空化空蚀、气隙、磁通量、局部放电等水力、机械、电气多方面运行状态
8		智能巡检	巡检机器人采集的传感器数据
9	全生命周期	业务非结构数据	文档、图像文件、音频文件等

4.2.1　对内数据共享融合

建设期，工程项目管理系统以工程管理业务系统为基础，涵盖了进度管理、质量管理、文档等业务功能，其信息数据来源主要是建设管理过程中产生的数据及各子系统采集、分析、处理、标准化后的数据，工程项目管理系统与建设期其他专项系统呈上下级与同层级的关系，其他专项系统间需要互相调用的数据信息结合实际应用需求情况进行流转。

4.2.2　对外数据共享

为更好地适应新形势下的国家信息化数字化建设总体要求以及建设单位信息化的需求，推进项目及公司内部信息化数字化资源整合共享，优化资源配置，提高数字化整合能力。拟向建设单位内部管控系统共享工程进度、质量、设备及运行期安全监测、发电调度等信息。

4.3　信息安全

双牌天子山抽水蓄能电站的信息安全主要考虑电站建设期管理信息大区（安全Ⅲ区）的信息安全防护，运营期生产控制区（安全Ⅰ区）、非控制区（安全Ⅱ区）的信息安全未在本篇章进行设计，由相关专业自行设计信息安全防护。其中管理信息大区的信息安全设备按照永临结合的方式进行设计，根据使用需要分阶段采购和安装。

双牌天子山抽水蓄能电站的信息安全旨在保护和维护信息的保密性、完整性和可用性，同时涵盖真实性、可核查性、抗抵赖性和可靠性等方面。信息安全的目标是保障电站所有数据的安全，覆盖所有数据存储点，包括网络空间之外的部分，其中，保密性、完整性和可用性是至关重要的。

5　结束语

工程信息化数字化系统涉及一个复杂的信息系统工程，涉及多个阶段、多个专业、多个子系统，为了保证工程信息化建设过程中的整体思路、整体架构的统一，必要将各个子系统集成为一个有机的整体，发挥数字化系统的最大价值。

本文基于湖南省双牌天子山抽水蓄能电站项目建设，从数字化电站建设全生命周期和数字化智慧电厂运营入手，结合抽水蓄能电站的规划设计、工程建设以及运行维修3个阶段来实现抽水蓄能电站的数字化、信息化、智能化，打造数字孪生抽水蓄能电站，推动抽水蓄能工程建设的管控提质和技术进步，为抽水蓄能工程建设信息化数字化提供参考。

参考文献

［1］　水电水利规划设计总院. 中国可再生能源发展报告［M］. 北京：中国水利水电出版社，2023.

［2］　国家能源局. 抽水蓄能中长期发展规划［2021—2035年］. 2021.

［3］　叶宏，孙勇，韩宏韬，等. 抽水蓄能数字化智能电站建设探索与实践［J］. 水电与抽水蓄能，2021，7（6）：17-20.

［4］ 叶宏，孙勇，阎峻，等. 数字孪生智能抽水蓄能电站研究及其检修应用［J］. 水电能源科学，2022，40（6）：201-206.

［5］ 佟德利，郝峰，魏春雷，等. 智能抽水蓄能电站工程数据中心建设研究［J］. 水电与抽水蓄能，2019，5（4）：6-10.

［6］ 黎楚越. 电力系统自动化中智能技术的应用［J］. 电子元器件与信息技术，2022，6（5）：122-125.

［7］ 南鸥，王瞳. 基于专家系统的故障诊断模块应用［J］. 东北电力技术，2023，44（3）：49-51.

作者简介

杨宏宇（1981—），男，高级工程师，主要从事常规水电及抽水蓄能电站工程运维与建设管理工作。E-mail：yanghy2@hn.sgcc.com.cn

张曙云（1992—），男，工程师，主要从事常规水电及抽水蓄能电站工程运维与施工管理。E-mail：sy_zhang14@163.com

张志权（1986—），男，高级工程师，主要从事常规水电及抽水蓄能电站工程运维与建设管理工作。E-mail：zhangzq9@hn.sgcc.com.cn

刘文锋（1998—），男，助理工程师，主要从事常规水电及抽水蓄能电站工程运维与施工管理工作。E-mail：1209449234@qq.com

基于 Leapfrog Works 隐式建模
在水电工程地质中的应用

刘子昂

（中国电建集团北京勘测设计研究院有限公司工程勘测科研院，北京　100024）

摘要　以某水电站工程为背景，采用 Leapfrog Works 软件建立三维地质模型，对地层和地质结构进行可视化表达。通过详细分析项目的地质特点，选择适宜的建模平台和方法，结合实际地质勘察资料构建三维模型。研究对地下厂房的选址和围岩条件进行详细分析，结合传统评价方法，提出厂房选址建议和围岩类别评价。三维模型还用于料场储量精确计算，验证传统计算方法的准确性。研究结果为工程设计决策提供了科学依据和技术支持，提升了工程的经济性和可行性。

关键词　三维地质建模；水电站；地下厂房选址；围岩评价

0　引言

0.1　研究背景

随着信息技术的不断发展和广泛应用，工程领域的三维地质建模技术也得到了显著的提升和普及。三维地质建模技术通过将地质数据转化为三维模型，可以直观、准确地展示地下地质情况，极大地提高了地质研究和工程设计的效率和精度。在这种背景下，Leapfrog Works 作为一种先进的地质建模软件，得到了广泛应用。

Leapfrog Works 软件的核心技术之一是隐式建模技术，这种技术能够快速处理和分析大量的地质数据，生成高精度的三维地质模型。隐式建模技术最早起源于 20 世纪的石油和矿产勘探，旨在解决复杂地质体的建模问题。在 20 世纪 90 年代，这项技术逐渐被引入土木工程领域，特别是在水电工程中得到了广泛应用。通过隐式建模，工程师们能够更好地理解地下地质结构，从而为工程设计和施工提供科学依据[1]。

近年来，随着工程项目规模的不断扩大和复杂性增加，传统的二维地质图已经难以满足工程设计和施工的需求。三维地质建模技术不仅能够展示地层的空间分布和变化，还能够模拟地质体的动态变化过程。这对于需要精确了解地下地质情况的水电工程尤为重要。通过三维地质模型，工程师可以更直观地分析地下厂房的选址、围岩稳定性、施工方案等，从而提高工程设计的科学性和施工的安全性[2]。

随着 BIM（建筑信息模型）技术在工程领域的推广应用，三维地质建模技术与 BIM 技术的结合也成为一种趋势。通过将三维地质模型与 BIM 模型集成，工程项目的各个阶段，包括设计、施工和运营管理，都可以实现信息共享和协同工作。这种集成不仅提高了工程项目的管理效率，也有助于减少施工风险和降低成本[3]。

Leapfrog Works 的隐式建模技术在水电工程中的应用前景广阔。它不仅能够提高地质研究的精度和效率，还为工程设计和施工提供了强有力的技术支持[4]。本研究旨在探讨 Leapfrog Works 在某水电站工程地质建模中的具体应用，分析其在地下厂房选址、围岩评价等方面的效果，为今后类似项目的地质建模提供参考。

0.2　本文研究内容

本文旨在探讨 Leapfrog Works 软件在某水电站工程地质建模中的具体应用，重点分析其在三维建模、围岩评价等方面的实际效果。首先，通过详细分析项目的工程地质特点，结合水电工程设计的需求，选择合适的建模平台和隐式建模方法。在此基础上，根据实际地质勘察资料，构建详细的三维地质模型。该模型不仅涵盖了地形地质、地层界面、构造地质等方面的信息，还为地质分析提供了可靠的数据基础。

本研究先收集和整理项目区域的地质勘探数据，包括钻孔数据、地质测绘数据和地球物理数据等。这些数据通过 Leapfrog Works 软件进行处理和分析，生成高精度的三维地质模型。通过该模型，可以直观地展示区域内的地层分布、断层构造以及地下水文情况，进一步为地下厂房选址提供科学依据。在地下厂房选址方面，本文结合传统的地质评价方法和三维地质模型的分析结果，对不同选址方案进行比较和评价，提出最优的选址建议。同时，通过对围岩的分类和稳定性分析，评估地下厂房的成洞条件，确保工程的安全性和稳定性。

本文还利用三维地质模型对料场储量进行精确计算。传统的平行断面法常用于料场储量计算，但其精度有限。通过三维地质模型，可以对料场进行更加详细和准确的分析，从而验证和优化传统方法的计算结果。

本文通过具体的工程实例，详细探讨了 Leapfrog Works 隐式建模技术在水电工程地质中的应用过程和效果。研究结果表明，该技术不仅提高了地质建模的精度和效率，还为工程设计和施工提供了有力的技术支持。这些研究内容和成果为今后类似项目的地质建模提供了宝贵的经验和参考。

0.3　研究意义

本文研究意义如下：

（1）在技术层面上，本文通过结合实际工程案例，验证了 Leapfrog Works 隐式建模技术在水电工程地质中的应用效果。通过详细分析和具体应用，本文积累了丰富的实践经验，并为三维地质建模技术在复杂地质条件下的应用提供了技术路线和方法指导。这一研究为相关工程项目中的地质建模工作提供了可靠的技术参考，推动了地质建模技术的发展和应用。

（2）在工程应用层面上，本文所建立的三维地质模型直观地展示了水电工程区域的地质特征，包括地层分布、构造特征以及地下水文情况等。通过该模型，可以更准确地进行地下厂房选址和围岩评价，从而优化设计方案，提高工程设计的科学性和合理性。同时，利用三维地质模型进行料场储量计算，验证和优化了传统计算方法，为料场规划和开采提供了科学依据。这一研究成果直接服务于工程实践，提升了工程项目的设计和管理水平。

（3）在推广意义上，本文研究框架和技术路线具有广泛的适用性，可以为其他类似项目提供借鉴。通过详细的案例分析和方法论总结，本文为三维地质建模技术在水电工程及其他工程领域的应用提供了示范作用，推动了三维地质建模技术在工程领域的广泛应用和发展。

1 三维地质建模软件平台

在工程建设领域，三维地质建模软件已经成为不可或缺的工具，广泛应用于地质勘探、矿产资源管理以及土木工程设计等方面。目前，常用的三维地质建模软件包括 Leapfrog Works、Micromine、GOCAD、ArcGIS、Surpac 等。每种软件都有其独特的优势和应用领域[5-12]。Leapfrog Works 是一个专门用于地质建模的软件，特别适用于复杂地质体的建模。其核心技术之一是隐式建模技术，通过处理和分析大量的地质数据，能够快速生成高精度的三维地质模型。Leapfrog Works 支持多种数据输入格式，如钻孔数据、地质测绘数据和地球物理数据等，并提供了多种插值方法，包括反距离加权插值、克里金插值和 B 样条插值。这些功能使得 Leapfrog Works 在处理复杂地质结构和生成连续性良好的地质模型方面具有显著优势[13]。

除了 Leapfrog Works 外，其他常用的软件如 Micromine 和 GOCAD 也各具特色。Micromine 主要应用于矿产资源管理，提供了强大的地质建模和矿体估算功能。GOCAD 则广泛应用于石油和天然气勘探领域，擅长处理大规模的地球物理数据和构造地质建模。ArcGIS 和 Surpac 则分别在地理信息系统和矿产资源领域有广泛应用[14]。

在国内，三维地质建模软件的开发和应用也取得了显著进展。GeoView、DreamRock 和 VisualGeo 等软件在地质勘探和资源管理中发挥了重要作用。这些软件结合国内地质工作的实际需求，提供了具有针对性的功能和工具，进一步推动了三维地质建模技术的发展和应用[15]。

在水电工程中，选择合适的三维地质建模软件尤为重要。Leapfrog Works 由于其强大的建模功能和广泛的适用性，成为水电工程地质建模的首选平台。通过使用 Leapfrog Works，可以快速构建工程区域的三维地质模型，实现地层和地质结构的可视化展示，并进行地质分析和工程决策支持。

2 项目概况及基本工程地质条件

2.1 地形地貌

项目位于内蒙古自治区西部，地形地貌复杂多样。该市地处黄河沿岸，区域内地势总体北高南低，地面高程变化显著，从海拔 100～2000m 不等。该市的地形主要包括低山丘陵、河谷平原和黄土高原三大类型。

项目所在区域为低山丘陵地貌，地形起伏较大。上水库拟建在一条主要山沟的顶部，通过筑坝形成库盆。该区域的沟谷发育方向为东南，谷底高出黄河河床约 100m。库区地形较为平坦开阔，具有天然的库盆地形条件，有利于水库的建设和运营。下水库则利用黄河的自然地形，通过调节河流水位来实现蓄水功能。

输水系统布置在上、下水库之间的山体内，大部分平行于山脊走向布置。输水系统沿线山体大部分由裸露的基岩组成，地形坡度一般为 10°～30° 不等，局部区域见有高达 20m 的陡坎。山体多呈浑圆状，山脊高程最高约为 1800m，总体地形完整且连续性好。

项目区域内的主要地貌特征包括陡峭的山脊、深切的沟谷和宽阔的河谷平原。由于地形的多样性和复杂性，地质条件的变化较大，这对工程的设计和施工提出了较高的要求。特别是库区和输水系统的布置，需要充分考虑地形条件对工程的影响，确保工程的稳定性和安全性[16]。

某水电站项目所在区域的地形地貌特点显著，对工程的设计和实施具有重要影响。通过详细的地质勘察和三维地质建模，可以更好地理解和应对这些地形地貌特征，为工程的顺利进行提供坚实的基础。

2.2 地层岩性

项目区域的地层岩性复杂多样，主要包括沉积岩、火成岩和变质岩。沉积岩层以石灰岩、砂岩和页岩为主，石灰岩坚硬稳定，砂岩层理清晰但风化易产生孔隙，页岩软弱易变形。火成岩层主要由花岗岩和玄武岩构成，花岗岩坚硬抗风化，玄武岩具有柱状节理。变质岩层包括片麻岩和片岩，片麻岩强度高但具各向异性，片岩软弱层理发育。区域地层总体近水平分布，但受断层和褶皱构造影响，地层埋深和岩性变化较大。上部为松散第四纪覆盖层，中部为承载力较好的石灰岩、砂岩和页岩，下部为坚硬的花岗岩和片麻岩。区域内存在正断层、逆断层和褶皱构造，影响地层连续性和稳定性，需在设计和施工中重点关注。

2.3 地质构造

项目区域的地质构造复杂多样，主要受到断层和褶皱构造的影响。区域内存在多条主要断层，包括正断层和逆断层，这些断层的存在对地层的连续性和稳定性产生了显著影响。

项目区域的主要断层包括几条规模较大的正断层和逆断层，这些断层具有显著的地质活动特征。正断层主要表现为地壳拉伸作用下的断裂，其破碎带宽度一般较大，岩体破碎，渗透性增强，容易引发水文地质问题。逆断层则表现为地壳压缩作用下的断裂，其断裂面陡峭，岩层在断裂面处易发生滑动，影响工程的稳定性。此外，区域内还存在一些小规模的褶皱构造。

项目区域的地质构造不仅影响地层的连续性，还对地下水的流动和分布产生重要影响。在断层破碎带和褶皱带附近，地下水流动性增强，可能导致突水和涌水现象，对工程安全构成威胁。为了应对这些地质构造问题，工程团队采取了一系列措施，如增加勘探孔，详细分析断层和褶皱的分布和特征，制定针对性的支护和加固方案，以确保工程的稳定性和安全性。

2.4 水文地质条件

项目区域的水文地质条件复杂，对工程设计和施工影响显著。区域内主要含水层包括第四纪孔隙潜水和基岩裂隙水。第四纪孔隙潜水主要分布在河谷和平原地区，具有高渗透性和较大储水量。基岩裂隙水主要分布在山地和丘陵地带，渗透性较低，但在断裂和褶皱构造发育区，裂隙水活动显著增强。

项目区域的地下水位随地形起伏变化，通常在较高地势处水位较深，在低洼处水位较浅。尤其在断层带附近，由于岩体破碎和裂隙发育，地下水流动性增强，易形成涌水和突水现象，对隧道和地下厂房的建设带来较大挑战。

为了应对这些水文地质条件，工程团队采取了一系列措施，包括增加勘探孔以详细了解地下水分布情况，采用防水和排水设计以控制地下水对工程的影响，并在施工过程中密切监测水文条件，以确保工程的安全和稳定。

2.5 物理地质现象

某水电站项目区域内主要的物理地质现象包括岩体风化、断层活动和岩溶地貌。岩体风化现象普遍存在，特别是在沉积岩层中，风化作用削弱了岩石的物理力学性能，增加了施工难度。断层活动导致岩体破裂和位移，形成断层带，岩石破碎，稳定性较差。岩溶地貌现象，如溶洞和地下河道，对工程建设构成挑战，需进行详细勘探和处理。

从三维地质建模应用的角度来看，该项目具有如下特点。

（1）项目包括详细的地质测绘、钻探勘察、平硐勘察及物探和试验数据。这些多源数据为构建准确的三维地质模型提供了坚实基础。

（2）区域地层多样，断层、褶皱和风化现象显著，需要通过三维建模详细分析和表征复杂的地质结构。

（3）利用三维模型进行地层、构造和水文地质的综合分析，提高地下厂房选址和设计的科学性和可靠性。

3 三维地质建模在工程项目中的应用

3.1 三维地质模型

根据项目特点，工程区钻孔数据较均匀，地层岩层产状近水平，克里金插值完全可以满足曲面插值的要求。区域断层较不发育，将工程区分割为 4 个区域，地层曲面产状近水平，针对不同分区进行分块克里金插值。部分钻孔数据如图 1、图 2 所示，可知钻孔的序号，X、Y 轴坐标，孔口高程以及钻孔深度，更直观反应每个钻孔的详细数据。

风化、地下水位数据使用普通克里金和简单克里金插值；断层数据由于具有固定产状，曲面可以使用线性插值确定。因此可以确定建模技术路线如图 3 所示，最终完成三维地质模型，如图 4 所示，其中三维地质建模模型中包括基覆界面、风化界面以及断层 F18。

Ignored	trench	id	∧	holeid	x	y	z	maxdepth
☐	☐	1		ZK1	4380677....	36399694...	1599.94	50.0
☐	☐	2		ZK10	4383601....	36396831...	1112.88	50.0
☐	☐	3		ZK101	4380903....	36399271...	1630.0	30.0
☐	☐	4		ZK102	4380862....	36399452...	1612.0	50.0
☐	☐	5		ZK103	4380809....	36399555...	1607.52	60.0
☐	☐	6		ZK104	4380714....	36399597...	1599.96	80.0
☐	☐	7		ZK105	4380620....	36399626...	1602.11	60.0
☐	☐	8		ZK106	4380504....	36399661...	1614.0	50.0
☐	☐	9		ZK107	4380401....	36399605...	1620.0	40.0

图 1　部分钻孔数据

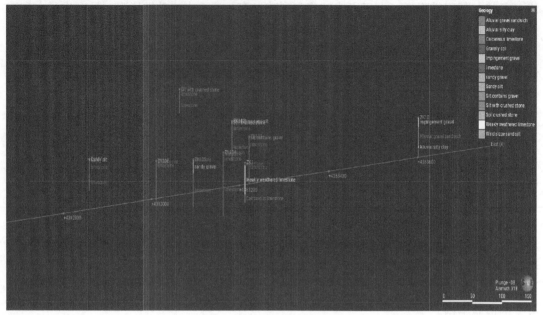

图 2　部分钻孔柱状图

```
测量资料        钻孔资料        地质测绘资料        平硐资料

                风化数据        地层数据        断层数据

地形曲面        风化曲面        地层曲面        断层曲面

                三维地质模型
```

图 3　技术路线图

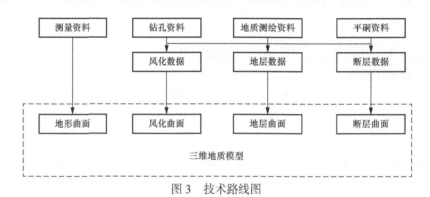

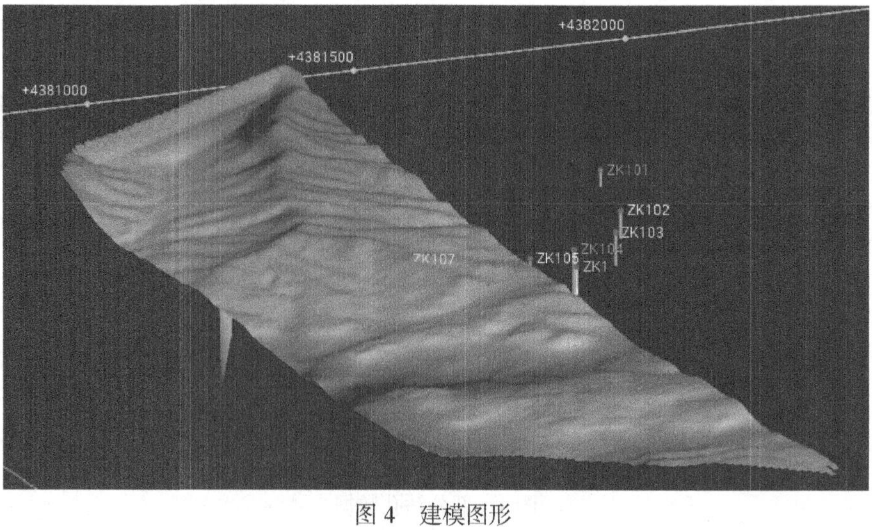

图 4　建模图形

3.2　厂房围岩划分及选址

在某水电站项目中，基于三维地质建模对地下厂房的选址和围岩条件进行了详细分析。首先，通过三维地质模型，对地层的分布和特性进行了全面的分析，将项目区域的围岩划分为不同类别。主要考虑了岩石强度、岩体完整性、结构面状态和地下水影响等因素。根据这些因素，将围岩分为Ⅰ类（坚硬且完整）、Ⅱ类（中等硬度和完整性）和Ⅲ类（软弱且破碎）三类，每一类别对应不同的支护和加固措施。

利用三维地质模型，确定了适宜的厂房位置，重点考虑地层稳定性、承载力和地下水影响。选址在地层稳定且坚固的区域，避开断层和破碎带，确保岩层具有足够的承载力，同时选择地下水位较低的区域，减少涌水和渗水对工程的影响。

针对不同类别的围岩，制定了相应的支护和加固措施。Ⅰ类围岩通常不需要额外支护，但在关键位置可采用锚杆和喷射混凝土加强；Ⅱ类围岩采用锚杆、钢筋网和喷射混凝土等支护措施，确保岩体稳定；Ⅲ类围岩需要加强支护，使用密集的锚杆和钢筋混凝土衬砌，并进行注浆加固。

三维地质模型的动态调整功能使得工程团队能够实时监测和响应现场变化。在施工过程中，结合实际勘探数据，对模型进行更新和调整，确保选址和支护方案的科学性和有效性。通过上述分析和措施，项目团队成功确定了地下厂房的最优选址方案，并有效评估了围岩的稳定性，为工程的顺利进行提供了科学依据和技术支持。厂房围岩划分及选址分析结果见表 1。

表 1　　　　　　　　　　　　厂房围岩划分及选址分析结果

围岩类别	描述	支护和加固措施
Ⅰ类围岩	坚硬且完整的岩石，具有高强度和良好的稳定性	通常不需要额外支护，但在关键位置可采用锚杆和喷射混凝土加强
Ⅱ类围岩	中等硬度和完整性的岩石，具备一定的稳定性	采用锚杆、钢筋网和喷射混凝土等支护措施，确保岩体稳定
Ⅲ类围岩	软弱且破碎的岩石，容易发生变形和破坏	使用密集的锚杆和钢筋混凝土衬砌，并进行注浆加固

4　结束语

（1）通过实际工程案例，验证了 Leapfrog Works 隐式建模技术在水电工程地质中的有效应用，提升了地质研究的精度和效率。

（2）三维地质模型的应用，提供了精确的地层分布和结构信息，为地下厂房选址、围岩分类和支护设计提供了科学依据，优化了工程设计方案。

参考文献

［1］　刘艳祥，吕文雅，曾联波，等.鄂尔多斯盆地庆城油田长 7 页岩油储层多尺度裂缝

三维地质建模［J/OL］. 地学前缘，1-15［2024-08-05］.

［2］ 侯炳绅，徐俊，张必勇. 基于 3DE 平台的三维地质建模及可视化研究［J］. 人民长江，2024，55（S1）：241-244.

［3］ 郭福钟，郑博文，祁生文，等. 三维地质建模技术与方法综述［J］. 工程地质学报，2024，32（3）：1143-1153.

［4］ 柴文举，田丰，付勇，等. 黔西南戈塘金矿三维地质建模与矿床成因研究［J］. 贵州大学学报（自然科学版），2024，41（4）：34-45.

［5］ 胡宏伟. 三维地质建模在储量计算中的应用［J］. 安徽水利水电职业技术学院学报，2024，24（3）：32-37.

［6］ 易志新，徐雪强，何家明. 矿产勘查的三维地质建模及可视化技术研究［J］. 中国新技术新产品，2024，（11）：127-129.

［7］ 何晗晗，周圆心，何静，等. 三维地质建模及其在城市地下空间规划中的应用［J/OL］. 地球学报，1-14［2024-08-05］.

［8］ 刘殿海，等. 地质三维建模技术及其在抽水蓄能电站的应用［J］，水电与抽水蓄能，2023，9（2）：15-21.

［9］ 岳玉梅. BIM 技术结合三维地质建模在岩土工程中的应用——以新世界会展中心项目为例［J］. 河北省科学院学报，2021：8.

［10］ 张国明. Civil 3D 平台对复杂地层三维地质建模方法的研究与改进［J］. 湖南水利水电，2022：3.

［11］ 习龙，倪玉根，何健，等. 基于 GMS 软件的海砂矿体三维地质建模和资源量估算［J］. 地质与勘探，2022：13.

［12］ 董梅，慎乃齐，胡辉. 基于 GOCAD 的三维地质模型构建方法［J］. 桂林工学院学报，2008：41-45.

［13］ 陈小艳，姚多喜. 基于 GOCAD 的 FLAC3D 前处理方法研究［J］. 河南科技，2022：4.

［14］ 曾涛，郭甲腾，杨坡，等. 基于体元模型的工程勘查三维地质建模及 Geo3DML 转换研究［J］. 华北地质，2021，44（3）：77-82.

［15］ 王迎东，闫红福. 基于 Civil 3D 三维模型的某抽水蓄能电站料场储量分析［C］. 中国水利学会勘测专业委员会 2018 年年会暨学术交流会，中国水利学会，2018.

［16］ 韩彬. 三维地质建模技术在基础地质研究中的应用［J］. 化工矿产地质，2024，46（1）：47-52.

作者简介

刘子昂（2000—）男，助理工程师，主要从事三维地质建模软件二次开发。
E-mail：liuza@bjy.powerchina.cn

基于供应商大数据的抽水蓄能项目
投标人数预测模型

陶思艺，郭严磊

（国网新源物资有限公司，北京　100053）

摘要　面对抽水蓄能电站高速发展的新形势，提升投标人数预测的精准性和可靠性，能够帮助电力企业统筹物资资源、优化采购策略提供数据支撑。考虑采购项目需求、历史投标数据、供应商企业特征等因素，构建基于供应商大数据的抽水蓄能项目投标人数预测模型。以某一批次集中采购开展预测分析，结果表明，本文构建的模型具有较高的预测精度，能够合理预测集中采购投标人数。

关键词　抽水蓄能；供应商；物资采购；预测模型

0　引言

构建新型电力系统是实现"碳中和、碳达峰"目标的重要途径，抽水蓄能电站具备运行灵活、稳定可靠的优势，是新型电力系统中重要的组成部分。国家能源局出台《抽水蓄能中长期发展规划（2021—2035 年）》[1]，明确提出到 2030 年，抽水蓄能投产总规模达到 1.2 亿 kW 左右；到 2035 年，预计抽水蓄能电站投产总规模达到 3 亿 kW。近年来，核准并投入建设的电站数量呈现快速上升的趋势，抽水蓄能电站的物资采购具有项目金额高、数量多、种类杂的特征，大量电站的建设运营给电力物资管理带来了不小的挑战。招投标工作作为贯穿抽水蓄能电站投资、建设、运行的关键环节，采购项目涉及工程、服务、物资多个类别，供应商覆盖电力行业供应链上中下游，本文基于供应商的历史投标数据和企业特征，分析影响投标的关键因素，构建基于随机森林回归算法的投标人数预测模型，为提升招投标工作质量、优化采购方案提供客观的数据支撑和决策支持。

1　抽水蓄能电站供应商投标影响因素

随着抽水蓄能的高速发展，为更好地支撑项目建设、提升物资管理水平，深入研究分析供应商投标行为具有一定的必要性，近年来，相关学者选取了不同的评价指标对供应商开展相关研究。文献［1］选择资质信息、投标行为、技术实力、信用评价、履约表现为投标人画像评价指标，文献［2］考虑绿色、质量、供货、服务和资质等因素建立供应商评价体系,文献［3］结合物资全生命周期理论,实现对供应商价格、质量、交货、服务等因素全方位的评价。上述研究未明确影响供应商参与投标的核心影响因素,本文围绕招标项目类型、项目单位及投标人地域特征、企业性质等关键因素开展研究,为投标人数预测模型的构建奠定基础。

1.1 影响因素选取

抽水蓄能电站在电力系统中承担的角色和功能与传统电网不同,与传统的电力物资采购相比,抽水蓄能电站在采购项目类型、供应商资质业绩需求等方面存在较大差异,因此,本文以投标人的技术、经济、商务等多维数据为基础,考虑采购项目特征、企业性质、电站地域分布特征等因素,综合评估投标人的综合实力,能够较为全面反映供应商参与投标的潜在可能性。

1.1.1 项目特征

抽水蓄能电站项目投资规模庞大,所需物资种类多、数量大,项目数量及金额、资质业绩要求等因素均会影响投标人的投标策略。[5]由于不同批次的集中采购涉及多个电站,电站的建设阶段不同,采购项目的规模、技术要求、交付周期均有差异,拥有丰富的工程设计、施工能力和设备供货能力的投标人,能够同时兼顾不同规模和复杂性的项目,参与投标积极性较高。

1.1.2 企业性质

国有企业、民营企业、外资企业在经营规模、员工数量、管理模式上存在差异性,因而前期评估是否参与投标的考虑维度不同,投标人不仅需要根据项目特征、采购形式、最高限价等项目因素,更需评估项目执行的稳定性、成本控制和风险防控等方面的资源和管理能力,从而更好地满足大型抽水蓄能项目的建设需求。

1.1.3 地域分布

通过深度调研已投产运行的电站的运营现状可知,抽水蓄能电站的安全、稳定运营受供应商的本地化运营能力、供应链的稳定性、本地资源融合程度等因素的影响,主要体现在供应商在项目所在地区的采购能力、物流运输能力、联合本地供应商的运营能力、对当地法规的熟悉程度等方面,与项目单位所在地具有一致性的供应商,对该项目单位的招标采购项目具有较强的投标意愿。

1.2 相关性分析模型

皮尔森相关系数对相关指标进行测算,皮尔森相关系数又称皮尔逊积矩相关系数、简单相关系数,它描述了 2 个定距变量间联系的紧密程度,用于度量 2 个变量 X 和 Y 之间的相关(线性相关),其值介于 -1 与 1 之间,一般用 ρ 表示,假设 $X=(x_1, x_2, \cdots, x_N)$,$Y=(y_1, y_2, \cdots, y_N)$,则均值的定义为:

$$\bar{x} = \frac{\sum_{i=1}^{N} x_i}{N}, \bar{y} = \frac{\sum_{i=1}^{N} y_i}{N} \tag{1}$$

皮尔逊相关系数的定义为:

$$\rho_{XY} = \frac{N\sum_{i=1}^{N}x_i y_i - \sum_{i=1}^{N}x_i \sum_{i=1}^{N}y_i}{\sqrt{N\sum_{i=1}^{N}x_i^2 - \left(\sum_{i=1}^{N}x_i\right)^2}\sqrt{N\sum_{i=1}^{N}y_i^2 - \left(\sum_{i=1}^{N}y_i\right)^2}} \qquad (2)$$

式中　N——样本量；

　　　X——变量1的观测值；

　　　Y——变量2的观测值；

　　　ρ——相关系数。

若$\rho>0$，表明2个变量是正相关，即一个变量的值越大，另一个变量的值也会越大；若$\rho<0$，表明2个变量是负相关，即一个变量的值越大，另一个变量的值反而会越小。ρ的绝对值越大表明相关性越强。相关系数与相关性对应关系如表1所示。

表1　　　　　　　　　　　相关系数与相关性对应关系

相关性	相关系数	相关性	相关系数
极强相关	$0.8<\rho\leqslant1.0$	弱相关	$0.2<\rho\leqslant0.4$
强相关	$0.6<\rho\leqslant0.8$	极弱相关或无相关	$0.0\leqslant\rho\leqslant0.2$
中等程度相关	$0.4<\rho\leqslant0.6$		

2　集中采购投标人数预测模型

近年来，机器学习算法被广泛应用与各行各业，随机森林算法通过组合多棵决策树的预测结果，能够处理复杂的非线性关系和特征交互问题，适用于特征间关系复杂的情况。针对招标采购数据样本容量相对较小、特征复杂、数据类型丰富的特征，本文使用随机森林回归算法构建投标人数预测模型，预测流程如图1所示。

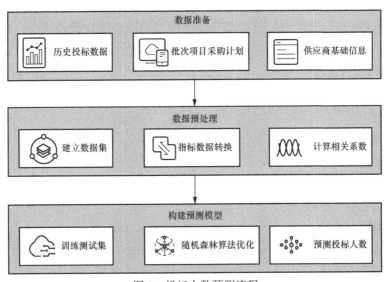

图1　投标人数预测流程

2.1 数据准备

为了进一步优化投标人数预测模型，需要详细考虑数据的特征并进行数据预处理。考虑到项目类型的细分、历史平均投标人数的不同、企业性质和所在地一致性的相关性，建立相关指标，构建分析数据集。本文选取指标如表 2 所示。

表 2 投标人预测模型指标说明

选取指标	指标说明
项目类型	工程、物资、服务项目
细分类型	标准分标项目、物料编码项目
项目数量	该批次不同类型项目数量
项目金额	项目的预算金额
历史平均投标人数	标准分标项目、物料编码项目对应历史投标人数
所在地一致性	该类型项目的本地供应商的历史投标数量
企业性质	该类型项目民营企业、国有企业、中央企业、外资企业历史投标数量

2.2 数据预处理

首先，收集该批次项目类型、细分类型、企业性质等数据，将类别数据转换为分类变量，导入历史投标数据；其次，基于项目类型和细分类型，计算不同指标的皮尔森相关系数；最后，将项目类型、数量、金额、投标人数、相关系数等特征，合并为训练数据集。

2.3 构建预测模型

本文构建的投标人数预测模型由多元线性回归模型及随机森林优化模型两部分组成，线性回归模型能够综合考虑项目特征、企业性质等影响因素，明确不同指标与投标人数之间的线性关系，同时，为了更好地反映不同特征之间的非线性关系和影响程度，使用随机森林模型分析历史投标数据，对线性回归模型的回归系数实现进一步的优化。如果某个特征在随机森林模型中被评估为高度重要，但在线性回归模型中对应的回归系数却较低，可通过增大该特征在回归模型中的权重提高预测模型精度、减少模型误差。预测模型步骤如下。

第一步：构建线性回归模型：

$$\hat{p} = \beta_0 + \sum_{i=1}^{n} \beta_i F_i + \varepsilon \tag{3}$$

式中 p——预测投标人数，个；

β_0——截距项；

F_i——特征变量；

β_i——初始回归系数；

ε——模型误差项。

第二步：随机森林模型计算特征重要性

通过将处理好的供应商投标特征数据集输入到随机森林回归模型中进行训练，随机抽样数据的方式生成多个子数据集，基于所有输入特征建立多棵决策树，并在树的节点处自动选择最佳的特征及其分裂点，最后计算所有决策树的平均值，得出预测结果，流程如图 2 所示。

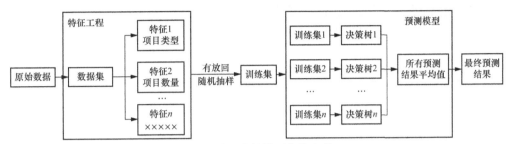

图 2　随机森林模型优化流程

第三步：系数寻优

根据随机森林的特征重要性调整线性回归模型的回归系数 β_i，调整后的系数为 β_i'，其中 α 是调整参数，用于控制重要性对系数调整的影响程度。

$$\beta_i' = \beta_i \cdot (1 + \alpha \cdot \text{Feature Importance}_i) \tag{4}$$

式中　α——调整参数；

β_i'——调整后的回归系数。

第四步：模型评估与优化

使用新的回归系数 β_i 重新对预测模型进行调整，提高预测精确程度。

3　实证分析

本文基于 2023—2024 年各批次集中招标采购相关历史数据，对 2024 年某批次的投标人数进行预测分析，以该批次的项目类型、数量、金额等信息为基础，实现投标人数的合理预测。

3.1　相关系数测算分析

在项目特征中，本文选取项目数量、项目金额、投标公司总量 4 个影响因素，在企业性质中，将供应商分为国有企业、民营企业、外资企业、政府部门等，地域分布中，整理项目单位及投标公司所在省市数据，运用皮尔森相关系数进行测算，测算结果如表 3 所示。

表 3　　　　　　　　　　　　　相 关 系 数 测 算 结 果

指标类别	测算指标	相关系数	相关程度
项目特征	项目数量与项目金额	0.878	极强相关
	项目数量与投标公司总量	0.967	极强相关
	项目金额与投标公司总量	0.830	极强相关
企业性质	民营企业	0.682	强相关
	国资委管理的中央企业	0.710	强相关
	地方国有企业	0.624	强相关
	政府部门	0.686	强相关

续表

指标类别	测算指标	相关系数	相关程度
企业性质	国务院其他部门或群众团体管理的中央企业	0.531	中等程度相关
	集体所有制企业	0.48	中等程度相关
	外商企业	0.288	弱相关
地域分布	项目单位所在地与投标公司所在地数量	0.856	极强相关

在项目特征方面，测算结果表明，项目数量、金额、投标公司三者之间的数据存在极强相关性，其中，投标公司总量与项目数量的相关系数为 0.967，与项目金额的相关系数为 0.879，由此可见，相较于项目的金额，供应商的投标意愿受项目数量的影响较大。

在企业性质方面，不同类型的投标人所对应的相关系数存在较大差异，其中，民营企业、中央企业及政府部门的相关性较高，其他企业性质的投标公司的投标意愿受企业性质影响较小。

在地域分布方面，虽然项目单位所在地与投标公司所在地一致的指标相关系数为 0.826，但深入分析可知，由于项目单位分散、招标项目数量众多，在投标公司的数量上，83% 的投标人与项目单位所在区域不一致，位于北京、浙江、山东、吉林等地区的项目单位，因其采购数量较多、建设运营时间较长、采购项目类型较为固定，拉高了整体的相关系数值，重庆、新疆、山西等地区，电站处于前期规划建设阶段，采购项目对本地供应商的依赖性较小。

3.2 投标人数预测结果

根据该批次采购项目特征，将工程、物资、服务类项目进一步细化分为标准分标项目及物料编码项目，根据不同项目类型对应的历史投标数据及项目单位所在地区，构建随机森林回归模型，预测结果表明，本文构建的模型与实际投标人数的偏差率为 4.99%，偏差额为 84，预测结果如表 4 所示。

表 4　　　　　　　　　投标人数预测结果

项目	投标人数量预测	实际投标人数	投标人数预测偏差率（%）
预测批次	1663	1747	4.99

标准分标项目及物料编码项目预测数量与实际投标数量如图 3 和图 4 所示。

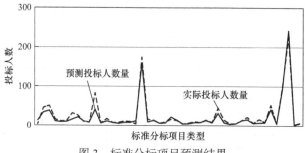

图 3　标准分标项目预测结果

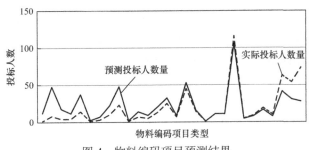

图 4　物料编码项目预测结果

在标准分标项目中，共有 60 个项目的总体偏差率低于 15%，物料编码项目中共有 28 个项目总体偏差率低于 15%，偏差率低于 15% 的项目数据如表 5 所示。

表 5　　　　　　　　　　标准分标及物料编码项目偏差率低于 15% 的项目

项目	标准分标项目	物料编码项目
项目总量（个）	103	73
偏差率<15%项目个数（个）	60	28
偏差率<15%项目占比（%）	58.25	38.36

其中，共有 8 个标准分标项目、2 个物料编码项目实现了投标人数的准确预测，预测偏差率为 0% 的项目名称及数量如表 6 所示。

表 6　　　　　标准分标及物料编码项目偏差率为 0% 的项目名称及数量　　　　单位：个

项目类别	项目名称	历史平均投标公司数量	实际投标公司数量
标准分标项目	励磁系统设备购置	6	6
	固定式检修安全平台购置	7	7
	水土保持监理服务	6	6
	劳动安全与工业卫生专项安全性评价服务	8	8
	施工供电工程	5	5
	起重设备检修 / 改造工程	13	13
	大坝溃坝影响分析评价服务	6	6
	冬季供暖服务	5	5
物料编码项目	交流断路器	1	1
	小电阻接地成套装置	11	11

基于上述测算结果表明，本文构建的模型能够较为准确、合理地预测投标人数，为招标采购业务的精益化管理提供有力的数据支撑。

4　结束语

本文围绕供应商的历史投标数据和企业特征，选取抽水蓄能供应商参与集中采购项目的关键影响因素，运用多元线性回归和随机森林算法，构建基于供应商大数据的抽水蓄能项目投标人数预测模型，预测结果表明，本文构建的预测模型与实际投标人数的偏差率为4.99%。本文构建的预测模型不仅能够识别投标人数的变化趋势，在优化招标流程、合理分配评标资源、控制招标成本、提高招标活动效率方面具有重要的参考价值。

参考文献

［1］《抽水蓄能中长期发展规划（2021—2035 年）》印发实施［J］. 中国电力企业管理，2021，（27）：7.

［2］马迪，张晋维. 基于遗传算法优化极限学习机的投标人画像评价研究［J］. 微型电脑应用，2023，39（7）：70-72，77.

［3］孟贤，卢运媛，刘吉成. 碳中和下电网物资绿色供应商精准画像刻画及评价研究［J］. 华北电力大学学报（社会科学版），2023（4）：52-60.

［4］徐向宇，李新，吕美静，等. 供应商评价及画像［J］. 通信企业管理，2020（5）：78-80.

［5］王洪好，张亮. 基于数据规划的电力物资招标采购质量管理方法探究［J］. 投资与创业，2023，34（20）：34-36.

作者简介

陶思艺（1998—），女，助理工程师，主要供应商关系管理、招标采购管理工作。E-mail：taosiyi123@163.com

郭严磊（1986—），男，工程师，主要从事供应商关系管理、招标采购管理工作。E-mail：89798272@qq.com

基于结构化投评标工具的智能评标模式研究与应用

摘要　物资采购是保障抽水蓄能电站顺利建设和安全运行的前提，而评标工作作为物资采购过程中的关键环节，发挥着举足轻重的作用。基于结构化投评标工具的智能评标模式能够引导编制人员完成投标文件的制作，帮助专家实现评审内容的快速定位、初评结果的一键出具、详评赋分的自动完成，进而实现智能评标。招标人借助智能评标模式，能够将商务评标专家数量压缩一半、评标时长减少 1.5 天，提升评标工作质效，降低企业评标成本。

关键词　结构化投评标工具；智能评标模式；降本增效

0　引言

采购是指企业在一定的条件下，从供应市场获取产品或服务作为企业资源，以保证企业生产及经营活动正常开展的一项企业经营活动[1]。当前我国正处于能源绿色低碳转型发展的关键时期，随着抽水蓄能行业的大力发展，采购活动涉及的项目数量和供应商数量急剧增长；与此同时，随着标准化、智能化技术的不断完善，招标采购正不断向数智化方向转型。传统投评标模式已经不能完全满足当下市场的需求，为解决传统模式下投标文件内容排版乱、定位难，评标专家主观因素影响大、评审质量参差不齐，评标模式客观因素占比少、智能化程度低等问题，构建智能评标模式，该模式根据招标文件要求及商务和技术评分细则中关键内容，将响应内容转化为客观量化要素和主观响应材料，形成结构化投标模板；在此基础上，借助开发的结构化投评标工具，实现评审内容的快速定位、一键出具初评结果、自动完成详评赋分。该模式不仅能够解决传统模式存在的问题，也能进一步提升招投标工作质效、推动采购管理体系建设。

1　智能评标模式构建

为了解决现阶段评标过程中存在的种种问题，实现企业降本增效的目的。基于对招标文件要求的量化评标要素提取，完成投标文件模板的编制，并配套研发结构化投评标工具。

1.1 提取量化评标要素

量化评标要素是指投标人响应内容中容易触发否决条款的可量化的招标文件要求。对于评标工作而言，响应内容的客观评审占比不仅直接关系到评标专家的工作效率，也能够保证评标工作中评审尺度的统一，因此提升投标文件中响应内容的客观评审占比至关重要。以专用资格要求中业绩要求为例，通过对业绩的签订年份或执行期、类型、数量、内容等评审要素关键点进行整理，将主观评审的业绩要求转换为客观评审的量化要素，从而实现招标文件要求的客观量化。

1.2 编制投标文件模板

采购服务标准体系的建立，是采购服务标准化发展的前提和基础[2]，而标准化的投标文件模板则是实现结构化投评标模式的基础。通过借鉴论文集目录链接正文内容的方式，结合招标文件要求，对投标文件要求进行归类、整理，建立投标文件模板目录索引，见图 1。依据响应内容重要程度，形成涵盖封面、目录、章节标题、量化要素等内容的投标文件模板，打破传统投标文件由编制人员自由发挥的"粗放式"编制模式，引领编制人员朝着按部就班、准确响应的"精准式"模式转变。

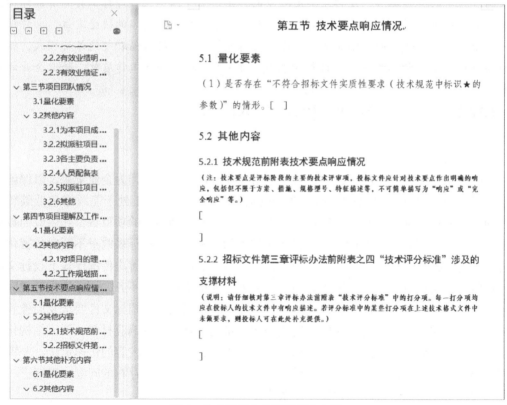

图 1 技术投标文件模板章节内容

1.3 研发结构化工具

结构化投评标工具是实现智能评标模式的技术手段，工具主要包含创建投标模板、维护基础数据、评标专家评审 3 个模块。在招标公告发布前，根据采购项目信息，在创建投标模板模块中为每一个项目定制专属投标文件模板，并同步将项目个性化需求部署至模板中，实现投标人编制投标文件时的引导以及自我校核；评标期间，在数据维护界面完成基础数据的维护后，即可利用结构化投评标工具中的投标文件导入、一键对比、一键赋分、导出成果等功能开启智能评标。

2 智能评标模式应用

目前，评标环节主要分为初评否决和详评打分两个阶段。在初评否决阶段由评标专家根据招标文件要求，对投标文件的完整性及响应度进行审查，提出不进入详评的意见[3]；在详评打分阶段，由评标专家根据评分细则，对合格投标人进行技术、商务等方面的进一步评审。

2.1 自动完成初步评审

在建立投标文件模板目录的基础上，结构化投评标工具内置"一键比对"功能，可自动完成招标文件要求与投标文件量化要素响应内容的对比，如招标文件要求的投标保证金额度与投标文件中响应的额度之间的对比、业绩要求中合同金额与实际响应的合同金额之间的对比等，并出具初评结果建议，实现客观量化要素智能初评，见图2；同时，工具具有同步联动否决情形、招标文件要求、投标文件响应内容的功能，评标专家依据否决情形条目，即可实现投标文件中关键信息的精准定位，减少评标专家查找评审内容的时长。

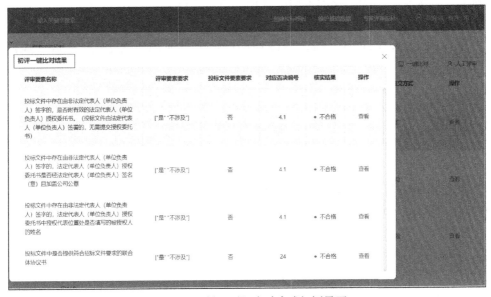

图 2 "一键比对"自动完成初评界面

2.2 实现智能详评赋分

评审办法中最常用的评审方法是综合评估法，该方法的实现路径是通过对评定内容打分的方式比较各投标人的响应情况。结合评分细则内容，为每一个打分项构建智能赋分模型是实现智能详评赋分的关键，将智能赋分模型内置于结构化投评标工具中，利用"一键赋分"功能，即可实现每一个打分项的自动赋分，从而将打分方式由主观评审转换为客观计算，降低专家评审的主观影响。以"业绩要求"打分为例，将业绩数量和业绩规模作为该项智能赋分模型的因子，并根据因子的重要性设置权重，实现智能赋分模型的构建。

3 结束语

基于结构化投评标工具的智能评标模式不仅能够引领投标人精准响应招标文件要求，提高投标文件编制质量，提升供应商投标的便捷性及满意度，进一步提升招标采购成功率；也有效削弱评标专家详评打分主观因素影响，降低投标人对评审结果的异议与投诉数量，提升评标工作的合规性；同时，大大降低人工评审的工作强度，有效压减评标专家数量，显著提升评标质效，为现代绿色数智供应链建设提供了可行方案，树立了智能高效规范的招标采购品牌形象。目前，针对抽水蓄能电站建设的典型项目已经开展试点应用，接下来将进一步扩展项目品类及数据规模。

参考文献

［1］ 雷云，陈韬，杨金，等. 采购技术标准结构化及招评标体系研究［J］. 电工技术：理论与实践，2016（000）001：156-158.

［2］ 林霖，乔宝良，李扬. 我国采购服务标准体系初探［J］. 中国标准化，2013（3）：88-92.

［3］ 卢晶，江天博，胡远航，等. 智能辅助评标工具应用研究［J］. 项目管理技术，2020（4）：123-129.

作者简介

尹文中（1992—），男，中级经济师，主要从事招标采购管理工作。E-mail：1049001419@qq.com

彭弸夙（1991—），女，中级经济师，主要从事招标采购管理工作。E-mail：peng_pengsu@163.com

赵　文（1990—），男，中级经济师，主要从事招标采购管理工作。E-mail：1120124579@qq.com

基于绿色施工　保护生态环境
——抽水蓄能电站绿色施工建设之探索

王建忠，黄小应，孟继慧，葛家晟

（浙江宁海抽水蓄能有限公司，浙江宁海　315621）

摘要　随着《抽水蓄能中长期发展规划（2021—2035）》印发实施，抽水蓄能进入高质量发展的新阶段。抽水蓄能电站建设面临着巨大的挑战与机遇，特别是环境保护法律法规的修订，地方政府对环水保的重视和监管的加强，抽水蓄能电站的绿色施工和环境保护凸显重要性。如何提高抽水蓄能电站的建设单位（业主）、设计、监理、施工等参建单位的环保意识，开展绿色施工，保护生态环境，是摆在抽水蓄能建设单位面前的重要课题。国网新源浙江宁海抽水蓄能有限公司结合宁海抽水蓄能电站建设实际，总结了抽水蓄能电站建设六年来的绿色施工建设经验：建立"五位一体"（业主、设计、监理、施工、地方政府）绿色施工体系，通过建体系、优方案、引技术、选材料、抓落实，重点抓好施工废水处理、扬尘抑制、降低噪声、边坡复绿整治等，探索出一条具有宁海抽水蓄能电站特色的绿色施工建设之路，取得了良好成果。

关键词　绿色；施工；环境；保护

0　引言

浙江宁海抽水蓄能电站地处浙江省宁海县大佳何镇范围内，与村镇相邻，地方政府及村民对电站工程施工有更高的要求，如何将施工噪声、扬尘、废水等控制好，把绿水青山保护好成为工程建设单位必须面对的难题。通过建体系、优方案、引技术、选材料、抓落实，把牢施工废水处理、扬尘抑制、降低噪声、边坡复绿整治等，探索出一条具有宁海抽水蓄能电站特色的绿色施工建设之路，为抽水蓄能电站绿色施工做了有益的探索，实现了水土保持与生态景观相辅相成的"双优"效果。

1　基于抽水蓄能电站绿色施工的背景及意义

据了解，《中华人民共和国环境保护法》等几十项有关环保法律法规、部门规章和标准的相关条款对绿色施工只进行一般性的原则要求，缺少详细内容、工作程序和操作方法。宁海抽水蓄能电站自开工以来，坚定走生态优先发展道路，坚持人与自然和谐相处的理念，尊重自然规律，注重工程建设与周边环境相协调，打造"五位一体"绿色施工体系，在工程建设过程中注重生态文明，开展绿色施工。通过前期建体系、优方案、引技术、选材料、抓落实，逐步建立了具有宁海抽水蓄能电站特色的绿色施工管理体系，为实现"优质工程、平安工程、生态工程、廉洁工程"（简称"四个工程"）建设目标奠定了坚实基础。

1.1 宁海抽水蓄能电站基本情况

宁海抽水蓄能电站是国家能源局"十三五"规划重点建设项目，是浙江省宁波市宁海县三级重点工程，电站总装机容量 1400MW（4×350MW），总投资 79.5 亿元，于 2017 年 6 月核准，2018 年 4 月开工建设，计划 2024 年 10 月首台机组投入商业运行，2025 年上半年全部投产发电。电站投运后主要承担浙江电网的调峰填谷、调频调相及备用等任务，可替代系统煤电装机 154 万 kW，每年可节约燃煤消耗量约 18 万 t，减排二氧化碳约 36 万 t。

1.2 抽水蓄能电站落地生态示范区对施工建设有更高要求

浙江是"绿水青山就是金山银山"理论的发源地，宁海县全域是生态旅游示范区，分别于 2016 年和 2021 年获得"国家水土保持生态文明县"和"国家生态文明建设示范区"称号，地方政府对宁海抽水蓄能电站施工建设有更高的要求。宁海抽水蓄能电站从工程筹建期起，贯彻"两山"理论，积极履行社会责任，把电站全域生态环境保护放在工程建设总体策划之前，主动对接宁海县全域生态旅游示范区建设，把抽水蓄能电站建设融入地方生态环境整治大环境。

1.3 抽水蓄能电站优化电网电源结构助力地方经济发展

抽水蓄能电站在保障大电网安全、促进新能源消纳、提升全系统性能、助力乡村振兴和经济社会发展中发挥着重要作用。浙江沿海已建有大型火力发电厂、核电站、海上光伏站和海上风电场。建设宁海抽水蓄能电站是落实国家电网公司"四个革命、一个合作"能源安全战略，完善浙江电网电源结构要素的重要举措，对于促进风电、光伏等新能源的大规模发展和电网大范围优化配置资源，推动地方产业结构优化调整，助力国家清洁能源示范省建设，服务碳达峰、碳中和目标具有重要的意义。

2 基于抽水蓄能电站绿色施工的创新实践

2.1 构建五位一体绿色施工体系

宁海抽水蓄能电站建设单位，强化绿色施工与工程管理工作统筹，从工程开工前就开始谋篇布局、建章立制，全面提升制度化、规范化、精益化管理水平，建立了业主、设计、监理、施工、地方政府五位一体绿色施工与工程管理体系，将工程的安全、质量、进度、环保、廉洁一起管理，构建绿色施工体系，提出共建"四个工程"的目标。同时加强绿色施工的宣传，将环保知识与绿色施工要求纳入工人进场教育课程，与安全知识同培训、同教育，让绿色施工入脑入心入行动，绿色施工体系履盖全工地。

2.2 坚持生态优先发展战略

宁海抽水蓄能电站坚持生态优先战略。将工程建设生态环境保护纳入工程建设全过程，把工程建设融入宁海县茶山大花园生态环境建设大环境中，超前谋划，共建道路、提高防洪标准，制定生态规划、视觉规划、环境规划等方案。开工前，超前谋划附近村民饮用水及其他环保措施。为贯彻落实绿色建造理念，宁海抽水蓄能电站开工之初确立了生态工程建设目标，编制并下发《浙江宁海抽水蓄能电站工程绿色施工总体策划》，见图 1，明确了绿色施工总目标。严格遵守地方政府及国网新源集团的建设施工管理制度，印发了《浙江宁海抽水蓄能有限公司生态环境保护责任清单》，督导监理、施工单位编制生态环境保护相关制度及方案。

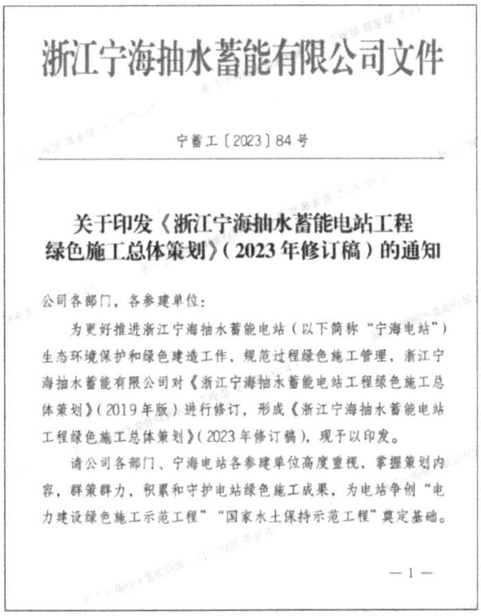

浙江宁海抽水蓄能有限公司文件

宁蓄工〔2023〕84号

关于印发《浙江宁海抽水蓄能电站工程绿色施工总体策划》（2023年修订稿）的通知

公司各部门，各参建单位：

为更好推进浙江宁海抽水蓄能电站（以下简称“宁海电站”）生态环境保护和绿色建造工作，规范过程绿色施工管理，浙江宁海抽水蓄能有限公司对《浙江宁海抽水蓄能电站工程绿色施工总体策划》（2019年版）进行修订，形成《浙江宁海抽水蓄能电站工程绿色施工总体策划》（2023年修订稿），现予以印发。

请公司各部门、宁海电站各参建单位高度重视，掌握策划内容，群策群力，积累和守护电站绿色施工成果，为电站争创“电力建设绿色施工示范工程”“国家水土保持示范工程”奠定基础。

— 1 —

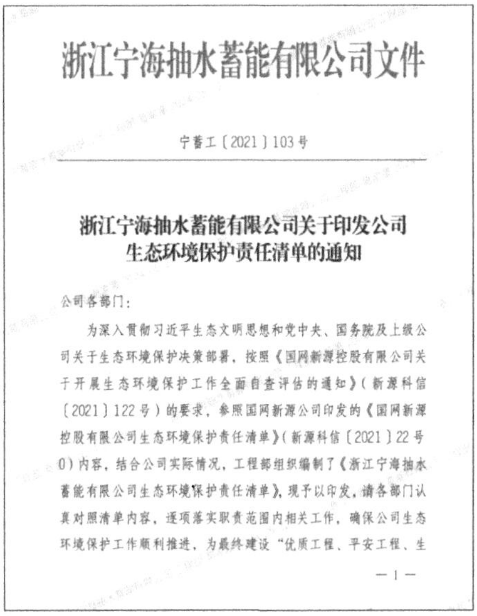

浙江宁海抽水蓄能有限公司文件

宁蓄工〔2021〕103号

浙江宁海抽水蓄能有限公司关于印发公司生态环境保护责任清单的通知

公司各部门：

为深入贯彻习近平生态文明思想和党中央、国务院及上级公司关于生态环境保护决策部署，按照《国网新源控股有限公司关于开展生态环境保护工作全面自查评估的通知》（新源科信〔2021〕122号）的要求，参照国网新源公司印发的《国网新源控股有限公司生态环境保护责任清单》（新源科信〔2021〕22号0）内容，结合公司实际情况，工程部组织编制了《浙江宁海抽水蓄能有限公司生态环境保护责任清单》，现予以印发，请各部门认真对照清单内容，逐项落实职责范围内相关工作，确保公司生态环境保护工作顺利推进，为最终建设“优质工程、平安工程、生

— 1 —

图 1　绿色施工策划和生态保护责任清单

（1）为解决下水库区周边村民饮用水问题，宁海抽蓄电站先后投入 5000 多万元，将涨坑、团联、毛洋、应家、马家、后洋、大佳何、航运等村组饮用水接入市政自来水管网，结束了村民世代喝溪水的历史。

（2）为减少工程建设对当地村民的干扰，投入 3367.09 万元与地方政府修建了共建道路，改善了村庄的交通通行条件；并对涨坑溪河道进行了整治，将河道防洪标准由 5 年一遇提升至 20 年一遇，消除了溪河防洪隐患。

（3）优化设计方案，尽最大限度减少明挖施工。上下库连接公路最大限度使用隧洞，上下库连接公路原设计有 8 个隧洞，为减少明挖，设计变更为 9 个隧洞，进场公路及上下库连接公路总长 15702m，隧道 8818m，占比 56.15%，大大减少了对山体、植被的影响。

（4）业主营地和施工人员营地的生活污水接入市政污水管网统一处理，食堂排油烟机采用油水自动分离设备，油污进入市政专用排污管道。生活垃圾由地方垃圾站每天统一清运。

（5）定期对附近村民的房屋进行评估排查，并对因施工爆破等原因导致的破损问题及时安排修复。

（6）对固体废弃物处置，成立开挖料源鉴定小组，在满足质量的前提下做到“能用尽用”，减少废料产生，工程弃渣均弃置于指定渣场，各渣场容量低于规划指标。生活、施工等区域设置分类垃圾桶，与地方垃圾处理站签订协议，施工期共处置垃圾约 6956.2t。

2.3 绿色施工机构齐全，措施有力

（1）宁海抽水蓄能电站成立了以公司董事长为组长，各参建单位主要负责人在内的绿色施工生态环境保护领导小组，下设生态环境保护办公室，挂靠在宁海公司工程部，监理、项目部、施工队伍均配有环水保专职、兼职人员，具体落实电站生态环境保护措施。

（2）浙江宁海抽水蓄能有限公司依法合规进行环水保报批工作，于电站开工前依次取得了《浙江宁海抽水蓄能电站水土保持方案报告书》《关于浙江宁海抽水蓄能电站 500kV 开关站工程环境影响报告书》《浙江宁海抽水蓄能电站环境影响报告书》批复文件，见图 2，并严格落实文件要求。

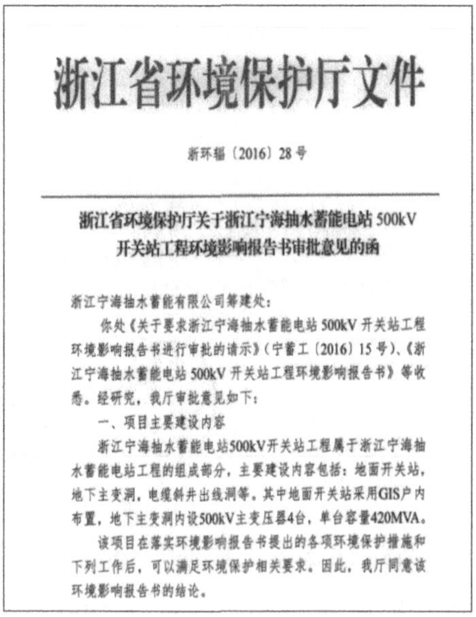
浙江省环境保护厅文件

浙环辐〔2016〕28号

浙江省环境保护厅关于浙江宁海抽水蓄能电站 500kV 开关站工程环境影响报告书审批意见的函

浙江宁海抽水蓄能有限公司筹建处：

你处《关于要求浙江宁海抽水蓄能电站 500kV 开关站工程环境影响报告书进行审批的请示》(宁蓄工〔2016〕15号)、《浙江宁海抽水蓄能电站 500kV 开关站工程环境影响报告书》等收悉。经研究，我厅审批意见如下：

一、项目主要建设内容

浙江宁海抽水蓄能电站500kV开关站工程属于浙江宁海抽水蓄能电站工程的组成部分，主要建设内容包括：地面开关站，地下主变洞，电缆斜井出线洞等。其中地面开关站采用GIS户内布置，地下主变洞内设500kV主变压器4台，单台容量420MVA。

该项目在落实环境影响报告书提出的各项环境保护措施和下列工作后，可以满足环境保护相关要求。因此，我厅同意该环境影响报告书的结论。

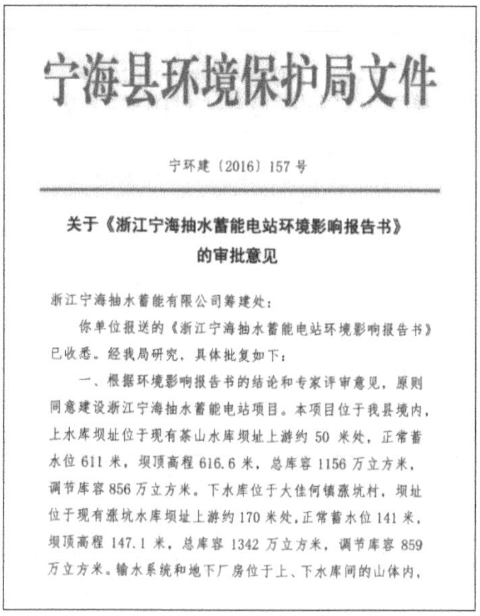
宁海县环境保护局文件

宁环建〔2016〕157号

关于《浙江宁海抽水蓄能电站环境影响报告书》的审批意见

浙江宁海抽水蓄能有限公司筹建处：

你单位报送的《浙江宁海抽水蓄能电站环境影响报告书》已收悉。经我局研究，具体批复如下：

一、根据环境影响报告书的结论和专家评审意见，原则同意建设浙江宁海抽水蓄能电站项目。本项目位于我县境内，上水库坝址位于现有茶山水库坝址上游约 50 米处，正常蓄水位 611 米，坝顶高程 616.6 米，总库容 1156 万立方米，调节库容 856 万立方米。下水库位于大佳何镇涨坑村，坝址位于现有涨坑水库坝址上游约 170 米处，正常蓄水位 141 米，坝顶高程 147.1 米，总库容 1342 万立方米，调节库容 859 万立方米。输水系统和地下厂房位于上、下水库间的山体内，

图 2　项目前期环水保类文件批复

（3）严格遵守政府及上级单位抽水蓄能电站管理制度，印发《浙江宁海抽水蓄能电站环境影响报告书》，督导监理、施工单位编制生态环境保护相关制度及方案。

（4）日常管理中，充分发挥出建设单位“龙头”、设计单位技术保障、监理单位监督检查、监测单位技术支持、施工单位具体执行的环水保管理体系。以远程集中监控＋现场流动稽查为抓手，加大反破坏环境力量，所有作业面均安装高清摄像头，实现全覆盖，采取业主与监理联合值班和截屏抓拍，及时发现并制止破坏环境行为，通过日常巡查、专项检查及定期监测等确保水处理装置的正常运行，将生态环境保护工作落在实处。

（5）绿色施工组织设计、施工方案审查中高度重视环水保措施是否达到环评报告、水保方案要求，坚持环水保措施不达标方案不批复、现场环水保措施不满足方案即停工的原则，将环水保管理要求纳入技术交底、站班会及考核评优。

（6）监测单位发现超标因素立即反馈，建设单位组织参建单位开展源头分析，对发现问题逐一落实闭环管理，最终加测验证整改效果，并在后续工作中举一反三。

（7）尊重地域文化生态特色，于可研阶段编制完成电站生态规划、视觉规划等方案，搭起电站生态景观架构，在可行性研究报告基础上，编制了土石方平衡规划、表层土在水

土保持上的利用设计等 7 项环水保类专题报告，指导电站环水保管理。

（8）贯彻国网新源集团《抽水蓄能电站工程建设绿色建造指导意见》要求，路线布置坚持"少明挖、多隧洞"原则，从源头上最大限度减少明挖对生态的破坏；实地查勘地形地质条件，从减少生态破坏、减少工程投资的角度出发，签发环水保设类设计变更 40 余个。

（9）定期开展生态环境保护培训，宣贯宁海电站环水保管理要求，借助"六·五"世界环境日等契机，开展印发环保宣传册、环水保知识竞赛、环水保法律讲座等活动，见图 3，营造全工地范围环水保良好氛围，不断提高参建人员环水保技能水平，树立履责尽职意识。

图 3 环水保法律讲座和世界环境日宣传

（10）强化过程管控，高度重视施工组织设计、施工方案对绿色施工的引领作用，对标《电力建设绿色施工示范工程管理办法》，联合业主、监理单位每月开展绿色施工评价；每月对施工区涉及生态保护、水环境、大气环境、声环境等方面的措施落实情况进行现场检查，并逐一落实闭环，真正将绿色施工工作落实。

（11）以创建国家水土保持示范工程、电力建设绿色示范工程为目标，过程中对标《电力建设绿色施工专项评价办法》《建筑工程绿色施工评价标准》开展绿色施工自评，总结不足，凝练提升方向。

2.4 以"四节"为抓手落实绿色施工过程管理

宁海抽水蓄能电站以节约材料、节约水资源、节约能源、节约土地资源（简称"四节"）为抓手，落实绿色施工中的过程管理，最大限度地保护环境。

2.4.1 节材与材料资源利用措施落实情况

根据就地取材的原则，本工程所用水泥、钢材等大宗材料采购于浙江省，采用 500km 以内生产的建筑材料占总量比例为 100%，降低了运输费用。根据施工进度等情况制定材料的采购计划，积极采用塑料模板、新型脚手架等环保材料。据统计钢材损耗率平均为 2.80%，木材损耗率低于 10%。

2.4.2 节水与水资源利用措施落实情况

严格遵守施工工序，边坡开挖前完成截水沟施工，分级削坡过程中采用锚喷、浇筑网格梁的支护方式及时对边坡进行封闭；尽早完成挡土墙制作，设置集水井和管涵合理引导雨水，有效降低水土流失。合理利用雨水，养护用水优先采用中水，安装和生产试验性用水综合利用。施工现场办公区、生活区节水器具配置率 100%。将节水指标纳入分包合同条款，人均生活用水量小于或等于 150L/（人·d），强化节约用水的宣传。

2.4.3 节能与能源利用措施落实情况

宁海抽水蓄能电站工地禁止使用国家明令淘汰的设备、工艺，优先使用国家推荐的节能环保、高效的设备和器具，建立耗能设施台账且动态更新。施工现场分别设定生产、生活区域配置电表并设定控制指标，加强节能宣传教育。每月开展施工机械设备专项检查，对不符合能耗要求的设备及时清场。临建设施通风采暖，充分利用自然资源，减少夜间施工。施工单位在各洞室作业面安装节能灯带，施工现场和办公生活区全面推广节能的 LED 灯照明。采用的轴流风机，具有高效节能、噪声低、振动小、运行可靠平稳等特点。根据当地气候和自然资源条件，道路沿线增设了太阳能安全警示灯以及太阳能路灯，充分利用太阳能等可再生资源。合理安排施工顺序、工作面，以减少作业区域的机具数量，相邻作业区充分利用共有的机具资源。安排施工工艺时，优先考虑耗用能耗较少的施工工艺。

2.4.4 节地与土地资源利用措施落实情况

根据电站实际情况，动态调整总平面布置，优化临时设施布局，做到布局紧凑、永久用地与临时用地兼顾，减少建设用地使用。坚持集约化管理、统筹使用原则，统一谋划、集中设置拌合站、钢筋加工厂、施工营地等临建设施，利于土地资源高效利用。利用原有水库及地形条件，成功优化掉了原上库施工用水水源区、下库石门溪取水、下库 1 号蓄水池，同时考虑上库表土使用和渣料堆弃次序，将表土堆存场与场平弃渣区有机结合，取消了原设计表土堆存场，节约用地约 300 亩。定期开展土石方平衡，动态分析土石方需求量，规划土石料开采点，减少土石方开挖，避免了备用料场的启用，既减少了生态环境破坏，又节省了投资，节约了用地。

2.5 采用新技术实现开挖与复绿同步

（1）水土保持措施。借鉴公路、铁路建设经验，积极探索少开挖、强支护、早进洞方案，根据洞口地形、地质条件及洞口永久衬砌结构型式，合理采用控制临时开挖坡比、型钢拱架＋超前锚杆/小导管、型钢拱架＋大管棚进洞等进洞方式，减少原植被破坏，累计减少开挖面积超过 1 万 m^2，节省了开挖支护及后期复绿成本。

（2）水土流失措施。开挖过程中控制爆破药量，设置主动防护网、被动防护网、竹筏板等措施，最大限度避免边坡溜渣、挂渣问题；边坡开挖严格遵守标准施工工序，开挖前完成截排水沟施工，采用分级削坡加锚喷、土坡浇筑网格梁的支护方式及时对边坡进行封闭，尽早完成公路挡墙制作，设置集水井和管涵合理引导雨水，有效降低了雨水冲刷导致的水土流失问题。渣料堆存前完成截排水沟、挡土墙、排水箱涵及沉沙池等部位的施工，严格控制坡比，渣场边坡形成后及时播撒草籽进行绿化。

（3）水土保护植被复绿措施。贯彻"开挖一片、复绿一片"生态修复理念，开挖、支护、复绿紧密衔接，对土坡、岩坡、挡墙外边坡根据地形地质条件采取常规的生态植被护坡技术（简称 TBS）、植被混凝土生态防护绿化技术（简称 VCC）（见图 4）、覆土＋TBS 等不同的复绿措施以实现效果与经济的平衡。公路开挖边坡采取混播草籽（花、灌木和草）或 TBS 生态护坡技术等措施进行防治；对于各隧洞开挖边坡的水土流失防治，采取锚喷支护＋植被混凝土生态防护绿化技术（草籽具有耐旱抗寒的特性）的措施，实现了水土保持和生态美观的双重效果。

图4　上下库边坡复绿实景

3　基于绿色施工的生态环境保护创新成效

3.1　建废水处理系统实现污水"零"排放

充分考虑洞室分布情况及废水处理量，科学谋划废水处理设施建设方案，合理采取废水处理系统或临时沉淀池；严格落实"三同时"制度，做到设备、措施优先主体结构，超前建设、配备废水处理设施，通过采用多级沉淀以及一体化沉淀设备系统工艺严格废水处置，建成废水处理系统共计9处（见图5）、移动一体化设备3套、临时沉淀池30余处。总运行能力为1000m³/h，洞口均设置3级沉淀池，实现电站施工废水处理全覆盖、循环利用、"零"排放及再生水灌溉。

施工现场设置环保厕所，生活区安装一体化处理设备，并实现雨污分离，常态化监测施工区域水质。

3.2　水喷雾全履盖实现空气环境无灰尘

（1）严格控制施工扬尘。车辆实行年检和强制更新报废制度，及时硬化临时道路共13km，控制车辆行驶速度，加大喷雾降尘、封闭降尘、洒水降尘力度，电站共配备洒水车6台，雾炮机2台（见图6），确保施工区域一天3~4次的洒水频次。

（2）洞室作业严格执行先通风、再检测、后作业的程序（见图7），作业面配备呼吸器等应急物资，确保人员作业安全。

3.3　新设备有效降噪实现施工环境无噪声

（1）引用新设备全断面竖井掘进机（SBM，见图8）和全断面隧道掘进机（TBM，见图9）替代人工钻爆法，减少了噪声产生，砂石骨料加工系统安装隔声罩、消声器等设

图 5 废水处理系统

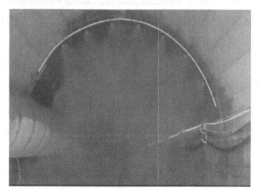

图 6 水喷雾防尘设备

图 7 防尖及空气检测设备

图 8 全断面竖井掘进机（SBM）　　　图 9 全断面隧道掘进机（TBM）

施；混凝土生产系统采用半封闭式的拌和楼；钢管加工厂增设冲孔泡沫板制作的隔声墙，防止噪声传播。

（2）严格控制爆破时段和爆破单响药量，水库大坝填筑等露天施工时间在 22:00—06:00 范围以外，施工车辆禁止高音鸣号，减少夜间行驶，降低对周边居民正常生活的影响。

3.4 植被混凝土生态防护绿化技术见成效

（1）保护工程区域陆生生态、水生生态，工程开工前对古树名木就地保护，保证下游生态流量。表土按应收尽收的原则进行收集，用于电站临时用地复垦和景观布置。

（2）植被混凝土生态防护绿化成效显著。贯彻"开挖一片、复绿一片"生态修复理念，根据地形地质条件分别采取 TBS、VCC、播撒草籽及乔灌木种植等不同的复绿措施，植物选型与景观设计有机结合，在满足经济性的基础上实现水土保持和生态美观的双优效果。宁海电站复绿共计约 41 万 m²，其中采用 TBS 复绿 23 万 m²，采用 VCC 复绿 18 万 m²，已实现开挖边坡的 100% 复绿。

（3）污水处理装置与植被混凝土绿化技术得到推广。宁海抽水蓄能电站应用的污水处理一体化装置和植被混凝土生态防护绿化技术为行业内新技术、新工艺，电站生态环境保护得到行政主管部门、业内人士、地方团体和居民的高度认可，电站绿色施工管理在系统内多次发表经验交流。宁海抽水蓄能电站环境保护工作成果多次被媒体、公众号及报刊宣传报道，见图 10。国网新源集团组织到电站进行绿色施工观摩。

图 10　电站环保成果被媒体报道

4　结束语

生态保护，任重而道远，宁海抽水蓄能电站始终坚持国家生态文明建设理念，服务"双碳"行动目标，以绿色施工为行动准则，以创建"生产建设项目国家水土保持示范工程"与"电力建设绿色施工示范工程"为目标，共建"五位一体"绿色施工体系，优化设计方案，引进 TBM 与 SBM 先进设备进行施工，SBM 竖井掘进机为全球范围内抽水蓄能行业首次使用，VCC 绿化技术为全国范围内工程项目中首次大面积使用，全面细致、扎实有效地推进电站绿色施工，打造抽水蓄能电站绿色施工品牌。绿色施工对环境保持有很多好处，同时也会产生相应的费用，希望在以后的抽水蓄能电站建设中，更加关注绿色施工设计概算以及新技术、新设备应用，并与工程安全、质量、进度等管理紧密结合，充分发挥绿色施工投资效益。

参考文献

［1］《中华人民共和国环境保护法》（2014 年 4 月 24 日）.
［2］《中华人民共和国环境影响评价法》（2018 年 12 月 29 日）.
［3］《中华人民共和国大气污染防治法》（2018 年 10 月 26 日）.
［4］《中华人民共和国固体废物污染环境防治法》（2020 年 4 月 29 日）.
［5］《中华人民共和国水污染防治法》（2017 年 6 月 27 日）.
［6］《中华人民共和国防洪法》（2016 年 7 月 2 日）.

作者简介

王建忠（1970—），男，高级工程师，研究方向：主要从事抽水蓄能电站建设项目管理工作。E-mail：wjz7050@163.com

黄小应（1971—），男，高级工程师，研究方向：主要从事抽水蓄能电站建设管理工作。

孟继慧（1975—），男，正高级工程师，研究方向：主要从事抽水蓄能电站工程管理工作。

葛家晟（1996—），男，助理工程师，研究方向：主要从事抽水蓄能电站水工管理工作。

基于新电价机制的抽水蓄能电站建设全过程工程造价控制与管理

陈 前[1]，朱 琳[2]，黄 真[1]

（1. 重庆蟠龙抽水蓄能电站有限公司，重庆　401420；
2. 国网新源控股有限公司抽水蓄能技术经济研究院，北京　100053）

摘要　"双碳"目标下，新能源大规模替代化石能源，抽水蓄能进入提速开发、批量建设、集中投产、高频运行的新阶段，新电价文件的颁布从根本上解决了抽水蓄能电费的疏导途径、电价的核定机制和容量电费的分摊方式等制约抽水蓄能行业持续稳定发展的问题，也对新电价机制下建设投资者如何更好地做好抽水蓄能全过程造价管控提出了更高要求。在新电价背景下，重点从电站建设的项目前期决策、设计、招投标及施工全过程工程造价影响因素为切入点，对电站建设工程造价控制方法以及投产后核定电价的关联性进行研究分析，以期对抽水蓄能电站建设管理工作中的全过程造价管理提供参考。

关键词　新电价机制；抽水蓄能电站；全过程工程造价管理

0　引言

2021 年 5 月初，国家发展改革委印发了《关于进一步完善抽水蓄能价格形成机制的意见》（发改价格〔2021〕633 号）（以下简称"633 号文"），健全抽水蓄能电站电价形成和疏导机制，并配套出台了容量电价核定的具体办法。

"633 号文"从根本上解决了抽水蓄能电费的疏导途径、电价的核定机制和容量电费的分摊方式等制约抽水蓄能行业持续稳定发展的问题，明确了抽水蓄能产业定位和市场化方向，提出了约束与激励并重的核价要求，要对标行业先进水平确定核价参数标准。国家发展改革委从严执行政策核定电站电价，释放了更加注重效率与效益的鲜明导向，意味着新电价机制下投资建设者对抽水蓄能电站从可研到投产全过程建设中如何有效控制工程造价尤为重要，直接影响电站建成投产后的经济效益。

1　项目决策阶段工程造价控制

抽水蓄能电站建设在决策阶段，以评估电站建设的必要性、可行性和经济效益为主要任务。电网的需求状况决定了工程的必要性，施工建设中技术难易程度决定了工程的可行性。工程投资所产生的经济效益，是项目决策的核心问题，项目建设总成本则是影响项目经济效益最为敏感的因素之一。

当前，新价格机制落地明确了抽水蓄能成本监审、电价核定的具体操作方式，改变了以往只核价不监审的模式。如何确保电站基建投资在核价环节充分纳入核价投资、保障投资效益，有效控制工程造价至关重要，因此需把项目决策阶段作为工程造价管理的重中之重。

1.1 决策阶段工程造价的主要影响因素分析

投资规模、建设标准、建设地点、设备选型等是影响工程造价的主要因素，也是项目决策阶段关注的重点。电站工程造价随电站装机容量的增加而增加，投资的确定还需考虑市场需求、社会经济环境等诸多因素。

同时，由于抽水蓄能电站建设周期较长，在决策时还需综合考虑筹资方式、结构、风险、成本等因素，电站建设征地、社会环境、枢纽建筑布局、施工条件、运输条件、工程地质以及工艺设备、主机设备设计制造等也是影响投资规模的重因素。

1.2 决策阶段工程造价控制重点

1.2.1 重视站址资源选择

在新电价机制下，只有坚持"投资必问效"的发展思路，注重效率和效益才能更好提高行业竞争力，站址资源的选择显得尤为重要。选址应充分考虑站址所在地电力系统需求、当地电价承受能力及纳入规划条件等因素，尽量靠近区域电力负荷中心，可充分发挥抽水蓄能电站调峰调频的功效，降低输电线路投资，便于建成后电价疏导；同时，站址地区的征地移民条件也是需要考虑的重点，移民数量少、征地成本低，既能降低移民对项目建设的影响，又能减少移民搬迁成本，是最理想的选择。因此，站址先天地理优势是决策阶段需重点关注的，直接影响后期整个电站全寿命周期内经济效益。

1.2.2 注重枢纽建筑物布置

抽水蓄能电站主要由上、下水库，输水系统和地下厂房等枢纽建筑构成。建设过程中，上、下水库的选择及布局对电站经济性指标影响较大，最理想是具有天然库盆从而减少施工过程中开挖和填筑的工程量，下水库选择尽量选择含沙量低的流域，避免因泥沙等原因单独筑拦沙坝从而增加额外投资。上、下水库布局还直接决定了修筑输水隧道的长度，长度越长，开挖支护及压力钢管安装工程量和投资就越大。同时，输水的阻力大，也将直接造成水头损失；反之，则投资小，经济性好。同时还需注意，对于可买可租、可建可租的水库等基础设施建设方式选择上，从整个寿命周期来看，优先采用购建方式。虽然从短期看会使得工程造价增加，但该部分投资在后期可纳入电价回收，避免采用租赁方式租赁费用平均运维费率不能有效补偿的风险。

1.2.3 强化可研设计概算审核

可研设计概算审核是可研阶段最重要的成本控制手段之一。重点审核设计概算编制依据的合法性与时效性、编制内容的深度、建设规模与标准、费用等内容，做到内容全面、依据充分、项目不缺失，为后续执行过程中概算控制打下良好基础。同时，还需提前考虑新电价机制下的电站后续核价工作，按照监审核减资产规则逐项核对项目名称和功能用途，修改可能存在核减风险的名称，并可适当提高关键设备的概算金额，切实降低未来运营期间的运行维护率。严禁列支电价不予补偿的项目，严控工程造价，从源头杜绝"无效投资"。

2 项目设计阶段工程造价控制

2.1 设计阶段工程造价主要影响因素分析

影响抽水蓄能电站设计阶段工程造价的主要因素有坝址选择，坝型、坝轴选择，地下厂房设计方案，引水系统，泄流设计方案，施工技术方案、结构方案选择等。设计方案可靠性越高，可优化的空间相对越大，且对后期运行的持续效益也越大。

2.2 设计阶段工程造价控制重点

2.2.1 重视前期勘测设计工作

抽水蓄能电站建设条件具有特殊性，地下厂房、引水隧道等主要枢纽建筑物均建设在大山山体中。如果前期工作没有达到应有的深度和广度，或因前期工作经费不足，设计周期短、基础资料、资料不完善，又未经多套方案的论证和比较，导致方案不够合理，将直接导致建设阶段设计变更频繁发生、主要工程量大幅增加，尤其是地质条件的改变，往往会造成建设成本的大幅提高。因此，科学地做好勘测工作至关重要，尤其是对工程地质、水文地质和坝址、地下洞室群的布局方案进行选择论证，更是必不可少。在此过程中，一定要坚持对第一手资料的全面了解，对符合客观实际的科学结论，要在深入分析论证和征求意见的基础上作出。成本监审对超出概算部分不计入投资，从源头上控制工程造价，避免在工程建设实施中发生重大方案改变或大量的工程设计变更造成投资增加和超概风险。

2.2.2 重视设计方案优选

优选设计方案是以降低工程投资、提高工程效益为目的，在技术先进、经济合理的基础上，通过比较多种设计方案，选择最优的设计方案。不同的设计方案在功能、造价、工期和设备、材料、人工消耗等方面的标准也不尽相同，控制工程造价的目的并不是为了追求最小的造价，而是为了取得投资的最佳效益。设计方案的优选，既要考虑项目的技术方案，又要关注成本和效益，即技术和经济的一体化。例如，在电站整个设计过程中可加强对 TBM 等先进施工技术的推广应用，使工程建设提高效率，缩短建设周期，减小资金占用成本，尽早取得收益。结合相关重点指标加强审核，确保技术应用科学合理，工程造价经济合理，从而实现最大化的经济效益，是设计阶段控制工程造价的重要方法。

2.2.3 提高设计标准化水平

如果设计与标准规范不符，必然会对工程建设重要衡量标准的工程建设质量造成不良影响。因此，在电站设计阶段，要在符合地形、地质等条件的情况下，总结各地区不同电站设计方案在建设过程中的优缺点，构建标准化推荐库，尽可能将标准设计应用到最大程度。在工程造价方面，采用标准设计，既有效控制工程投资，为降低工程造价提供重要依据，又能促进专用机械设备（例如：TBM 掘进机）在满足施工条件下，提高设备周转次数，使施工效率在加快工程建设进度的同时，也能促进机械化施工和工厂化生产结构配件的重复使用，有效控制工程建设成本。

2.2.4 严格控制生产管理设施

在设计阶段，重点加强对前后方生产运行管理设施设计建造方案的审核工作，以建设规模不超批准设计概算为总体原则，合理布置前后方生产管理用房。提前分析项目施工期及后期运行管理需求，合理控制施工现场房屋建筑规模。施工建设期监理、设计等第三方参建人员住宿及办公场所，可考虑采用搭建临时房屋形式，员工值班房、食堂及运功场馆等附属设施严格控制规模及建设标准，从源头节约施工现场营地工程造价；后方管理用房的建设，在设计概算范围内可合理进行调剂，后方周转房、寝室等监管易被核减项目实施前对其需求进行评估，从严管控；省内存在多项目的情况可联合建设后方生产管理设施，集中布置集控中心，造价进行合理分摊，从而增加投资效益。

3 项目招标阶段控制工程造价

3.1 招标阶段造价主要影响因素分析

抽水蓄能电站工程施工合同一般为单价合同，招标项目工程量清单中的工程量是根据招标设计图纸计算得到。最终结算的工程量是指承包商实际完成的符合技术标准和招标文件要求并经监理和业主现场确认后确定的有效工程量。竣工结算金额是根据中标人投标单价与经确认的最终工程量计算确定。招投标阶段影响工程造价的主要因素有招标前分标方案及分标概算划分、招标文件编制质量、最高限价及评标等。

3.2 招标阶段造价控制重点

3.2.1 优化分标方案及分标概算

分标方案是指设计单位将整个工程任务和工作按照一定的规划方式分解为若干个施工标段，明确各承建方的施工任务和边界条件。目的是便于工程发包和工程管理的后续施工和工期。项目的分标方式决定了项目组织结构的基本形式，是项目实施的战略问题，合理的分标方案能充分调动承包人积极性，发挥承包人优势，利于施工过程中施工资源分配及组织，减少因不同承包人交叉作业等导致的合同纠纷。分标概算为在经批准的设计概算基础上，依据工程建设规划、招标设计和建设单位管理要求进行模块划分，并对设计概算项目进行有针对性、目的性的重组和调整，作为后续招标最高限价的参考依据；在招投标工作启动前，做好工程分标方案和分标概算工作，为工程造价控制起到指导作用。

3.2.2 严把招标文件质量关

招标文件包括合同、招标图纸、技术标准和要求等相关内容，是投标人获取招标人意图的主要途径，也是后续签订合同的基础。投标人结合自身情况根据招标文件要求及现场施工条件编制投标文件，招标文件中合同条款约定是否明确、清单内容编制是否完整等对后续合同执行情况产生直接影响。严格规范招标文件能够保证建设工程合同文件的合法性、确保工程合同造价的公正性、合理性和合法性，避免不必要的经济纠纷和合同变更索赔，提高工程造价控制质效。

3.2.3 严格审核最高限价

在招标过程中，投标者的投标价不能超过招标人公布的最高限价，否则按废标处理。最高限价一般以合理的施工组织设计编制为主，参考定额用量，结合地方造价管理部门公布的信息价格、行业规定的收费标准进行编制。招标前应重视最高限价审核工作，做好与分标概算金额对比分析工作，确保最高限价的质量，在招标阶段从根源上控制工程造价，减少超概风险。

3.2.4 重视评标环节

评标阶段是发包人对投标人投标文件编制质量进行评审,重点审查投标文件是否响应招标文件要求,对比商务及技术投标文件,从而选择最优投标人。这一阶段的核心目标是通过有效的评标方式和方法,筛选出优秀的承包商,防止投标单位恶意低价中标后在施工过程中各种理由再进行索赔情况出现。同时,还可防止施工单位因管理人员素质或技术设备不足等内部因素造成的问题,从而影响施工工期、造成合同纠纷,使工程造价受到影响。

3.2.5 确保设备采购质量

优质的设备与电站运行期运维成本支出息息相关,为减少运营期运维支出,应重点加强设备质量全生命周期管理在招标采购中的应用,加强关键设备的重点投资。在主要设备招标采购、招标文件评审、合同谈判等阶段,通过邀请专家、专业技术人员进行技术咨询,评价各具体投资单项投资规模与后续运维支出的关联性,在工艺设计、设备选型方面择优选择,可在选取设备制造商环节最大限度避免典型问题和家族性缺陷的重复发生;同时,对于必需的备品备件规模及数量根据生产运行需要,在招标文件中进行综合考虑,有效管控备品备件规模,确保作为投资组成后续能全额纳入核价投资中,保证投资效益。

4 项目建设实施阶段工程造价控制

4.1 实施阶段工程造价主要影响因素分析

建设实施阶段是电站项目价值实现的主要阶段,资金需求量也是最大的。施工阶段工程造价的控制是工程造价管理的核心内容,在这一阶段,项目征地移民、合同执行、工程变更索赔、工程施工进度、质量管理以及市场材料价格变化等因素均对工程造价产生影响。

4.2 实施阶段工程造价控制重点

4.2.1 重视工程执行概算编制

执行概算是根据招标设计的工程量和合同价格,以可研设计概算为总体控制指标,在抽水蓄能电站建设过程中,按照"总量控制、合理调整"的原则,结合工程招标和建设管理的实际情况,是实现工程造价控制管理过程中的重要环节。建设单位通过执行概算编制,对设计概算总框架下各分项概算金额的实际发生情况做到心中有数,有助于工程造价的控制和管理,在结合工程实际进度结算情况动态分析和调整实施概算的基础上,达到动态控制概算的目的。

4.2.2 提前开展征地移民工作

做好移民征地工作不仅可以确保抽水蓄能电站工程的顺利开展,也可在很大程度上降低工程造价控制难度。提前开展征地移民工作,实现完成征地移民后再开工,可有效避免施工期电站周围群众因移民问题对工程建设造成干扰,将干扰索赔降到最低。同时,对于处于生态保护区内的电站,应提前对施工区域内分布的珍稀动植物进行排查并制定合理安置方案,在工作面交付前完成相关工作,避免后期对工程施工造成影响。

4.2.3 优化设计方案

抽水蓄能电站建设规模大、工期长、工程难度大,在建设过程中容易出现设计方案考虑不周全而出现工程变更等情况,对工程造价有一定影响。设计单位应从源头上避免方案变更的情况发生，设计方案能高度满足各方需求，对确需的工程变更应采取先核算后变更的办法，制定严格的变更内部控制流程，合理控制工程成本支出，确保工程质量安全。外部不可抗力对于工程施工的影响同样很大，突发的暴雨等外部因素无法准确预测，所以要做好相关的预案工作，一旦出现问题可以及时解决，最大限度地减少不可抗力等因素对工程造价的影响。

4.2.4　合理优化工期

抽水蓄能电站工程建设工期往往相对较长，建设过程复杂，需要细致的安排和管理，合理优化工期可有效降低建管费和财务费用，对工程造价产生积极影响，且建设期越短的项目，占用资金成本越低，经营期实际资本金内部收益率越高。工程开工前完成里程碑计划编制工作，过程中严格把好年度计划、月度计划和施工过程中的周计划关，加强进度考核，定期分析工程进展情况，制定纠偏措施，确保施工进度按计划开展。同时，在施工建设过程中，存在着大量的土建工程施工项目，多标段或标段内同时施工和交叉开工十分普遍，不可避免地会产生一定程度的干扰，做好现场资源调配工作尤为重要，避免出现不同承包商之间交面延误等原因产生的索赔事件，从而造成的工程造价增加、工期延长。

4.2.5　加强变更索赔管理

抽水蓄能电站工程建设周期长，不可预见因素繁多，经常会导致合同出现变更索赔。工程变更索赔控制是施工阶段费用控制的关键，对电站工程总费用的影响也是很大。在施工阶段要从源头上控制变更索赔的产生，加强设计管理，提高设计质量，在施工蓝图下发阶段要做好与招标图的对比，尽量避免变更设计，如果必须变更，则要由设计单位和监理建设方同时审批，尤其是较大方面的设计方案变更时，要经过对变更方案的验证以及造价的评估之后再进行实施，保证投资效益，有效控制工程造价。

4.2.6　强化设备质量管理

在电站建设过程中，应结合各个电站的实际情况进行优化设计，如上、下库拦污栅的检修门机，因使用频次较低，且维护工作量大，可根据情况取消该设备，减少设备投资；由于抽水蓄能电站主机设备都是根据电站自身特性进行设计制造，专属性特点突出，重视设备制造前各方设计联络会及转轮试验等投入，从源头做好设备质量管控；在对主要设备选型阶段，不仅对技术参数进行要求，还应对各品牌产品进行对比，尤其是泵、电机、电器二次元器件等设备，并在合同执行阶段进行报批流程，可以最大限度避免买不到最优质设备的情况。同时考虑投入产出比例，保证预期带来经济效益的前提下，在设备采购阶段提高投资预算，能大大提升机组可利用小时数，保障后期电站长期安全稳定运行，降低机组故障率，从而减少运行维护费用，为对标先进行业核价参数标准提供有利条件。

5　结束语

抽水蓄能电站工程造价管理与控制贯穿于从项目前期决策到项目招投标以及后续施工建设的全过程。新电价机制下，如何对电站建设全过程工程造价进行把控，确保工程造价水平具有竞争力是项目建设管理者应该重点关注的问题。抽水蓄能电站长期稳定运行，必须从源头上进行重视，过程中做好各环节造价管控，坚持"投资必问效"的原则，精细化管理，夯实核价投资，才能提高行业竞争能力。

参考文献

［1］ 李超．水利水电工程设计中的工程造价控制［J］．中阿科技论坛（中英阿文），2020
（5）：115-116．

［2］ 刘殿海．水电工程各阶段工程造价管理要点探讨［J］．抽水蓄能电站工程建设文集，
2019，6-10．

［3］ 王文杰．水利工程造价在各个阶段的控制管理措施分析［C］//2015 年 7 月建筑科技
与管理学术交流会论文集，2015：288，323．

［4］ 张迎春．浅议水电工程造价控制措施［J］．企业改革与管理，2016（10）：121-122．

［5］ 朱孔光．水电工程造价控制难点及措施建议［J］．陕西水利，2015（6）：123-124．

作者简介

陈　前（1992—），男，经济师，一级造价师，一级建筑工程师，主要从事水利水电工程施工、工程造价、预算管理等研究工作。E-mail：646324375@qq.com

朱　琳（1989—），女，经济师，主要从事水利水电工程施工、工程造价、预算管理等研究工作。E-mail：zhiningzhu@qq.com

黄　真（1994—），男，经济师，主要从事水利水电工程建设、计划综合管理等方面的工作。E-mail：1195964414@qq.com

景观规划综合区域文旅助力抽水蓄能电站高质量发展

夏 彤，张莉颖，董盼盼

（中国电建集团北京勘测设计研究院有限公司，北京 100024）

摘要 党的二十大报告提出，加快规划建设新型能源体系。随着可再生能源装机规模快速增长，电力系统对各类调节性电源需求迅速增长。抽水蓄能产业转换效率高、储能量大，为实现"碳达峰、碳中和"目标提供了重要支撑，同时也推动了国内能源行业的转型升级。抽水蓄能电站的高质量发展，离不开设计层面的推陈出新，不断进步。针对抽水蓄能电站发展需求，北京院走出了一条"蓄能+文旅+生态景观+智慧化"的创新发展路径，以"大景观"和旅游综合策划的设计思路，融合规划、景观、建筑、市政，以及智慧化等多维一体化设计，将蓄能电站及周边进行综合提升，打造绿色生态、低碳智慧的蓄能特色旅游景区，带动周边乡村振兴，提升城市品质，助力地区经济发展。

关键词 抽水蓄能；景观规划；旅游综合策划；一体化设计

0 引言

抽水蓄能电站及其周边景观规划联动旅游综合提升是在科学发展观的统领下，以工程所在区域的自然生态保护与工程开发建设利用相结合为宗旨的新型一体化总体规划，最终形成以自然景观为主体，强调工业及科技景观，兼顾休闲度假与特色旅游，并有打造和传播企业品牌、宣传抽水蓄能节能环保的综合效益，实现自然景观和人文景观的有机融合。中国抽水蓄能电站正在经历一次前所未有的发展高潮，本文旨在综述碳中和目标下蓄能电站及其周边景观规划联动旅游综合提升进行研究，希望为设计师提供一些启示和指导，不仅是电站自身对生态环境保护以及环境景观资源提升的需要，也是区域旅游发展的需要。

1 研究背景

1.1 研究目的及研究意义

传统的抽水蓄能电站要求要保证工程的施工安全和质量，以提高工程的进度，对于工程的观赏性和艺术性得不到重视，造成建成后的抽水蓄能电站缺乏一定特色。在每一个文明阶段，能源的发展和利用都与当时的技术进步、社会结构和生活方式密切相关，他们共同推动了人类文明的进步[1]。从强调工业生产的高碳财富到物质适度的绿色低碳的改变，反映了价值观念的深刻转变[2]。近年来提出的抽水蓄能电站景区化发展方向，使得电站的景观建设被提到了新的高度，通过抽水蓄能电站风景区规划的研究，切实贯彻落实科学发展观，为顺应时代的特点需要在保证抽水蓄能电站质量的同时对其人文性和艺术性加以重视，即在建设的过程中与实际的生态环境相结合，把握好景观建设的整体性，实现将资源和生态以及安全和美感等融为一体，构造出符合时代特点的抽水蓄能电站项目。

抽水蓄能电站及其周边景观规划联动旅游综合提升首先应坚持可持续发展原则，立足长远、统筹未来、协调区域，力求实现电站发电、电站景观、电站旅游等多元化永续发展。通过实证研究案例分析，得到一些可用于规划设计的借鉴点，并以此为指导，在后续抽水蓄能电站工程的景观规划联动旅游综合提升中加以应用和探索，为抽水蓄能电站环境生态保护以及景观旅游效益提升提供理论参考和经验借鉴，并探索抽水蓄能电站及其周边景观规划联动旅游综合提升发展的新方向和新机遇。

1.2 研究内容

在对抽水蓄能电站资料分析的基础上实现对规划的具体的分析和研究，并形成具体的规划设计。景观规划应充分考量抽水蓄能电站工程自身特点，体现不同抽水蓄能电站工程景观规划需求的差异性，并注重同项目所在区域地方相关规划的协调和区域景观旅游资源开发利用的融合。科学合理地对抽水蓄能电站工程景观进行规划设计同时通过合理的规划设计手法保护当地自然特征使得我国抽水蓄能电站工程景观规划联动旅游综合提升能够适应并促进周边区域人居环境的建设和社会经济的发展。

依托北京院现有已经形成初步景观规划及旅游综合开发的抽水蓄能电站切实案例，包括河源岑田抽水蓄能电站旅游及景观总体规划、山西绛县抽水蓄能电站景观工程总体景观规划以及沂源抽水蓄能电站景观工程总体景观规划等项目，对具体案例中相应技术的应用进行总体分析，分析其技术路线和适用性，在此基础上将相关关键技术应用于其他抽水蓄能电站相关工程的项目开发应用中。

1.3 旅游规划理念前置，探索"蓄能 + 文旅"发展新模式

依托原生态自然风貌、地域文化、项目资源，通过前期对项目所在地资源禀赋及特色文化的相关分析，总结提炼区域特色文化符号，衍生相关文旅 IP，结合项目策划总体思路，制定旅游产品和游线等相关内容。拓展开发区域差别化的研学市场、工业旅游市场、微度假市场、运动旅游等未来发展潜力巨大的专业市场。通过有机统筹抽水蓄能项目总体初步规划以及项目周边自然资源优势，因地制宜谋划打造集科普研学、休闲度假、生态观光、户外体验等功能于一体的特色旅游综合体，促进周边区域文旅产业融合发展，带动当地二三产业发展，助力乡村振兴，让抽水蓄能电站项目带动"旅游资源整体优势"协同发挥，成为撬动共同富裕的新支点。通过融合声、光、电、影、音等多媒体科技，设置电站知识科普区、工程原理介绍区、生态科普区等板块进行科普教育展示。

电站旅游市场发展的突破口：一是积极拓展国内旅游市场，并高度重视区域内旅游发展，通过新型电站旅游项目产品开发、现代化旅游服务功能的不断完善，延长游客停留时间，促进游客消费；二是继续增大入境旅游人次和旅游收入，促进区域旅游国际化发展。抽水蓄能电站旅游策划纳入到区域整体规划和旅游区整体规划的范畴中去，同时又自成体系，充分结合了企业形象在景观规划阶段的应用。整体旅游开发通过依从"点线面"战略

达到从产品引客地到目的地留客的战略目标，以"定位—形象—空间—产品—设施"联合协同建设手段，即通过"联动乡村、旅游产品、景观节点"的点撬动，形成"环库风景道、上下库连接路"线性结构串联起"上库景观区、下库景观区"乃至区域内旅游目的地的面域范围最终形成整体的"点线面"战略闭环。

通过设置专题的游线实现旅游资源与电站本身特色的融合。电站景观游览线、工业科普游览线、环库文化游览线及自行车游览路线等相互穿插，形成综合的旅游线路。主要的旅游资源类型如工业旅游资源、山体旅游资源及文化旅游资源等，通过节点和旅游产品的规划设计，实现资源的统筹配置和合理利用。通过电站形象策划，进一步突出和强调地区的资源特色及其规划目标。

2 结合相关项目分析

2.1 河源岑田抽水蓄能电站旅游及景观总体规划

本次河源岑田抽水蓄能电站的旅游及景观总体规划研究将根据场地的现状情况以及对将来的发展做出的预期判断进行尊重场地现状的研究。为了在前期研究中更好地有针对性地进行设计构思的整理，前期概念设计主要在背景概况、场地特色、设计思路、具体设计、企业形象与景观相结合、旅游发展六个方面进行研究。电站景观生态理念核心是以生态景观保护为出发点，并结合生态修复为核心内容，兼顾电站实际使用中以人为本的宗旨，通过景观设计手法，重构部分景观生态单元。体现电站景观与环保生态的有机融合，合理布局，协调电站生产与综合功能的关系。通过景观规划为手段，侧重生态修复的方式来弥补电站对生态环境的干扰，确保人与自然的高度和谐。

河源岑田抽水蓄能电站旅游及景观总体规划紧抓"粤港澳大湾区"战略发展机遇、文旅及康养市场需求，以抽水蓄能电站资源为核心、以温泉资源为基础、客家文化资源为配套，以电站+康养为思路，以电亮湾区、泉养乡甜为形象定位，打造集工业旅游、温泉康养、客家文化体验于一体的蓄能文化康养度假目的地，国家级5A景区、大湾区研学教育目的地，做大工业旅游、作强研学游、做大康养游、做深文化游，塑造核心特色整合周边资源，联动区域旅游发展。

2.2 山西绛县抽水蓄能电站景观工程总体景观规划

在山西绛县抽水蓄能电站景观工程总体景观规划中，在尊重历史脉络、文化遗存和生态基底的基础上，以电站的主体功能为基础，通过景观手法将绛县特有的"尧文化"以及"龙舞文化"渗透其中，紧密结合工程片区的功能需求，在业主营地以及各个景观节点中将山西当地建筑特色以及尧文化符号提炼融合其中，整体打造具备区域文化特色的电站形象，激发区域可持续发展与经济振兴。

与电站建设工程相结合，与绛县城乡总体规划县域景观体系与旅游发展规划相吻合，在保证电站前期建设和后期运行顺利、管理便捷及风景规划区生态环境质量的基础上，为电站员工提供一个优美舒适、怡情悦性的办公及生活环境，为游客及附近居民提供一个健康、清净、闲逸、远离尘嚣的游赏度假空间。构筑以展现电站企业文化及工程风采、间或体现县域尧舜文化内涵，融电站参观、科普教育、休闲度假、工业观光等多功能于一体的综合型多元化电站。

景观规划设计旨在通过提升电站山水生境，扩大城市绿色空间营造。通过营造帝尧文明及晋水起源传承氛围，构建周边文化空间体系促进历史传承，创造城市生态文化，为城市健康发展提供应有动力。整体设计定位通过建设生态和谐的文化蓄能电站，促进当地高质量转型发展，展示绛县人民与水共存的独特哲学，带动乡村振兴发展。

2.3 沂源抽水蓄能电站景观工程总体景观规划

沂源抽水蓄能电站景观工程总体景观规划定位为打造集工业观光、科普教育、生态修复、休闲游览等多种功能为一体的生态电站。综合考虑现状条件和电站未来发展趋势，以电站主体功能为基础，将电站各个分区主体工程形象纳入整个景观审美体系，结合周边自然山水环境，形成人工电站景观与自然山水神韵和谐共生的十大景观意境。

结合沂源抽水蓄能电站景观的设计，对整个区域整体的规划构思中进行有序的生态修复保护，有计划地恢复原有的自然风光和独具当地特色的植被结构体系，突出还原生态环境的设计思路，既能够为电站的生活工作提供一个令人愉悦的环境，又能够最好地和自然环境协调一致，创建"绿色生态蓄能电站"。同时兼顾休闲度假与特色旅游。结合电站移民安置，整合农村资源，提出发展思路及发展策略，助力乡村振兴。根据沂源抽水蓄能电站的现有景观资源，以及电站建设规模与干扰程度，建议将电站景观生态定位为以自然山水观光为主，注重山地森林生态系统保护、兼顾电站基础配套工程功能延伸的环保式电站。

3 提升电站整体景观效果，"蓄能＋生态景观"展现电站独特品牌

在众多抽水蓄能电站的整体规划设计中，以"一站一品"为景观打造目标，通过整体综合规划，融入地域历史文化，控制电站整体形象和风貌，提升电站整体景观。

抽水蓄能电站因其震撼的工程特色而具有很强的景观设计提升潜力，其中强烈的人工痕迹及浓烈的工业色彩具有极强的标识性。通过对抽水蓄能电站工程区的工程特点进行分析，共总结出以下部分具有景观发展潜力的区域。

3.1 上、下水库区域

上、下水库区域主要包括上库及下库水上活动区及其周边位置，并结合旅游科普观光等产品综合打造。下库坝体中的坝顶扶手栏杆延续拙朴自然之风，以当地石材为主材，柱头栏板雕以特色图案，表面保留粗糙质感，蕴含工程厚重沧桑之意。坝肩观景平台位于下库坝肩临库岸处，依据电站环境规划导则要求，为满足行车和人员活动安全，借助现有施工场地，在坝头位置设一集管理、监测、停车、观景、集散功能为一体的平台。周围绿化要求与景观主题风格相协调，种植高大乔木引导人流车流至观景平台处，同时注意高度控制，不能遮挡车辆和行人的视线。

3.2 水坝及拦沙坝区域

水坝及拦沙坝区域可在造型、文化底蕴上进行景观提升。结合边坡生态设计、坝体彩绘等方式打造大地景观。上下库大坝位于山脊垭口上，周围植被覆盖良好。根据工程设计，大坝的类型、设计风格、尺寸、色调、建筑材料等不宜调整，因此，景观设计中结合周围环境特点，通过采取植物措施进行遮掩，如种植爬山虎、络石、常春藤、紫藤等上爬或下垂的藤本植物，通过种植藤本植被可以减小甚至减免大坝建设对当地景观的影响。

3.3 水库观景点及观景平台

水库观景点及观景平台利用前期数字化技术选择最佳观景点，打造有特色、有景观品质的观景平台，并结合科普、观测等功能，成为旅游游线中的打卡点。水库观景点可以选取从环库公路斜插进入下库与库岸之间，位于岸边的宽敞平台。从这里景观视线穿过狭长的水面可以直达水库，可以作为欣赏广阔的水域以及观看落日美景的绝佳地点。入口和平台之间设置栈道，道路两侧种植水杉树使树干形成视线走廊。整体设计采用前紧后松手法增强空间的层次感，栈道采用古朴石板及小青瓦，青瓦从栈道中心向两侧逐渐稀疏过渡，青瓦下方安装灯具营造出夜晚微光从石板和青瓦的缝隙中透出的温馨氛围。

3.4 业主营地

对于电站业主营地等重点区域进行着重提升打造，形成特色鲜明的核心区域，彰显电站风格，体现企业精神，并具备运行期进行旅游开发及拓展接待配套的功能。业主营地作为工程区电站员工工作及生活活动主要区域，是水利水电电站景观规划设计体现实用性原则的关键区域，深入贯彻全面、协调和可持续的科学发展观。生态优先、合理布局，经科学与艺术的设计构图，突出项目区的电站园林特色，结合电站建设者和管理者的使用需求，深刻挖掘中国传统文化特色、企业文化特色和地方文化特色及文化内涵[3]。

受蓄能电站类型的不同以及建设区域地形条件的限制，蓄能电站办公管理区及生活区的规模及其所具有的景观功能存在差异性。办公管理区包含了办公楼、景观公园、体育馆、展览馆、游泳池等设施，承担着水电工作人员日常办公与游憩的功能。同时办公管理区多位于河流水岸一侧，背靠山体与多类型的生态资源相融合决定了该功能区的景观规划设计的重要性。由线性特色挡墙和林下空间构成挡墙解决高差问题的同时与节点主题相契合，嵌入坐凳为使用者提供停留空间。生活区及宿舍区设置业主公寓、专家公寓及值班公寓等，周边以绿化种植为主提高观赏性的同时还可以起到遮挡、降噪作用。节点以隆起的地形阻隔来自场内公路的噪声及视线，以螺旋坡道盘桓而上确保途中视线不断转换，时开时合，时收时放，移步异景，丰富行走体验感。在居住区绿化中，还应考虑各园林要素与居住楼体风格及人文环境的和谐统一；注重树种色彩季相搭配，各种喷泉、溪流等水景的应用以及香化植物的引用[4]。沉浸式体验馆能提供更多样化的展示方式，并且可以通过互动体验更加深入地了解抽水蓄能电站，从而提升旅游参观的趣味性和教育性。

3.5 两洞口、大门及标识景观

两洞口、大门及标识景观设计融合当地文化、旅游开发门户形象及电站企业形象，打造有设计感的洞口、形象大门等区域。

交通洞口及通风洞为电站厂区的主要出入口，包括值班及管理用房、洞口装饰构筑物、两个大门及配套门卫室、停车场。建（构）筑物风格、色调、材质均与整体电站建筑物风格相统一，素雅沉稳不张扬。洞口周边及管理用房屋顶延至山体护坡均以绿化覆盖，令其与自然环境更好地融合，同时可设置水、石小品为点景作为文化景观载体突出电站主题。

两条进洞主干道之间保留绿化用地，地形微隆既利于提升种植效果又可围合空间，在洞前小广场与公路之间起到屏障隔离作用。在迎向车流的显著位置可设立景石，中部透空，镂刻抽水蓄能电站全称凸显企业文化。

3.6 管理用房及开关站

管理用房及开关站等工业建筑结合文化、景观特色等进行形象提升设计。

管理用房平台区景观设计在不影响建筑功能的前提下，以绿化为主，铺设人行步道、台阶、花池、坐墙、景石铭刻等，营造层次丰富、景致怡人的办公环境。

内部景观游线平面布局采用自由曲线宽放窄收，在低洼地带巧妙设计封闭式的景观区域，通过蜿蜒曲折的步道引导游客深入其中。在此可以俯瞰水库宁静库面以及远方辽阔山色，其中点缀着"翠绿竹林随风舞"的景致。在入口处可设置石碑镌刻金色文字，与周围的绿色植被形成鲜明对比，景观打造注重与自然的和谐共生，以及为游客提供更为丰富和独特的视觉体验。

3.7 坝后压坡及拌和站

坝后压坡及拌和站等进行生态恢复设计的同时，可设计轻投资的特色公园，如科普览性公园、亲子公园、极限运动公园等。对原砂石料加工厂及其他未改造场地可能出现塌陷区域进行生态覆绿的可实施性技术难点，在未来有可能发生地形变化的区域景观以植物造景为主，避免做较大面积的硬质景观建设。在植物选择上，遵循遗留地保护原则，充分发挥原生植物对城市环境的改造作用，植物配置选用乡土树种，突出地域性特色。

3.8 边坡景观

边坡景观设计将雕塑、立体绿化等景观手法与传统边坡修复相结合，打造有记忆点和标识点的道路边坡，改变传统电站边坡千篇一律的景观现状，提升电站整体景观品质，更可将攀岩等室外拓展项目融入其中。大坝边坡通过生态化框格梁处理形成工程区与周边环境之间的连续绿地，营造多样化丰富的环境条件及稳定的生态系统。同时也可考虑将艺术照明与大坝结合形成大坝灯光秀旅游景点，呼应旅游策划全时运营理念增强夜晚旅游吸引力。

枢纽区道路边坡覆绿需要在满足边坡修复要求的基础上进行全方位覆盖处理。植物的配置统一中求变化，同时在道路沿线设计统一的基调树种，在重点部分植被种类可适当增加，共同营造丰富的边坡植物景观效果。

3.9 道路及桥梁景观

道路、桥梁景观设计在传统道路设计的基础上，融入更多的景观元素，打造有文化特色的、景观丰富的道路景观。设计内容按用地类型划分：永久征地范围内的上下库坝顶环库路、上下库连接公路、公路口隧道，以及公路及两侧空地区域为设计重点；临时征地包括弃渣场、施工便道等以生态修复为主。

坝顶道路是通过机动车的交通组织系统，传统的道路以柏油马路为主，单调且缺乏美观性。由于大坝为抽水蓄能电站旅游区内的一个重要旅游景点，因此，总体规划应在道路交通组织的基础上着重考虑游客的观赏游憩与安全需求，可设置种植池及座椅等设施，使坝顶公路成为游客观景的场所之一。上下库环库路景观带位于大坝主景区，且串联了坝顶、沿线观景平台等各景观节点，公路沿线临水面山，以道路两侧自然植被的恢复及生态系统的重建为主。近水一侧绿化采用乔-草的搭配形式，形成通透的视觉效果，靠近山体一侧注重与山体绿化的协调，以边坡修复为主。

上下库连接公路萦绕山间、峰回路转，如烟如缕串起沿线各游线节点。植物群落分布也是随海拔而变化，在新建交通道路两侧种植高大的乔木，以及部分当地经济林植物等，并适当地点缀开花植物，驾车行驶其中，两侧俨然不断变幻的风景画面。

4 "蓄能+智慧化"设计，科学决策助力智慧电站

4.1 智慧化、数字化是当下抽水蓄能电站发展的必然趋势

紧跟行业变革的潮流，北京院坚定勇敢地迈出了将 BIM 技术融入电站整体规划设计的新步伐。这一举措不仅全面推动了数字信息技术在水电规划领域的革新，更是对多学科综合优势的有力体现。积极整合优质资源，确保新技术、新成果能够在实际项目中得到广泛应用。例如，将 VR 体验技术巧妙地融入项目包装汇报中，使项目呈现更加直观生动；同时，数字化分析也被应用于抽水蓄能电站的景观节点分析，为项目的决策提供了科学的数据支持。这些创新实践将引领水电规划领域迈向新的高度。

4.2 以 GIS 软件为基础的三维景观分析

为了更客观、全面地评估电站与景区之间的和谐共生关系，应深入分析电站与周边景观的相互影响，包括高程差异、坡度变化、坡向特点、视线通透性等关键要素。此外，还需特别关注视觉敏感度以及上下水库水位变动对景观的影响，并结合建设前后的地形变化进行对比分析。这些分析不仅增强了对基地的直观感知，还应用于指导基于地形特点（如高程、坡度、坡向）的合理用地规划，使得整体布局构思更加科学与合理。在规划表达上充分利用虚拟 GIS 技术、Revit 以及三维动画等将景观规划概念以更直观、更具吸引力的方式呈现。

在河北阜平抽水蓄能电站、山西绛县抽水蓄能电站以及山东龙口下丁家抽水蓄能电站的景观总体规划中，通过构建前期基础场地的三维数字化模型，从而方便快捷地实现对高程、视线等相关的分析与研究，可为营地选址、工程布置、景观打造提供更加直观的设计依据，基于智慧化的技术手段，可在项目前期为体量较小的营地、渣场等选址提供有力的技术支持。

4.3 量化指标取样与分析

深入探讨电站建设的量化指标不仅局限于传统的技术数据，而更加注重对生态、环境和人文的综合考量。主要量化指标涵盖多个方面，如生态修复率，它直观地反映了电站建设对当地生态环境的影响和恢复能力；风景资源的游人容量则关注电站与周边自然景观的和谐共生，确保游客体验与生态保护并重。此外住宿、餐饮等相关建筑指标也是不容忽视的重要一环，它们不仅关系电站的配套设施完善程度，更涉及对当地经济文化的推动和融合。生态敏感度的量化指标取样则通过科学的方法评估电站建设对生态敏感区域的影响，为制定针对性的保护策略提供数据支持。

针对每个电站的不同建设模式与发展规模，需要综合考虑各种因素，为不同电站的量化指标甄选提供全面、科学的依据，以确保电站建设与生态环境、社会经济的和谐发展。

5 结束语

在当前国家积极倡导抽水蓄能电站建设的热潮中，我们紧跟生态文明建设及乡村振兴的步伐，不断深化"蓄能融合、文旅繁荣、生态和谐、智慧引领"的发展理念。通过本文的论述，以旅游规划理念前置，探索以"蓄能+文旅"发展新模式为抓手，结合实际相关

项目案例的经验总结，分条列点地依照工程区域分部细项归纳抽水蓄能电站景观规划综合区域文旅是如何从总体规划站位到技术层面包括科技创新来助力蓄能电站高质量发展。与以往单一讨论景观规划与抽水蓄能电站相结合不同，能够综合论述在旅游规划的前瞻性领导下确保景观规划合理的同时综合区域旅游发展。

北京院致力于推动抽水蓄能电站的高质量建设与发展，同时展现其独特的生态景观和人文魅力，打造一幅幅令人心驰神往的抽水蓄能电站风景画卷，为乡村的繁荣与发展贡献力量。

参考文献

［1］ 杜祥琬，温宗国，王宁，等. 生态文明建设的时代背景与重大意义［J］. 中国工程科学，2015（8）：8-15.

［2］ 陈迎，巢清尘. 碳达峰碳中和 100 问［M］. 北京：人民日报出版社，2021.

［3］ 朱任荣，詹卉，浦恩辉. 大型水电工程建设项目园林绿化方案设计初探——以糯扎渡水电站业主营地为例［J］. 林业建设，2008（4）：38-41.

［4］ 莫傲. 糯扎渡电站建设对自然保护区景观影响浅析［J］. 内蒙古林业调查设计，2009（5）：24-26.

作者简介

夏　彤（1992—），女，工程师，主要从事水利水电工程景观规划及旅游策划与施工工作。E-mail：1184876510@qq.com

张莉颖（1985—），女，高级工程师，主要从事水利水电工程景观规划及旅游策划与施工工作。E-mail：174516428@qq.com

董盼盼（1989—），女，工程师，主要从事水利水电工程景观规划及旅游策划与施工工作。E-mail：dongpp@bjy.powerchina.cn

句容电站发电电动机安装问题分析及处理

殷焯炜，吕阳勇，周韦润

（国网新源江苏句容抽水蓄能有限公司，江苏　镇江　212400）

摘要　对句容电站发电电动机安装过程中出现的问题进行详细分析，并阐述问题的解决方案，为其他电站同类型机组的安装提供参考。

关键词　抽水蓄能电站；发电电动机；安装

0　引言

句容电站位于江苏省句容市边城镇，额定水头 175m，装机容量 6×225MW，主机由哈尔滨电机厂生产，额定转速为 250r/min，额定电压为 15.75kV。句容电站发电电动机为哈电近期的成熟设计方案，电站 1 号机总装过程中出现的问题及相应的解决方案对同期及后续电站机组安装具有较强的借鉴意义。

1　发电电动机安装问题及解决方案

1.1　定子铜环直流耐压时出现放电现象

1.1.1　问题描述

2023 年 12 月 13 日，1 号机定子进行直流耐压试验时出现放电声音，经检查为定子铜环对绝缘垫块持续放电。

1.1.2　问题分析

发电机定子共 10 层铜环，每层铜环由哈电厂内分段预制，现场钎焊而成，铜环焊缝处绕包绝缘云母带和无碱玻璃纤维带，涂刷 HEC56102 胶。每层铜环间安装绝缘垫块，并用螺杆拉紧。放电点靠近该层铜环的焊接部位，绕包有较厚的绝缘层，垫块螺杆拉紧后，垫块的边角对铜环绝缘层进行了挤压，导致该处铜环绝缘受损，对垫块放电。定子铜环结构如图 1 所示。

1.1.3　问题处理

将放电处铜环的绝缘层清除干净，重新绕包绝缘，

图 1　定子铜环结构图

待涂刷的 HEC56102 胶完全固化后再次进行试验。后续机组在进行铜环安装时，对垫块的位置进行调整，尽量避开铜环焊接部位，避免垫块对铜环焊接处绕包的绝缘进行挤压。

放电处绝缘清理及重新绕包绝缘如图 2 所示。

图 2　放电处绝缘清理及重新绕包绝缘

1.2　定子绝缘盒空鼓

1.2.1　问题描述

2024 年 3 月 29 日，2 号机定子线棒端部绝缘盒灌胶后验收时发现有 40 只绝缘盒存在空鼓现象。

1.2.2　问题分析

绝缘盒灌胶时，双组分灌注胶从绝缘盒和线棒并头块之间的缝隙处流入绝缘盒中。拆开空鼓绝缘盒后发现，灌注胶仅覆盖了 1/3 的线棒并头块，浇灌不饱满。

现场测量绝缘盒上下口与并头块的间隙，满足工艺要求的绝缘盒与线棒绝缘搭接距离大于或等于 45mm，绝缘盒上口与线棒的间距大于或等于 3mm，绝缘盒下部与并头套的间距大于或等于 3mm，灌注胶应能从缝隙处流入并灌满绝缘盒。

经分析，当日环境温度较低，双组分灌注胶搅拌后流动性仍然较差，灌入绝缘盒后在绝缘盒和线棒并头块之间的缝隙缓慢流动并逐渐固化，缝隙堵塞后导致无法继续灌入。

空鼓绝缘盒拆开后照片如图 3 所示。

1.2.3　问题处理

拆除空鼓绝缘盒并清理线棒并头块上残留物。将灌注胶加热至 25℃ 搅拌均匀，观察其具有较高流动性后灌入绝缘盒中。同时，在确保线棒绝缘与绝缘盒搭接长度大于规范要求的情况下，略微抬高绝缘盒上口至线棒的距离，增大灌胶时的缝隙。

图 3　空鼓绝缘盒拆开后照片

1.3 下导瓦安装不到位

1.3.1 问题描述

2024 年 5 月 4 日，1 号机下导轴承安装时发现，下导瓦高于下导瓦盖板，导致盖板安装不上。

1.3.2 问题分析

现场观察下导瓦略高于推力头止口，与图纸不符，判断为下导瓦高程存在问题。下导瓦高程与下导瓦本身高度、托板高程有关，经测量，下导瓦总高度 262mm 与图纸一致，不存在问题，下导瓦托板与下机架把合环通过螺栓连接，把合环与下机架为一体式结构无法调整，故只能通过调低托板高程，以降低下导瓦高度。下导轴承装配图如图 4 所示。

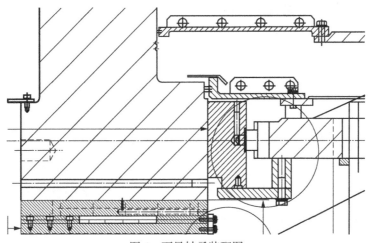

图 4　下导轴承装配图

1.3.3 问题处理

将托板拆下，在托板与把合环之间垫入一圈 30mm 厚环板，使用 M20mm × 100mm 规格螺栓将托板、把合环一起把合在对应位置。安装完成后复测托板下平面位置高于推力瓦瓦面 5mm，距离下导轴承中心线距离为 175mm，即可正常安装下导瓦盖板。后续机组安装时，在盘车阶段装入部分导瓦后，可先进行导轴承油槽盖板的预装，验证装配尺寸。如有问题可在盘车期间处理完成，避免影响后续安装进度。托板与垫环间加装环板如图 5 所示。

图 5　托板与垫环间加装环板

1.4 磁极耐压试验不合格

1.4.1 问题描述

2024 年 8 月 6 日，3 号机转子进行单个磁极交流耐压试验，升压过程中 2 号磁极和 15 号磁极发生击穿。

图 6　2 号磁极线圈与绝缘托板间放电

1.4.2　问题分析

2 号磁极 T 尾处磁极线圈与绝缘托板间出现放电痕迹。使用砂纸对放电痕迹进行打磨，露出绝缘托板本体后发现放电痕迹仅出现在托板表面，测量绝缘电阻为 1.09GΩ，初步判断磁极绝缘没有问题。

15 号磁极极间支撑处烧黑，测量绝缘电阻仅为 6MΩ，判断线圈绝缘已经受损，需对放电部位进行拆解检查处理。

2 号磁极线圈与绝缘托板间放电如图 6 所示，2 号磁极打磨后如图 7 所示，15 号磁极极间支撑处放电如图 8 所示。

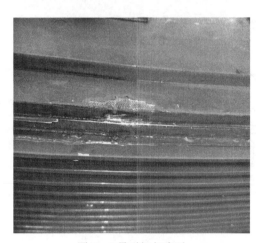

图 7　2 号磁极打磨后

图 8　15 号磁极极间支撑处放电

1.4.3　问题处理

1. 2 号磁极处理

将 2 号磁极打磨部位重新喷漆，按照 GB/T 8564《水轮发电机组安装技术规范》要求进行吊装前单个磁极试验，试验数据合格。

2. 15 号磁极处理

磨开 15 号磁极极间支撑板和铁托板之间的焊点，取下支撑板和绝缘垫块，可见绝缘垫块上的涤纶毡有明显放电点，判断为该处涤纶毡受潮或受污染，导致线圈与铁芯凸出部位之间绝缘降低，在交流耐压时发生击穿。

将绝缘托板上的放电痕迹打磨干净，露出绝缘托板本色。清除掉绝缘垫块和磁极上的涤纶毡、胶水，用酒精清洗干净。

裁剪合适尺寸的涤纶毡浸 HEC56102 胶后安装在线圈与绝缘垫块之间，绝缘垫块压实后，重新安装极间支撑板，将支撑板和铁托板焊接牢固，并打磨喷漆。

磁极是转子上最精密的部件，务必保证其存储环境干燥，运输时做好防护措施，试验前进行仔细清理。

绝缘垫块涤纶毡放电点如图9所示，放电处打磨清理如图10所示，涤纶毡浸胶后重新安装如图11所示，磁极支撑安装完成如图12所示。

1.5 转子磁极磁轭间垫片窜出

1.5.1 问题描述

2024年7月22日，1号机试运行后检查时发现，转子下方磁极磁轭间垫片有2片已经窜出。

1.5.2 问题分析

为避免磁轭冲片加工、安装偏差等原因导致磁轭叠装后磁轭外圆尺寸有一定偏差，影响磁轭圆度值，进而影响转子挂磁极后的转子圆度，故设置此

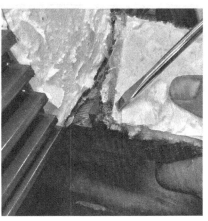

图9 绝缘垫块涤纶毡放电点

调整垫片。该垫片在轴向上超出磁轭的部分呈"L"形折在磁轭上，再用铁片压实此垫片后，将铁片与磁轭焊牢。此固定结构易导致转子旋转后，垫片受离心力向外窜出。转子磁极磁轭间垫片窜出如图13所示。

图10 放电处打磨清理

图11 涤纶毡浸胶后重新安装

图12 磁极支撑安装完成

图13 转子磁极磁轭间垫片窜出

图 14　垫片焊接完成后照片

1.5.3　问题处理

经现场分析后，使用氩弧焊将垫片与压住它的铁片焊牢，在后续的机组运行检查中未再发现有垫片窜出。查阅 1~3 号机磁轭叠装记录，磁轭半径、圆度数据均较好，不需要此垫片来调整磁轭、磁极圆度。因此取消其余机组的该处垫片，磁极挂装时，磁极内圆侧与磁轭外圆直接接触，既简化安装过程，又提高了转子的稳固性。

垫片焊接完成后照片如图 14 所示。

2　结束语

本文对句容电站发电电动机安装过程中出现的定子击穿、绝缘盒空鼓、下导轴承装配、磁极击穿、转子垫片窜出问题进行详细分析，并阐述相应的解决方案，希望为其他电站同类型机组的安装提供参考。同时，在发电电动机设计阶段，还应考虑发电机上盖板和下机架检修通道的便利性，转子上方油水管路的阀门应尽量取消或移开，复核上灭火环管与定子汇流环的间距。

参考文献

李晓飞，冉垠康. 发电机转子磁极耐压试验放电原因分析及处理 [J]. 人民长江，2015，46（22）：91-93.

作者简介

殷焯炜（1994—）男，工程师，主要从事抽水蓄能电站发电电动机管理。E-mail：772424115@qq.com

吕阳勇（1981—）男，工程师，主要从事抽水蓄能电站水轮发电机组管理。

周韦润（1994—）男，工程师，主要从事抽水蓄能电站安全管理。

考虑抽水蓄能电站与碳量的综合能源系统双层低碳经济优化调度

匡　宇，刘启明，王奎钢，黄炜栋，王鹏宇

（国网新源控股有限公司华东开发建设分公司，浙江杭州　310012）

摘要　为了解决电－热－气综合能源系统（Integrated Energy Systems，IES）与抽水蓄能电站（Pumped Storage Power Plant，PSPP）多能协调互补运行问题，提出利用精细化电转气（Power-to-gas，P2G）与 PSPP 提高风电消纳水平与降低碳排放量的调度方法。首先，上层以风电消纳水平最高、碳排放成本以及购能成本最低为目标建立含有 PSPP 的电－热－气耦合的 IES 优化调度模型。其次，根据上层系统的碳量来构建下层 PSPP 的动态发电价格来引导下层 PSPP 的抽水与发电计划，并将该计划传入上层，两层交替迭代得到最优的机组出力。最后，利用 CPLEX 求解上述模型，算例结果仿真表明，在该动态电价机制下，所建模型比分时电价机制更具低碳性与经济性。

关键词　碳量；动态电价；抽水蓄能电站；双层优化

0　引言

在温室效应日益严峻的背景下，绿色、低碳发展已经成为各个国家的必然选择[1-2]。一些欧美的发达国家已经承诺在 21 世纪中叶实现二氧化碳净零排放。目前我国能源转型依旧处在发力期，为助力实现"双碳"目标，在能源供给侧，实施可再生能源大规模接入电网；在能源需求侧，抽水蓄能与调温负荷等新形式的负荷日益激增，具备可观的灵活调度潜力[3-4]。"十四五"时期国家加快抽水蓄能项目建设，为"双碳"目标的实现添砖加瓦，同时也为构建以新能源为主体的新型电力系统提供了保障，对多能互补的综合能源系统的低碳协调运行与可再生能源的消纳具有重要意义[5]。

由于 PSPP 技术已经较为成熟，且 PSPP 在启停次数、启停时间与灵活性上较火电机组更具优势，已有不少学者对其加入 IES 的优化展开研究。文献［6］建立了包含风电、水电以及抽水蓄能等多类别电源的协同调度模型，利用双层优化算法求解所提模型，该方

基金项目：福建省财政厅专项"新能源工程机械关键技术研究与应用示范"（GY-Z220230）；福建省自然基金"区域综合能源系统负荷动态预测和能源－交通融合的关键技术研究"（2023J01951）。

法可以均衡经济效益与风险，但是其未考虑环境效益。文献［7］分析了抽水蓄能的电量电价的盈利模式与容量电价的测算模型，但其仅在市场预测的出清价格下进行解释，并未与 IES 的具体运行过程结合，未表明动态电价下的情形。文献［8］进行风电场和 PSPP 的联合运行，利用双层模型嵌套求解，获得最优的经济效益与风－蓄联合出力，并在 IEEE 30 节点模型上验证方案的有效性。文献［9］在电力市场背景下，对风－光－蓄联合运行模型进行求解，该方法以风光企业收益最大为目标实现多能互补效果，但方法仅以经济效益为目标，结果具有片面性。文献［10-11］从经济性与系统稳定性方面入手，对风－光－蓄的联合模型进行求解，实现了系统出力平稳，减少了可再生能源出力的波动性。上述文献并未深入考虑 PSPP 参与碳排放过程以及 PSPP 在动态电价下的运行成本。

针对以上问题，本文为了挖掘 PSPP 参与电－热－气耦合 IES 的调度潜力与降碳可行性，提出基于 IES 碳量的动态电价来引导 PSPP 参与 IES 调度的双层优化方法。一方面，搭建含有精细化 P2G 和奖惩阶梯式碳交易的 IES 模型，利用 P2G 吸收 CO_2 过程与阶梯式碳交易机制降低系统碳排放量；另一方面，考虑 PSPP 的低碳环保性，利用源于碳量的动态电价来激励 PSPP 参与 IES 调度过程，有机结合 P2G 与碳交易过程，进一步降低整体系统的碳排放量与 PSPP 运行成本。在调度周期内分别以成本最小为目标建立上层 IES、下层 PSPP 蓄能、发电的调度模型，并利用 CPLEX 求解来验证本文所提方法的有效性。

1　IES 与 PSPP 系统模型

本文构建的 IES 集合多种异质能源，包含电能、天然气、氢能以及热能。本文将含有电－热－气的 IES 系统作为上层优化系统，该系统包括风机（Wind Turbine，WT）、燃气锅炉（Gas Boiler，GB）、热电联产机组（Combined Heating and Power，CHP）、电－热－氢－气储能、氢燃料电池（Hydrogen Fuel Cell，HFC）以及 P2G，其中 P2G 由两部分构成，第一部分利用电解槽（Electrolyzer，EL）将电能转化为氢能，第二部分为甲烷化过程，利用甲烷反应器（Methane Reactor，MR）将一部分的氢能和 CO_2 合成天然气。本文将 PSPP 作为下层优化系统，通过动态电价参与 IES 的调度。IES 与 PSPP 系统拓扑结构如图 1 所示，电负荷主要由风电、储能、上级电网、HFC 与 CHP 提供能量，氢能主要由 EL、氢储能提供，天然气主要由气网、气储能与甲烷化提供，热负荷主要由热储能、CHP 与 GB 提供，GB 的数学模型参考文献［12］，四类储能的模型类似，可参考文献［13］。

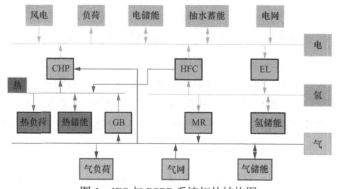

图 1　IES 与 PSPP 系统拓扑结构图

1.1 CHP 机组模型

传统 CHP 机组包含燃气轮机和余热锅炉，以天然气为燃料发电，并利用发电过程中产生的余热为热负荷供能，进而提高能源利用率。同时，热电比可调的 CHP 机组可以根据实时的电、热负荷需求灵活调整机组电、热能输出比例，以进一步优化系统运行能效，其数学模型为：

$$
\begin{cases}
P_{\text{CHP,e}}^{t} = \xi_{\text{CHP}}^{e} P_{\text{CHP,g}}^{t} \\
P_{\text{CHP,h}}^{t} = \xi_{\text{CHP}}^{h} P_{\text{CHP,g}}^{t} \\
P_{\text{CHP,g}}^{\min} \leqslant P_{\text{CHP,g}}^{t} \leqslant P_{\text{CHP,g}}^{\max} \\
\Delta P_{\text{CHP,g}}^{\min} \leqslant P_{\text{CHP,g}}^{t+1} - P_{\text{CHP,g}}^{t} \leqslant \Delta P_{\text{CHP,g}}^{\max} \\
\lambda_{\text{CHP}}^{\min} \leqslant P_{\text{CHP,h}}^{t} / P_{\text{CHP,e}}^{t} \leqslant \lambda_{\text{CHP}}^{\max}
\end{cases}
\tag{1}
$$

式中 $P_{\text{CHP,g}}^{t}$、$P_{\text{CHP,e}}^{t}$，$P_{\text{CHP,h}}^{t}$ ——t 时刻 CHP 输入燃气功率以及输出电、热功率；

ξ_{CHP}^{e}、ξ_{CHP}^{h} ——CHP 电、热功率转换能效；

$P_{\text{CHP,g}}^{\max}$ 和 $P_{\text{CHP,g}}^{\min}$ ——CHP 输入燃气最大、最小功率；

$\Delta P_{\text{CHP,g}}^{\max}$ 和 $\Delta P_{\text{CHP,g}}^{\min}$ ——CHP 最大、最小爬坡功率；

$\lambda_{\text{CHP}}^{\max}$ 和 $\lambda_{\text{CHP}}^{\min}$ ——CHP 热电比最大、最小可调范围。

1.2 氢燃料电池

氢能作为一种可持续发展的清洁能源，是国家推进能源清洁低碳转型的重要举措之一，氢能的发展具有重大潜力，HFC 具有热电比可调整的优势。

$$
\begin{cases}
P_{\text{HFC,e}}^{t} = \xi_{\text{HFC}}^{e} P_{\text{HFC,H}_2}^{t} \\
P_{\text{HFC,h}}^{t} = \xi_{\text{HFC}}^{h} P_{\text{HFC,H}_2}^{t} \\
P_{\text{HFC,H}_2}^{\min} \leqslant P_{\text{HFC,H}_2}^{t} \leqslant P_{\text{HFC,H}_2}^{\max} \\
\Delta P_{\text{HFC,H}_2}^{\min} \leqslant P_{\text{HFC,H}_2}^{t+1} - P_{\text{HFC,H}_2}^{t} \leqslant \Delta P_{\text{HFC,H}_2}^{\max} \\
\lambda_{\text{HFC}}^{\min} \leqslant P_{\text{HFC,h}}^{t} / P_{\text{HFC,e}}^{t} \leqslant \lambda_{\text{HFC}}^{\max}
\end{cases}
\tag{2}
$$

式中 $P_{\text{HFC,H}_2}^{t}$、$P_{\text{HFC,e}}^{t}$、$P_{\text{HFC,h}}^{t}$ ——t 时刻 HFC 输入氢功率以及输出电、热功率；

ξ_{HFC}^{e} 和 ξ_{HFC}^{h} ——HFC 电、热功率转换能效；

$P_{\text{HFC,H}_2}^{\max}$ 和 $P_{\text{HFC,H}_2}^{\min}$ ——HFC 输入氢功率最大、最小值；

$\Delta P_{\text{HFC,H}_2}^{\max}$ 和 $\Delta P_{\text{HFC,H}_2}^{\min}$ ——HFC 最大、最小爬坡功率；

$\lambda_{\text{HFC}}^{\max}$ 和 $\lambda_{\text{HFC}}^{\min}$ ——HFC 最大、最小热电比。

1.3 P2G 模型

首先，电能通过 EL 转化为氢能；其次，部分氢能通过 MR 与 CO_2 反应生成天然气，向气负荷、GB、CHP 供能，部分直接由 HFC 转化为电、热能，此外，剩下的氢能则封存于储氢罐中。相比较于传统 P2G 模式，直接使用 HFC 将氢能转化为电、热能的方式，优化能量转化环节，进而降低了能量损耗。此外，氢能相比天然气具有更高的能效，并且不会产生二氧化碳排放。

（1）EL 设备模型为

$$\begin{cases} P_{\mathrm{EL,H_2}}^{t} = \xi_{\mathrm{EL}} P_{\mathrm{EL,e}}^{t} \\ P_{\mathrm{EL,e}}^{\min} \leqslant P_{\mathrm{EL,e}}^{t} \leqslant P_{\mathrm{EL,e}}^{\max} \\ \Delta P_{\mathrm{EL,e}}^{\min} \leqslant P_{\mathrm{EL,e}}^{t+1} - P_{\mathrm{EL,e}}^{t} \leqslant \Delta P_{\mathrm{EL,e}}^{\max} \end{cases} \tag{3}$$

式中　$P_{\mathrm{EL,e}}^{t}$ 和 $P_{\mathrm{EL,H_2}}^{t}$ ——t 时刻 EL 输入的电功率及其输出的氢功率；

ξ_{EL} ——EL 电、氢功率转换能效；

$P_{\mathrm{EL,e}}^{\max}$ 和 $P_{\mathrm{EL,e}}^{\min}$ ——EL 输入电功率的最大、最小值；

$\Delta P_{\mathrm{EL,e}}^{\max}$ 和 $\Delta P_{\mathrm{EL,e}}^{\min}$ ——EL 最大、最小爬坡功率。

（2）MR 设备模型为

$$\begin{cases} P_{\mathrm{MR,g}}^{t} = \xi_{\mathrm{MR}} P_{\mathrm{MR,H_2}}^{t} \\ P_{\mathrm{MR,H_2}}^{\min} \leqslant P_{\mathrm{MR,H_2}}^{t} \leqslant P_{\mathrm{MR,H_2}}^{\max} \\ \Delta P_{\mathrm{MR,H_2}}^{\min} \leqslant P_{\mathrm{MR,H_2}}^{t+1} - P_{\mathrm{MR,H_2}}^{t} \leqslant \Delta P_{\mathrm{MR,H_2}}^{\max} \end{cases} \tag{4}$$

式中　$P_{\mathrm{MR,H_2}}^{t}$ 和 $P_{\mathrm{MR,g}}^{t}$ ——t 时刻 MR 输入氢功率及其输出燃气功率；

ξ_{MR} ——MR 氢、燃气功率转换能效；

$P_{\mathrm{MR,H_2}}^{\max}$ 和 $P_{\mathrm{MR,H_2}}^{\min}$ ——MR 输入氢功率的最大、最小值；

$\Delta P_{\mathrm{MR,H_2}}^{\max}$ 和 $\Delta P_{\mathrm{MR,H_2}}^{\min}$ ——MR 最大、最小爬坡功率。

2　含 PSPP 的 IES 双层优化调度模型

2.1　上层考虑 PSPP 计划出力的 IES 目标函数

考虑 PSPP 的 IES 以日运行成本最优为目标函数，上层目标函数包括购能成本、弃风成本与碳交易成本。

$$C = \min(C_{\mathrm{GN}} + C_{\mathrm{C}} + C_{\mathrm{QF}}) \tag{5}$$

式中　C——总日运行成本；

C_{GN}——购能成本；

C_{C}——碳交易成本；

C_{QF}——弃风成本。

（1）购能成本为：

$$C_{\mathrm{GN}} = \sum_{t=1}^{24} (p_{\mathrm{e},t} P_{\mathrm{e},t}^{\mathrm{GRID}} + p_{\mathrm{g},t} P_{\mathrm{g},t}^{\mathrm{GAS}}) \tag{6}$$

式中　$p_{\mathrm{e},t}$ 和 $p_{\mathrm{g},t}$ ——t 时段的购电、购气价格；

$P_{\mathrm{e},t}^{\mathrm{GRID}}$ 和 $P_{\mathrm{g},t}^{\mathrm{GAS}}$ ——t 时段的购电、购气量。

（2）弃风成本为：

$$C_{\mathrm{C}} = \varpi \sum_{t=1}^{24} (P_{t}^{\mathrm{WT,V}} - P_{t}^{\mathrm{WT}}) \tag{7}$$

式中　　ϖ——单位弃风成本；

$P_t^{\mathrm{WT,V}}$ 和 P_t^{WT}——t 时段的预测功率与实际风电消纳功率。

（3）碳交易成本。本文的碳排放主要源于电网、燃气锅炉与 CHP 机组中的燃气轮机。IES 的碳交易成本计算方法为：

$$E^{\mathrm{SJ}}=\alpha_1\sum_{t=1}^{24}(P_t^{\mathrm{GRID}}+P_{\mathrm{c},t}^{\mathrm{PS}})+\alpha_2\sum_{t=1}^{24}(P_{\mathrm{CHP,e}}^t+P_t^{\mathrm{GB}}+P_{\mathrm{CHP,h}}^t) \tag{8}$$

$$E^{\mathrm{SJ}}=\chi\sum_{t=1}^{24}(P_t^{\mathrm{GRID}}+P_{\mathrm{c},t}^{\mathrm{PS}})+\delta\sum_{t=1}^{24}(P_{\mathrm{CHP,e}}^t+P_t^{\mathrm{GB}}+P_{\mathrm{CHP,h}}^t) \tag{9}$$

$$C_{\mathrm{CO_2}}=\begin{cases}c_{\mathrm{tr},1}E^{\mathrm{SJ}},0{<}E^{\mathrm{SJ}}{<}\lambda_1,\\c_{\mathrm{tr},1}\lambda_1+c_{\mathrm{tr},2}(E^{\mathrm{SJ}}-\lambda_1),\lambda_1{<}E^{\mathrm{SJ}}{<}\lambda_2\\c_{\mathrm{tr},1}\lambda_1+c_{\mathrm{tr},2}\lambda_2+\\c_{\mathrm{tr},3}(E^{\mathrm{SJ}}-\lambda_1-\lambda_2),\lambda_2{<}E^{\mathrm{SJ}}{<}\lambda_3\\c_{\mathrm{tr},1}\lambda_1+c_{\mathrm{tr},2}\lambda_2+c_{\mathrm{tr},3}\lambda_3\\c_{\mathrm{tr},4}(E^{\mathrm{SJ}}-\lambda_1-\lambda_2-\lambda_3),\lambda_3{<}E^{\mathrm{SJ}}{<}\lambda_4\\c_{\mathrm{tr},1}\lambda_1+c_{\mathrm{tr},2}\lambda_2+c_{\mathrm{tr},3}\lambda_3+c_{\mathrm{tr},4}\lambda_4\\c_{\mathrm{tr},5}(E^{\mathrm{SJ}}-\lambda_1-\lambda_2-\lambda_3-\lambda_4),\lambda_4{<}E^{\mathrm{SJ}}{<}\lambda_5\end{cases} \tag{10}$$

$$C_{\mathrm{C}}=-\varepsilon E^{\mathrm{PE}}+C_{\mathrm{CO_2}} \tag{11}$$

式中　　E^{PE}——无偿碳配额；

$\quad\quad E^{\mathrm{SJ}}$——实际碳排放量；

$\quad\quad \alpha_i$——无偿碳配额基数；

$\quad\quad \chi$——电网的单位碳排放费用；

$\quad\quad P_{\mathrm{c},t}^{\mathrm{PS}}$——抽水蓄能电站的蓄能功率；

$\quad\quad \delta$——天然气的单位碳排放费用；

$\quad\quad c_{\mathrm{tr},i}$——第 i 个碳排放量区间对应的单位成本；

$\quad\quad \lambda_i$——第 i 个碳排放量区间的边界值；

$\quad\quad \varepsilon$——无偿碳配额的收益单价；

C_{C}、$C_{\mathrm{CO_2}}$——实际碳交易成本与不考虑碳配额的碳交易成本。

2.2　下层 PSPP 的目标函数

下层 PSPP 的运行成本主要考虑文献［7］中电量电价的盈利模式，目标函数为 PSPP 的运行成本 F 最小，表达式为：

$$\begin{cases}\min F=F_1-F_2\\F_1=\sum_{t=1}^{24}(P_{\mathrm{c},t}^{\mathrm{PS}}\times p_{\mathrm{c},t}^{\mathrm{PS}})\\F_2=\sum_{t=1}^{24}(P_{\mathrm{d},t}^{\mathrm{PS}}\times p_{\mathrm{d},t}^{\mathrm{PS}})\end{cases} \tag{12}$$

式中 F_1、F_2——抽水蓄能电站的蓄能成本与发电收益；

$P_{d,t}^{PS}$——抽水蓄能电站的发电功率；

$p_{c,t}^{PS}$、$p_{d,t}^{PS}$——抽水蓄能电站在 t 时刻的蓄能、发电价格。

2.3 约束条件

（1）电功率平衡为：

$$P_t^{GRID} + P_t^{WT} + P_{t,dis}^{ES} + P_{HFC,e}^t + P_{CHP,e}^t + P_{d,t}^{PS} = P_{e,t}^L + P_{EL,e}^t + P_{t,ch}^{ES} + P_{c,t}^{PS} \tag{13}$$

式中 $P_{t,ch}^{ES}$、$P_{t,dis}^{ES}$——电储能的充放电功率；

P_t^L——系统的电负荷。

（2）热功率平衡为：

$$P_{CHP,h}^t + P_{HFC,h}^t + P_t^{GB} + P_{t,dis}^{HS} = P_{h,t}^L + P_{t,ch}^{HS} \tag{14}$$

式中 $P_{t,dis}^{HS}$、$P_{t,ch}^{HS}$——热储能的蓄、放热功率；

$P_{h,t}^L$——系统的热负荷。

（3）氢气功率平衡为：

$$P_{EL,H_2}^t + P_{t,dis}^{QS} = P_{MR,H_2}^t + P_{HFC,H_2}^t + P_{t,ch}^{QS} \tag{15}$$

式中 $P_{t,dis}^{QS}$、$P_{t,ch}^{QS}$——氢气储能的蓄、放能功率。

（4）天然气功率平衡为：

$$P_{g,t}^{GAS} + P_{t,ch}^{TS} + P_{MR,g}^t = P_{g,t}^L + P_{t,dis}^{TS} + P_{CHP,g}^t + P_{GB,g}^t \tag{16}$$

式中 $P_{t,ch}^{TS}$、$P_{t,dis}^{TS}$——天然气储能的蓄、放能功率。

（5）CHP、EL、MR、HFC 的约束条件参考式（1）～式（4）。

（6）风电约束为：

$$0 \leqslant P_t^{WT} \leqslant P_t^{WT,V} \tag{17}$$

（7）抽水蓄能机组蓄水、发电约束为：

$$\begin{cases} u_t^c P_{c,t,min}^{PS} \leqslant P_{c,t}^{PS} \leqslant u_t^c P_{c,t,max}^{PS} \\ u_t^d P_{d,t,min}^{PS} \leqslant P_{d,t}^{PS} \leqslant u_t^d P_{d,t,max}^{PS} \\ 0 \leqslant u_t^d + u_t^c \leqslant 1 \end{cases} \tag{18}$$

式中 $P_{c,t,min}^{PS}$、$P_{c,t,max}^{PS}$——PSPP 的蓄水功率的最小、最大值；

$P_{d,t,min}^{PS}$、$P_{d,t,max}^{PS}$——PSPP 的抽水功率的最小、最大值；

u_t^c、u_t^d——PSPP 的 0-1 状态变量。

（8）抽水蓄能电站库容约束为：

$$\begin{cases} V_{u,t+1} = V_{u,t} - u_t^d P_{d,t}^{PS} \eta_g + u_t^c P_{c,t}^{PS} \eta_p \\ V_{d,t+1} = V_{d,t} + u_t^d P_{d,t}^{PS} \eta_g - u_t^c P_{c,t}^{PS} \eta_p \end{cases} \tag{19}$$

$$\begin{cases} V_{u\min} \leqslant V_{u,t} \leqslant V_{u\max} \\ V_{d\min} \leqslant V_{d,t} \leqslant V_{d\max} \end{cases} \tag{20}$$

式中　$V_{u,t}$、$V_{d,t}$——t 时刻的上、下水库的容积；

$V_{u\min}$、$V_{u\max}$——上水库容积的最小、最大值；

$V_{d\min}$、$V_{d\max}$——下水库容积的最小、最大值；

η_g、η_p——发电、蓄水时的水电转化系数，取 748.5m³/（MW·h）与 561.75m³/（MW·h）[14]。

其他机组的出力上下限约束以及联络线约束可参考文献［15］。

3　动态电价与模型求解

3.1　动态电价机制

抽水蓄能电站是一种用于调节电力供应和需求之间不平衡的能源储存系统。其可以将多余的电力存储起来，然后在用电高峰期释放出来，以平衡电力供应和需求之间的差异。但随着新能源接入电力系统，净负荷曲线不一定在峰时段处于用电高峰，导致碳排放量也未必在峰时段最高。因此，本小节利用每个时刻系统的碳量来引导 PSPP 蓄水、发电行为，挖掘 PSPP 对降低 IES 碳排放的潜力，通过 PSPP 的蓄水、发电行为来改变系统内其他机组的出力大小，实现降碳的目的。

$$E^{SJ} = \alpha_1 \times (P_t^{GRID} + P_{c,t}^{PS}) + \alpha_2 \times (P_{CHP,e}^t + P_t^{GB} + P_{CHP,h}^t) \tag{21}$$

$$E_t^{SJ} = \chi \times (P_t^{GRID} + P_{c,t}^{PS}) + \delta \times (P_{CHP,e}^t + P_t^{GB} + P_{CHP,h}^t) \tag{22}$$

$$L_t^C = (E_t^{SJ} - E_t^{PE}) / C_{FS} \tag{23}$$

式中　$E_{i,t}^{PE}$、$E_{i,t}^{SJ}$——第 i 个 IES t 时刻的无偿碳配额与实际碳排放；

$L_{i,t}^C$——t 时刻的碳量；

C_{FS}——分时电价下 IES 碳量之和。

PSPP 动态蓄水、发电价格确定为：
$$\begin{cases} P_{c,t}^{PS} = P_{c,t}^{PS}(1 + \sigma \times L_t^C) \\ P_{d,t}^{PS} = P_{d,t}^{PS}(1 + \sigma \times L_t^C) \end{cases} \tag{24}$$

式中　σ——电价调整系数，本文取 4。

通过碳量来控制 PSPP 的蓄水、发电价格理论上既可以降低系统的碳排放量，又可以降低 PSPP 的运行成本。当系统碳量水平提高时，可以增加 PSPP 的发电价格与蓄水价格来引导 PSPP 发电；当系统碳量水平降低时，可以降低 PSPP 的蓄水、发电价格。

3.2　双层模型求解

本文构建的含有电－热－气耦合的 IES 与 PSPP 双层优化模型采用 CPLEX 求解，其优化调度流程如图 2 所示。

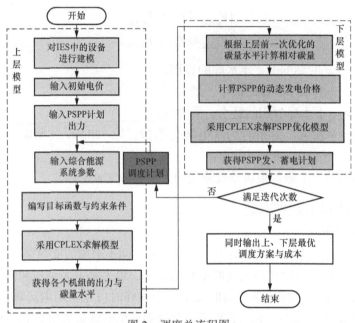

图 2　调度总流程图

首先上层模型为 IES 模型，在 PSPP 的计划调度方案下求解 IES 中各个机组的出力水平以及系统的碳排放量，将本次的碳排放量与上次优化得到的碳量水平比较得到新的相对碳量水平。然后根据相对碳量水平计算 PSPP 的动态发电价格，求解得 PSPP 的发电、蓄水功率，通过上、下两层的迭代输出最优的调度方案与成本。

4　算例分析

4.1　基础数据与参数设置

为了验证本文所提调度策略与模型的有效性，以搭建的电－热－气耦合的 IES 与 PSPP 模型为具体仿真对象。表 1 所示为电网的分时电价数。抽水蓄能价格体系参考文献［16］。

表 1　电网的分时电价

时段	具体时间	电价（元 /kWh）
峰时段	12:00—14:00、19:00—22:00	1.440
平时段	8:00—11:00、15:00—18:00	0.816
谷时段	1:00—7:00、23:00—24:00	0.456

系统中其他参数设置如表 2 所示。

本文分时电价下碳量水平如图 3 所示。

表 2　　　　　　　　　　　参　数　设　置

参数	数值	参数	数值
ξ_{CHP}^{e}	0.92	$P_{c, t, min}^{PS}$	120MW
P_{HFC, H_2}^{min}	0.5	$P_{d, t, min}^{PS}$	120MW
$P_{CHP, g}^{min}$	0.5	$V_{d min}$	$3.573 \times 10^5 m^3$
$P_{CHP, g}^{max}$	600MW	λ_{HFC}^{min}	0
λ_{CHP}^{min}	0	λ_{HFC}^{max}	2.1
λ_{CHP}^{max}	2.1	ξ_{EL}	0.88
ξ_{HFC}^{e}	0.85	$P_{EL, e}^{min}$	0
P_{HFC, H_2}^{max}	250MW	$P_{EL, e}^{max}$	500MW
α_i	（0.68，0.37）t/MW	ξ_{MR}	0.6
χ	1.08t/MW	P_{MR, H_2}^{min}	0
δ	0.67t/MW	P_{MR, H_2}^{max}	250MW
ϖ	130 元 /MW	$V_{u min}$	$3.573 \times 10^5 m^3$
$P_{c, t, max}^{PS}$	120MW	$V_{u max}$	$9.297 \times 10^5 m^3$
$P_{d, t, max}^{PS}$	120MW	$V_{d max}$	$9.297 \times 10^5 m^3$

4.2 基础数据与参数设置

4.2.1 系统的电、热、气供需分析

本文双层优化后电、热、天然气和氢气在不同电价机制下的供需情况分别如图 4～图 7 所示。

由图 4 可知，无论在分时电价机制还是动态电价机制下，本文构建的系统都无需向电网购电。HFC 与 CHP 全天都提供电能，说明 HFC 与 CHP 是低碳经济的电能来源。在峰时段，PSPP 都发电为系统提供能量，在平、谷时段利用多余的电能进行蓄水。通过对比可以发现，在 12:00—14:00，动态电

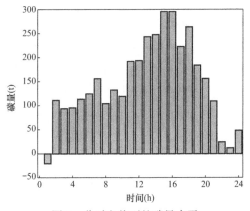

图 3　分时电价下的碳量水平

价机制下的风电消纳明显高于分时电价，具有较高的新能源消纳水平，有利于提高系统低碳经济性。

由图 5 可知，本文的热负荷主要 HFC 供能。由于 CHP 在 12:00—17:00 供电较多，其也为热能补给做出巨大贡献，热调度在该时段减少 HFC 发热，并利用热储能存储多余热量。在 CHP 供热少的时段，释放热能，实现系统经济调度。

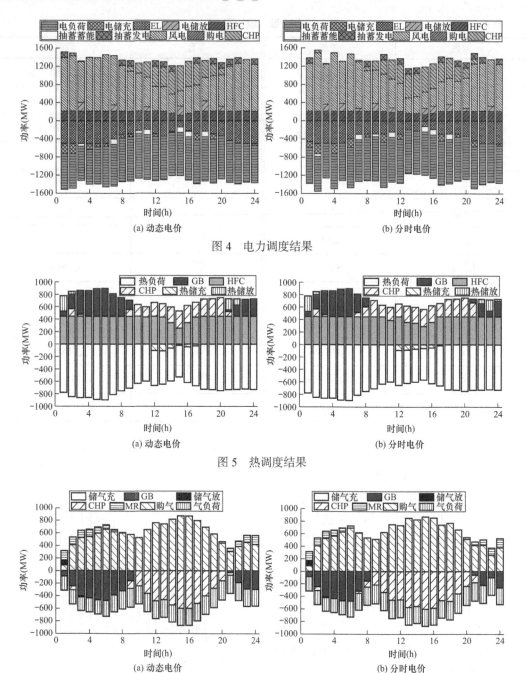

图 4　电力调度结果

图 5　热调度结果

图 6　天然气调度结果

由图 6 可知，天然气主要来源于气网，CHP 与 GB 为消耗天然气的主要机组，CHP 主要工作在 9:00—20:00，GB 主要工作在早晨与午夜，两种不同机组一般不存在同时工作情况，除非系统存在热功率缺额。

由图 7 可知，两种电价机制下 HFC 都需要消耗的大量的氢气，整体呈现出"中间低，两头高"的趋势，与 CHP 的出力与耗气趋势相反，两者为互补的机组。

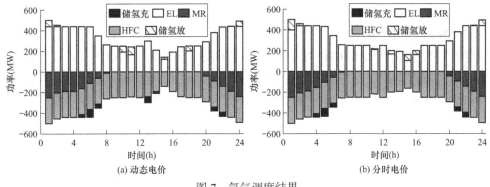

图 7　氢气调度结果

电－热－气耦合的 IES 与 PSPP 之间的各部分成本如表 3 所示。

表 3　　　　　　　　　　IES 与 PSPP 之间的各部分成本

成本（万元）	C_{GN}	C_C	C_{QF}	F_1	F_2
分时	641.20	7039.78	10.88	13.07	34.65
动态	627.39	6432.74	5.68	13.15	35.16

由表 3 可知，在两种电价机制下，IES 中碳交易成本为 IES 日运行成本的主要部分。其中，动态电价下的碳交易成本比分时电价降低 8.6%，约 607 万元；购能成本与弃风成本分别比分时电价下降低 2.2% 与 47.8%。抽水蓄能电站在分时电价下的成本为 −21.58 万元，动态电价下的成本为 −22.01 万元。动态电价机制无论在 IES 的运行成本方面还是 PSPP 的运行成本方面都更具经济优势，同时也具备更低的碳排放量，说明本文的动态电价相比分时电价有利于低碳经济调度。

4.2.2　电价与 PSPP 运行情况

本文双层优化后的电价与 PSPP 的库容情况分别如图 8、图 9 所示。

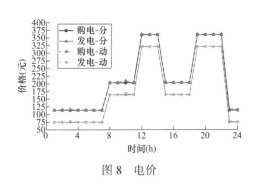

图 8　电价

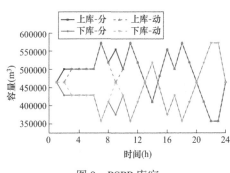

图 9　PSPP 库容

由图 8 可知，PSPP 的发电与蓄能电价在 3、10、12、22 与 23 点略有提高，表明此时 IES 的碳量在上述时间点偏大，因此，系统通过提高 PSPP 的动态发电价格来引导 PSPP 发电，减少系统其余机组的出力，降低系统碳排放量。从图 9 可发现 PSPP 在 8、12、22 点等时段进行发电。两种电价下的水库库容主要区别在 3 点与 9 点，PSPP 通过调整运行方案获得更大收益。

4.3 P2G 与热电比分析

为了体现精细化 P2G 与 CHP 热电比可调在不同电价机制下的效果，本文设置 4 种场景，场景 1：不含 MR 过程与 CHP 热电比恒定；场景 2：不含 MR 与 CHP 热电比可调；场景 3：含有 MR 与热电比恒定；场景 4：含有 MR 与热电比可调。不同情景下 IES 与 PSPP 的各部分成本如表 4 所示。

表 4   不同情景下 IES 与 PSPP 的各部分成本

成本 （万元）	情景 1		情景 2		情景 3		情景 4	
	分	动	分	动	分	动	分	动
C_{GN}	723.2	689.0	687.2	665.0	650.3	650.4	641.2	627.4
C_C	7699.0	7303.2	7192.8	6611.1	7141.1	6819.9	7039.8	6432.7
C_{QF}	29.5	29.9	25.2	26.6	7.91	7.3	10.9	5.7
F_1	13.1	13.1	13.1	13.1	13.1	13.3	13.1	13.2
F_2	34.7	35.4	34.7	34.8	34.7	35.6	34.7	35.2
F	−21.6	−22.3	−21.6	−21.7	−21.6	−22.3	−21.6	−22.0
C	8451.7	8022.1	7905.2	7302.7	7799.3	7477.6	7691.9	7065.8

由表 4 可知，在动态电价机制下，IES 的运行成本与 PSPP 运行成本都明显低于分时电价下的成本。其中，情景 2 的 IES 的成本降低最明显，相比分时电价，降幅达到 8.3%。

对比场景 1 与 2，可以发现热电比可调的 CHP 机组，更有利于系统对风电的消纳与降低碳排放量。分时电价下场景 2 比场景 1 降低碳交易成本约 506.2 万元，整体实现运行成本降低 546.5 万元。动态电价机制下，场景 2 比场景 1 降低碳交易成本约 692.1 万元，整体实现运行成本降低 719.4 万元。由此可见动态电价机制的优越性。类比场景 4 与场景 3，也可得出在考虑 MR 过程后，热电比可调的 CHP 也有出色的降碳、节约效果。

对比场景 2 与 4，可以发现考虑 P2G 甲烷化过程，能进一步降低系统的运行成本、碳排放成本，提高系统对风电的消纳水平。动态电价机制下，情景 4 的 IES 成本比情景 2 降低约 3.2%，碳交易成本降低约 2.7%。

5 结束语

本文在抽水蓄能电站参与综合能源优化运行、挖掘抽水蓄能调度潜力的背景下，考虑精细化 P2G 与碳交易过程，利用基于碳量引导的抽水蓄能电站发电、蓄能方式来实现与 IES 的交互，并结合有关算例分析，所得结论如下。

（1）利用碳量来引导 PSPP 运行方式的电价机制相比分时电价有更好的经济性与低碳性，能降低 IES 的运行成本，提高 PSPP 的收益，同时在减少碳排放方面也有突出成效。

（2）热电比可调的 CHP 相比恒定热电比的 CHP 有利于系统低碳经济调度，在灵活供能时也可实现能量的梯级利用。

（3）P2G 的甲烷化过程与碳交易机制结合有利于降低 IES 的碳交易成本，进一步减少碳排放，同时在动态电价作用下，也有利于提升 PSPP 效益。

参考文献

［1］ CHENG Y H, ZHANG N, WANG Y, et al. Modeling carbon emission flow in multiple energy systems [J]. IEEE Transactions on Smart Grid, 2019, 10 (4): 3562−3574.

［2］ 张沈习，王丹阳，程浩忠，等. 双碳目标下低碳综合能源系统规划关键技术及挑战［J］. 电力系统自动化，2022，46（8）：189-207.

［3］ 文福拴，鲁刚，黄杰. 面向碳达峰、碳中和的综合能源系统［J］. 全球能源互联网，2022，5（2）：116-117.

［4］ 余晓丹，徐宪东，陈硕翼，等. 综合能源系统与能源互联网简述［J］. 电工技术学报，2016，31（1）：1-13.

［5］ 王开艳，罗先觉，贾嵘，等. 充分发挥多能互补作用的风蓄水火协调短期优化调度方法［J］. 电网技术，2020，44（10）：3631-3641.

［6］ 梁子鹏，陈皓勇，雷佳，等. 考虑风电不确定度的风-火-水-气-核-抽水蓄能多源协同旋转备用优化［J］. 电网技术，2018，42（7）：2111-2119.

［7］ 翟海燕，樊伟，张予燮，等. 抽水蓄能电站两部制电价机制研究——基于电量电价盈利与容量电价定价测算模型构建的分析［J］. 价格理论与实践，2022（9）：178-182.

［8］ 王博，詹红霞，张勇，等. 考虑风电不确定性的风蓄火联合优化经济调度研究［J］. 电力工程技术，2022，41（1）：93-100.

［9］ 马实一，李建成，段聪，等. 基于电力市场背景的风-光-抽水蓄能联合优化运行［J］. 智慧电力，2019，47（8）：43-49.

［10］ ZHANG L, GUO H L, DA C Z, et al. Optimization scheduling model and method for Wind−PV−Pumped joint operation in high proportion renewable energy base [J]. IOP Conference Series: Earth and Environmental Science, 2020, 512 (1): 012017.

［11］ 沈琛云，王明俭，李晓明. 基于风-光-蓄-火联合发电系统的多目标优化调度［J］. 电网与清洁能源，2019，35（11）：74-82.

［12］ 江卓翰，刘志刚，许加柱，等. 计及风光储的冷热电联供系统双层协同优化配置方法［J］. 电力建设，2021，42（8）：71-80.

［13］ 张程，匡宇，陈文兴，等. 计及电动汽车充电方式与多能耦合的综合能源系统低碳经济优化运行［J/OL］. 上海交通大学学报：1-25［2023-09-21］. https://doi.org/10.16183/j.cnki.jsjtu.2022.364.

［14］ 徐飞，陈磊，金和平，等. 抽水蓄能电站与风电的联合优化运行建模与应用分析［J］. 电力系统自动化，2013，37（1）：149-154.

［15］ 周丹，孙可，张全明，等. 含多个综合能源联供型微网的配电网日前鲁棒优化调度［J］. 中国电机工程学报，2020，40（14）：4473-4485+4727.

［16］ 潘文霞，范永威，朱莉，等. 风电场中抽水蓄能系统容量的优化选择［J］. 电工技术学报，2008，23（3）：120-124.

作者简介

匡　宇（1997—），男，助理工程师，主要研究方向为综合能源系统优化与运行。E-mail：1459072190@qq.com

刘启明（1987—），男，工程师，主要研究方向为水利水电工程设计与施工。E-mail：429477163@qq.com

王奎钢（1990—），男，工程师，主要研究方向为电气一次设备设计与分析。E-mail：1060926534@qq.com

黄炜栋（1996—），男，助理工程师，主要研究方向为抽水蓄能优化与运行。E-mail：291828779@qq.com

王鹏宇（1987—），男，工程师，主要研究方向为水利水电工程安全设计与资料分析。E-mail：411056648@qq.com

沥青混凝土面板防渗技术
在抽水蓄能电站中的发展与研究

赵凯丽，王　珏

（国网新源控股有限公司抽水蓄能技术经济研究院，北京　100053）

摘要　随着国家"碳中和、碳达峰"目标的提出，抽水蓄能电站的建设进入了快速发展阶段。由于抽水蓄能电站的水量极为宝贵，渗漏问题不仅会导致电量损失，还会影响岸坡的安全和电站的正常运行管理。因此，对可能产生渗漏的部位采取工程措施进行防渗处理显得尤为重要。本文主要研究和总结了沥青混凝土防渗形式的应用和发展。强调了沥青混凝土防渗材料和防渗技术的重要性，并对沥青混凝土防渗技术目前面临的挑战和未来发展趋势进行了展望。

关键词　沥青混凝土；抽水蓄能电站；防渗技术；发展与研究

0　引言

抽水蓄能电站的工作原理是通过在低谷时段抽水储能、高峰时段放水发电，实现电能的有效存储和再分配，对于电力系统的调峰、调频、调相、储能等具有重要作用。抽水蓄能电站的建设对水库的防渗性能要求极高，这是因为水库的渗漏不仅直接影响电站的经济效益，还可能威胁大坝、库岸边坡以及地下洞室围岩的稳定性，打破水库的水量平衡，甚至引发严重的浸没事故[1]。因此，选择合适的防渗形式，完善防渗施工作业，确保电站的安全稳定运行至关重要。

沥青混凝土面板相对于其他防渗材料，具有良好的防渗性能、柔性、裂缝自愈能力、耐久性、环保性、抗冻融性以及施工速度快等优势，在防渗技术选择时已成为主要的候选方式之一。沥青混凝土面板防渗技术的研究与应用，将有助于推动该项材料的深度发展，推动国内相关施工技术的创新与实践，同时作为一种环保材料，沥青混凝土正在越来越多的抽水蓄能电站中应用，进一步助力了抽水蓄能电站的绿色建设和可持续发展。

1　沥青混凝土的发展概况

20世纪50~80年代，沥青混凝土防渗技术在欧美和日本等国得到了广泛应用，兴建了大量的沥青混凝土防渗土石坝工程。进入20世纪90年代后，欧美、日本等国因常规水力资源开发基本殆尽，新建的沥青混凝土工程主要是抽水蓄能电站的水库防渗。

我国沥青混凝土技术起步相对较晚。20 世纪 70～80 年代，相继建成一些沥青混凝土面板坝和心墙坝。进入 21 世纪以后，沥青混凝土面板防渗技术在国内抽水蓄能电站中得到了较多应用，先后在浙江天荒坪、河北张河湾、山西西龙池、河南宝泉、呼和浩特、山东沂蒙等众多抽水蓄能电站面板堆石坝工程中有所应用。

2　沥青混凝土防渗结构

沥青混凝土面板由多个层次组成，以确保其防水和防渗性能。通常认为主要有两种型式：复式结构和简式结构，如图 1 所示[2]。

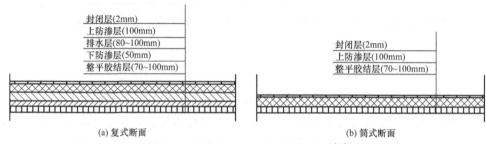

(a) 复式断面　　　　　　　　　　　(b) 简式断面

图 1　沥青混凝土面板防渗结构简图[2]

在沥青混凝土结构中，传统复式结构断面一般分为 5 层：由表面封闭层、上（面层）防渗层、中间排水层、下（底层）防渗层和整平胶结层组成[2-3]；简式结构断面一般分为 3 层：由表面封闭层、上（面层）防渗层、底层整平胶结层组成。

（1）整平胶结层。这一层通常位于沥青混凝土面板的最底部，其主要作用是为面板提供一个平整和稳固的基础，确保坝体至防渗面板间的构造连续性能。整平胶结层使用粗级配沥青混凝土，这种混凝土的孔隙率较低，通常小于 10^{-15}%，这有助于提供良好的防水性能。

（2）防渗层。防渗层是沥青混凝土面板的核心部分，它的主要功能是阻止水分穿透面板。这一层使用密级配沥青混凝土，但与整平胶结层相比，防渗层的沥青含量更高，以增强其防水性能。防渗层的孔隙率极低，通常不超过 3%，确保了其卓越的防渗特性。

（3）封闭层。这一层位于防渗层之上，作为面板的表面层，起到进一步密封和保护作用。沥青玛蹄脂是一种特殊的沥青材料，具有良好的黏附性和防水性。封闭层的施工通常是在防渗层之上均匀喷洒沥青玛蹄脂，形成一层保护膜，以防止水分和气体的渗透。

（4）排水层。检测上防渗层的渗水；将渗水导入排水廊道。这层使用开级配沥青混凝土，孔隙率一般大于 16%。

这些层次共同构成了一个完整的沥青混凝土面板系统，它们通过精确的施工工艺和技术参数的控制，确保了整个面板的防水和防渗性能，从而在水利水电工程中发挥着重要作用。

3　我国沥青混凝土防渗技术的应用实例

据不完全统计，我国至少有 40 座已建成的沥青混凝土面板防渗工程。天荒坪抽水蓄能电站为我国第一个采用沥青混凝土面板防渗的抽水蓄能工程[4]，其防渗原材料和施工技术均来自于德国，价格昂贵，自 1997 年 8 月竣工，至今已运行约 18 年。张河湾、西龙池抽水蓄能电站由日本大成公司和葛洲坝联营体承担，西龙池首次采用改性沥青。宝泉抽水蓄能电站是我国第一个自主建设的沥青混凝土面板堆石坝防渗工程，2008 年完工至今运行完好。呼和浩特、句容、沂蒙等抽水蓄能电站均采用沥青混凝土面板防渗，其原材料、设计、施工方案等均采用国内，沂蒙抽蓄更是首次采用酸性骨料。

我国在建的抽水蓄能电站中，采用沥青混凝土面板全库盆防渗的有潍坊上水库、易县上水库、芝瑞上水库、庄河上水库、乌海上水库和下水库、浑源上水库。我国在建的抽水蓄能电站中，采用沥青混凝土面板局部防渗的有阜康上水库库底、镇安上水库库底、句容上水库库坡等。

4 沥青混凝土防渗技术面临的挑战与发展趋势

4.1 面临的挑战

虽然沥青混凝土应用较多，技术比较成熟，但仍然面临一些挑战。

（1）高温流淌问题。沥青混凝土面板在高温下可能会出现流淌现象，例如经高温暴晒，沥青混凝土变软，会出现壅包，导致开裂，影响其防渗性能，修复难度大，严重时需要超出面板[5]。

（2）低温抗裂问题。暴露在空气中的沥青混凝土防渗面板，在冬季低温和遭遇寒流时会发生收缩，由于面板自身或基础的变形约束作用就会产生拉应力，当拉应力超过自身拉伸强度时面板就会开裂发生低温冻断。在低温条件下，沥青混凝土面板容易出现裂缝，这会降低其整体的防渗效果[5-6]。

（3）施工技术复杂性。沥青混凝土防渗面板的施工技术要求较高，需要精确控制原材料、拌合精度和施工工艺。

（4）老化评估和修补技术。随着使用时间的增长，沥青混凝土面板的老化问题及其评估和修补技术成为研究的热点，沥青在贮存、运输、施工及后期运行过程中，在热、氧气、阳光、水等因素作用下，会发生挥发、氧化、聚合等物理化学变化，使沥青逐渐变硬变脆，针入度和延度降低、软化点增高、脆点增高、黏度增大等[5]。

（5）水损害评估。由于水比沥青更容易浸润骨料表面，并降低沥青与骨料之间的黏附性，影响沥青混凝土防渗作用的有效性。这是由于沥青将粗细骨料胶结成一个整体，在不与水接触时，这一胶结不会发生任何问题；如果遇到水时，沥青与骨料的胶结就可能被破坏，发生水损害[5]。

（6）酸性骨料应用。酸性骨料在沥青混凝土防渗面板中的应用技术仍需进一步研究和实践。

4.2 发展趋势

沥青混凝土因其良好的抗渗性能而被广泛用作防渗材料。其防渗性能主要得益于沥青的低渗透性和混凝土的密实性。沥青混凝土的质量在很大程度上取决于原材料的性能指标和配合比。例如，级配指数、油石比和填料用量是影响沥青混凝土孔隙率和强度的关键因素。因此，根据对防渗性能的影响因素，未来发展趋势如下。

（1）施工技术应不断创新。传统的沥青混凝土面板施工技术包括沥青混合料的制备、运输、摊铺、碾压等过程。施工过程中的质量控制是保证沥青混凝土面板防渗性能的关键。学习和引进国外先进的机械化施工技术，提高施工效率和质量。如采用高效搅拌设备、精确摊铺技术、自动化压实设备等，这些技术创新有助于减少人工干预，提高施工精度，为抽水蓄能电站工程提供坚实的基础。

（2）材料选择和施工工艺应不断优化。在实际工程中，面板裂缝控制是防渗工程的重点和难点。裂缝的成因可能包括基础不均匀沉降、温度变化、施工缺陷等。沥青混凝土的低温抗裂性能对于寒冷地区的水电工程尤为重要。通过改性沥青混凝土面板抗低温技术，可以显著提高其在低温条件下的防渗效果。

传统沥青混凝土面板的耐久性较好，但仍然需要定期检查和维护。乳化沥青喷涂等技术可以提高面板与垫层间的黏结性能，从而提高整体结构的稳定性和耐久性。沥青混凝土面板需要适应不同的环境条件，如温度变化、水力荷载等。通过优化材料选择和施工工艺，可以提高面板的环境适应性。

随着技术的发展，传统沥青混凝土面板技术也在不断创新。例如，通过使用酸性骨料的沥青混凝土面板，打破了对碱性骨料的依赖，为水工沥青混凝土的应用提供了新的可能性。还可以应用新材料，研究和应用新型防渗土工合成材料（如 GCL）、改性沥青混凝土防渗材料和新型伸缩缝止水材料，以提高防渗效果和耐久性[7]。

（3）管理和运营应不断向智能化发展。随着智能化技术的发展，沥青混凝土防渗工程将实现智能化建设管理和智慧化运营，提升工程的安全水平和效率。通过引入传感器、智能监控系统和数据分析技术，实现对沥青混凝土结构的实时监测和预警。这些智能化监控技术能够及时发现结构损伤、变形等问题，为工程的维护和管理提供有力的支持。

（4）应用趋势应不断向绿色环保发展。通过开发和应用环保型黏合剂、低污染骨料和节能减排的施工方法，降低沥青混凝土生产和使用过程中的环境污染。同时，注重废弃沥青混凝土的回收再利用，推动循环经济的发展，实现资源的有效利用和环境的可持续发展，减少对生态环境的影响。

（5）应用范围应不断扩大。例如，针对寒冷地区，研究和应用抗冻胀技术，提高沥青混凝土面板在冻融环境下的性能等都是未来的发展趋势。

由此看来，沥青混凝土防渗技术在面临挑战的同时，也在不断地进行技术创新和改进，以适应不断变化的环境和工程需要。

5　结束语

沥青混凝土防渗技术目前已有很多工程应用案例，在抽水蓄能电站等领域取得了显著的成就，其适应性强、防渗性能优越，为抽水蓄能电站的安全和经济运行提供了有力的保障。

沥青混凝土技术虽然取得了一定成就，但同时也面临着一些挑战，例如高温流淌问题、低温抗裂问题、施工技术较为复杂、老化评估和修补技术以及水损害问题等。因此，未来的工作需进一步开展沥青混凝土防渗结构在高寒、高海拔地区的应用技术研究。进一步研究酸性骨料作为沥青混凝土面板骨料全面推广的可行性，提高沥青混凝土面板应用范围。

参考文献

［1］ 李长江，张又林. 抽水蓄能电站水库防渗技术分析及工程应用［J］. 水利水电科技进展，2007，27（2）：115-119.

［2］ 王梦凌. 海水抽水蓄能电站库盆渗漏规律研究及防渗方案安全评价［D］. 西安理工大学硕士学位论文，2021.

［3］ 王爱林，王樱畯. 抽水蓄能电站沥青混凝土防渗面板设计［J］. 大坝与安全，2020（5）：1-6.

［4］ 杜振坤，贾金生，郝巨涛，寻明. 天荒坪抽水蓄能电站上库沥青混凝土防渗护面施工［J］. 水力发电，2000（12）：25-27.

［5］ 郝巨涛，刘增宏，等. 我国沥青混凝土防渗工程技术的发展与展望［J］. 水利学报，2018，49（9）：1137-1147.

［6］ 付元茂，刘增宏，等. 应用聚合物改性沥青解决沥青混凝土防渗面板低温开裂问题［C］//2002 年水工专委会学术交流会议，2002.

［7］ 何武全，刘群昌. 我国渠道衬砌与防渗技术发展现状与趋势［J］. 中国农村水利水电，2009（6）：3-6.

作者简介

赵凯丽（1995—），女，工程师，主要从事水利水电工程、水工结构工程设计与研究。E-mail：zhao_kl18@163.com

王　珏（1982—），男，正高，主要从事水利水电工程设计、咨询，工程建设管理。E-mail：wj3443@163.com

流态湿喷混凝土剪切流变模型的研究进展

宁逢伟[1,2]，隋　伟[1,2]，都秀娜[1,2]，王美琪[1,2]，郭子健[1,2]

（1. 中水东北勘测设计研究有限责任公司，吉林长春　130061；
2. 水利部寒区工程技术研究中心，吉林长春　130061）

摘要　为推进流变学参数在湿喷混凝土领域的技术应用，汇总了 8 个经典流变模型的发展历程，阐述了模型内涵，分析了各自特点及适用范围；提出了构建"黏弹性"-"弹塑性"凝结硬化全过程湿喷混凝土一体化流变模型的建议；指出剪切模量更能体现弹性变形阶段湿喷混凝土流变性能演变特点，但可借鉴资料极少，应注重积累基础数据；回顾了湿喷混凝土流变学参数的材料组成预测模型研究现状，建议加强混凝土流变学参数的两相组成预测，重点关注浆体流动对骨料的带动作用以及骨料移动对浆体流动的"阻尼效应"。

关键词　湿喷混凝土；剪切流变；流变模型；预测模型

0　引言

水利工程安全是当代水利建设的重要任务[1]。喷射混凝土是水工结构支护与加固的重要建筑材料。随着湿喷技术的高速发展，混凝土品质大幅提升[2]。施工过程主要包括输送阶段和喷射阶段，工作性分别被称作可输送性和可喷性，常以不掺速凝剂的流态湿喷混凝土为试验对象。目前，欧美、日本、我国等相关技术规范均选定坍落度为工作性评价指标。工程界尝试引入流变学指标取代坍落度[3-5]，但是，可借鉴资料较少，尚未达成共识。

从流变学角度看，塑性黏度表征输送性能优于坍落度，屈服剪切应力表征喷射性能优于坍落度[6-7]。塑性黏度和屈服剪切应力是能够区分可输送性与可喷性的流变学指标。尽管流变学测试方法很多，但剪切流变型式认可度较高，流变学参数取值需依靠适用的剪切流变模型，关系到参数取值的准确性。本着这样的前提，探讨了流态湿喷混凝土剪切流变模型的研究进展及其适用性，分析了流变学参数材料组成预测模型的研究现状，以期为应用流变学参数指导湿喷混凝土施工提供参考。

1　流变学定义以及湿喷混凝土流变参数的意义

流态湿喷混凝土流变特性指新拌混凝土在外力剪切作用下发生变形或流动的性质，变化规律遵循流变学原理。"流变学"一词诞生于 20 世纪 20 年代，由美国拉法耶特学院的

Bingham 首创，30 年代以后在世界范围内蓬勃发展。我国最早于 20 世纪 60 年代开始研究流变学[8]，20 世纪 80 年代由中国建筑材料科学研究总院的黄大能教授率先应用到混凝土技术领域[9]。流变特性定量评价需要合适的流变学参数，参数类型选取以及参数值获得都必须依赖恰当的流变学本构方程[10]。因此，综合了 8 个代表性较强的流变模型，探讨了各模型表征湿喷混凝土流变行为的可行性。

2 流态湿喷混凝土剪切流变模型的研究进展

2.1 Hooke 弹性固体模型（胡克模型）

胡克模型由英国科学家 Hooke 在 1678 年提出，主要用于描述材料应力与应变线性变化的相关关系，一般用于理想弹性体（固体），物理模型如图 1 所示。

胡克模型的数学表达式见式（1），为流变模型基本单元中的弹性元件。剪切应力和剪切应变为弹性关系。即施加外力，材料按比例发生形变；外力去除，材料恢复原状。新拌混凝土即使在速凝剂的快速催化作用下，短时间内也仅处于流态或软固态，不是单一的弹性形变。流态湿喷混凝土本身是一种流体，存在明显的剪切流动行为，俗称黏性流动，有位移发生。

$$\tau = G\gamma \tag{1}$$

式中　τ——剪切应力；

　　　G——剪切模量；

　　　γ——剪切应变。

图 1　胡克模型
示意图

2.2 Newton 流体模型（牛顿流体模型）

牛顿流体模型源于流体黏性流动的平行平板试验，由英国科学家 Newton 在 1687 年提出。它反映了特定流体任一点的剪切应力都与剪切速率呈线性关系，符合该规律的流体统称为牛顿流体。牛顿流体剪切流变行为的物理模型示意如图 2 所示，为流变模型基本单元中的黏性元件。

牛顿流体模型的数学表达式见式（2），剪切应力和剪切速率呈线性关系，比例系数基本恒定，代表塑性黏度不随剪切速率变化而变化。与胡克模型相比，牛顿流体模型更能反映新拌混凝土的流态变化。只是，新拌混凝土是一种连续浆体与分散骨料组成的悬浮溶液，具有典型的屈服流动特性，为非牛顿流体，该表达式不适用。牛顿流体模型能够描述流态湿喷混凝土的黏性流动过程，不能描述早期低应变状态下流态混凝土的弹性性质，更无法区分弹性形变阶段与黏性流动阶段的分界点。

$$\tau = \eta\dot{\gamma} \tag{2}$$

式中　τ——剪切应力；

　　　η——塑性黏度；

　　　$\dot{\gamma}$——剪切速率。

2.3 Saint-Venant 塑性固体模型（圣维南模型）

圣维南模型由法国科学家 Saint-Venant 在 1868 年前后提出，为流变模型基本单元中的塑性元件。用于描述一种理想塑性固体在剪切应力作用下的塑性流动行为，物理模型如图 3 所示。

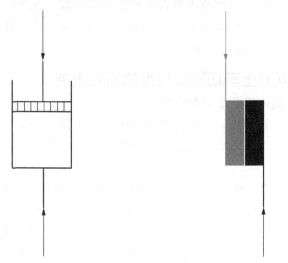

图 2 牛顿流体剪切流变行为的　　　　图 3 圣维南模型示意图
物理模型示意图

圣维南模型的数学表达式见式（3）。可见，当剪切应力小于屈服剪切应力时，剪切应力等于摩擦力，材料不发生流动；当剪切应力达到屈服剪切应力以上时，材料应变屈服，开始发生黏性流动。

$$\tau = \begin{cases} f & \tau < \tau_0 \\ \tau_0 & \tau \geqslant \tau_0 \end{cases} \tag{3}$$

式中　τ——剪切应力；

　　　τ_0——屈服剪切应力；

　　　f——摩擦力。

描述流态湿喷混凝土流变特性时，圣维南模型给出了"屈服型流体"和"非屈服型流体"的区分方法，黏性流动行为是否存在临界阈值是评判两类流体的关键依据，为屈服型流体提供了定量描述方法。未达阈值之前，剪切应力增加，摩擦力增加，材料变形而不流动；达到阈值之后，剪切应力克服了屈服剪切应力，弹性变形结束，黏性流动开始。但是，圣维南模型本质上仍是表征塑性流动，当剪切应力去除后，塑性变形会被保留下来，变形不可逆，不适合直接描述弹性形变阶段屈服剪切应力之前的剪切应力线性增长过程，需与其他流变模型基本单元组合应用。

胡克模型、牛顿流体模型、圣维南模型是流变学模型本构方程中的 3 个基本单元，分别能够描述材料流变行为的弹性（理想弹性体）、黏性（理想黏性体）和塑性（理想塑性体）特征。湿喷混凝土不是单纯的理想流体，上述任一单元都无法直接描述它的流变特性，需三种基本单元组合表征。

2.4　Bingham 流变模型（宾汉姆模型）

宾汉姆模型由美国科学家 Bingham 在 1919 年前后提出，能够描述材料同时具有的弹性、塑性和黏性，最先应用于油漆，是代表性较强的组合单元流变模型。物理模型如图 4 所示，它由牛顿流体模型单元（黏性元件）与圣维南模型单元（塑性元件）并联，再与胡克模型单元（弹性元件）串联而成。

宾汉姆模型的数学表达式见式（4），函数形式为分段函数。该模型所描述的流变特性是当剪切应力（外力）小于屈服剪切应力时，材料表现为弹性性质，不流动，只变形，服从胡克定律，剪切应力与剪切应变成正比；当剪切应力（外力）大于或等于屈服剪切应力时，材料开始表现出黏性流体性质，屈服剪切应力临界点 τ_0 服从圣维南模型，流动规律符合牛顿流体模型，剪切应力与剪切速率成正比。

$$\tau = \begin{cases} G\gamma & \tau < \tau_0 \\ \tau_0 + \eta\dot{\gamma} & \tau \geq \tau_0 \end{cases} \quad (4)$$

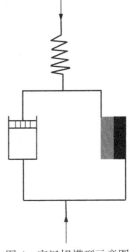

图 4　宾汉姆模型示意图

式中　τ——剪切应力；

　　　G——剪切模量；

　　　γ——剪切应变；

　　　τ_0——屈服剪切应力；

　　　η——塑性黏度；

　　　$\dot{\gamma}$——剪切速率。

宾汉姆模型是新拌混凝土流变特性表征最受认可的模型之一[11]，虎克模型和牛顿流体模型分别表征弹性形变和黏性流动，两者临界转变点借助圣维南模型进行判断，在湿喷混凝土领域有广泛应用[12-15]。根据牛顿流体模型，黏性流动阶段剪切应力 $\tau-\tau_0$ 与剪切速率 $\dot{\gamma}$ 成正比，因而假定流态湿喷混凝土剪切流变过程性能不变。但对于需求日益迫切的高致密湿喷混凝土，水胶比低，流态趋于稠密流，宾汉姆模型不再适用。

2.5　Modified Bingham 流变模型（修正宾汉姆模型）

宾汉姆模型形式简单，物理意义明确，应用较广。不过，随着矿物掺合料和外加剂种类变多，高强及超高强混凝土不断涌现，混凝土流态显著变化（普通混凝土、泵送混凝土、水下混凝土、自密实混凝土等），流变行为很大程度偏离了宾汉姆模型。塑性黏度在剪切流变过程不再恒定，出现了减小或增大的情况，即剪切稀化和剪切增稠现象[16-17]，如图 5 所示。

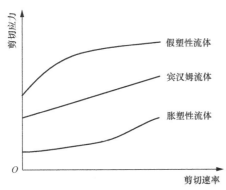

图 5　剪切变稀（假塑性流体）和
剪切变稠（胀塑性流体）示意图

为描述新拌混凝土的剪切变稀或剪切变稠行为，宾汉姆模型得到了改进，称为"修正宾汉姆模型"[18]，数学表达式如式（5）所示。与宾汉姆模型相比，修正宾汉姆模型也是屈服型流变模型，在达到屈服剪切应力之前，混凝土不流动。黏性流动阶段增加了一个剪切速率的二次项 $c\dot{\gamma}^2$，用于调节流体的剪切变稀或剪切变稠行为。Feys 等[19]和黎梦圆[20]都应用过该模型，当 $c>0$ 或 $c/\eta>0$ 时剪切增稠；当 $c<0$ 或 $c/\eta<0$ 时剪切变稀。

$$\tau = \begin{cases} G\gamma & \tau < \tau_0 \\ \tau_0 + \eta\dot{\gamma} + c\dot{\gamma}^2 & \tau \geq \tau_0 \end{cases} \tag{5}$$

式中　τ——剪切应力；

　　　G——剪切模量；

　　　γ——剪切应变；

　　　τ_0——屈服剪切应力；

　　　η——塑性黏度；

　　　$\dot{\gamma}$——剪切速率；

　　　c——常数。

与普通混凝土和自密实混凝土相比，新拌湿喷混凝土属于一种中流态混凝土，坍落度介于两者之间。混凝土是否会出现剪切变稠或剪切变稀现象，以及是否与修正宾汉姆模型相匹配尚需验证。

2.6　Herschel-Bulkley（赫歇尔-巴尔克）模型

赫歇尔-巴尔克模型由德国科学家 Herschel 和 Bulkley 在 1926 年提出[21]，最早用于苯提取橡胶流出物的压力设计。Jones 等[22]、Larrard 等[23]先后将该模型引入水泥净浆、新拌混凝土的流变学研究领域。它在表征自密实混凝土[24]、高延性混凝土[25]和超高性能混凝土[26]的流变特性方面都表现出较好的适用性。

与修正宾汉姆模型相似，赫歇尔-巴尔克模型也能够用于描述新拌混凝土的剪切变稀和剪切变稠行为。模型引入了宾汉姆模型的屈服应力理念，数学表达式见式（6），k 为稠度系数，与塑性黏度相似。

赫歇尔-巴尔克模型的剪切流变形式主要取决于流变指数 n，如图 6 所示，当 $n=1$，流体为宾汉姆流体；当 $n>1$，流体为胀塑性流体；当 $n<1$ 时，流体为假塑性流体。

$$\tau = \begin{cases} G\gamma & \tau < \tau_0 \\ \tau_0 + k\dot{\gamma}^n & \tau \geq \tau_0 \end{cases} \tag{6}$$

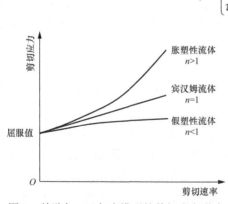

图 6　赫歇尔-巴尔克模型的剪切流变形式
随流变指数 n 值变化示意图

式中　τ——剪切应力；

　　　G——剪切模量；

　　　γ——剪切应变；

　　　τ_0——屈服剪切应力；

　　　k——稠度系数；

　　　$\dot{\gamma}$——剪切速率；

　　　n——流变指数。

对于湿喷混凝土的流变特性，赫歇尔-巴尔克模型与修正宾汉姆模型类似，描述的都是屈服型流体，并且能够适应新拌混凝土剪切流变过程的流态变化。只是描述的黏性流动的函数项不同，分别为"$\eta\dot{\gamma} + c\dot{\gamma}^2$"和"$k\dot{\gamma}^n$"，两者的适用性仍需探讨。

2.7 Casson（卡森）模型

卡森模型由英国科学家 Casson 在 20 世纪 50 年代提出，数学表达式见式（7），也是屈服型流变模型，但与宾汉姆流体不同，为非线性形式。

$$\sqrt{\tau} = \sqrt{\tau_0} + \sqrt{\eta_\infty \dot{\gamma}} \tag{7}$$

式中　τ——剪切应力；

　　　τ_0——屈服剪切应力；

　　　η_∞——极限黏度；

　　　$\dot{\gamma}$——剪切速率。

卡森模型首次由 Atzeni 等[27]引入水泥浆流变学研究领域。它所表征的流变规律与水泥浆流变特性的匹配度较高[28]，甚至 Vance 等[29]认为，卡森模型对水泥浆流变行为的拟合精度超过了宾汉姆模型和赫歇尔－巴尔克模型。但是，卡森模型为非线性，已不是几个流变模型基本单元的组合模型。

2.8 幂律流体（幂律）模型

幂律模型可近似看成赫歇尔－巴尔克模型的特殊形式，表达式见式（8）。它既与赫歇尔－巴尔克模型不同，为非屈服型流体模型；又与牛顿流体不同，包含剪切变稠、剪切变稀等多种形式。流态湿喷混凝土是典型的屈服型流体，幂律模型明显不适用，更适合水泥基浆液（水胶比 0.6～1.0）的流变特性。

$$\tau = k\dot{\gamma}^n \tag{8}$$

式中　τ——剪切应力；

　　　k——稠度系数；

　　　$\dot{\gamma}$——剪切速率；

　　　n——流变指数。

综合 2.1～2.8 流变模型发现，它们都是从力—变形角度表征新拌混凝土的流变行为，前提是混凝土性能短期不会显著变化。可是，湿喷混凝土应用速凝剂，流态湿喷混凝土快速凝结，速凝剂对湿喷混凝土流变性能的影响是一种化学催化作用，需要从材料组成、水化进程等角度进行分析。上述模型都属于"静态"流变模型，特定时间点或短暂时间段的流变性能。通常情况下，流变特性测试没有掺速凝剂，无法反映湿喷混凝土快速硬化过程的流变性能演化特征。新拌混凝土与速凝剂混合能够快速完成流态－固态转变，材料流变特性也会经时急剧演变，上述流变模型均不能表征流态湿喷混凝土凝结过程的流变行为变化，流变本构由黏弹性很快演变成弹塑性，黏性消失，弹性延长。凌英显[30]曾提出"黏－塑－弹"一体化凝结过程流变模型，为构建"黏弹性"－"弹塑性"湿喷混凝土一体化流变模型提供了重要参考。

随着时间延长，湿喷混凝土剪切流变过程弹性阶段延长，能够表征该变化特征的流变学参数为剪切模量，当前实测数据非常少，应注重积累基础数据，提高该阶段的理论认识。

3 基于混凝土材料组成的流变学参数预测模型研究进展

上述流变模型是实测剪切应力、剪切形变、剪切速率求取特定流变学参数的计算依据。受设备价格限制，国内外很多试验室并未配备剪切流变测试装置，若能通过材料组成或基本材料性能预测混凝土流变特性，则可推进流变学参数指导工程实践的应用进程，因此，回顾了湿喷混凝土剪切流变参数材料组成预测模型的研究现状。

众多研究表明，湿喷混凝土是一种屈服型流体。若剪切流变行为符合宾汉姆模型，则有黏弹性特征。剪切流变行为分两阶段：第一阶段，剪切力 F 未超过屈服值 F_0，混凝土只变形，不流动，变形量与剪切应力成正比；第二阶段，剪切力 F 超过屈服值 F_0，做黏性流动，剪切应力和屈服剪切应力的差值与剪切速率成正比。若弹性变形阶段的剪切模量为 G，剪切应力与剪切应变之间的数量关系如式（9）所示。若黏性流动阶段的剪切应变速率（以下简称"剪切速率"）为 $\dot{\gamma}$，剪切时间为 t，则有式（10）。

$$\tau = G\gamma \tag{9}$$

$$\dot{\gamma} = \mathrm{d}\gamma / \mathrm{d}t = \mathrm{d}\upsilon / \mathrm{d}L \tag{10}$$

混凝土可近似看成浆体与骨料两相组成，基本流变单元发生剪切变形或流动时，假设骨料与浆体行动一致，相对位置不变。若弹性变形阶段混凝土剪切面变形为 δ，则骨料和浆体剪切面"变形"都是 δ。Hu[31] 推导了基于混凝土材料组成的流变学参数预测模型，假设混凝土变形等于浆体变形，与实际情况不符，主要通过经验函数拟合保障相关性，物理意义稍弱。不足以反映剪切流变过程浆体与骨料之间的相互作用，特别是浆体流动对骨料的带动作用以及骨料移动对浆体流动的"阻尼效应"。

4 结束语

（1）胡克模型、牛顿流体模型、圣维南模型是流变学模型本构方程中的 3 个基本单元，分别能够描述材料流变行为的弹性（理想弹性体）、黏性（理想黏性体）和塑性（理想塑性体）特征。湿喷混凝土不是单纯的理想流体，上述任一单元都无法直接描述其流变特性，需三种基本单元组合描述。

（2）宾汉姆模型在湿喷混凝土领域应用最广，剪切流变过程混凝土流态不变为其应用前提，不适用于高致密湿喷混凝土；赫歇尔－巴尔克模型与修正宾汉姆模型能表征剪切变稀、剪切不变、剪切变稠三类流体，更适合高致密湿喷混凝土。

（3）新拌混凝土与速凝剂混合快速完成流态－固态转变，流变本构由黏弹性很快演变成弹塑性，黏性消失，弹性延长，建议构建"黏弹性"－"弹塑性"凝结硬化过程一体化流变模型；应加强流变学参数剪切模量试验研究，注重基础数据积累，提高黏弹性转变过程的理论认识。

（4）建议加强混凝土流变学参数的两相组成预测，重点关注浆体流动对骨料的带动作用以及骨料移动对浆体流动的"阻尼效应"。

参考文献

［1］ 左其亭，王子尧，马军霞. 我国现代治水研究热点与发展展望［J］. 水利发展研究，2024，24（6）：13-19.

［2］ T Ikumi, R P Salvador, A Aguado. Mix proportioning of sprayed concrete: A systematic literature review [J]. Tunnelling and Underground Space Technology incorporating Trenchless Technology Research, 2022, 124: 104456.

［3］ K K Yun, P Choi, J H Yeon. Correlating rheological properties to the pumpability and shootability of wet-mix shotcrete mixtures [J]. Construction and Building Materials, 2015, 98 (15): 884-891.

［4］ O H Wallevik, J E Wallevik. Rheology as a tool in concrete science: The use of rheographs and workability boxes [J]. Cement and Concrete Research, 2011, 41 (12): 1279-1288.

［5］ D W Jiao, C J Shi, Q Yuan, et al. Effect of constituents on rheological properties of fresh concrete-A review [J]. Cement and Concrete Composites, 2017, 83: 146-159.

［6］ 张丰，白银，吕乐乐，等. C60 混凝土低黏化调控及性能［J］. 长安大学学报（自然科学版）：1-11［2023-07-11］. http://kns.cnki.net/kcms/detail/61.1393.N.20230607. 1342.012.html.

［7］ J Armengaud, G Casaux-Ginestet, M Cyr, et al. Characterization of fresh dry-mix shotcrete and correlation to rebound [J]. Construction and Building Materials, 2017, 135 (15): 225-232.

［8］ 江体乾. 流变学在我国发展的回顾与展望［J］. 力学与实践，1999，21（5）：5-10.

［9］ 黄大能. 流变学与水泥应用科学［J］. 硅酸盐学报，1980，8（3）：303-313.

［10］ F Mahmoodzadeh, S E Chidiac. Rheological models for predicting plastic viscosity and yield stress of fresh concrete [J]. Cement and Concrete Research, 2013, 49 (Complete): 1-9.

［11］ 黄法礼，李化建，谢永江，等. 新拌混凝土工作性能与流变参数相关性研究进展［J］. 混凝土，2015（10）：119-123，127.

［12］ D Beaupré. Rheology of high performance shotcrete [D]. Vancouver: University of British Columbia, 1994.

［13］ P Choi, K K Yun, J H Yeon. Effects of mineral admixtures and steel fiber on rheology, strength, and chloride ion penetration resistance characteristics of wet-mix shotcrete mixtures containing crushed aggregates [J]. Construction and Building Materials, 2017, 142: 376-384.

［14］ M Pfeuffer, W Kusterle. Rheology and rebound behaviour of dry-mix shotcrete [J]. Cement and Concrete Research, 2001, 31 (11): 1619-1625.

［15］ K K Yun, S Y Choi, J H Yeon. Effects of admixtures on the rheological properties of high-performance wet-mix shotcrete mixtures [J]. Construction and Building Materials, 2015, 78: 194-202.

［16］刘豫，史才军，焦登武，等．新拌水泥基材料的流变特性、模型和测试研究进展［J］．硅酸盐学报，2017，45（5）：708-716．

［17］黄法礼，李化建，易忠来，等．自密实混凝土剪切变稠和剪切变稀行为研究进展［J］．材料导报，2017，31（S1）：392-395，401．

［18］D Feys, J E Wallevik, A Yahia, et al. Extension of the Reiner-Riwlin equation to determine modified Bingham parameters measured in coaxial cylinders rheometers [J]. Materials and Structures, 2013, 46 (1-2): 289-311.

［19］D Feys, R Verhoeven, G D Schutter. Fresh selfcompacting concrete, a shear thickening material [J]. Cement and Concrete Research, 2008, 38 (7): 920-929.

［20］黎梦圆．新拌水泥基材料非线性流变模型的研究与应用［D］．北京：清华大学，2018．

［21］W H Herschel, R Bulkley. Konsistenzmessungen von gummi-benzollösungen [J]. Kolloid-Zeitschrift, 1926, 39 (4): 291-300.

［22］T E R Jones, S Taylor. A mathematical model relating the flow curve of a cement paste to its water/cement ratio [J]. Magazine of Concrete Research, 1977, 29 (101): 207-212.

［23］F D Larrard, C F Ferraris, T Sedran. Fresh concrete: A Herschel-Bulkley material [J]. Materials and Structures, 1998, 31 (7): 494-498.

［24］E Güneyisi, M Gesoglu, N Naji, et al. Evaluation of the rheological behavior of fresh self-compacting rubberized concrete by using the Herschel-Bulkley and modified Bingham models [J]. Archives of Civil and Mechanical Engineering, 2016, 16 (1): 9-19.

［25］张丽辉，郭丽萍，孙伟，等．高延性水泥基复合材料的流变特性和纤维分散性［J］．东南大学学报（自然科学版），2014，44（5）：1037-1040．

［26］刘建忠．超高性能水泥基复合材料制备技术及静动态拉伸行为研究［D］．南京：东南大学，2013．

［27］C Atzeni, L Massidda, U Sanna. Comparison between rheological models for portland cement pastes [J]. Cement and Concrete Research, 1985, 15 (3): 511-519.

［28］B L Damineli, V M John, B Lagerblad, et al. Viscosity prediction of cement-filler suspensions using interference model: A route for binder efficiency enhancement [J]. Cement and Concrete Research, 2016, 84 (Complete): 8-19.

［29］K Vance, G Sant, N Neithalath. The rheology of cementitious suspensions: A closer look at experimental parameters and property determination using common rheological models [J]. Cement and Concrete Composites, 2015 (59): 38-48.

［30］凌英显．水泥砂浆、混凝土硬化前的流变学特性［J］．硅酸盐学报，1982，10（3）：344-356．

［31］J Hu. A study of effects of aggregate on concrete rheology [D]. Ames: Iowa State University, 2005.

作者简介

宁逢伟（1986—），男，博士，高级工程师，主要从事水工混凝土耐久设计与功能防护材料研究。E-mail：764366800@qq.com

隋　伟（1980—），男，正高级工程师，主要从事水工结构检测与安全评价方法研究。E-mail：112373741@qq.com

都秀娜（1994—），女，工程师，主要从事水工混凝土结构检测研究。E-mail：1729991024@qq.com

王美琪（1999—），女，助理工程师，主要从事水工混凝土功能设计与检测方法相关研究。E-mail：980343254@qq.com

郭子健（1997—），男，助理工程师，主要从事水工混凝土结构检测研究。E-mail：2406064321@qq.com

某抽水蓄能电站 1 号机组推力轴承 RTD 故障原因与处理

魏子超，徐园园，于 爽，闫川健

（河北丰宁抽水蓄能有限公司，河北承德 068350）

摘要 某抽水蓄能电站1号机组2021年12月30日投入商业运行，自2022年1月15日起，推力瓦、推力及下导油槽及冷油温度RTD先后出现断线、跳变等问题，经排查初步确定推力及下导油槽内RTD电缆破损，截至2022年2月24日，共有9个推力瓦12个RTD、推力油槽冷油及热油2个RTD先后故障，电站利用定检对推力及下导油槽透平油排空进行检查，确定了推力轴承RTD故障原因、处理方案，推力轴承RTD故障处理完成后未发生类似问题，其他机组参照处理方案进行电缆防护及加固，未发生类似问题。

关键词 推力轴承；RTD；油流；刮油板；处理

0 引言

某抽水蓄能电站位于河北省承德市丰宁满族自治县境内，南距北京市 180km，东南距承德市 170km，总装机容量 3600MW（12×300MW），共有 10 台定速机组及 2 台可变速机组，电站的供电范围为京津及冀北电网，在京津及冀北电网中担任调峰、填谷、调频和事故备用等功能，2021 年 12 月 30 日，首批机组（1 号、10 号）正式投产发电。

该电站 1 号机组共 12 个推力瓦，发电电动机推力及下导轴承共用同一个油盆，采用强迫油循环水冷方式进行冷却，推力瓦 RTD、推力及下导油盆 RTD 电缆经油盆内环型笼式桥架汇总至竖直桥架处，经接驳装置外引至盘柜端子排，自 2022 年 1 月 15 日起，1 号机组推力瓦、推力及下导油槽及冷油温度 RTD 先后出现断线、跳变等问题，截至 2022 年 2 月 24 日，共有 9 个推力瓦共 12 个 RTD、推力油槽冷油及热油 2 个 RTD 故障。

本文首先介绍该电站推力外循环及 RTD 的作用，其次介绍 1 号机组推力轴承 RTD 故障情况，并对此故障现象进行原因分析，最后阐述相应的改进措施及具体处理方法，为其他单位及个人提供参考。

1 推力轴承的结构及作用

1.1 结构

1 号机推力轴承的结构主要包括推力瓦、镜板、绝缘油挡、弹性油箱、推力瓦 RTD、推力外循环油槽冷油及热油 RTD、推力瓦限位装置、推力轴承座、支撑环、内轴承盖等部件，发电电动机推力及下导轴承共用同一个油盆，推力及下导轴承采用油冷却器，冷却器布置于机坑外侧，采用强迫外循环水冷的循环方式对推力外循环油槽内热油进行冷却降温，镜板与主轴采取螺栓把合的形式，机组运行的时候镜板在主轴的带动下旋转，推力瓦在前后限位装置固定、弹性油箱的水平调整情况下与镜板产生相对位移，镜板与推力瓦之间通过油膜进行润滑。

1.2 RTD 的作用

该电站推力轴承 RTD 即 PT100 温度传感器，PT100 是铂热电阻，它的阻值会随着温度的变化而改变，PT 后的 100 即表示它在 0℃时阻值为 100Ω，推力瓦 RTD 分为单支和双支，单支 RTD 通过电缆线将温度量直送监控，双支 RTD 一路通过电缆线将温度量直送监控，另外一路将温度量送至测温仪表柜参与温度显示。设计人员通过在推力瓦本体两侧、推力外循环油槽内设置冷油及热油 RTD，帮助运行人员及维护人员了解机组停机及运行时推力瓦及油槽的实际温度，通过实际温度的变化趋势可以判断机组设备健康状况，及时解决可能存在的缺陷。

推力轴承装配放大图如图 1 所示。

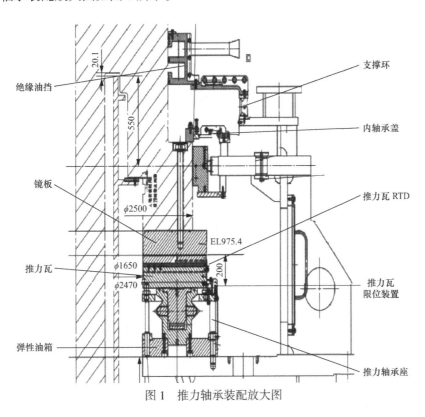

图 1　推力轴承装配放大图

2　1 号机推力轴承 RTD 故障情况

根据 1 号机推力轴承 RTD 故障情况对故障部位及故障时间进行统计，便于开展相关分析。1 号机推力轴承 RTD 故障故障时间见表 1。

表 1　　　　　　　　　　　**1 号机推力轴承 RTD 故障故障时间**

1 号机推力轴瓦 RTD		
序号	发电方向出油边	抽水方向出油边
1 号推力瓦	Z63	Z75（2022.02.09 故障）、X8（2022.01.29 故障）（双支）
2 号推力瓦	Z64	Z76
3 号推力瓦	Z53、X5（双支）（2022.02.09 故障）	Z65（2022.02.04 故障）
4 号推力瓦	Z54（2022.02.01 故障）	Z66
5 号推力瓦	Z55（2022.01.24 故障）	Z67（2022.02.03 故障）
6 号推力瓦	Z56（2022.01.29 故障）	Z68（2022.02.06 故障）
7 号推力瓦	Z57	Z69（2022.01.27 故障）、X7（2022.01.24 故障）（双支）
8 号推力瓦	Z58	Z70
9 号推力瓦	Z59（2022.01.20 故障）、X6（2022.01.20 故障）（双支）	Z71
10 号推力瓦	Z60	Z72（2022.02.13 故障）
11 号推力瓦	Z61	Z73
12 号推力瓦	Z62	Z74（2022.01.27 故障）
说明：标注红色为故障 RTD，其余 RTD 目前正常		
序号	RTD	
1	热油温度 Z52（2022.01.15 故障）	
2	冷油温度 Z51（2022.01.24 故障）	
说明：油槽油温 RTD 共两个都有故障，目前对推力外循环管路油温 RTD 进行监视		

3　原因分析

产生推力瓦 RTD 及推力外循环油槽内冷油及热油 RTD 故障的原因有以下几方面。

（1）机组运行时温度较高造成推力轴承 RTD 故障。

分析：推力轴承 RTD 故障时对故障相邻推力瓦、其他导轴承瓦温、机组振摆进行检查，数据正常，排除机组温度真实升高情况。

（2）推力瓦 RTD 及推力外循环油槽内冷油及热油 RTD 温度反馈回路存在端子松动问题，造成温度量反馈不正确。

分析：机组停机后对推力轴承故障 RTD 的温度反馈回路进行检查，无端子、接线松动，将故障 RTD 的接线解开后重新接上监控显示无变化，排除端子松动造成推力轴承 RTD 故障。

（3）推力轴承 RTD 电缆破损或断线造成 RTD 故障。

分析：

1）现场对推力轴承 RTD 电缆（推力油槽外）外观进行检查，无破损，机组停机后在 1 号机监控盘柜、推力及下导轴承测温端子箱测量故障 RTD 电缆电阻，发现 RTD 测量端与补偿端电阻普遍存在开路、短路等问题且测量端和 2 个补偿端之间电阻偏差较大，正常同一个 PT100 铂热电阻的电缆在同一环境下，测量端和 2 个补偿端之间电阻应在 100～130Ω 之间且基本接近。

2）利用月度定检对推力轴承 RTD 故障进行检查，检查机组推力及下导轴承油槽上腔排油，将下机架 +Y、−Y 两个方向进人门打开，在完成落油孔临时封堵后进入油槽内检查推力轴承 RTD 及电缆线，RTD 本体无脱落、环型电缆架及 RTD 电缆无破损，检查至竖直电缆桥架时发现电缆外侧包裹的整体软管被冲坏并脱落、电缆有部分（5 只）已经冲断且脱落，因推力瓦两两之间装设了刮油板，造成机组运行时油流直接冲击油槽外壁，故推力油槽油流冲击造成推力轴承 RTD 电缆破损、断线为此次推力轴承 RTD 故障的主要原因。

推力油槽内破损的 RTD 电缆如图 2 所示。

图 2　推力油槽内破损的 RTD 电缆

4　处理方案

4.1　推力轴承故障 RTD 拆除流程

（1）首先利用扳式滤油机将推力及下导轴承油盆上腔油排至 3 号机调速器回油箱内，油量大约为 10m³。

（2）拆除推力轴承所有 RTD 在推力及下导轴承测温端子箱接线，拆除过程中注意核对编号，同时监控核查除了推力轴承瓦温以外有无其他温度丢失，避免出现误拆。

（3）用废旧已擦拭干净的硅钢片将 12 个推力及下导油槽内 $\phi240$ 落油孔进行临时封堵，避免杂物落入下腔油盆内，将推力瓦 RTD、油槽油温 RTD 本体拆除，将推力轴承接驳装置拆除，笼式桥架拆除，将固定电缆的绑扎带剪开并收集，将所有旧的 RTD 电缆拆除后搬运至风洞外，同时对推力及下导油槽内进行细致检查，确保无绑扎带、电缆、线夹、螺栓等原安装物品。

推力轴承 RTD 拆除过程中照片如图 3 所示。

图 3　推力轴承 RTD 拆除过程中照片

4.2 推力轴承 RTD 重新安装流程

（1）用防火布在推力及下导轴承油盆焊接区域进行临时防护，将槽盒与垫条用 M8 单头螺栓在每段槽盒头尾临时固定，放置在推力及下导轴承油盆内开展预装工作，采用氩弧焊方式对垫条外侧进行段焊固定，拆除槽盒，对垫条内侧段焊固定，垫条焊接前注意推力轴承 RTD 电缆穿线进口地方两个垫条间隔在 150mm 左右。槽盒及垫条预装如图 4 所示。

垫条焊接完成如图 5 所示。

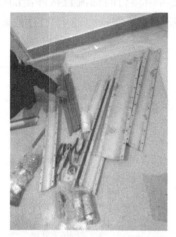

图 4　槽盒及垫条预装

图 5　垫条焊接完成

（2）按照推力轴承 RTD 电缆大体敷设路径对 $\phi 8$ 金属丝进行氩弧焊点焊固定，焊接完成后及时清理剩余焊条、防火布焊渣等杂物。

（3）安装新的推力轴承 RTD 及电缆，推力轴承 RTD 出瓦后，温度计铠装丝至油槽底部，电缆用绑扎带每间隔 150mm 固定在高顶管路 $\phi 8$ 金属丝上面，尖角区域在电缆外侧包裹 1mm 厚度的橡胶板，避免油流冲击造成电缆磨损，侧壁电缆从底至顶全部用橡胶板包裹、绑扎带固定（间隔 150mm），线夹与垫条通过 M6 单头螺栓把合压紧电缆，上述螺栓全部采用弹簧垫圈止动。

RTD 电缆固定示意图如图 6 所示，环型槽盒、垫条、电缆固定示意图如图 7 所示。

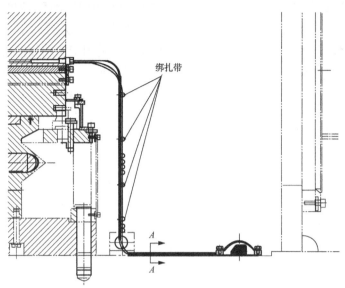

图 6　RTD 电缆固定示意图

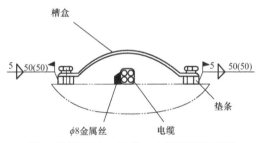

图 7　环型槽盒、垫条、电缆固定示意图

RTD 电缆固定实图如图 8 所示。

图 8　RTD 电缆固定实图

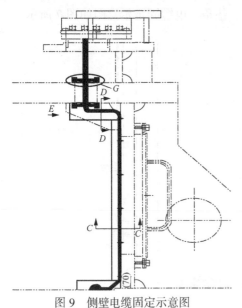

图 9　侧壁电缆固定示意图

侧壁电缆固定示意图如图 9 所示，侧壁槽盒、垫条、电缆固定示意图如图 10 所示。

侧壁电缆固定实图如图 11 所示，侧壁槽盒、垫条、电缆固定实图如图 12 所示。

（4）封堵推力及下导油槽内穿电缆孔，封堵板由底座和夹板构成，底座焊接在机架上，夹板分为两瓣，夹紧引线防止其窜动。安装完成后的封堵板、接驳装置下护罩如图 13 所示。

（5）封堵推力及下导油槽内穿电缆孔，封堵板由底座和夹板构成，底座焊接在机架上，夹板分为两瓣，夹紧引线防止其窜动。

（6）将新推力轴承 RTD 的线全部接至推力及下导轴承测温端子箱处，要求每接一处监控核查信号、位置是否正确，全部验证完成后间隔半个小时检查监控、测温仪表柜各个推力瓦温度最大、最小差值不得高于 1.5℃，无问题后将推力轴承 RTD 固定螺母把紧，轻微拉拽电缆无松动。

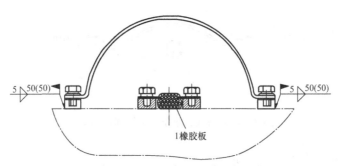

图 10　侧壁槽盒、垫条、电缆固定示意图

图 11　侧壁电缆固定实图

图 12　侧壁槽盒、垫条、电缆固定实图

（7）验收组对推力及下导轴承油槽内仔细进行检查，确保无遗留物后封堵推力及下导轴承油槽进人门。

（8）推力及下导油槽内注油 190mm，风洞内已清理，物品已清点无遗留物，人员已撤离，机组隔离措施恢复。

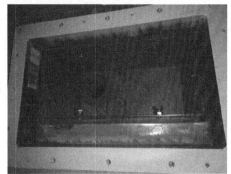

图 13 安装完成后的封堵板、
接驳装置下护罩

5 结束语

1 号机推力轴承 RTD 采取以上措施后，经发电、抽水调相、抽水试转累计 1h 无异常问题，推力轴承温度显示正常，归调后机组按每天两抽两发频次运行，截至目前未发生类似问题，其他机组按此方案实施后运行无问题。表明上述处理方法得当，采取的措施准确。

参考文献

［1］ 刘平安，武中德. 三峡发电机推力轴承外循环冷却技术［J］. 大电机技术，2008
（1）：7-12.

［2］ 王书枫，王艳武. 溧阳抽水蓄能电站发电电动机推力及下导轴承外循环冷却系统设计［J］. 大电机技术，2016（1）：13-15.

作者简介

魏子超（1990—）男，本科，工程师，主要研究方向：抽水蓄能水轮发电机组维护、检修。E-mail：1713450998@qq.com

徐园园（1993—）女，本科，助理工程师，主要从事生产合同管理工作。E-mail：984188643@qq.com

于 爽（1994—）男，本科，工程师，主要从事生产维护工作。E-mail：1262605386@qq.com

闫川健（1994—）男，本科，助理工程师，主要从事生产运行工作。E-mail：1451828469@qq.com

某抽水蓄能电站定子槽楔窜动处理

王　俏，曾玲丽，徐　斌，周阳轩

（国网新源集团有限公司湖南分公司，湖南长沙　410213）

摘要　定子槽楔是安装在定子铁心槽口固定线棒的绝缘材料，主要作用是防止定子线棒位移松动，对发电机安全稳定运行意义重大。某抽水蓄能电站3号发电机运行至今，槽楔均出现不同程度的窜动现象。2014年根据厂家方案在端部槽口加装围挡阻止槽楔窜动，但效果一般。2022年，结合机组大修对槽楔固定方式进行工艺优化，彻底解决了槽楔窜动问题，为同类型发电机定子槽楔窜动处理提供参考依据。

关键词　定子铁芯；定子槽楔；槽楔窜动

0　引言

某抽水蓄能电站3号发电电动机为三相、立轴、半伞式，密闭循环空冷、可逆式同步电机。该发电电动机由东方电机公司生产，2009年投产，型号为SFD-300/320-20/7640，额定发电功率为300MW，抽水功率为320MW。额定电压为18kV，额定发电工况电流为9460A，抽水工况电流为10260A，励磁电压为270V，定子绕组为双层叠绕组，绝缘等级为F级，Y型接线，发电机气隙为33.5mm，定子槽楔采用高强度玻璃布板。

1　定子槽楔结构介绍

定子槽楔是安装在定子铁芯槽口的绝缘材料，主要材质为高强度环氧玻璃布板，其作用是将定子线棒固定在铁芯槽内，防止线棒发生位移。某抽水蓄能电站定子铁芯共300槽，每槽有17块槽楔，其中槽口上、下端部各1块端部槽楔，槽口中部1块中间槽楔，其余为普通槽楔。定子铁芯槽内由里到外依次为保护垫条、滑动垫条、调节垫条、反槽楔、波纹板、槽楔。

其中，槽楔各部位主要作用：端部、中部、普通槽楔主要作用是在定子铁芯槽内固定定子线棒。端部、中部、普通波纹板，其自带波纹弹性，能补偿定子线棒因热胀冷缩对槽楔形成的挤压，保持槽楔始终处于紧固状态。端部、中部、普通下垫条（反槽楔）主要作用是在安装时与波纹板配合打紧槽楔。滑动垫条与保护垫条作用是保护定子线棒在槽楔安装过程中不受到损伤。调节垫条，根据槽楔在安装时的松紧程度进行垫条填充，保证槽内无空鼓，确保槽楔固定可靠。

2 槽楔窜动原因分析

2.1 存在问题

该抽水蓄能电站 3 号机组于 2010 年投产运行，机组运行 1 年后对风洞检查时发现大部分铁芯槽上、下端部槽楔出现不同程度窜动情况，部分槽楔窜动量如表 1 所示。后对端部异常窜动槽楔进行划线标记，在随后的机组定检中增加检查频次，记录槽楔窜动量跟踪窜动情况，发现槽楔窜动呈增大趋势，已经严重影响发电机安全稳定运行。

表 1 部 分 槽 楔 窜 动 量

槽号	窜动量（mm）	槽号	窜动量（mm）
10	8	95	10
15	7	100	10
20	5	110	15
22	10	150	16
23	15	180	10
30	12	200	10
40	11	230	5
50	8	260	8
55	6	290	6
80	7	300	8

2014 年，该抽水蓄能电站根据厂家指导方案对 3 号机组定子槽楔进行专项检修，改进端部槽楔固定方式，采用专用玻璃挡板（围挡）通过浸胶涤纶玻璃丝绳固定在槽楔端部形成整体加强槽楔固定，6 槽为一组，上、下端部共 50 块。机组运行一段时间后，固定围挡并没有起到防止槽楔窜动的作用，槽楔上、下窜动依然存在。期间进行了多次加固措施处理依然没有得到好的固定效果。2020 年，针对 3 号机组定子槽楔上、下窜动问题进行了临时性处理工作，对窜动较大的槽楔重新进行打紧。2021 年 7 月检查发现部分槽楔继续呈现上窜现象，其中个别槽楔窜出了围挡，如图 1 所示，甚至部分围挡已经被窜动槽楔顶偏，有损伤线棒绝缘的风险。

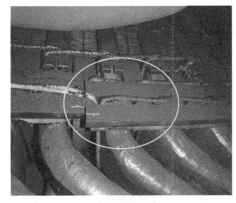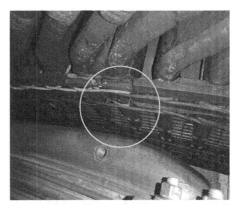

(a) 端部围挡被顶偏　　　　　　　　(b) 槽楔窜出围挡

图 1 槽楔窜动情况

槽楔发生窜动后，可能会造成定子线棒主绝缘损伤，严重时可能会脱离铁芯槽，在机组运行时发生扫膛事件。槽楔窜动还会造成定子铁芯通风槽被堵住，影响整个发电机的散热。在槽楔窜动后，还可能造成定子线棒表面与铁芯接触不良，在机组运行强电场作用下线棒表面产生悬浮电位而发生电晕，长期运行会对线棒产生电腐蚀[1]，最终导致线棒出现电化学击穿。

2.2 定子槽楔窜动原因分析

2.2.1 槽楔安装工艺把控不严

槽楔在现场安装时，通常的做法是先在定子铁芯槽内放入保护垫条、滑动垫条、一定厚度的调节垫条等，再将槽楔及波纹板放入槽内，然后打入反槽楔，通过波纹板的弹性来进行自动补偿进行线棒及槽楔紧固。由于现场施工时安装人员工艺水平参差不齐，调节垫条厚度填充太薄或者太厚会造成波纹板的弹性形变不能有效起到补偿作用。因此机组运行时，在电磁力、机械振动、线棒自身热胀冷缩等因素的影响下[2]，造成槽楔松动而发生窜动。

2.2.2 线棒本身直线度不均匀

查阅历史检修资料可知，该抽水蓄能电站 3 号机组定子槽楔在安装过程中，槽楔的填充量不均匀，在同一槽内相邻槽楔之间的填充量偏差最大有 3mm 偏差。这充分说明定子线棒本身直线度不均匀，从而致使槽楔在固定过程中紧度控制非常困难，无法形成一个比较稳定紧固的整体结构。同时，槽楔的楔下垫条都是独立的，针对整槽固定槽楔来说，不具备整体性，如果线棒线型整齐，该结构并不会对槽楔固定整体结构造成影响，一旦线棒线型偏差比较大时，该结构对槽楔每槽的整体紧固会造成影响，会导致槽楔无法形成一个整体，固定作用得不到体现。

2.2.3 温度偏高造成槽楔固定绝缘材料作用降低

在安装端部槽楔时，会在上、下端部各 5 槽槽楔处刷涂特定的环氧树脂胶来加强槽楔固定。自 2018 年以来，该抽水蓄能电站 3 号机组每天至少一次发电一次抽水，运行强度高，定子绕组及定子铁芯的温度普遍偏高。定子铁芯槽楔固定位置的温度估算超过100℃，对于端部固定槽楔刷涂的固定环氧胶来说，长期处在 90℃以上的环境中，环氧胶的固定粘接特性基本上会丧失，起不到固定粘接作用。同时，由于抽水蓄能电站每天机组启停次数都比较多，定子绕组的热胀冷缩比较频繁，端部槽楔在频繁的热胀冷缩作用下基本上会发生松动，丧失固定作用，最终造成槽楔窜动。

3 槽楔固定方式工艺优化

3.1 槽楔安装工艺的改进

根据槽楔松动的初步分析判断，造成槽楔上下窜动的主要原因有两点。

（1）线棒直线段的直线度存在比较大的偏差，槽楔固定不成整体性。

（2）槽楔、半导体保护垫条、楔下填充垫条、波纹垫条的材质不符合目前机组定子绕组固定所需。

因为 3 号机组的线棒、铁芯等都无法进行更换及处理，所以只能从槽楔固定的施工工艺及槽楔的材料性能上予以改进，以确保槽楔的稳固性满足机组长期安全运行需要。

结合机组大修将 3 号机组全部槽楔退出后，用线棒紧固压机将线棒上、中、下部位重新紧固压紧，使线棒靠紧固外力能完全靠紧铁芯槽底，并且上下层线棒、层间垫条之间接触紧密。紧固过程中，监控线棒往铁芯槽底方向的移动量。每槽至少均匀 5 个点固定压紧。

采用从中间打紧固定槽楔，往两端逐个打紧槽楔的顺序安装槽楔，在所有槽楔波纹垫条压缩量紧固要求满足设计要求的前提下，达到整槽固定结果是中间固定紧实、两端相对稍微偏松的效果。

3.2 改进原有槽楔材料

3.2.1 原有槽楔结构改进

取消槽楔的端部开槽结构，改为中间开槽结构；对上、下端部第一、第二块槽楔的结构、尺寸进行修改。同时，取消原有楔下短垫条（反槽楔）结构，采用长度（900mm）统一的楔下长垫条结构，保证槽楔填充均匀。槽楔结构优化如图 2 所示。

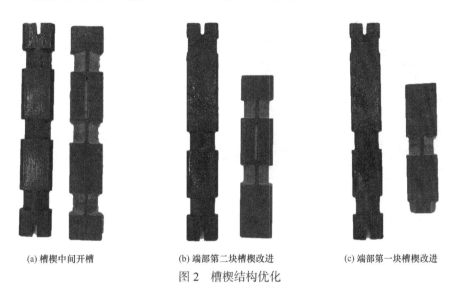

(a) 槽楔中间开槽   (b) 端部第二块槽楔改进   (c) 端部第一块槽楔改进

图 2　槽楔结构优化

3.2.2 改变端部槽楔固定方式

取消原设计固定的围屏结构和端部捆扎槽楔结构，端部槽楔的通风槽位置安装 T 形聚酯片和 T 形毛毡，端部槽楔两侧刷涂环氧胶（选择耐高温环氧胶）插入后，端部槽楔和 T 形毛毡粘接固定成一个整体，毛毡底部采用撬角方式固定端部槽楔。端部槽楔 T 形毛毡如图 3 所示。

3.3 槽楔安装

先向槽内填入整槽长度的保护垫条，使用固定线夹确认中间槽楔位置，固定线夹下方需垫入线夹垫条保护线棒，使用打槽楔工具将中间槽楔打入，中间槽楔放入后向槽内加装合适厚度的调节垫条、楔下垫条并进行紧固，垫条调整完毕后使用工具将中间槽楔翘起部分高度，在原位置放入波纹板后使用工具将中间槽楔打紧。槽楔打紧后使用百分表检查槽楔波纹板弹性变形量，使波纹板松紧度满足厂家要求。沿中间槽楔依次向两边打紧各段槽楔，直至端部槽楔为止，每次打完后均需使用百分表进行检查。端部槽内依次放入 T 形聚

图 3　端部槽楔 T 形毛毡

图 4　槽楔投运后未出现窜动

酯片、T 形膨胀毡、T 形羊毛毡涂上环氧胶，在端部槽楔两侧涂上环氧胶后插入使其和 T 形毛毡固定成一个整体，毛毡底部采用翘角的方式固定端部槽楔。

槽楔安装完成后，对 3 号机组定子绕组进行了绝缘电阻、直流电阻、直流耐压和泄漏电流、交流耐压试验，各项试验数据符合规程要求。

3 号机组槽楔改造投运后，每月结合机组定检对槽楔进行跟踪检查，未发现槽楔窜动情况，槽楔整体运行趋势良好，3 号机组定子槽楔窜动问题得到了根本解决。槽楔投运后未出现窜动如图 4 所示。

4　结束语

该抽水蓄能电站 3 号机组优化了槽楔安装工艺，在不调整线棒直线度的情况下进行材料改进及工艺的改进，缩减处理槽楔窜动的时间与经济成本，彻底解决困扰了该电站多年的隐患，大大提高了发电机组运行的安全可靠性。同时，该种处理工艺也可推广到相应领域中，为其他电站提供参考。

参考文献

［1］　左程，李既明. 某抽水蓄能电厂定子槽楔松动分析及处理［J］. 广东电力，2024.
［2］　周绍鸿，张俊. 抽水蓄能发电机定子槽楔松动原因分析及处理［J］. 水电站机电技术，2015.

作者简介

王　俏（1990—），男，工程师，主要从事水电站电气一次设备运维管理工作。E-mail：287810081@qq.com

曾玲丽（1992—），女，工程师，主要从事水电站电气设备运维管理工作。E-mail：369746100@qq.com

徐　斌（1993—），男，工程师，主要从事水电站电气一次设备运维管理工作。

周阳轩（1992—），男，工程师，主要从事水电站电气一次设备运维管理工作。

某抽水蓄能电站上水库三维渗流场及渗控方案分析

杨海滔 [1,2]，李广一 [1,2]，张志崇 [1,2]，卢　斌 [3]

（1. 中水东北勘测设计研究有限责任公司，吉林长春　130021；
2. 水利部寒区工程技术研究中心，吉林长春　130061；
3. 南京水利科学研究院，江苏南京　210029）

摘要　某抽水蓄能电站工程上水库地质条件复杂，存在多条贯穿性断层和深厚覆盖层，有"库水外渗"风险。基于通用软件 FEFLOW 建立了三维渗流稳态模型，采用 PEST 程序对各地层渗透系数进行反演，并分析水库运行期不同渗控方案对渗流量和渗透比降的影响。计算结果表明："帷幕深入 3Lu 线方案"和"帷幕深入 1Lu 线方案"的日渗流量相差不大，均满足不超过总库容 1/2000 的规范要求；水库渗漏通道主要位于大坝坝基段，坝基帷幕渗透系数对水库总渗流量的影响最为显著，建议坝基段采取必要工程措施以降低其渗透系数，保证水库渗漏安全。

关键词　抽水蓄能电站；上水库；三维渗流场；渗流量；FEFLOW

0　引言

抽水蓄能电站作为当前技术最成熟、经济性最优、最具大规模开发条件的储能技术，在电力规模发展和消纳利用等方面具有重要作用[1]。根据《抽水蓄能中长期发展规划（2021—2035 年）》，"十四五"期间我国新增投产的抽水蓄能装机几乎要超过以往 50 年的总量，而且还要求"十五五"期间再翻一番，投产总规模将达 1.2 亿 kW 左右。面对抽水蓄能电站的快速发展需求，在复杂地质条件下修库筑坝成为不可避免的挑战。深厚覆盖层、局部强透水层、断层、岩溶等复杂地质条件对抽水蓄能电站上、下水库渗流安全具有重要影响，因此有必要制定合理的渗控措施并进行渗控效果评价。

山西省某抽水蓄能电站工程上水库地质条件复杂，坝址两岸覆盖层以崩坡积、洪积混合土碎（块）石为主，厚度较大，一般为 5～21m。库区断层发育，倾角总体较陡，破碎带由碎裂岩、构造片岩及少量断层泥组成，宽度几米至几十米。库盆内见有潜流和泉水，库周地下水位高于正常蓄水位，岩石主要为中等透水和弱透水为主。综上，该库址存在可能的渗漏问题如下：①坝基坐落在中等透水层上部，其孔隙比大、渗透性较强，是渗流控制中的薄弱环节；②两岸深厚覆盖层和绕坝渗流是潜在的渗漏通道；③少数断层延伸至弱风化带底部和微风化带内，呈弱－中等透水性，断层在防渗帷幕线以下仍存在向库外渗漏问题。

鉴于水库三维渗流模拟的复杂性，目前针对该问题的解决通常依靠特定的计算流体力学代码[2-5]，不利于推广应用。本文依托某复杂地质条件抽水蓄能电站工程，基于地下水数值模拟通用软件 FEFLOW 建立了三维渗流稳态模型，详细分析库区渗流场、渗透流量、渗透比降等关键问题，综合评价渗控方案效果，研究成果可为类似工程防渗系统设计提供参考。

1 渗流模拟控制方程

根据达西定律和连续性方程，在孔隙介质中地下水三维流动偏微分控制方程为：

$$\frac{\partial}{\partial x}\left(K_{xx}\frac{\partial H}{\partial x}\right)+\frac{\partial}{\partial y}\left(K_{yy}\frac{\partial H}{\partial y}\right)+\frac{\partial}{\partial z}\left(K_{zz}\frac{\partial H}{\partial z}\right)+\omega=\mu_s\frac{\partial H}{\partial t} \tag{1}$$

$$H(x,y,z,0)=H_0,(x,y,z)\in\Omega \tag{2}$$

$$H(x,y,z,t)=H_1,(x,y,z)\in S_1 \tag{3}$$

$$K\frac{\partial H}{\partial n}=q(x,y,z,t),(x,y,z)\in S_2 \tag{4}$$

式中　K_{xx}、K_{yy}、K_{zz}——x、y、z 方向的渗透系数，m/s；

　　　　ω——源汇项（蒸发、降雨、井抽水量），m/s；

　　　　μ_s——储水率；

　　$H(x,y,z,t)$——点（x，y，z）在 t 时刻的水头值，m；

　　　　H_0——初始地下水位，m；

　　　　H_1——第一类边界上的水头值，m；

　　　　q——第二类边界上的单宽流量，m²/s；

　　　　Ω——计算区域；

　　S_1、S_2——第一类和第二类边界。

方程求解采用地下水数值模拟软件 FEFLOW（Finite Element Subsurface Flow System），其基于伽辽金有限元法，可有效解决稳态和非稳态渗流、饱和与非饱和渗流、组分输移等问题[6-7]。

2 计算模型及参数

2.1 天然模型构建

2.1.1 计算范围

上水库库址位于冲沟首部，库周西、北、东三面环山，分水岭宽厚。计算模型范围包括上水库全部建筑物及其影响区域，模型北侧、南侧边界分别截取至水库大坝上游坡脚以北 1400m、下游坡脚以南 800m，东、西侧边界分别截取至左坝肩以东 1300m、右坝肩以西 1200m，均满足外延 2 倍坝高的计算范围要求[8]。顶高程按实际地形考虑，底高程截至 1100m，至微新岩体。

上水库坝址区天然三维模型与地图影像映射见图 1，刻画出主要地层（强风化层、弱风化层、微风化层）和断层（f23、f32、f46、f54、f56、f57、f58、f59），采用 FEFLOW 内置的 TetGen 方法对模型网格进行剖分，网格单元总数约 340 万个。

2.1.2 边界条件

计算模型边界类型有定水头边界、出渗边界、不透水边界 3 种。模型东、南、西、北侧边界和底边界均设为不透水边界；库周分水岭地下水埋深 37～114m，设为定水头边界；冲沟内已知泉眼附近设为自由出渗边界。

2.1.3 渗透系数和地下水位反演

采用 PEST 参数优化程序对各地层渗透系数进行反演[9]。图 2 和图 3 给出了工程区 17 个钻孔分布和其地下水位反演结果。根据类似工程经验[10]，一般以天然模型地下水位最大高差的 10% 作为计算水位误差的评判标准。本次模拟相对误差最大仅为 3.97%，认为反演得到的各地层渗透系数在工厂可接受范围内，渗透系数反演值见表 1。

图 1　三维模型与地图影像映射

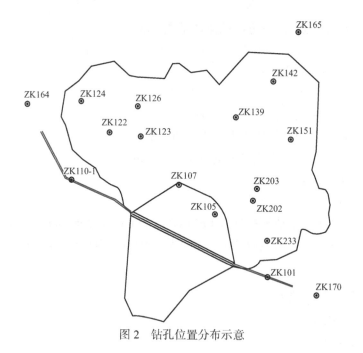

图 2　钻孔位置分布示意

2.2　水库大坝模型构建

上水库大坝型式为混凝土面板堆石坝，最大坝高为 149m，坝顶长为 406m，正常蓄水位 1887m，总库容 1204 万 m³，坝体分区自上游向下游依次为混凝土面板、垫层区、过渡区、上游堆石区和下游堆石区。防渗帷幕采用双排布置，孔距为 2.5m，排距为 1.5m，左、右岸帷幕延伸至正常蓄水位与地下水位线相交处，左、右岸帷幕灌浆平洞长度分别为219m、456m。上水库大坝三维模型见图4。

库周分水岭水头值与天然工况一致，库内节点水头边界根据蓄水位赋值，下游坝坡及附近可能发生渗漏的区域设自由出渗边界。上水库大坝各分区渗透系数取值见表2。一般情况下，利用水泥灌浆形成防渗帷幕渗透系数可达 $1 \times 10^{-5} \sim 1 \times 10^{-6}$ cm/s，工程上可采用超细水泥、化学灌浆、加密灌浆孔距等方式降低帷幕渗透系数。鉴于本工程复杂的地质条件，计算工况考虑防渗帷幕深度和帷幕渗透系数取值对水库渗漏的影响。

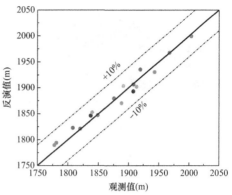

图 3　钻孔地下水位观测值与反演值对比

表 1　　　　　　　　各地层渗透系数反演值和断层渗透系数取值

位置	区域	基准值	渗透系数反演值（cm/s）	
			水平方向	竖直方向
地层	强风化层	$q>100Lu$	4.23×10^{-2}	9.35×10^{-2}
	弱风化层	$10Lu<q<100Lu$	4.155×10^{-4}	2.878×10^{-4}
		$3Lu<q<10Lu$	5.161×10^{-5}	4.095×10^{-5}
		$1Lu<q<3Lu$	1.427×10^{-5}	1.664×10^{-5}
	微风化层	$q<1Lu$	4.379×10^{-6}	2.661×10^{-6}
坝址右岸断层	f46	$5Lu<q<15Lu$	1.50×10^{-4}	1.50×10^{-4}
	f54	$5Lu<q<15Lu$	1.50×10^{-4}	1.50×10^{-4}
	f56	$5Lu<q<15Lu$	1.50×10^{-4}	1.50×10^{-4}
	f57	$5Lu<q<15Lu$	1.50×10^{-4}	1.50×10^{-4}
	f58	$5Lu<q<15Lu$	1.50×10^{-4}	1.50×10^{-4}
	f59	$5Lu<q<15Lu$	1.50×10^{-4}	1.50×10^{-4}
坝址左岸断层	f23	$5Lu<q<15Lu$	1.50×10^{-4}	1.50×10^{-4}
	f32	$5Lu<q<15Lu$	1.50×10^{-4}	1.50×10^{-4}

表 2　　　　　　　　大坝各分区渗透系数　　　　　　　　单位：cm/s

区域	主堆石区	次堆石区	混凝土面板	垫层区	过渡区	坝基帷幕	左右岸帷幕
渗透系数	1.00×10^{-1}	1.00×10^{-2}	1.00×10^{-7}	5.00×10^{-3}	1.00×10^{-2}	1.00×10^{-5} 或 1.00×10^{-6}	1.00×10^{-5}

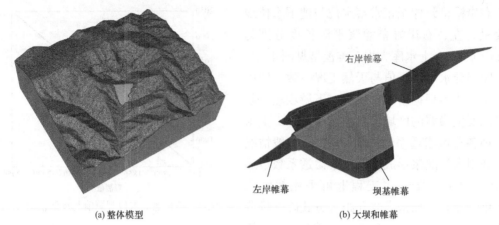

(a) 整体模型   (b) 大坝和帷幕

图 4　上水库大坝三维模型

3　渗控方案模拟结果分析

3.1　防渗帷幕深度影响

在正常蓄水位运行期、坝基防渗帷幕渗透系数取 1.00×10^{-6}cm/s 的情况下，对比分析 2 种渗控方案："帷幕底部深入 3Lu 线以下 5m""帷幕底部深入 1Lu 线以下 5m"。图 5 所示为两种渗控方案的地下水等水头线分布图，可以看出，由于混凝土面板和防渗帷幕的共同作用，总水头由上游正常蓄水位 1887.0m 降至下游坝脚处的 1715.4m，大坝下游均无出逸点，防渗效果显著。随着帷幕深度增加，地下水等水头线有向下游偏移趋势，但总体上看，两种渗控方案的浸润线和地下水等水头线分别趋势基本一致。帷幕深度与渗透比降呈正相关，两种渗控方案的坝基帷幕渗透比降分别为 3.57 和 4.42，混凝土面板的渗透比降分别为 29.13 和 30.75，均满足相关设计要求。从图 6 可以看出，库区地下水位与计算域内地形起伏变化基本一致，地下水位从库周分水岭向坝体下游逐渐降低。根据地下水等值线疏密程度和位势分布，左、右岸防渗帷幕线路布置合理，可以有效阻止库水外渗。

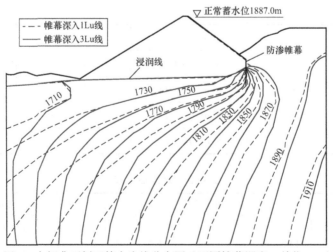

图 5　大坝典型剖面等水头线分布图（不同帷幕深度，单位：m）

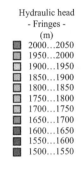

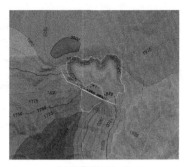

(a) 帷幕深入3Lu线　　　　　　　　　　　(b) 帷幕深入1Lu线

图 6　地下水位分布图（正常蓄水位）

正常蓄水位情况下，不同渗控方案的各部位渗流量统计见表3。可知，相比无帷幕工况，采取帷幕灌浆后的水库防渗效果显著，可减小约85%的渗漏量。

表 3　　　　　　　　　　　不同帷幕深度的渗流量统计　　　　　　　　单位：m³/d

渗控方案	坝基	左岸帷幕	右岸帷幕	总渗流量
无帷幕	32639.4	822.6	1590.7	35052.7
帷幕深入 3Lu 线	3380.8	470.1	1193.7	5044.6
帷幕深入 1Lu 线	2923.8	452.8	1085.7	4462.3

水库渗漏主要发生在大坝坝基段，占比约65%，左、右岸帷幕渗流量分别占总渗流量的10%和25%。水库渗漏量对帷幕深度变化的敏感性较小，相比"帷幕深入3Lu线方案"，"帷幕深入1Lu线方案"的总渗流量仅减小582.3m³/d，幅度有限。根据《抽水蓄能电站设计规范》（NB/T 10072—2018），上水库库盆日渗漏量一般按不超过总库容的1/2000（约6020m³）控制，因此两种渗控方案均满足要求。

3.2 防渗帷幕渗透系数影响

根据前文计算结果，可知坝基是水库渗漏的主要通道，故选取 1.00×10^{-5} cm/s 和 1.00×10^{-6} cm/s 两组不同的坝基帷幕渗透系数，在帷幕深入1Lu线的情况下，分析帷幕渗透系数对水库渗漏的影响。大坝典型断面等水头线分布见图7，可知，随着坝基帷幕渗透系数的减小，坝体内浸润线略有升高，大坝下游无出逸点。坝基帷幕渗透系数取 1.00×10^{-5} cm/s 时，混凝土面板和灌浆帷幕渗透比降分别为27.58和2.69，均满足工程要求，一般不会发生渗透破坏。

表 4 为不同坝基帷幕渗透系数的水库渗漏量计算结果。坝基帷幕渗透系数为 1.00×10^{-5} cm/s 时，计算水库总渗漏量为8013.4m³/d，约占上水库总库容的6.66‰，不符合《抽水蓄能电站设计规范》（NB/T 10072—2018）的相关要求。

表 4　　　　　　　　　　不同坝基帷幕渗透系数的渗流量统计

渗控方案	坝基帷幕渗透系数（cm/s）	左、右岸帷幕渗透系数（cm/s）	渗流量（m³/d）			
			坝基	左岸	右岸	合计
帷幕深入	1.00×10^{-6}	1.00×10^{-5}	2923.8	452.8	1085.7	4462.3
1Lu 线	1.00×10^{-5}	1.00×10^{-5}	6603.9	412.0	997.5	8013.4

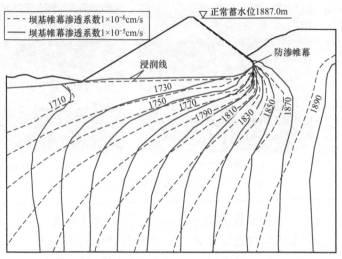

图 7 大坝典型剖面等水头线分布（不同帷幕渗透系数，单位：m）

4 结束语

（1）本文根据某抽水蓄能电站上水库坝址区地质条件、地形地貌、大坝结构设计，基于通用软件 FEFLOW 建立了三维渗流场稳态模型，成功反演了建库前地下水位分布规律和各地层渗透系数，表明本模型可用于上水库渗控体系的评价和优化。

（2）采取帷幕灌浆后的水库防渗效果显著，但帷幕深度变化对水库总渗流量影响有限，"帷幕深入 3Lu 线方案"和"帷幕深入 1Lu 线方案"的日渗流量仅相差 582.3m³/d，均满足不超过总库容 1/2000 的规范要求。

（3）水库渗漏通道主要位于大坝坝基段。相比 1.00×10^{-6} cm/s 坝基帷幕渗透系数，1.00×10^{-5} cm/s 坝基帷幕渗透系数的水库总渗漏量可达 8013.4m³/d，不满足相关规范要求。建议采取超细水泥、化学灌浆、加密灌浆孔距等工程举措以降低坝基帷幕渗透系数，保证水库渗漏安全。

参考文献

［1］ 唐梅英，张钰，周翔南. 黄河流域抽水蓄能开发研究与思考［J］. 人民黄河，2024，46（3）：1-5.

［2］ 俞扬峰，于家傲，叶伟，等. 多断层影响下某水库三维渗流数值模拟分析［J］. 水电能源科学，2023，41（10）：86-90.

［3］ 杨金孟，赵兰浩，沈振中，等. 某抽水蓄能电站上水库防渗帷幕深度优选研究［J］. 水资源与水工程学报，2021，32（2）：209-216.

［4］ 徐丽，沈振中，杨金孟. 某抽水蓄能电站下水库局部渗控分析［J］. 水电能源科学，2021，39（6）：81-84.

［5］ 张明亮，宿晓辉，吴正桥，等. 代古寺面板堆石坝渗流场有限体积法数值分析［J］. 水利水运工程学报，2023（6）：205-212.

［6］ 金晓文，曾斌，刘建国，等. 地下水环境影响评价中数值模拟的关键问题讨论［J］. 水电能源科学，2014，32（5）：23-28.

［7］ Trefry M G, Muffels C. FEFLOW: A Finite-Element Ground Water Flow and Transport Modeling Tool [J]. Ground water: Journal of ground water, 2007, 45 (5): 525-528.

［8］ 中华人民共和国水利部. SL 274—2020，碾压式土石坝设计规范［S］. 北京：中国水利水电出版社，2020.

［9］ Doherty J. PEST: model-independent parameter estimation user manual [M]. Corinda: Watermark Computing, 2008.

［10］ 潘英杰，徐建军，谢兴华，等. 水底山水库库区三维渗流场反演分析及渗控效果评价［J］. 人民珠江，2022，43（3）：30-36.

作者简介

杨海滔（1994—），男，工程师，主要从事计算流体力学与水工结构设计工作。E-mail：534854041@qq.com

李广一（1983—），男，高级工程师，主要从事水工结构设计工作，E-mail：40900894@qq.com

张志崇（1982—），男，高级工程师，主要从事水工结构设计工作。E-mail：269149648@qq.com

卢 斌（1985—），男，高级工程师，主要从事工程地下水模拟与灾害治理工作。E-mail：blu@nhri.cn

某抽水蓄能机组被拖动机停机时电气制动投入超时问题分析及处理

韩明明，赵雪鹏，金清山，王金龙，王智越，张辰灿

（河北张河湾蓄能发电有限责任公司，河北石家庄　050300）

摘要　4 号机组抽水调相停机，尾水管开关量水位计 CL433 误动作发出过高动作信号，导致回水排气阀 AA415 和 AA416 开启时间不足，使得转轮处有气体，在设定时间内机组机械制动投入条件不满足，走机械事故停机，对开关量测点进行防抖处理，并将抽水调相停机流程中电气制动的时间由 200s 改至 260s，避免此现象再次发生。

关键词　背靠背；尾水水位计；电气制动；抽水调相

0　引言

抽水蓄能电站作为现代电力系统中的重要组成部分，以其独特的运行方式在保障电力系统安全、稳定运行中发挥着不可代替的作用。其中背靠背启动作为一种重要的备用启动方式，具有对系统无扰动、启动功率小等优点。其中抽水蓄能机组电气制动技术，是电机切断电源后，通过产生与电机实际转向相反的电磁力矩形成制动力矩，使电机迅速停转的方法。这一技术广泛应用于抽水蓄能项目，对于提高设备的制动性能、减少机械磨损、节约能源等方面发挥重要的作用。

本文针对某电站机组背靠背试验后被拖动停机时电气制动投入超时问题，开展了原因分析、排查，采取了有效的防范措施，供同行参考与借鉴。

1　故障现象

监控系统故障报文：

（1）15:24:53:150，4 号机组转速小于 20%（DDI164）动作。

（2）15:25:36:000，机组机械制动投入条件 1 不满足，流程报警。

（3）15:25:57:000，4 号机组机械事故流程操作（LCU 本机调用）。

（4）15:25:58:085，4 号机组机械事故停机过程动作。

此后机械事故流程再次调用投入电气制动和机械刹车，机组顺利到停机备用。

2 原因分析

2.1 情况分析

当天进行机组年度背靠背拖动试验。

第一次试验：执行 1 号机组拖动 4 号机组抽水调相，4 号机组抽水调相停机机组停机正常，试验正常。从电气制动合闸到机组转速降至 5% 用时 157s，满足机械刹车投入条件。

第二次试验：执行 2 号机组拖动 4 号机组抽水调相，由于调度负荷需要，4 号机组从抽水调相转抽水工况运行。此次停机 4 号机组在抽水工况。

第三次试验：执行 3 号机组拖动 4 号机组抽水调相，4 号机组抽水调相停机。此次电气制动投入时间 15:22:16，经过 200s 到 15:25:36 时转速为 13.125%，转速未降至 5% 转速，机组机械制动投入条件不满足，流程报警，流程退出，走机械事故停机。此后机械事故流程再次调用投入电气制动和机械刹车，机组顺利到停机备用。

从监控程序上看，机组投入电气制动需要满足的状态主要有导叶、球阀在关闭状态，排气回水完成，当转速降至 50% 时，电气制动可用条件满足便可投入电气制动。

2.2 排查过程

电气制动隔离开关投入时间偏长的可能原因分析：①电气制动投入时励磁电流偏小；②电气制动隔离开关机械部件卡涩导致合闸不到位；③回水排气不到位转轮室存在气体；④转轮进出口水阻力小。

试验监控曲线数据如图 1、图 2 所示。

（1）查询监控曲线。两次发令投入电气制动隔离开关时，起始转速分别为 48% 和 49%，转速均在 50% 转速内且差距很小，励磁电流均在 715A 左右，感应的机组出口电流均在 10200A 左右，由此发现投入电气制动时机组电磁制动力相差不大。

（2）查询监控报表。电气制动隔离开关均在 2s 内合闸，与每月开展的运行分析报告中的数据相符，且同步产生三相电流，故排除电气制动隔离开关合闸不到位的情况。

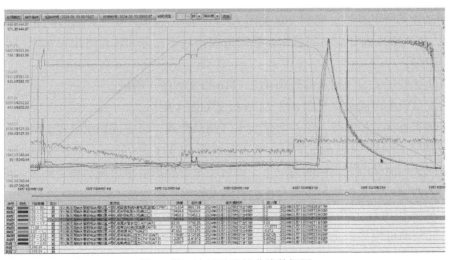

图 1　第一次试验监控曲线数据图

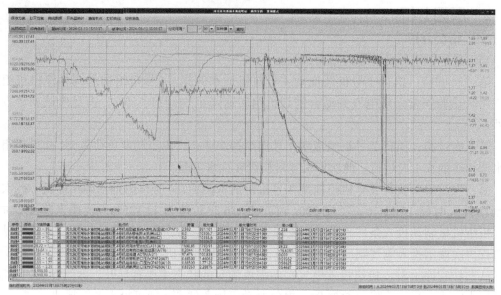

图 2　第三次试验监控曲线数据

（3）查询第一次和第三次试验当电气制动合闸时（已完成回水流程）的转轮进出口压力，发现第一次试验时进出口压力是 1.19bar 和 1.24bar，第三次为 0.822bar 和 0.89bar；对比两次试验的蜗壳进口压力分别为 1.39bar 和 1.05bar。初步判断第三次试验电气制动超时和当时转轮进出口压力有一定的关系。

接着排查两次转轮出口压力偏差原因，从排水回水过程着手分析，通过监控报表查询，发现第一次是试验时回水排气液压阀 AA415 和 AA416 从全开到全关用时 42s。第三次试验时 AA415 和 AA416 从全开到全关用时 29s。

查看调相停机监控流程，关闭 AA415 和 AA416 的条件为 CL433 过高动作或尾水管模拟量水位信号小于 150mm + 延时 20s。对比两次试验，发现第三次试验 AA415 和 AA416 全开后 4s，在实际尾水管模拟量水位 CL431 为 1695mm 的情况下，CL433 误动作发出过高复归和动作信号共两次，延时 20s 关闭 AA415 和 AA416，排气开启时间相比第一次试验少 13s，排气液压阀开启时间较短，必定造成排气不充分和转轮进出口水阻力小，机组转速下降较慢。

第一次试验正常关闭回水排气阀 415、416 报文如图 3 所示。

第三次试验关闭回水排气阀 415、416 报文如图 4 所示。

（4）接着查询监控曲线，第一次试验电气制动合闸（已完成回水流程）时，尾水管模拟量水位信号 CL431 为 87mm 左右，第三次试验 CL431 为 99mm，从这个数据上看，在排气液压阀关闭时间明显不同的情况下，最后尾水管模拟量水位显示相差不大，说明气体对这种连通器原理的水位模拟量信号也会有偶发影响。

（5）从顺控流程上看，电气制动投入条件为球阀全关、工作密封投入、转速降至 50%、电气制动可用等，正常抽水和发电停机时在转速满足条件后，需要收到球阀全关、工作密封投入信号后，电气制动隔离开关才会投入，此时机组转速基本降至 40% 以下，而调相工况转停机过程中，球阀保持关闭，工作密封保持投入，在满足 50% 的转速条件

动作时间/挂复限时间	动作描述
2024-03-13 09:21:09.159	4号机组调相时下迷宫环冷却水流量低(DDI261)动作
2024-03-13 09:21:09.000	4号机组开出第62点动作[4号机组迷宫供水电动阀AA413关闭出口(DO62)]
2024-03-13 09:21:09.000	4号机组开出第61点复归[4号机组调相回水排气阀电磁阀AD416励磁出口(DO61)]
2024-03-13 09:21:09.000	4号机组开出第60点复归[4号机组调相回水排气阀电磁阀AD415励磁出口(DO60)]
2024-03-13 09:21:07.708	4号机组上迷宫环供水流量CF833过低(SOE343)动作
2024-03-13 09:21:06.036	4号机组下迷宫环冷却水流量低(DDI175)动作
2024-03-13 09:21:05.756	4号机组上迷宫环冷却水流量低(DDI174)动作
2024-03-13 09:21:05.649	4号机组下迷宫环供水流量CF844过低(SOE352)动作
2024-03-13 09:21:05.433	4号机组上迷宫环供水流量(电磁式)CF830过低(动断触点)(SOE306)动作
2024-03-13 09:21:04.539	4号机组下迷宫环供水流量(电磁式)CF842过低(动断触点)(SOE307)动作
2024-03-13 09:21:02.250	4号机组高压油顶起系统压力低(辅机)(CPM2)动作
2024-03-13 09:21:00.000	4号机组开出第91点复归[4号机组高压主油系统启动出口(DO91)]
2024-03-13 09:20:59.596	4号机组运行时高压主油压力低于12MPa报警(DDI92)复归
2024-03-13 09:20:59.193	4号机组上迷宫环供水流量开关CF831过低(动断触点)(SOE17)动作
2024-03-13 09:20:58.619	4号机组高压注油系统建压(SOE467)动作
2024-03-13 09:20:58.499	4号机组高压主油系统油压低(SOE468)复归
2024-03-13 09:20:58.453	4号机组转速大于90%(DDI163)复归
2024-03-13 09:20:58.453	4号机组运行时高压主油压力低于12MPa报警(DDI92)动作
2024-03-13 09:20:58.257	4号机组交流高压注油泵运行(SOE453)动作
2024-03-13 09:20:58.000	4号机组开出第91点动作[4号机组高压注油系统启动出口(DO91)]
2024-03-13 09:20:57.884	4号机组转速>90% RV6N(SOE324)复归
2024-03-13 09:20:49.308	4号机组尾水管水位CL433过高(SOE152)动作
2024-03-13 09:20:48.714	4号机组转速大于95%(DDI162)复归
2024-03-13 09:20:48.130	4号机组转速>95% RV8N(SOE323)复归
2024-03-13 09:20:48.000	4号机组开出第46点复归[4号机组转速大于95%励磁系统出口(DO46)]
2024-03-13 09:20:46.055	4号机组尾水管水位低(DDI187)复归
2024-03-13 09:20:42.552	4号主变压器1号冷却器电动阀全关(主变压器冷却器)(CPM2)动作
2024-03-13 09:20:32.325	4号机组调相回水排气液压阀AA415在全开位置(SOE250)动作
2024-03-13 09:20:32.200	4号机组调相回水排气液压阀AA416在全开位置(SOE251)动作
2024-03-13 09:20:27.930	4号机组尾水管水位CL433过高(SOE152)复归
2024-03-13 09:20:27.702	4号机组尾水管水位CL433过高(SOE152)动作
2024-03-13 09:20:27.074	4号机组调相回水排气液压阀AA415在全关位置(SOE244)复归

图 3　第一次试验正常关闭回水排气阀 415、416 报文

动作时间/挂复限时间	动作描述
2024-03-13 15:20:34.838	4号机组转速>90% RV6N(SOE324)复归
2024-03-13 15:20:34.027	4号机组迷宫供水电动阀全开位置信号或流量正常(DDI159)复归
2024-03-13 15:20:34.000	4号机组开出第91点动作[4号机组高压主油系统启动出口(DO91)]
2024-03-13 15:20:33.720	4号机组迷宫环冷却水供水电动阀在全开位置(SOE151)复归
2024-03-13 15:20:33.554	4号机组调相回水排气液压阀AA416在全开位置(SOE251)复归
2024-03-13 15:20:33.473	4号机组调相回水排气液压阀AA415在全开位置(SOE250)复归
2024-03-13 15:20:33.000	4号机组开出第62点动作[4号机组迷宫供水电动阀AA413关闭出口(DO62)]
2024-03-13 15:20:33.000	4号机组开出第61点复归[4号机组调相回水排气阀电磁阀AD416励磁出口(DO61)]
2024-03-13 15:20:33.000	4号机组开出第60点复归[4号机组调相回水排气阀电磁阀AD415励磁出口(DO60)]
2024-03-13 15:20:26.049	4号机组尾水管水位CL433过高(SOE152)动作
2024-03-13 15:20:25.947	4号机组转速大于95%(DDI162)复归
2024-03-13 15:20:25.418	4号机组转速>95% RV8N(SOE323)复归
2024-03-13 15:20:25.000	4号机组开出第46点复归[4号机组转速大于95%励磁系统出口(DO46)]
2024-03-13 15:20:22.638	4号机组尾水管水位低(DDI187)复归
2024-03-13 15:20:17.260	4号主变压器1号冷却器电动阀全关(主变压器冷却器)(CPM2)动作
2024-03-13 15:20:13.493	4号机组尾水管水位CL433过高(SOE152)复归
2024-03-13 15:20:13.168	4号机组尾水管水位CL433过高(SOE152)动作
2024-03-13 15:20:13.075	4号机组尾水管水位CL433过高(SOE152)复归
2024-03-13 15:20:12.784	4号机组尾水管水位CL433过高(SOE152)动作
2024-03-13 15:20:08.738	4号机组调相回水排气液压阀AA415在全开位置(SOE250)动作
2024-03-13 15:20:08.680	4号机组调相回水排气液压阀AA416在全开位置(SOE251)动作
2024-03-13 15:20:03.591	4号机组调相回水排气液压阀AA415在全关位置(SOE244)复归
2024-03-13 15:20:03.411	4号机组调相回水排气液压阀AA416在全关位置(SOE245)复归
2024-03-13 15:20:03.000	4号机组开出第61点动作[4号机组调相回水排气阀电磁阀AD416励磁出口(DO61)]
2024-03-13 15:20:03.000	4号机组开出第60点动作[4号机组调相回水排气阀电磁阀AD415励磁出口(DO60)]

图 4　第三次试验关闭回水排气阀 415、416 报文

后就会投入电气制动，在同样判断电气制动隔离开关合闸后 200s 转速是否降至 5% 的情况下，调相停机时更易超时。

因此，分析造成此次电气制动超时的原因主要有抽水调相停机时，尾水管开关量水位计 CL433 误动作，导致回水阀开启时间短，排气不充分，转轮室水力阻力小造成转速下降慢。另外，对比正常发电流程，电气制动在机组 38% 转速左右就满足发令条件。而抽水调相停机流程中，电气制动是在机组转速 48% 左右就满足发令条件。两个流程中从电气制动发令到投入机械刹车限时都是 200s，是调相停机电气制动投入容易超时的部分原因。

3 处理过程

（1）抽水调相停机调用排气回水流程时，判断回水完成的条件为水位低于 150mm 或者开关量 II_BBUF［152］尾水水位过高满足条件并延时 20s，由于开关量测点抖动，可能导致回水时间短，排气不充分，导致机组转速下降慢，停机流程超时。查看开关量 II_BBUF［152］测点压水过程抖动保持时间不超过 1s，所以将开关量测点进行 3s 的防抖处理。

（2）将调相停机转速降至 5% 的时间由 200s 改至 260s，避免此现象再次发生。

4 暴露问题

（1）运行人员对不常用顺序控制流程关注不够，调相停机顺序控制流程中，关闭回水排气的条件与正常停机不同，未能及时掌握尾水水位计可能存在的气体对机组停机流程有影响。

（2）由于机组调相运行，尾水水位计容易进入空气，未能及时发现空气对尾水管模拟量水位计和开关量水位计正确指示有影响。

（3）试验期间，试验人员对运行薄弱环节辨识和关注不够，没有采取针对性巡检。

5 防范措施

（1）由于尾水水位计在调相运行时会进入部分空气，尾水管开关量液位开关 CL433 动作原理：传感器的叉形探头中间被空气隔开，一个压电晶体的振动频率为 1.5MHz，声音信号传到空气间隙中间，只有空气存时是没有信号的。当探头浸入液体时，音叉受到物料的阻尼作用，其振动幅度下降，这种变化由电子电路检测后，转换成开关量信号输出，液位开关改变状态。测量回路存在气体的情况下，超声波可受到气体的阻尼作用，振动幅度下降，这种变化由电子电路检测后，则传感器输出误信号，报尾水管水位高，导致信号误动作，后期调相运行时，设备主人增加对尾水水位计的排气处理，并考虑更换新型的水位计避免气体的影响。

（2）机组调相运行时，值守人员加强对尾水水位计的巡视，发现信号抖动及时汇报和处理。

（3）加强对背靠背等不常使用流程的培训和考核力度，在日常工作中积极发现流程中设备不合理的问题。

6 结束语

本文探讨了电气制动投入超时的原因，主要因为流程时间设置和尾水管开关量水位计 CL433 误动作发出过高动作信号，导致回水排气阀 AA415 和 AA416 开启时间不足导致。针对上述问题本文提出相应的解决方案和优化措施，一方面，通过优化程序和更换新型的传感器，确保电气制动能准确地投入和退出；另一方面，加强日常维护和监测，避免电气制动投入超时等问题的发生。同时我们也关注相关领域新的技术为抽水蓄能机组安全稳定运行保驾护航。

参考文献

［1］ 彭昌清. 电气制动系统故障分析与改进［J］. 中国新技术新产品，2014（10）：65-66.

［2］ 李雪强，陈灵峰，孙育哲. 一起电气制动投入异常情况的分析及处理［J］. 水电站机电技术，2017（40）：29-31.

［3］ 陈小强. 尾水管水位浮子故障对调相开机的影响［J］. 水电站机电技术，2015（11）：46-47.

作者简介

韩明明（1995—），男，助理工程师，主要从事水利水电运行工作。E-mail：1242047094@qq.com

王金龙（1995—），男，助理工程师，主要从事水利水电运行工作。E-mail：1101839646@qq.com

某电站进水球阀枢轴漏水分析及处理

王顺超，周　浩，许相吉

（福建厦门抽水蓄能有限公司，福建厦门　361107）

摘要　对抽水蓄能电站进水球阀枢轴漏水原因进行分析，对进水球阀枢轴结构进行细部研究，原因为部分石墨自润滑材料进入轴承外密封槽，导致外密封失效。

关键词　抽水蓄能；进水球阀；枢轴；漏水；外密封；自润滑

0　引言

某电站 2 号机组在整组调试期间出现进水球阀枢轴（副厂房侧）漏水现象。将进水球阀检修密封投入后，漏水情况略有减弱。后将检修密封退出，现场观察漏水情况逐渐扩大，具体见图 1。

1　原因分析

1.1　拆出外密封前初步原因分析

枢轴及外密封结构见图 2。

图 1　现场枢轴漏水

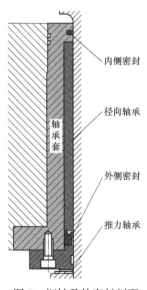

图 2　枢轴及外密封剖面

枢轴内密封主要用于防止水中杂质突破进入轴承滑动面，在正常工作状态下内密封外侧的高压水可以通过内密封进入轴承滑动面，轴承在水环境中运行，其设计满足干摩擦和水环境运行的要求，此时不会对进水球阀的操作及运行产生影响。

分析枢轴外密封漏水的可能原因如下。

（1）电站投运初期，上库泥沙类杂质进入流道。进水球阀在调试过程中，泥沙类杂质通过间隙进入密封点。

（2）活门开关过程中发生偏移，枢轴密封单侧间隙过大。

（3）转运或吊装中，枢轴发生偏移。

（4）轴承密封盖未安装到位，密封间隙过大。

（5）U形密封与挡圈贴合不好。

以上可能的因素，在进水球阀经过多次开关动作后，随着活门枢轴的旋转，使密封条件进一步恶化，密封性能无法恢复，漏水情况逐渐扩大。

在尚未拆出并检查外密封的使用情况前，以上仅是根据以往经验分析得出的可能原因。

1.2 拆出外密封后根本原因分析

在现场拆出轴承盖后，即可见有杂质进入密封点（见图3），经检查为铜基镶嵌厚壁轴承中镶嵌的自润滑材料 dg12- 石墨及添加剂。自润滑材料随着枢轴转动填充轴承与枢轴间隙应为正常现象，但现场目测流出的石墨量大，已填满外密封的腔槽。

正常情况下，轴承与枢轴配合面在水环境中运行，当水中有泥沙类杂质突破枢轴内密封后，枢轴和轴承的摩擦力增大。一旦轴承某一个或几个镶嵌孔中自润滑材料的嵌合力不足，

图3　现场外密封杂质情况

自润滑材料容易被轴承套和枢轴间的摩擦力"卷出"而产生松动，与填充孔壁脱离。此时，压力水随即进入孔洞底部，把自润滑石墨往摩擦面方向挤压，这样，在摩擦、卷出、挤压等因素的交替组合作用下，石墨自润滑材料过快过量地随着枢轴转动进入轴承与枢轴间的配合面；随之，石墨自润滑材料被水流推入枢轴 U 形外密封槽，沿密封外圆侧流入密封背部并积存，到一定量后对密封内侧与枢轴的密封点接触面产生挤压，致使密封失效，路径详见图4。而在正常情况下，析出的微量石墨材料会参与润滑摩擦后，在正常开关阀过程中，从枢轴两侧流出，内侧部分进入流道，外侧部分进入压板的环槽，不会影响 U 形外密封性能。

2　处理过程

对 2 号机进水球阀枢轴漏水侧进行处理，处理流程如下。

（1）将活门转至全关位置，接力器锁定投入。

（2）投入上游检修密封和下游工作密封，检修密封投入机械锁定。

（3）阀体排水管接入排水沟，打开阀体排水阀，排空阀体中的水。

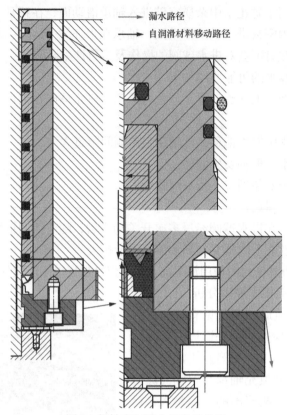

图 4　枢轴密封漏水示意及分析

（4）解开接力器与操作臂连接。

（5）检查枢轴与操作臂间止推间隙。

（6）拆下操作臂，检查轴承盖与枢轴间隙满足设计图纸要求。

（7）拆下轴承盖，查看密封在槽中安装状态。

（8）拆出枢轴外密封，检查密封槽深度以及槽内清洁状况，彻底清理杂质。

（9）检查拆出的外密封外观及尺寸满足设计图纸要求。

（10）更换备品外密封，并在轴承盖与轴承座间加装 $\phi 4$ 角密封。

按以上相反顺序装配好各部件，并做好检查记录。同时做密封性耐压试验，确保机组投运前此处的枢轴密封已经回复至良好状态。

3　暴露问题

（1）流道内泥沙较多。

（2）铜基镶嵌自润滑轴承可能存在产品质量问题。

4　预控措施

（1）每个月定期对枢轴处进行漏水检查。如后续枢轴处继续产生渗水或轻微漏水现象也不影响机组安全运行，可以到机组 C 修时，通过更换枢轴外密封解决。

（2）使用产品前，要求厂家提供镶嵌孔中自润滑材料的嵌合力试验合格证明。

5 结束语

（1）造成进水球阀枢轴漏水原因为部分石墨自润滑材料进入轴承外密封槽导致外密封失效。

（2）此漏水侧轴承嵌合力不足的镶嵌孔中，自润滑材料应已基本全部被"卷带"出孔洞，不会对密封性能造成二次破坏。

（3）基于投运机组运行情况和其他已投运的抽水蓄能项目情况（同为铜基镶嵌轴承设计）来判断，此次进水球阀单侧枢轴漏水应为低概率偶发事件。

参考文献

［1］ 冯焕，徐明，王志楠. 海南琼中抽水蓄能电站2号机组进水阀轴颈密封漏水缺陷分析及处理［J］. 水电与抽水蓄能，2022，8（4）：65-67，77.
［2］ 孙育哲，雷徐，吴文界，等. 关于桐柏电厂2号机组球阀枢轴漏水情况原因分析［J］. 水电站机电技术，2012，35（4）：113-114.

作者简介

王顺超（1993—），男，工程师，主要从事水力机械技术管理及检修维护工作。E-mail：agelaile@outlook.com

周　浩（1997—），男，助理工程师，主要从事水力机械技术管理及检修维护工作。E-mail：632906284@qq.com

许相吉（1997—），男，助理工程师，主要从事水力机械技术管理及检修维护工作。E-mail：1319142656@qq.com

浅谈水电工程中施工用电的管理

李 坦

（内蒙古赤峰抽水蓄能有限公司，内蒙古赤峰 024000）

摘要 现代社会科学与经济的蓬勃发展，我国国力日渐强大，基建水平也日益增强，施工用电安全一直是困扰水电建设者的重要难题。水电工程地下洞室接地电阻过大、施工用电设备接地不合格、电工安全意识不强等诸多问题，一直伴随着建设的全过程。通过采取区域接地网网相连、用电设施标准化制图与工厂化制造、高压设备检修全过程安全管控、管理档案标准化、"循环督改"周专项检查制五项举措，形成了管理环环相扣、责任层层压实的用电标准化管理常态机制，旨在为水电工程中施工用电管理提供一些参考，促进水电工程施工用电安全。

关键词 水电工程；施工用电；接地；安全

0 引言

随着水电工程不断发展，新技术、新局面、新问题不断涌现，施工用电管理需要适应更加严格的管理要求、更加有序的工程现场，在满足规程规范的强制要求下，如何保证本质安全、规范化管理现场施工用电成为不可避免的问题，本文就水电工程施工过程中临时用电遇到的一些难题提出解决办法，提升工程本质安全的同时，实现标准化管理。

1 实施背景

1.1 工程临时用电接地合格率低

水电工程多处于偏远山区，施工现场基本上没有现成的接地装置可以利用；硐室、道路等施工区域所揭露的地质多为岩石，利用入岩支护锚杆或单独设置接地极作为接地装置，即使采取降阻措施，其接地电阻远远大于规程规范的规定值，不能满足接地安全要求。

1.2 配电设施多样化

（1）施工单位订做的配电盘柜外观（样式、颜色、字体、标识位置等）仍有较大差别，无法做到所有标段的用电设施标准统一。

（2）配电盘柜内部的电器配置形式（有的为隔离开关与断路器组合，有的为透明塑壳断路器）不统一，造成了施工单位不必要的资源浪费，也给安全措施费结算带来了困难。

1.3　施工用电常态化管理难度大

主要体现在：

（1）设备定期维护检修不到位、不及时。

（2）对高压电气设备检修的危险性认识不够，未引起足够重视；

（3）部分电工自发做好用电管理的意愿不强，工作随意性大，需监理单位不断督促、考核，造成施工用电管理问题重复出现、重复考核的被动管理局面。

鉴于施工用电设备接地不合格、用电设施标准不统一、用电常态化管理难以保持等情况，工程现场亟待打造施工用电标准化管理常态机制，否则将对工程安全产生不利影响。

2　临时用电管理举措

为解决施工用电难题，建设单位在严格执行"施工电源三相五线制、一机一闸一漏"的同时，采取区域接地网网相连、用电设施标准化制图与工厂化制造、高压设备检修全过程安全管控、管理档案标准化、"循环督改"周专项检查制等五项举措，形成了管理环环相扣、责任层层压实的用电标准化管理常态机制，取得了良好效果。

2.1　小区域接地成网、大区域网网相连

施工单位进场后，建设单位组织监理、施工单位审查《施工用电组织设计》，重点明确"小区域接地成网、大区域网网相连"的整体思路，提出"场地硬化前敷设接地网、提前规划预留接地点、接地电阻降阻措施"等要求，确保各区域接地合格。

如硐室内接地电阻过大的情况，建设单位可以采用"洞内区域安装标准化接地网、洞外合格接地网引接"方案，即硐室内离地面 1.5m 高处敷设标准化接地网（如图 1 所示），并与洞外区域合格接地网直接相连。这样做的好处，一是保证了硐室内标准化接地网的接地电阻合格；二是所有用电设备均直接与此网连接，保证了用电设备设施接地合格，彻底解决了硐室内接地难题。

图 1　标准化接地网

对于工程道路等零星区域内移动式发电机组的情况，要求各施工单位必须采用电源中性点直接接地的三相四线制供电系统和独立设置 TN-S 接零保护系统。

该处的接地极必须满足接地扁铁尺寸、埋深的要求，接地极埋设位置尽量选择在土质区域，并采用松土等回填，经接地电阻测试合格后方可使用。

2.2　用电设施标准化制图、工厂化定制

（1）建设单位依托设计人员进行配电盘柜精细化设计，如不同等级的配电盘柜尺寸，柜面上标识、编号及字体等样式要求。

（2）组织监理、施工单位、厂家设计人员审核修订，形成一套通用的、切合实际的配电盘柜图纸。

（3）依据修订的配电盘柜制造图纸，施工单位寻找地区电器制造厂并要求报价。组织监理、各施工单位召开施工用电碰头会，由施工单位汇报电器制造厂的制造能力、报价，

供各标段施工单位了解、选择优质制造单位，实现资源共享，进一步实现用电设施工厂化制造。

盘柜标准化设计见图 2。

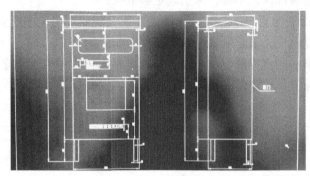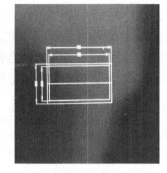

图 2 盘柜标准化设计

2.3 应用"高压电气操作审核单"

近年来，水电工程现场接连发生了感应电伤人事故，其最根本的原因是管理机制有漏洞。建设单位结合现场实际，制定施工用电高压设备停送电操作规定，发布《高压电气操作审核单》。该审核单中明确停电隔离措施、送电恢复措施以及安全注意事项，要求"施工单位班组负责人及安全技术负责人、电气监理及安全监理工程师必须层层审核、签字""高压设备停送电操作时，各级人员必须现场旁站监督"。采取上述管理措施，进一步消除施工用电安全隐患。

2.4 用电安全技术档案标准化

依据《施工现场临时用电安全技术规范》(JGJ 46)相关规定，组织制定一套施工用电标准化安全技术档案。该档案应涵盖用电管理的进场报验、运维检修、试验测量等。施工单位电工只需按表执行、据实填写即可，大大减少了工作量。

定期、不定期进行档案检查，能够及时发现管理问题，保证了检修运维的及时性。

2.5 推行"循环督改"周专项检查制

为消除施工用电问题反复发生、整改落实慢的情况，建设单位可以推行"循环督改"周专项检查制。除日常巡检外，每周组织开展一次施工用电专项检查。对每次检查发现问题均记录在本，明确施工单位整改责任人及期限，作业面监理工程师和安全监理工程师、建设单位督改责任人均现场签字。在下周专项检查时会对上周发现问题进行复核，保证了发现问题有人管、整改责任层层抓。这样做优点，一是责任分明，齐抓共管，失职追责；二是促使电工形成良好工作习惯，提升安全意识。

3 结束语

综上所述，通过对水电工程中施工用电管理等的一系列举措可知，施工用电管理仍有很大进步的空间。施工临时用电是水电工程建设中不可或缺的重要部分，因此，相关建设单位、监理单位和施工单位应引起高度重视，相关企业应加大开发力度、不断创新管理和技术，以确保工程建设高质量进行，促进水电工程科学化、先进化、系统化发展。

参考文献

［1］ 中华人民共和国建设部. JGJ 46—2005，施工现场临时用电安全技术规范［S］. 北京：中国建筑工业出版社，2005.

［2］ 中华人民共和国住房和城乡建设部，中华人民共和国国家质量监督检验检疫总局. GB 50194—2014，建设工程施工现场供用电安全规范［S］. 北京：中国计划出版社，2014.

［3］ 高从闯，黄艳，许涛. 水电站施工用电管理的实践与思考［J］. 中国电业（技术版），2011（11）：66-69.

［4］ 张浩. 施工用电安全管理浅析［J］. 中国电力企业管理，2018（24）：41.

作者简介

李　坦（1997—），男，助理工程师，主要从事抽水蓄能电站工程电气专业管理工作。E-mail：2432260915@qq.com

浅析抽水蓄能电站电机软启动器的配置与设置要点

李孟达[1]，李珊珊[2]

（1. 山东沂蒙抽水蓄能有限公司，山东临沂　276000；
2. 国网新源控股有限公司抽水蓄能技术经济研究院，北京　100053）

摘要　抽水蓄能电站所使用的辅助设备多为电机带动，受厂房容积和结构的影响，工程设计方在进行辅助设备电机选型时往往会减少设备台数，增大单机容量。为延长电机使用寿命，保障电站厂用电系统稳定性，绝大多数电机使用软启动器来辅助启动。本文对抽水蓄能电站电机软启动器的工作原理、配置原则和软启动器参数整定方法进行了分析。

关键词　软启动器；电压斜坡；过负荷保护

0　引言

随着国家"双碳"目标的持续推进，抽水蓄能电站的建设、运维也成为了热点话题，抽水蓄能电站辅助设备众多，大功率电机在其中应用广泛，而软启动器作为一种体积小、维护方便、经济实用的电机启动装置在抽水蓄能电站广泛应用。但各家设计院、设备运维管理单位对软启动器的配置原则、设置要点、保护应用情况一直没有形成统一的意见。本文针对此情况，对软启动器在工程建设、设备运维阶段可能遇到的难点、重点作了工作思路上的指导。

1　软启动器的原理

软启动器是利用移相调压原理来改变输出电压的均方根值，从而使电机启动时的端电压是缓慢上升的，起到"软启"的效果。软启动器每相采用一组反并联接线的晶闸管，若线电压值为正且已达到既定触发角时，正向晶闸管导通输出正电压，并在线电压过零点时进行关断，同理，当线电压为负且达到既定触发角时，反向晶闸管导通，输出负电压，并在线电压过零点时进行关断。在电机启动过程中，晶闸管的导通角从 180° 按照一定的规律变为 0°，线电压的均方根值由 0 逐渐变为额定电压值，实现电机软启动。另外，根据需要，软启动器内部还可以配置阻容回路用于进行滤波和保护，并可安装旁路接触器保持电机运行状态。图 1 所示为软启动器一次回路的接线形式，图 2 所示为当触发角定义为 α 时软启动器输出线电压的变化情况。

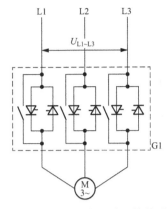

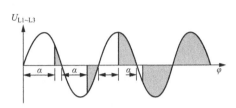

图 1　软启动器一次回路的接线形式　图 2　当触发角定义为 α 时软启动器输出线电压的变化情况

2　软启动器的配置原则

在电站设计过程中，依据《水力发电厂厂用电设计规范》（NB/T 30544—2023）中 6.2 启动方式规定：对于单台电动机容量占配电变压器容量 20% 及以上的低压笼型电动机，宜选用软启动器启动；对启动力矩大、有变速要求的大容量低压笼型电动机，宜采用变频启动方式；其余情况下可采用星 - 三角降压启动方式。

抽水蓄能电站的电动机在选型时可以分为如下四类。

（1）有调速需求的电动机。如发电电动机轴承吸油雾装置电动机等，为适应其调速要求，应使用静止变频器来启动电动机，对于事故闸门启闭机的电动机，其往往采用转子绕线型电动机，且载荷较大，也应使用静止变频器来辅助启动。

（2）无调速要求且容量小于 30kW 的电动机。如主变压器空载冷却水泵电动机、小型通风风动机等，可采用直接启动的启动方式。

（3）容量大于 30kW 且无调速要求的笼型电动机。这类电动机在抽水蓄能电站应用较多，如轴承油外循环系统、调速器油系统、球阀油系统等电动机，此类电动机宜采用软启动装置进行启动。

（4）消防水泵用电动机，为保证消防水泵用电动机可以快速、可靠地启动，应采用直接启动的方法进行启动。

另外，在设计之初应考虑电机在启动过程中的母线电压降问题，要求电机启动时母线电压降不超过 20% 且机端电压降不小于电机额定电压的 50%。若无法达到以上两点要求，则应采用降压启动的方法进行启动，如使用自耦变压器、星 - 三角接线、软启动器启动的方式进行启动。

0.38kV 电机启动时的母线电压应按照下式进行预先整定计算，即：

$$U_{m\cdot} = \frac{1.05}{1 + \dfrac{S_{qd} + S_2}{S_{nb2}} U_{z2}} \tag{1}$$

式中　$U_{m\cdot}$——启动时的母线电压（标幺值）；

　　　S_{qd}——启动电机额定容量；

S_2——启动前厂用低压母线已带负荷；

S_{nb2}——低压厂用变压器额定容量；

U_{z2}——低压厂用变压器阻抗电压。

0.38kV 电机启动时的端电压应按照下式进行预先整定计算，即：

$$U_{d^*} = \frac{U_{m^*}}{1 + \dfrac{\sqrt{3}I_{qd}(r_1\cos\varphi_d + x_1\sin\varphi_d)L}{U_{nd}\times 10^6}} \qquad (2)$$

式中 U_{d^*}——电机启动时的端电压（标幺值）；

U_{m^*}——启动时的母线电压（标幺值）；

I_{qd}——电机启动电流；

r_1——单位长度导线的电阻、电抗；

φ_d——电机功率因数角；

x_1——单位长度导线的电抗；

L——导线长度；

U_{nd}——电机额定电压。

3 软启动装置的设置要点

软启动器的可调参数较多，使用前应逐一核对和计算软启动装置的参数设置情况是否符合现场实际。

3.1 启动模式选择

软启动器的启动模式主要有限电流启动模式、电压斜坡启动模式、突跳模式、电流斜坡启动模式、电压限流双闭环模式。

3.1.1 限电流启动模式

在限电流启动模式下，电机电压可迅速增加，直至输出的电流达到设定值，并通过调节输出电压以保持输出电流维持在设定值。当电压达到额定值时，旁路接触器合闸或进入全触发模式。此种模式适用于对电机启动电流有严格要求的场景。

3.1.2 电压斜坡启动模式

在电压斜坡模式下，电压按照一定的规律上升，上升的速率与设定的启动时间有关。启动时间越短，输出电压上升速率越高，若设定时间过短，可能导致软启动装置检测到电流过大报警（启动过程中电流不超过电机额定电流的设定倍数），此时应适当放宽启动时间。抽水蓄能电站辅助设备对电机启动的稳定性要求较高，建议采用此种模式。

3.1.3 突跳模式

比较适用于带负载启动的电机启动时需克服较大静摩擦力以防止电机堵转的情况，其初始启动电压为全电压，启动时的力矩较大。抽水蓄能电站的空气压缩机、压力油泵等设备往往配置有加载阀，无需再选用此种模式。

3.1.4 电流斜坡启动模式

启动电流按照一定的规律变化，启动速度较快，但是电流在变化过程中会超过电机额定电流的 4 倍，不建议选用此种模式。

3.1.5 电压限流双闭环模式

本启动方式结合了限电流启动方式和电压斜坡启动方式的优点，适用于对电机启动过程中的稳定性和启动电流都有较高要求的场景。在现场实测时，发现在电压斜坡启动模式的情况下启动电流值已经满足相关标准，因此不必采用此种启动方式。

3.2 启动时间设定

抽水蓄能电站的辅助设备往往选择电压斜坡启动模式作为电机启动模式。在此种模式下，启动时间的设定值会影响电压斜坡形状和启动过程中的电流值，从而影响保护的设定，若无特殊规定，降压式电机软启动装置的启动电流应不大于 4 倍额定电流，可设置启动限制电流为电机额定电流的 4 倍，并在设定完启动时间后进行电机试验，在电机启动过程中监测电流值，若电流达到限制电流，可适当放宽启动时间。

另外，抽水蓄能电站计算机监控系统应正确判断辅助设备的状态，并给出与机组运行相关联的辅助设备电机自启动的时间，配置有软启动器的重要电机应具备自启动功能，计算机监控系统判断辅助设备失效的延时应超过软启动装置带电机自启动的时间。

4 保护定值设定

（1）依据《电动机软起动装置 通用技术条件》（GB/T 34927—2017）中 4.9 保护功能的规定：软启动装置应配置有超温、通风系统故障、控制系统故障、启动超时保护功能；具有电流检测功能的装置应在负载超过设定电流时切断输出；具有电流或电压检测功能的装置应在输入缺相时报警且不输出，在输出缺相时切断输出，在电流或电压不平衡度超过 10% 时切断输出。

（2）依据《水力发电厂继电保护设计规范》（NB/T 35010—2013）中的要求：过负荷保护、断相保护、低电压保护可使用软启动器作为载体。

1）过负荷保护的动作电流按照躲过电机的额定电流计算，公式为：

$$I_{op} = (K_{rel} / K_r)I_e \tag{3}$$

式中　K_{rel}——可靠系数，取 1.05～1.10；

　　　K_r——返回系数，取 0.85～0.95；

　　　I_e——电动机的额定二次电流。

2）断相保护要求当电动机安装有熔断器作为定子保护载体时必须投入，其他情况下可选择不投入。

3）低电压保护的整定计算方法可参考《厂用电继电保护整定计算导则》（DL/T 1502—2016）中 7.9 的规定：结合抽水蓄能电站实际情况，建议将影响机组运行或关系人身和设备安全的低压电机的低电压整定值选为额定电压的 40%～45%，如调速系统油压装置油泵、进水阀油压装置油泵等。其他低压电机的低电压整定值选择额定电压的 60%～70%，如机组检修排水泵、生活用水泵等。

此外，软启动装置另设有欠电流保护、对地漏电保护、相序监视、低电压保护、过电压保护、PTC 传感器电机监测等保护功能，用户可根据现场实际需求进行配置。

5 结束语

本文针对抽水蓄能电站辅助设备软启动器在工程建设、运维管理阶段可能遇到的问题进行梳理分析，包括软启动器的原理、配置原则、设置要点、保护整定等内容。现场工作人员可直接参考文中的数据和相关规定，具有一定的现场实际应用价值。不同厂家提供的软启动器在模式设定、参数设置范围上标定不同，并存在部分标定不合理、自由度低的问题，此问题应与厂家沟通解决。

参考文献

［1］ 水电水利规划设计总院. NB/T 35044—2023, 水力发电厂厂用电设计规范［S］. 北京：中国电力出版社, 2023.
［2］ 电力行业继电保护标准化技术委员会. DL/T 1502—2016, 厂用电继电保护整定计算导则［S］. 北京：中国电力出版社, 2016.
［3］ 中国电力企业联合会. GB/T 32576—2016, 抽水蓄能电站厂用电继电保护整定计算导则［S］. 北京：中国标准出版社, 2016
［4］ 水电水利规划设计总院. NB/T 35010—2013, 水力发电厂继电保护设计规范［S］. 北京：中国电力出版社, 2013.

作者简介

李孟达（1996—），男，助理工程师，主要从事抽水蓄能电站电气设备运维检修工作。E-mail：limengda135@qq.com

李珊珊（1993—），女，工程师，主要从事抽水蓄能电站电气设备管理工作。E-mail：727063305@qq.com

全钢衬引水竖井压力钢管吊装作业平台设计与应用

周韦润，艾东鹏，殷焯炜

（国网新源江苏句容抽水蓄能有限公司，江苏镇江　212400）

摘要　针对全钢衬、大口径引水竖井压力钢管吊装后焊接、组圆等作业实施困难、风险高、安全隐患多的问题，提出一种竖井作业平台的设计思路，并根据作业平台载荷情况，分析设计钢丝绳及吊耳的选型，基于 SMSolver 平台进行受力简析，对作业平台进行内力计算，对平台弯应力强度、剪应力强度进行验算，最后在句容电站引水竖井压力钢管吊装作业中进行应用。

关键词　作业平台；载荷分析；SMSolver 平台

0　引言

引水系统由引水上平段、竖井段、下平段三部分构成，通常采用混凝土衬砌或钢衬两种施工方案，是抽水蓄能电站开发建设过程中的重要环节。由于引水系统所处工程区内地层岩性多样，地质构造复杂，各地层岩溶均有分布且岩体完整性差、溶蚀裂隙发育及裂隙面岩体渗透性相对较强。虽然混凝土衬砌方案、钢衬方案均可行，且钢筋混凝土方案较钢衬方案投资相对较少，但为有效控制山体内部水向外渗漏的风险，且考虑钢筋混凝土浇筑质量及灌浆施工的不可控等因素，从电站长期运行角度出发，钢衬方案使内水外渗的风险降到最低，质量安全可控。

引水竖井压力钢管吊装具有专业性强、涉及范围广、施工难度大等特点，施工期交叉作业、特种作业、高处作业等均存在较大的风险隐患，最容易发生人身伤亡事故，为安全管理带来了巨大压力和挑战。基于此，本文从"技术型设备安全"角度出发，提出一种竖井压力钢管吊装作业平台的设计思路，保障了施工安全。

1　作业平台关键技术分析

作业平台设计的技术方法：

（1）基于 CAD 平台设计的三层式作业平台设计。根据桥机起重限额、钢管直径等先天限制条件，设计作业平台。

（2）模拟平台吊耳和钢丝绳承受的拉力。复核钢丝绳的安全系数，确保吊耳和钢丝绳强度满足吊装要求。

（3）基于 SMSolver 平台测算。复核吊耳所受局部紧承压应力、孔壁拉应力的安全系数。

同时对作业平台内力进行校验，验算作业平台弯应力强度、剪应力强度以及连接杆件截面强度。

1.1 作业平台原始设计

基于 CAD 平台设计作业平台，如图 1 所示。平台分三层，分别为上层拼装平台、中层焊接平台、下层设备平台。在作业平台上、下层外端分别对称安装 4 组定滑轮和 4 组顶紧丝杆，定滑轮在作业平台的吊装过程中起导向作用、丝杆在作业时对平台起固定作用。

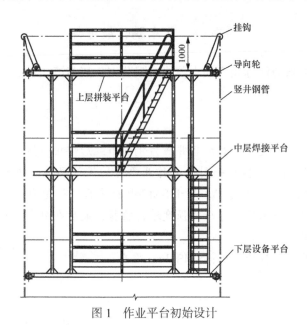

图 1 作业平台初始设计

在作业平台安装前将焊接设备放入作业平台，作业平台就位后，施工人员从竖井桥机室进入载人吊笼，由桥机副起升机构吊装载人吊笼至作业平台上方后，施工人员从载人吊笼进入作业平台。作业平台在竖井钢管内采取以下方式进行安装：在上层拼装平台四角焊 8 个吊耳，通过其中的 4 个吊耳及挂钩可将作业平台挂于已吊装到位的管节管壁上口。

1.2 钢丝绳和吊耳的选型

钢丝绳和吊耳的选择必须确保强度足够。在吊装过程中，吊耳主要承受的是纵向拉应力 σ_{cj}，吊耳纵向拉应力的特征方程为：

$$\sigma_{cj} = K_1 M_1 g / d\delta_c \tag{1}$$

式中 K_1——动荷载系数，一般取 1.1；

    M_1——每个吊耳承受的质量；

    d——吊耳板厚度；

    δ_c——钢板上的开孔大小。

根据《起重机械安全规程》（GB 6067.1—2021）规定，吊耳纵向拉应力 σ_{cj}＜所选钢制吊耳的额定纵向拉应力。

作业平台工作时仅有垂直方向受力，每根钢丝绳所承受的载荷基本一致。每根钢丝绳受力的特征方程为：

$$nF_1 \cos \alpha = G_1 B \qquad (2)$$

式中　　n——实际承受拉力的钢丝绳数量；

　　　　F_1——每根钢丝绳所承受的拉力；

　　　　α——每根钢丝绳和平台中垂线的夹角；

　　　　G_1——作业平台及平台实际载荷的总和；

　　　　B——重力力臂。

根据《钢丝绳通用技术条件》（GB/T 20118—2017）要求，吊装时应当考虑 12 倍安全系数，要求 $12F_1$ 大于钢丝绳的最小破断拉力。

1.3　平台校核分析

对上层平台主受力结构、平台间连接杆件、下层平台主受力结构进行分析计算，明确作业平台在最不利工况下作业时各部件的重量参数和弯应力强度、剪应力强度等参数，则：

$$\begin{cases} \sigma_2 = \dfrac{M_{max}}{W_x} \\[2mm] \tau = \dfrac{Q_{max} S_x}{I_x \delta} \\[2mm] \tau f = \dfrac{N_y}{0.7 h_f \sum l_2} \\[2mm] \sigma_3 = \dfrac{N}{A} \end{cases} \qquad (3)$$

式中　　σ_2——钢梁的弯应力强度；

　　　M_{max}——钢梁所受最大弯矩；

　　　　W_x——截面模量；

　　　　τ——钢梁所受剪应力强度；

　　　Q_{max}——最大剪切力；

　　S_x、I_x——钢材型号参数；

　　　　δ——钢材厚度；

　　　　τf——焊缝所承受的拉强度；

　　　　N_y——焊缝所受的力；

　　　　h_f——焊脚尺寸；

　　　$\sum l_2$——焊缝总长度；

　　　　σ_3——支撑杆件所承受的拉强度；

　　　　N——单根支撑杆所承受的拉力；

　　　　A——支撑杆截面积。

2　工程应用

2.1　工程概况

句容抽水蓄能电站是国内首个输水系统采用全钢衬的抽水蓄能电站，共布置 3 条引水隧洞，引水隧洞采用"平洞＋竖井"布置，其中竖井段约 200m，共约 42 节压力钢管，引水竖井采用钢板材质为 Q345R、600MPa 级、钢管内径 7.8m 的压力钢管，施工过程中，竖井段压力钢管的吊装属于风险等级最高、危险系数最大的作业。

钢管吊装采用 1 台 QT72×160/30kN−180/200m 台车式启闭机。吊装前，另外准备 4 根钢丝绳，钢丝绳的上端挂在桥机吊钩上，下端则伸入钢管内。当将该节钢管下放距离安装完成的钢管管口 300mm 时，把预先挂在桥机吊钩上的 4 根钢丝绳的下端分别挂在作业平台上的另外 4 个吊耳上，点动桥机起升按钮，使这 4 根钢丝绳受力后操作人员站在上层拼装平台上将挂在已安装钢管上的钢丝绳挂钩取下，桥机落钩将待安装钢管落在已安装的管节上。卸下桥机挂在待安装钢管的钢丝绳，桥机继续提升作业平台，到上层拼装平台距待安装钢管上管口约 1m 时，将作业平台上的挂钩挂在待安装钢管上管口，取下桥机上吊装作业平台的 4 根钢丝绳，施工人员即可在作业平台上继续进行钢管的组装与焊接工作。

2.2 平台设计

施工作业平台分上、中、下三层，每层作业平台尺寸一致，直径均为 7300mm，分别为上层拼装平台、中层焊接平台、下层设备平台。在作业平台上、下层外端分别对称安装 4 组定滑轮和 4 组顶紧丝杆，定滑轮在作业平台的吊装过程中起导向作用、丝杆在作业时对平台起固定作用。

上层作业平台由 4 根长 6192mm 的 16 号工字钢构成主梁，主梁之间采用一根长为 3560mm 的 10 号槽钢和 10 号工字钢焊接加固。中层及下层作业平台采用 4 根长 3562mm 的 10 号工字钢构成和 8 根长为 1336mm 的 10 号工字钢焊接加长构成"井"字型钢梁，钢梁两端采用 10 号槽钢和 10 号工字钢焊接加固。每层之间采用 10 号工字钢焊接，每层作业平台之间采用钢制爬梯作为人员上下的通道，作业平台四周满铺厚度为 2.5mm 的花钢板，每层作业平台用 DN25 和 DN20 的钢管焊接围栏。作业平台简图如图 2 所示。平台所需材料参数如表 1 所示。

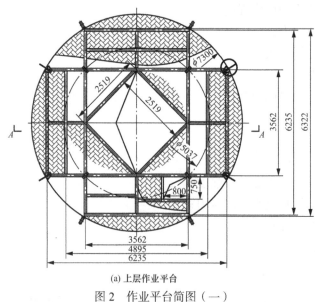

(a) 上层作业平台

图 2　作业平台简图（一）

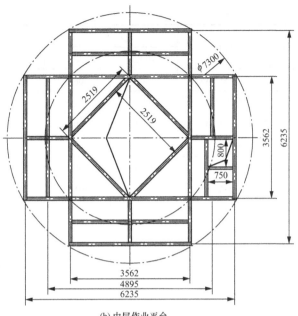

(b) 中层作业平台

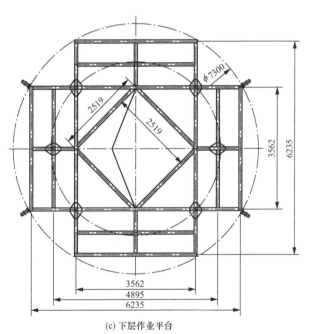

(c) 下层作业平台

图 2 作业平台简图（二）

表 1 　　　　　　　　平 台 所 需 材 料 参 数

型号及规格	数量	材料	重量（kg）		备注
			单重	总重	
2.5mm 花钢板	3	Q235-A	758.28	2249.3	$S=35.6cm^2/35m^2$
16 号槽钢	4	Q235-A	72.1	288.4	$L=3650mm$

型号及规格	数量	材料	重量（kg）		备注
			单重	总重	
16 号工字钢	4	Q235−A	127	508.1	$L=6192mm$
10 号工字钢	12	Q235−A	40.1	481.3	$L=3562mm$
10 号工字钢	12	Q235−A	28.4	340.5	$L=2520mm$
10 号槽钢	4	Q235−A	36.5	146	$L=3650mm$
10 号工字钢	8	Q235−A	69.8	558.5	$L=6200mm$
10 号工字钢	6	Q235−A	32	191.9	$L=2840mm$
10 号工字钢	6	Q235−A	32.7	195.9	$L=2900mm$
10 号工字钢	10	Q235−A	15	150.5	$L=1336mm$
16 号工字钢	2	Q235−A	27.4	54.8	$L=1336mm$
10mm 钢板	24	Q235−A	12.4		350mm × 450mm
8mm 钢板	96	Q235−A	0.71	67.8	150mm × 150mm
22mm 钢板	4	Q345	29.8	119.2	150mm × 1150mm
20mm 钢板	12	Q345	7.85	94.2	250mm × 200mm
8mm 钢板	8	Q345	1.88	15.1	100mm × 300mm
钢制爬梯	2	Q345	135	270	100mm × 300mm
DN25 钢管	3	Q345	35.8	107.5	$L=14800mm$
DN20 钢管	3	Q345	32.6	97.8	$L=20000mm$
合计			5937		

2.3 吊耳和钢丝绳的选型计算

钢丝绳和吊耳所承受的主要载荷包括施工平台、施工设备、施工材料、作业人员等，共约 8.615t，所有负载如表 2 所示。

表 2 钢丝绳所有负载

名称	数量	重量（kg）	备注
电焊机	7 台	350	50kg/台
空气压缩机	1 台	200	
烘干箱	1 台	330	
温控箱	1 台	285	
配电箱	1 台	150	
焊条		160	8 箱
焊把线	7 套	90	
电缆		350	
工器具		100	
人员	8	600	

名称	数量	重量（kg）	备注
平台自重		6000	不大于
合计		8615	

在工程实际中，为确保钢丝绳的结构强度，计划采用 4 根钢丝绳，但是在分析计算中，以 3 根钢丝绳为测算目标，确保安全可靠。根据式（2）可知，单根钢丝绳的受力：$F = mg = 8.615 \times 10/ (3 \times \cos30°) = 33.2$（kN），则此时钢丝绳所受的最小破断拉力总和为 $12 \times 33.2 = 398.4$（kN）。

根据《粗直径钢丝绳》（GB/T 20067—2017）中对钢丝绳力学性能的归纳表可知，直径为 $\phi28$mm，公称抗拉强度为 1770N/mm^2，钢丝绳最小破断拉力为 458kN＞钢丝绳所受的最小破断拉力总和，因此选用直径 $\phi28$mm 的钢丝绳能够满足要求。

由于计算时选用 3 根钢丝绳的情况进行，则吊耳也应以 3 个为基准进行计算分析。选用型号为 Q345R、局部最大承压应力 $[\sigma_{cj}]$ 为 115MPa 的钢制吊耳，其板厚为 22mm，孔径为 50mm，则根据式（1）可知，吊耳实际承受的应力为 $\sigma_{cj} = 8.615 \times 1000 \times 1.1/ (3 \times 0.022 \times 0.05) = 28.7$MPa＜$[\sigma_{cj}]$。因此，吊耳强度满足吊装要求。

2.4 作业平台强度分析

2.4.1 上层平台强度分析

（1）载荷分析。上层平台自重 $M_1 = 2.2$t，荷载均匀分布于 4 根长度 $L = 6.235$m 的主梁上，为确保强度，按照 3 跟主梁计算，基于 SMSolver 平台，其上层平台受力简图如图 3 所示。折算到 3 根主梁上的均布荷载 $Q_z = M_1/ (3L) = 2.2 \times 1000 \div 3 \div 6.235 = 117.7$（kg/m），每个受力点承受的集中载荷 $P = k_2M_2/n = 1.1 \times 6.415/6 = 1.176$（t）$= 1176$kg，其中 k_2 表示冲击系数，一般取 1.1；M_2 表示每层作业平台所承受的拉力；n 表示主梁上支点的个数，一般为 2 倍的 k_2。

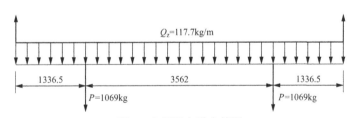

图 3　上层平台受力简图

（2）内力计算。作业平台工作时，在上层平台端部截面产生最大剪力，在主梁跨中截面产生最大弯矩。下部两层平台对上层平台产生的拉力为 6.415t，为集中荷载，平均分配到 3 根主梁 6 个支点上。则上层平台端部截面产生最大剪力 $M_{max} = P + Q_zLL/8 = 2143.5$（kgm）。

（3）截面选择及验算。16 号工字钢的特性参数如表 3 所示。根据式（3），则弯应力强度 $\sigma_2 = M_{max}/W_x = 152$N/mm^2＜245N/mm^2。剪应力强度 $\tau = PS_x/ (I_x\delta) = 19.1$N/mm^2＜105N/mm^2。

表 3	16 号工字钢特性参数	
参数名称	单位	取值
弯应力强度 σ_2	N/mm²	215
剪应力强度 τ	N/mm²	105
截面模量 W_x	cm3	141
惯性矩 I_x	cm4	1130
腹板厚度 δ	cm	0.6
单位重量	kg/m	20.5

2.4.2　平台之间支撑杆件受力安全校核

平台之间支撑杆件为 10 号工字钢，数量为 6 根，按 4 根计算，选用 E5015 焊条，焊缝长度 $l_w = 150$mm，双面焊，焊角尺寸不低于 $h_f = 6$mm。焊缝受到的剪力 N_y 等于下部两层平台产生的拉力，为 64.15kN。焊缝有效长度 $\sum l_w = 4 \times 4 \times 2 \times (150 - 2h_f) = 4416$（mm）。则翼板焊缝强度 $\tau f = N_y / (0.7 h_f \sum l_w) = 3.5$（MPa）＜110MPa。

平台之间支撑杆件为轴心受拉构件，杆件选择工字钢 I10，实有 $A = 14.3$cm²，单根杆件受力 $N = 6.415/4 = 1.604$（t）$= 1604$kg。则根据式（3）可知，连接杆件截面强度 $\sigma_3 = 11.2$N/mm²＜160N/mm²。

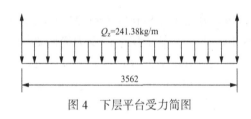

$Q_z = 241.38$kg/m

3562

图 4　下层平台受力简图

2.4.3　下层平台

（1）载荷分析。下层平台自重 1.9t，承担其他荷载 2.615t，合计 4.515t，为均布荷载，基于 SMSolver 平台，其下层平台受力简图如图 4 所示。折算到 3 根主梁上的均布荷载为 $Q_z = 4.515 \times 1000 \div 3 \div 6.235 = 241.38$（kg/m）。

（2）内力计算。作业平台工作时，在下层平台主梁靠近支撑杆件端部截面产生最大剪力 $M_{max} = Q_z LL/8 = 382.8$（kg·m），在主梁跨中截面产生最大弯矩 $Q_{max} = Q_z L/2 = 430$（kg）。

（3）截面选择及验算。10 号工字钢的特性参数如表 4 所示。则根据式（3）可知，弯应力强度 $\sigma_2 = M_{max}/W_x = 78$N/mm²＜160N/mm²，剪应力强度 $\tau = Q_z S_x / (I_x \delta) = 11.1$N/mm²＜95N/mm²。

表 4	10 号工字钢特性参数	
参数名称	单位	取值
弯应力强度 σ_2	N/mm²	160
剪应力强度 τ	N/mm²	95
截面模量 W_x	cm³	49
惯性矩 I_x	cm⁴	245
腹板厚度 δ	cm	0.45
单位重量	kg/m	11.2

2.4.4 下层平台最不利工况安全校核

（1）荷载分析。下层设备平台放置设备时，假定
单件最重设备放置在支撑杆外侧 1 根梁上，且其全部
重量由 1 根悬臂梁承担，设备最重单件重量按 500kg
计。基于 SMSolver 平台，最不利工况下受力简图如
图 5 所示。

图 5　最不利工况下受力简图

（2）内力计算。作业平台工作时，在下层平台主梁靠近支撑杆件根部截面产生的剪力
最大，$M_{max} = ML = 668.5$kg·m。在主梁端部截面产生的弯矩最大，$Q_{max} = M = 500$kg。

（3）截面选择及验算。根据表 4 所示，结合式（3）可知，弯应力强度 $\sigma_2 = M_{max}/W_x =$
136N/mm^2＜160N/mm^2，剪应力强度 $\tau = QzS_x/(I_x\delta) = 13$N/mm^2＜95N/mm^2。

3　结束语

针对全钢衬、大口径引水竖井压力钢管吊装后焊接、组圆等作业实施困难、风险高、
安全隐患多的问题，本文提出一种竖井作业平台的设计思路，并根据作业平台载荷情况，
分析设计钢丝绳及吊耳的选型，基于 SMSolver 平台进行受力简析，对作业平台进行内力计
算，对平台弯应力强度、剪应力强度进行验算，最后在句容电站引水竖井压力钢管吊装作
业中进行应用，验证了设计思路的可行性。

参考文献

［1］庞树涛. 方钢管混凝土柱－工字钢梁穿筋节点的受力性能分析［D］. 大连理工大学，
　　2014.

［2］张庆，赵强. 山区钢桁梁缆索吊装安全技术和安全管理［J］. 公路：2023（3）：
　　182-186.

［3］汪玉婷，丰景春，张可，等. 基于 SEIRS 的建设工程质量风险传递模型及仿真研究
　　［J］. 运筹与管理，2020，29（7）：214-222.

［4］刘思远. 抽水蓄能电站工程施工阶段安全管理体系研究［D］. 华南理工大学，2019.

［5］张玉明，孙宗凯. 矿用工字钢梯形支架梁受力分析［J］. 煤矿现代化：2013（S1）：
　　27-32.

［6］闫新凯，刘永健. 曲线双工字钢组合梁桥横梁受力分析研究［J］. 建筑学与工程学
　　报，2022（5）：18-25.

［7］欧肇松，赖敏锐，章鸿伟. 龙溪口航电枢纽工程施工安全管理与创新［J］. 水运工
　　程：2023（10）：1-4.

作者简介

周韦润（1994—），男，工程师，主要从事抽水蓄能电站安全管理工作。E-mail：1559219936@qq.com

艾东鹏（1979—），男，工程师，主要从事抽水蓄能电站安全管理工作。

殷焯炜（1994—），男，工程师，主要从事水轮发电机技术管理工作、抽水蓄能电站安全管理工作。

全过程管理下的移民安置可持续发展实践
——以河北抚宁抽水蓄能为例

王　震，阿地力·甫拉提

（中国电建集团北京勘测设计研究院有限公司，北京　100024）

摘要　水电移民安置工作历来是难事，存在各方利益博弈，抑或重规划，轻实施等问题。近年来，随着抽蓄电站建设数量迅速增长，伴随而来的移民安置问题也日益突出。以河北抚宁移民安置为例，对抽蓄电站规划设计到实施的全过程中的部分经验进行总结，指出前期长远谋划、中期严谨实施、后期助力发展是水电移民可持续发展的关键。

关键词　全过程管理；移民安置；可持续发展

0　引言

随着我国"创新、协调、绿色、开放、共享"的新发展理念的提出、《中华人民共和国土地管理法》（2019 年）的修订实施，对新形势下水电移民安置提出了新要求，移民是否稳定，直接影响到社会安定有序、国家长治久安。特别是随着国家"双碳"战略的提出，抽水蓄能电站日益成为实践"双碳"战略的重要抓手。受政策支持，近年抽水蓄能进入核准及建设高峰，2022—2023 年核准数量较前期明显增长，2022 年，全国新核准抽水蓄能项目 48 座，装机容量 6890 万 kW，已超过"十三五"时期全部核准规模。2023 年核准抽水蓄能电站 49 座，总装机容量为 6343 万 kW。

河北省目前在建的抽水蓄能电站有 11 座，作为京津冀一体化发展中重要抓手，在本轮抽水蓄能开发过程中发挥着重要的承接和支撑作用。随着抽水蓄能电站快速扩张，伴随而来的移民安置问题也日益突出。笔者试图通过对抚宁移民安置规划设计及实施中的部分经验进行总结，为其他水利水电移民安置提供一个参考。

1　抚宁抽水蓄能项目概况

河北抚宁抽水蓄能电站位于燕山南麓，距离秦皇岛市 60km。电站装机容量 1200MW，装机 4 台，单机容量 300MW，属 I 等大（1）型工程，项目建设征地涉及抚宁区 1 镇 7 村，总征地面积 4670.24 亩，其中水库淹没区 814.7 亩，枢纽工程建设区 3855.54 亩。至规划水平年，搬迁安置涉及 126 户 354 人，生产安置 309 人。2018 年 8 月移民规划报告获得河北省水利厅批复。2018 年 12 月，项目获得河北省发改委核准建设。2022 年 11 月，抚宁抽水蓄能电站移民安置项目入选水利部"水利工程移民安置高质量发展实践典型案例名录"，并随其他入选项目集结为《水利工程移民安置高质量发展实践典型案例》一书出版[1]，抚宁抽水蓄能移民安置项目也是唯一的水电工程移民安置入选案例，该案例随后编入《中国水力发电年鉴（2022）第二十七卷》。

2 全过程管理下的抚宁抽水蓄能移民安置实践

根据有关规定，水电工程按照规划及设计（A）、建造调试及验收（C）、运行维护（D）、退役（E）四个阶段开展，对应的移民安置包括规划设计、安置实施、后续发展、退役处理四个阶段[2]。电站全过程管理与水电移民阶段对应关系参见图 1。因暂不涉及退役阶段，本次仅论述前三阶段的工作过程。

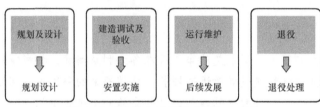

图 1 水电移民全过程管理的四个阶段

2.1 规划设计阶段——严谨设计，保证移民实施不发生重大变更

移民安置规划设计对移民安置实施及安置发挥着龙头作用[3]。只有高质量做好移民规划设计，后期严谨实施才能在源头上有保障。

2.1.1 移民规划概算编制"宽打窄用"，保障实施不超概

本着"宁可备而不用，不能用而无备"的原则，在规划中预留了后期变更调概的资金余量。截至项目围堰截流验收，在经过众多设计变更后，移民补偿资金仍未突破规划报告移民补偿概算总投资。从众多抽水蓄能电站移民安置的实践中发现，项目建设前期过于压缩投资，对后期变更程序履行非常不利，建议在规划阶段预留充足移民安置投资，实施中再根据实际情况优化节约使用。

2.1.2 飞地采取"只补不征"处理模式

对于恢复交通困难的下水库淹没线以上成片种植的果树和经济林木，规划对其采取计列林木补偿费和土地补偿补助费的方式进行一次性补偿处理。抽水蓄能项目在水库蓄水后往往会阻断原有田间道路，而复建环库公路成本过高，在受影响地块面积较小的情况下，可以采用"只补不征"适当补偿模式[4]，成片经济林飞地与下库淹没区的关系见图 2。

2.1.3 结合地方规划，公路等基础设施适当提等升级设计

根据现状调查，梁家湾村与冰塘峪景区连接路现状等级为等外公路。规划中对该道路进行复建处理，复建标准为四级公路。实施中为了提高通行安全，桥梁及隧道净宽均有增加[4]。

2.1.4 供水关切，包干计列

抽水蓄能电站下库往往选址在天然河流河道中，施工过程中，易发生影响下游村庄的

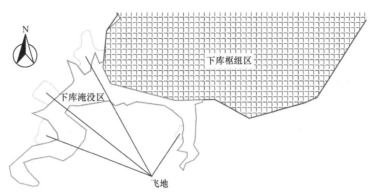

图 2　成片经济林飞地与下库淹没区的关系

生活生产用水问题，河北属于北方缺水地区，地下水严格控制开采，抚宁抽水蓄能移民规划中按照包干的模式，由建设单位与地方协商达成一致，一次性包干计列处理，由地方政府负责生活供水工程的规划、设计、验收、运维等工作，最大程度减少了后期电站施工与居民用水的矛盾[4]。

2.1.5　多方案比选，选择村民满意的安置点

安置点新址选址过程中，为了优中选优，设计中实地考察了备选移民搬迁安置点情况，并开展了必要的测量和地勘工作，从区域位置、地理条件、场地条件、基础设施、安置容量等方面对备选点进行了分析比较，最终选择了沙岗子集中安置点作为梁家湾移民集中安置点。安置点内部布局也进行了比选。

沙岗子距离原梁家湾村旧址仅 1km，当地生产生活方式、文化习惯等基本一致，且①安置点位于大新寨省级乡村振兴示范区内，道路交通、产业发展等省市区三级的政策支持力度大；②毗邻 4A 级冰塘峪景区以及抚宁区重点打造的背牛顶景区，周边环境优美，适合发展旅游相关的第三产业；③紧邻抽水蓄能电站，能够在电站施工期和运行后务工就业。移民安置点选在沙岗子，将有力推动移民群众融入抚宁区乡村振兴示范效应最强、产业辐射带动作用最强的区域，为促进富民增收打下坚实基础。安置点选址多方案比选见图 3，布置多方案比选见图 4。

图 3　安置点选址多方案比选

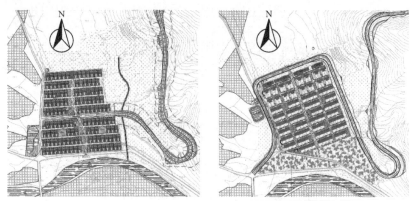

图 4　安置点布置多方案比选

2.1.6　敏感因素，合理避让

随着国家对环境保护、文化遗产保护力度的不断加大，全民对生态环境、历史文化的重视程度不断提高，一些以前不太涉及的敏感对象，逐渐成为制约许多抽水蓄能项目是否可行的决定性因素。特别是我国北方地区的抽水蓄能项目，基本都会涉及长城、烽火台等文物的处理等问题。

抚宁抽水蓄能涉及到明长城，电站建设征地影响区未触及长城保护范围，电站下水库回水进入长城建设控制地带约 6.86 亩。根据电站建设对长城的影响程度对其采取加固、监测、巡查等保护措施，计列相应的保护措施费。下库回水与长城建设控制地带关系见图 5。

图 5　下库回水与长城建设控制地带关系

2.2　安置实施阶段——高标准实施，保证实施过程的严谨性

2.2.1　规矩在前，建章立制

河北省未见出台有关水电移民变更流程，为了顺利地开展移民安置实施工作，在移民工作实施开展之前，由地方政府、项目单位、综合设计、综合监理等参建单位，共同制定了《河北抚宁抽水蓄能电站建设征地和移民安置实施阶段变更处理程序》，其中明确了变更流程及各方职责。后期所有变更事宜均参照此流程执行，减少了推诿，明确了职责，顺

畅了流程，提升了效率，为移民安置顺利严谨实施提供了制度保障。

2.2.2 实事求是，调整部分单项的补偿单价

秦皇岛市抚宁区印发的《秦皇岛市抚宁区征收土地地上附着物补偿标准实施细则》把果树补偿标准按年限呈递增方式，幼果期至盛果期年限越长补偿标准越高，明显与盛果期应呈正态分布不符，实施中，由地方政府组织召开专家咨询会，经调研分析，会议认为在总补偿资金不变、补偿最高标准不突破的基础上，采取第三方评估方式予以补偿，补偿结果群众认可，安置补偿标准符合实际，保证了广大群众利益。

2.2.3 依法依规，处理河流水面补偿争议

除上下库均为完全开挖的项目外，抽水蓄能电站下库多数会涉及河流水面，抚宁下水库淹没区存在补偿争议。实施中，村民提出了经土地确权的权属材料证明，证明下库部分河道的确权给村集体，主张河流水面应当予以补偿，后地方政府依据《秦皇岛市河道管理办法》，汇水面积 $30km^2$ 及以上的河道，由所在县区的河道主管机关负责全面管理。下库所在河流流域面积为 $44km^2$，依法说服了村民，化解了矛盾，解决了争议[5]。

2.2.4 政府兜底，高标准建设安置点

梁家湾村的安置房实行"区统一规划设计、村委会统一建设管理、群众全程参与"的建设模式，既体现了政府的职能作用，又发挥了村级组织的自治作用，还利于群众全过程监督。为把安置区规划好，设计单位通盘考虑土地资源节约利用、冀东地区风土民俗、群众生活习惯、冰塘峪和背牛顶两大景区布局等因素，依托沙岗于周边山水脉络，精心设计庭院式独门独户住宅（每户宅基地0.25亩），平房户型建筑面积分别为 $73m^2$、$88m^2$，二层楼户型面积为 $186m^2$。针对部分移民子女达到分户条件未分户的具体情况，区政府出资98万元为该村在安置点加征12.43亩用地，建设了户型面积为 $100m^2$ 左右的多层楼房一栋（24套单元房）予以解决。安置区同步建设水、电、路等基础设施，配套村委卫生室、超市等公共设施，统一安装太阳能取暖设施。为把安置房建好，梁家湾村按照高标准住宅小区规划设计，村委会依法依规组织招标，严把施工队伍、建筑材料、建设进度、建筑质量关。为让群众放心，在政府部门监督、第三方监理的同时，又成立由村干部、党员和村民代表组成的质量监督小组，全程监督工程施工。安置点建成后，开展了梁家湾移民安置新村乡村规划许可、宅基地审批及不动产权证办理工作，切实维护了移民的合法权益。安置点内农家乐及民居效果见图6。

图6 安置点内农家乐及民居效果

2.2.5　变废为宝，实现渣场综合利用

随着近年来国家对环水保的日益重视，电站施工过程中产生渣场的问题越来越难以处理。如何大幅降低渣场、料场的规模，已成为施工总布置优化过程中的必答题。近年来核准的项目都尽量做到了压缩土石方量，有的项目基本实现了挖填平衡。不能平衡的，对于多余的渣土，项目多朝着综合利用的方向去创新[6]，如河北雄安调蓄库工程，渣料综合利用作为雄安新区建设的骨料，已成为良好示范项目。

抚宁抽水蓄能电站对南沟渣场剩余的工程弃渣开展综合利用研究工作，目前抚宁区政府已完成对工程弃渣的拍卖处置。据初步统计，弃至南沟渣场的渣料由 261.29 万 m^3（自然方）减少至 85 万 m^3。该措施实施后，最终弃渣量大幅度减少，渣场规模相应降低，由此引起的地质灾害风险降低，优化后的水土保持方案，对环境更加友好，水土保持方案正在原审批部门备案过程中。对于临时用地复垦耕园地面积较原规划减小的问题，目前临时用地复垦方案正在报原审查的国土资源主管部门审查过程中。

2.3　后续发展阶段——统筹整合各类资金，强化造血功能

2.3.1　统筹项目资金使用，形成资金合力

为了打造示范新村，实施中政府多方统筹各种建设资金。如在取暖方式上，新村摒弃了传统的烧煤和烧柴取暖，采用太阳能"光热＋"取暖，共使用资金 497 万元，其中，村集体利用集体林地山场补偿 347 万元平均补贴给每个农户，争取国家清洁取暖补助 150 万元，实现了绿色取暖，清洁能源利用率达到 100%。此外，政府还配套了绿化资金，在原规划行道树的基础上，增加了部分景观树种，扮靓了整个安置点。

2.3.2　做好后期扶持工作

根据《关于完善大中型水库移民后期扶持政策的意见》文件精神，充分尊重移民意愿，核实到人、建立档案、设立账户，及时足额将后期扶持资金发放到户，累计发放直补资金 30.9 万元，并对梁家湾、峪门口村进行了项目扶持，共投资 30 万元加强基础设施建设。

2.3.3　加强移民技术培训，强化移民造血功能

按照"扶上马、送一程"的原则，坚持"请进来""送出去"两手抓、两手硬。一方面，认真落实国家有关移民后期扶持的政策规定，安排人力资源和社会保障等部门，对有就业需求的移民开展从业技能专项培训，把技术培训送到移民家门口。另一方面，坚持以岗定搬、以产定搬，对搬迁户全部建立台账，通过到当地企业和抚宁经济技术开发区等产业园区就业、到政府安排的公益性岗位就业、由政府组织规范化培训后外出务工等渠道解决就业，真正把务工移民送到工作岗位上。特别是优先吸取移民群众参与抚宁抽水蓄能电站建设，目前有少部分移民在建设工地打工，收入较搬迁前实现了大幅增长。

2.3.4　统筹产业规划，推动产业发展

将梁家湾移民新村融入大新寨省级乡村示范区建设，集中连片打造梁家湾、王汉沟、单庄等美丽乡村，发展观光农业、休闲农业等新业态，建设以"山水大新寨、乡遇桃花源"为形象 IP 的乡村转型发展带动区、乡村旅游核心目的地和京津冀乡村振兴示范区。针对梁家湾新村紧邻冰塘峪景区的位置优势，积极引导鼓励村民依靠景区和项目资源，开办民宿、农家乐、超市等服务场所。同时，同步建成土特产品市场，安装售货亭，方便移民向游客销售农

产品、土特产等商品，活跃乡村旅游经济。梁家湾村民利用搬迁后的优美环境、完善的基础设施逐步实现稳定增收的目标。

3 启示

抚宁移民安置规划设计及实施过程中，前期长远谋划，中期严谨实施，后期助力发展。对于移民搬迁安置工作，充分保障移民合法权益，满足移民生存和发展需求，做到前期补偿补助和后期扶持相结合，建设项目与带动产业、发展经济相结合，确保了移民"搬得出、稳得住、逐步能致富"，推动了移民新村生产、生活、生态和谐共进，为新阶段移民搬迁安置高质量发展提供了有益探索。

参考文献

[1] 水利部水库移民司. 水利工程移民高质量发展实践典型案例 [M]. 武汉：长江出版社，2022.

[2] 国家能源局. NB/T 10798—2021，水电工程建设征地移民安置技术通则 [S]. 北京：中国水利水电出版社，2021.

[3] 董泽辉. 发挥移民安置规划设计的龙头作用保证移民安置规范有序进行 [J]. 水利规划与设计，2018（7）：8-10.

[4] 阿地力·甫拉提，王震，等. 河北抚宁抽水蓄能电站建设征地移民安置规划报告 [R]. 北京：中国电建集团北京勘测设计研究院有限公司，2018.

[5] 大中型水利水电工程建设征地补偿和移民安置条例 [Z]. 中华人民共和国国务院令第 679 号.

[6] 阳凤，蔡德文，等. 抽水蓄能电站土石方综合利用、弃渣场选址与措施布局 [J]. 水电与新能源. 2024，38（7）：47-50.

作者简介

王　震（1977—），男，正高级工程师，主要从事水利水电移民设计工作。E-mail：wangz@bjy.powerchina.cn

阿地力·甫拉提（1987—），男，高级工程师，主要从事水利水电移民设计工作。E-mail：adl@bjy.powerchina.cn

山西代县黄草院抽水蓄能电站
补水系统规模研究

洪文彬，蒋 攀

（中水东北勘测设计研究有限责任公司，吉林长春 130021）

摘要 抽水蓄能电站规划设计中应充分分析水源条件，满足初期蓄水和正常运行期补水要求，当不满足时，需要研究其补水措施。山西代县黄草院抽水蓄能电站上、下水库库址控制流域面积较小，水源条件不足，不能满足电站初期蓄水及正常运行期所需水量，不足水量主要考虑从峪口河干流采取工程补水措施加以解决。拟建补水系统取水口断面控制流域面积 270km²，峪口河补水系统取水口距抽水蓄能电站下水库直线距离约 680m，具备向电站补水的条件。根据初步分析，补水泵站规模综合考虑初期蓄水与运行期补水后确定，需设置泵站设计流量 0.2m³/s，可满足山西代县黄草院抽水蓄能电站初期蓄水期及正常运行期补水需求。

关键词 抽水蓄能补水；初期蓄水；运行期补水

0 引言

为实现"30·60"碳排放目标，国家能源结构亟需转型，可再生清洁能源将进入跨越式发展阶段。新型电力系统与现有电力系统存在着代际差异。这个差异也就是新型电力系统的核心特征——以新能源为主体。在新型电力系统中，煤电角色将从主体电源变为基础性电源。在保障新型电力系统稳定运行和最大化利用核能、水电、风电、光伏等条件下，不足部分的电力电量调峰需求需要煤电、气电等化石能源来满足。新型电力系统稳定性电源发电量约占总电量的 60%。新型电力系统中稳定性电源中煤电比例随着碳中和达标水平年临近和技术进步会逐步降低，可再生能源电力消纳责任权重将逐渐加大。

目前，调峰储能主要有抽水蓄能、火电灵活性改造、化学储能三种措施，火电灵活性改造增加调峰能力有限，化学储能技术尚未成熟，抽水是目前最成熟的储能手段，抽水蓄能电站建设以水为载体，进行能量转化。因此，在抽水蓄能电站规划设计中应充分分析水源条件，满足初期蓄水和正常运行期补水要求，当不满足时，需要研究其补水工程。

1 工程概述

山西代县黄草院抽水蓄能电站位于山西省忻州市代县境内，距忻州市直线距离 74km，距太原市直线距离 138km。

山西代县黄草院抽水蓄能电站站址区属滹沱河支流峪口河流域,上水库位于峪口河右岸梁地沟西岔黄草院村冲沟首部,流域面积为 1.05km²,正常蓄水位为 1887.00m,死水位为 1860.00m,调节库容 780 万 m³;下水库位于峪口河右岸梁地沟沟口 1km 处,流域面积为 12.18km²,正常蓄水位 1380.00m,死水位 1345.00m,调节库 777 万 m³。补水工程位于梁地沟沟口下游 500m 处,补水工程取水断面处多年平均径流量 1984 万 m³,补水工程采用泵站提水形式。上下水库进 / 出水口之间的水平距离约为 4173m,距高比为 7.9。

电站装机容量 1400MW,单机容量 350MW,年平均发电量 19.92 亿 kWh,年平均抽水电量 26.56 亿 kWh,综合效率 75.0%。电站建成后在系统中主要承担系统调峰、填谷、储能、调频、调相及紧急事故备用等任务。本电站以 2 回 500kV 线路接入忻州北 500kV 变电站。

本工程总工期 72 个月,其中准备期工程 6 个月,主体工程施工期 57 个月,工程完建期 9 个月。

工程静态投资约为 909106 万元,单位千瓦静态投资为 6494 元 /kW。

2　设计径流分析计算

2.1　峪口河补水系统取水口

山西代县黄草院抽水蓄能电站上、下水库所在梁地沟流域内无水文、雨量测站分布,梁地沟沟口下游约 5.5km 峪口河干流有王家会水文站。该站由山西省水文总站于 1958 年 5 月设立,主要观测项目包括水位、流量、泥沙、降雨和冰情等,具有 1958 年 6 月至至今的水位、流量和泥沙等观测资料。本次补水系统取水口断面多年平均径流深采用水文比拟法成果。

2.1.1　年降雨量计算

峪口河流域设有王家会、殷家会、高凡、上苑、龙门、化咀、八塔、南正沟等雨量站。各雨量站长短系列统计成果见表 1。

表 1　王家会站以上流域雨量站年降雨特征统计成果表

站名	长系列	年平均降水量 (mm)	短系列	年平均降水量 (mm)	备注
王家会	1958—2021	481.4	1972~2021	470.9	
殷家会	1968—2021	485.0	1972~2021	484.5	1989 缺测
高凡	1972—2021	464.7	1972~2021	464.7	1989 缺测
上苑	1968—2021	533.2	1972~2021	535.2	
龙门	1958—2021	490.7	1972~2021	481.0	1963 缺测
化咀	1958—2021	541.5	1972~2021	522.0	
八塔	1958—2021	545.4	1972~2021	549.1	
南正沟	1968—2021	590.6	1972~2021	591.5	

表 1 中殷家会、高凡、龙门、化咀、八塔和南正沟雨量站观测期为每年 5—10 月,通

过分析王家会、上苑站相应时段降水量与年降水量占比关系，各站按 90% 推算全年降水量。从表 1 来看，各雨量站长、短系列多年平均年降雨量统计成果相差不大，短系列降水量均值较长系列变化幅度在 4.0% 以内。考虑降水系列一致性，选取各雨量站 1972—2021 年共 50 年降水系列。

采用泰森多边形法计算各控制断面以上流域面降水量，王家会站控制流域多年平均降水量为 521.2mm。补水系统取水口控制流域多年平均降水量为 531.0mm。补水系统取水口断面径流计算降水修正系数 $k=1.02$。

2.1.2　年径流分析计算

采用王家会站 1958—2021 年共计 63 年径流资料，统计年径流及枯水期（11 月～翌年 3 月）径流系列进行频率分析计算，用矩法初估统计参数，P-Ⅲ型适线，通过适线调整确定采用参数，王家会站设计年（期）径流成果见表 2，设计年（期）径流量频率曲线见图 1。

表 2　　　　　　　　　　王家会站设计年（期）径流成果表

项目	均值（万 m³）	Cv	Cs/Cv	设计频率（万 m³）			
				50%	75%	90%	95%
全年	2398	0.72	2.75	1872	1166	845	748
枯水期	637	0.46	3.0	572	422	331	292

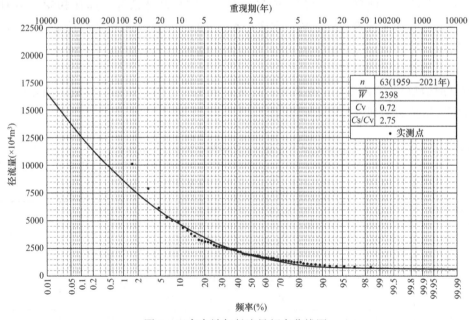

图 1　王家会站年径流量频率曲线图

依据王家会站设计年径流成果按面积比推求补水系统取水口断面的设计年径流，并考虑降水量修正。经计算补水系统取水口断面多年平均径流量为 1984 万 m³，多年平均流量为 0.629m³/s，多年平均径流深为 73.5mm。设计年径流成果见表 3。

表 3			设 计 年 径 流 成 果 表		
断面名称	项目	均值	设计频率 P		
			50%	75%	95%
水源取水口	径流量（万 m³）	1984	1550	964	619
	流量（m³/s）	0.629	0.492	0.306	0.196

2.2 径流年内分配

山西代县黄草院抽水蓄能电站设计径流年内分配采用典型年法。典型年选择原则是按其年径流和枯水期径流量选取与设计频率径流量接近的年份。依据典型年的年内径流月分配比例，对不同设计频率的年径流进行年内分配。水源取水口断面年、期径流系列推求以王家会站为设计依据站，根据该站年、期径流系列，按面积比，同时考虑降水量修正推求。补水系统取水口断面多年平均及 50%、75%、95% 频率的年内径流分配成果见表 4。

表 4				山西代县黄草院抽水蓄能电站下水库径流年内分配成果表								
径流量（万 m³）	1月	2月	3月	4月	5月	6月	7月	8月	9月	10月	11月	12月	年
多年平均	89.3	81.3	93.2	85.3	79.4	95.2	216	484	288	208	151	113	1984
$P=50\%$	126	52.7	66.7	58.9	72.9	195	256	130	143	153	138	158	1550
$P=75\%$	83.9	60.7	81.9	79.0	76.2	54.9	112	69.4	62.7	90.6	83.9	109	964
$P=95\%$	52.6	56.9	61.3	48.9	47.0	39.0	65.0	89.8	32.8	34.0	38.4	53.2	619

2.3 径流成果合理性分析

根据《山西省水文计算手册》和区域综合地质图，补水系统取水口断面位于峪口河王家会站上游，占王家会站集水面积的 74%，水文下垫面产流地类基本与王家会站以上流域基本一致。

从以下几个方面对径流成果合理性进行分析。

2.3.1 资料系列

设计依据王家会水文站资料系列为 1959—2021 年计 63 年，系列较长，代表性好，满足规范要求。

2.3.2 王家会站既往设计径流成果比较

在峪口河流域王家会水库设计和《山西省水文计算手册》（简称"手册"）径流特征值统计时，曾对王家会站设计年径流进行分析计算，径流系列采用分别为 1956—2010 年和 1956—2008 年，本次设计径流系列为 1959—2021 年。从王家会站历次设计年径流参数比较（见表 5）可知，随径流系列延长，均值减小，C_v 值不变，本次 C_s/C_v 值为参考手册选取，本次设计年径流参数基本合理，历次设计年径流成果相差不大。

表 5				王家会站历次工程设计年径流成果比较表		
工程名称	均值（万 m³）	C_v	C_s/C_v	设计频率（万 m³）		
				50%	75%	95%
黄草院抽水蓄能	2398	0.72	2.75	1872	1166	748
王家会水库	2534	0.72	2.50	2020	1214	674
山西省水文计算手册	2574	0.72	2.75	2009	1253	802

2.3.3 地区综合规律分析

山西代县黄草院抽水蓄能电站工程位于峪口河流域，属山西中部地区滹沱河流域，根据《山西省水文计算手册》，选取滹沱河干支流流域面积小于 2000km² 的水文站，绘制滹沱河流域水文站集水面积与多年平均径流量关系图，见图 2。由图 2 可见，本次计算的下水库、补水系统取水口多年平均径流量成果与邻近流域协调一致，径流成果符合本地区综合规律。

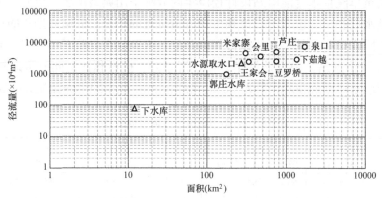

图 2　滹沱河流域水文站集水面积～多年平均径流量关系图

综上分析，山西代县黄草院抽水蓄能电站设计径流成果是基本合理的。

3　补水需求分析

根据《抽水蓄能电站水能规划设计规范》（NB/T 35071—2015）要求，应通过水量平衡计算，分析评价出去蓄水期和正常运行期蓄水量保证程度。当初期蓄水期水量不足时，应研究补水措施。当正常运行期水量不足时，应研究设置水损备用库容或者采取补水措施。初期蓄水来水保证率宜采用 75%，选取代表年（时段）或连续年组计算；正常运行期来水保证率可采用 95%～98%，选取相应保证率的代表年（时段）或连续年组计算。经分析，发电库容为 745 万 m³，上、下水库坝址径流量无法满足初期蓄水和运行期用水要求，需要采取补水措施。

3.1　补水水源条件

补水系统取水口设置在峪口河干流上，取水泵站位于峪口河和梁地沟汇合口右岸下游约 500m 处，$P=75\%$ 和 $P=95\%$ 泵站取水口年径流量分别为 1085 万 m³ 和 706 万 m³，水量可满足初期蓄水和运行期补水需求，泵站扬程 205m 左右。

3.2　代表年来水量分析

山西代县黄草院抽水蓄能电站位于峪口河一级支流梁地沟上，上水库位于峪口河右岸梁地沟西岔黄草院村冲沟首部，集水面积为 1.05km²，下水库库址位于峪口河右岸梁地沟沟口上游 1km 处，集水面积（拦河坝至拦沙坝区间）为 0.5km²。山西代县黄草院抽水蓄能电站位于峪口河下游段支流梁地沟，径流主要来源于降水的补给。

山西代县黄草院抽水蓄能电站下水库设计径流成果见表 6，补水泵站取水口断面，控制流域面积 270km²，多年平均流量 1982 万 m³，75% 及 95% 年份各月来水量见表 7。

表6   山西代县黄草院抽水蓄能电站下水库设计径流成果表

径流量（万 m³）	1月	2月	3月	4月	5月	6月	7月	8月	9月	10月	11月	12月	全年
多年平均	3.68	3.35	3.84	3.51	3.27	3.92	8.91	19.9	11.8	8.58	6.21	4.66	81.7
$P=75\%$	3.45	2.50	3.37	3.26	3.14	2.26	4.61	2.86	2.58	3.73	3.45	4.49	39.7
$P=95\%$	2.17	2.35	2.52	2.01	1.94	1.61	2.68	3.70	1.35	1.40	1.58	2.19	25.5

表7   峪口河干流泵站取水口断面年来水量表

径流量（万 m³）	1月	2月	3月	4月	5月	6月	7月	8月	9月	10月	11月	12月	全年
多年平均	89	81	94	85	80	95	216	485	288	207	151	112	1982
$P=75\%$	41	36	82	78	89	95	82	108	156	136	105	78	1085
$P=95\%$	62	66	49	34	44	69	35	62	58	77	66	82	706

3.3 初期蓄水阶段需求分析

根据施工总进度安排，本工程总工期为6年（不含筹建期），下水库在第4年的8月初具备蓄水条件，第一台机组于第5年12月末安装完毕，调试3个月后于第6年3月初投产发电，之后3台机组每隔3个月陆续投入运行，至第6年12月底4台机组全部投入运行。

根据机组调试运行进度及对蓄水量的要求，考虑峪口河取水断面以上天然径流年内分配不均，下水库从第4年8月初开始蓄水。根据山西代县黄草院抽水蓄能电站补水系统取水断面长系列月径流资料，选取75%频率相应的来水。扣除初期蓄水期间下泄生态流量（全年按多年平均流量的10%泄放生态流量）及下游河道外用水，河道外用水成果见表8。泵站抽水设计流量取 0.5m³/s。山西代县黄草院抽水蓄能电站初期蓄水能力分析见表9。

表8   山西代县黄草院抽水蓄能电站取水口断面下游河道外用水（灌溉）成果分析表

月份	3	4	5	6	7	8	9	全年
灌溉毛需水量（万 m³）	85.94	122.13	25.81	112.90	44.77	10.10	32.26	433.87

表9   山西代县黄草院抽水蓄能电站初期蓄水能力分析表

序号	项目	单位	水量				
1	投产台数	台	调试	1	2	3	4
2	总需水量	万 m³	810.02	69.73	229.70	246.99	282.27
2.1	发电需水量	万 m³	670.00	0.00	182.00	199.00	182.00
2.1.1	上水库死库容	万 m³	400.00				
2.1.2	下水库死库容	万 m³	71.00				
2.1.3	输水管道充水量	万 m³	17.00			17.00	

序号	项目	单位	水量				
2.1.4	单机发电水量	万 m³	182.00	0.00	182.00	182.00	182.00
2.2	水量损失	万 m³	93.05	22.78	47.70	47.99	49.96
2.2.1	蒸发损失	万 m³	33.84	5.86	22.79	15.45	7.05
2.2.2	渗漏损失	万 m³	59.21	16.92	24.90	32.53	42.91
2.3	冰冻库容	万 m³	46.97	46.94	0.00	0.00	50.31
3	累计需水量	万 m³	810.02	832.78	1015.53	1262.51	1544.79
4	累计施工用水量	万 m³	373.51	381.64	397.61	397.61	397.61
5	累计抽水量	万 m³	1495.91	1523.38	1572.26	1958.77	2227.85
6	累计弃水量	万 m³	179.07	179.07	179.07	179.07	285.75
7	水量盈亏	万 m³	312.37	308.96	159.11	298.65	285.46

由表 9 可知，机组调试前所需水量（含损失水量）为 810 万 m³，第一台机组投产所需水量（含损失水量）为 833 万 m³，第二台机组投产所需累计水量（含损失水量）为 1016 万 m³，第三台机组投产所需累计水量（含损失水量）为 1263 万 m³，第四台机组投产所需累计水量（含损失水量）为 1545 万 m³。

下水库从第 4 年 8 月初开始蓄水，至机组调试蓄水时间 17 个月，累计抽水量 1496 万 m³，盈余水量 312 万 m³；至第一台机组投产蓄水时间 20 个月，累计抽水量 1523 万 m³，盈余水量 309 万 m³；至第二台机组投产蓄水时间 23 个月，累计抽水量 1572 万 m³，盈余水量 159 万 m³；至第三台机组投产蓄水时间 26 个月，累计来水量 1959 万 m³，盈余水量 299 万 m³；至第四台机组投产蓄水时间 29 个月，累计抽水量 2228 万 m³，盈余水量 285 万 m³。

通过对山西代县黄草院抽水蓄能电站初期蓄水过程进行分析，按照 75% 设计保证率来水量，按设计流量 0.5m³/s 取水，其中，0.2m³/s 采用补水系统永久泵站取水，0.3m³/s 结合施工供水系统取水，可以满足初期蓄水要求。

3.4 正常运行期补水阶段

正常运行期泵站抽水设计流量取 0.2m³/s，通过对峪口河取水断面 1959—2021 年共 63 年 95% 逐日来水资料进行分析，缺水量为 42 万 m³。因此考虑设置 42 万 m³ 水损备用库容以保证电站发电的正常运行。

4 补水措施和设备

补水系统采用加压泵站输水方式，主要由集水池、补水管线及泵站组成。泵站抽水流量为 0.2m³/s，泵站扬程为 205m，设置两台水泵，一用一备。引水点位于峪口河和梁地沟汇合口右岸下游约 500m 处。补水管线由加压泵站通过穿山隧洞铺设钢管向上引至下水库死水位以下出露，出口高程为 1343.00m，管线总长约 621m。隧洞水平段为城门洞形，断面尺寸为 2.5m×2.5m（宽 × 高），斜井段为圆形，直径为 2.5m。输水管材采用钢管，内径为 0.5m。

5 结束语

山西代县黄草院抽水蓄能电站上、下水库库址控制流域面积较小，水源条件不足，不能满足电站初期蓄水及正常运行期所需水量，不足水量主要考虑从峪口河干流采取补水工程措施加以解决。拟建补水系统取水口断面控制流域面积270km²，峪口河补水系统取水口距抽水蓄能电站下水库直线距离约680m，具备向电站补水的条件。根据初步分析，补水泵站规模应综合考虑初期蓄水规模和运行期补水规模后确定，考虑初期蓄水时间与运行期相比较短，为节约泵站投资规模，补水泵站最终规模以运行期规模为宜，初期蓄水期间结合施工供水系统布置临时泵站取水。

因此，需设置泵站设计流量为0.2m³/s，水量可满足山西代县黄草院抽水蓄能电站初期蓄水期及正常运行期补水需求。山西代县黄草院山抽水蓄能电站可行性研究阶段正常蓄水位专题报告已通过水电水利规划设计总院的审查。本次研究在泵站设置上考虑了初期蓄水期和正常运行期的运行问题，对后续抽水蓄能补水设计有借鉴意义。

参考文献

［1］ 能源行业水电规划水库环保标准化技术委员会. NB/T 35071—2015，抽水蓄能电站水能规划设计规范［S］. 北京：中国电力出版社，2016.

［2］ 赵全胜，郝军刚，赵国斌，喻葭临. 我国西部抽水蓄能电站水库工程设计的系统理念和基本方法［J］. 水力发电，2023（10）：1-6，11.

作者简介

洪文彬（1978— ），男，高级工程师，主要从事水利水电工程规划设计工作。
E-mail：22249593@qq.com
蒋 攀（1983— ），男，高级工程师，主要从事水利水电工程规划设计工作。
E-mail：277715981@qq.com

深厚覆盖层上修建蓄能下水库
主要工程地质问题研究

刘永峰，李　辉，周衡立

（中国电建集团北京勘测设计研究院有限公司，北京　100024）

摘要　辽宁朝阳抽水蓄能电站下水库区覆盖层深厚，最厚处可达51m，层次结构复杂，由不同年代、不同成因的细粒土和粗粒土互层组成，粗粒土内局部分布有黏土透镜体。本文以下水库区勘察中揭露的深厚覆盖层为研究对象，基于现场调查、钻探、坑探、物探、试验等多手段揭示了研究区深厚覆盖层的物质组成及物理力学性质，深入分析了下水库（坝）可能存在的工程地质问题，并提出了相应的处理措施建议。

关键词　深厚覆盖层；抽水蓄能电站；不均匀沉降；渗漏；渗透变形

0　引言

辽宁朝阳抽水蓄能电站位于辽宁省朝阳市，上水库位于龙城区西北部联合镇沈杖子村西侧山沟沟源处，下水库位于朝阳县贾家店农场与北沟门子乡接壤处老虎山河左岸，电站主要建筑物由上、下水库挡水建筑物、输水系统、地下厂房、补水系统等组成（见图1），装机规模为1300MW，本电站规模属大（1）型，工程等别为一等。

上水库位于沈杖子村西侧山沟沟源处，采用当地材料坝拦沟筑坝成库，水库正常蓄水位725.00m，死水位697.00m，坝型为沥青混凝土面板堆石坝，最大坝高99.0m；下水库位于大凌河一级支流老虎山河干流左岸，下水库正常蓄水位375.00m，死水位350.00m，坝型为砾石土坝，最大坝高54.0m；输水发电系统布置于上、下水库之间的山梁内。

工程区位于中朝准地台燕山台褶带上，新构造运动以整体抬升为主，近场区无活动性断裂，历史地震活动总体较弱。根据中国地震学会审查（震学安评〔2022〕008号）的工程场地地震安全性评价报告，上、下水库50年超越概率10%的基岩水平地震动峰值加速度分别为70、65gal，相应地震基本烈度为Ⅵ度。

1　下水库工程区简要地质条件

辽宁朝阳抽水蓄能电站下水库位于朝阳县北沟门子乡于家店村南侧老虎山河左岸台地上，采用开挖筑坝方式成库，采用沥青混凝土面板＋库底黏土铺盖方式防渗，下水库正常

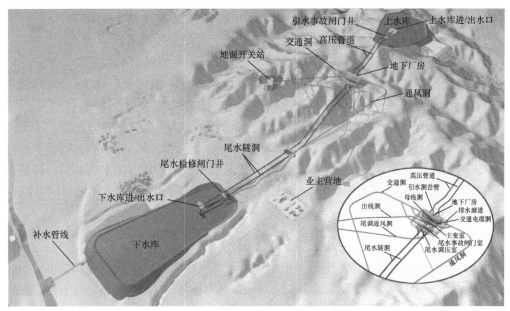

图 1　辽宁朝阳抽水蓄能电站三维透视图

蓄水位 375.00m，死水位 350.00m。正常蓄水位以下库容 1156 万 m³，其中调节库容 1102 万 m³。沥青面板堆石坝坝顶高程 378.00m、坝长 1973.62m、坝高 54m。上游坝坡坡比为 1：2；下游坝坡坡比为 1：2。

下水库所处区域覆盖层较厚，结构层次复杂，库区所在区域表部均为覆盖层（见图 2），为第四系上更新统洪坡积物（Q_3^{pl+dl}），下伏地层为白垩系九佛堂组（K_1jf）泥岩夹砂砾岩。

图 2　辽宁朝阳抽蓄电站下水库地貌特征图

库区内地质构造相对简单，库区内未见断层发育，库区位于老虎山河左岸台地，覆盖层厚度较大，库区地表范围内未见基岩出露。根据库区钻孔揭示，基岩中主要发育一组中等倾角和两组陡倾角裂隙。

（1）倾角 $40° \sim 50°$，裂隙面平直、粗糙，闭合–微张，充填钙质或泥质。

（2）倾角 $70° \sim 80°$，裂隙面平直、粗糙，闭合，充填泥质或无充填。

（3）倾角近直立，裂隙面平直、粗糙，闭合–微张，充填泥质或无充填。

根据钻孔资料，局部有少量全风化，全风化岩体厚度一般为 $0.5 \sim 1.5m$，强风化岩体厚度一般为 $0.2 \sim 13.4m$，弱风化岩体厚度一般为 $10.6 \sim 47.1m$。

库区地下水类型主要有两种，即裂隙水和孔隙水。

裂隙水赋存于下伏基岩中，主要接受覆盖层孔隙水、大气降水的补给，以地下渗流和地表径流的形式排向河谷；孔隙水主要接受大气降水和山体基岩裂隙水的补给，补给下伏基岩裂隙水和以地下渗流的形式排向老虎山河。库区地下水位总体上随地势的升高而抬高。水库区未发现泉水出露点。

2 下水库深厚覆盖层工程地质特征

由于缺乏规范对覆盖层进行分级，根据水电工程现状认为[1]：浅层覆盖层小于 40m；深厚覆盖层 $40 \sim 100m$；巨厚覆盖层 $100 \sim 300m$；超厚覆盖层大于 300m。辽宁朝阳抽水蓄能电站下水库区覆盖层最厚达 51m，属深厚覆盖层。

2.1 物质组成结构

经对勘探资料分析，辽宁朝阳抽水蓄能电站下水库左岸台地覆盖层厚度一般在 $25 \sim 40m$，最厚可达 51m，可划分为 4 层，主要为第四系上更新统洪坡积物（Q_3^{pl+dl}），层号为①~④，第②层内发育多层透镜体，各层物质由上至下描述如下。

第①层为粉质黏土，土黄色–红棕色，软塑–硬塑，黏粒含量为 $15\% \sim 35\%$；粉粒含量为 $60\% \sim 75\%$；局部含 $1\% \sim 5\%$ 碎砾石，粒径以 $2 \sim 20mm$ 为主，棱角状，原岩主要为白云岩。底面高程为 $320 \sim 395m$，厚度为 $0.7 \sim 30.5m$，靠近老虎山河一侧粉质黏土层受侵蚀作用，部分厚度较薄；标准贯入击数一般为 3~21 击，平均值为 10 击。粉质黏土的允许承载力一般在 $139.8 \sim 527.4kPa$。

第②层为碎石混合土，灰色–灰白色，结构中密–密实，碎石含量为 $20\% \sim 30\%$，棱角–次棱角状，粒径以 $60 \sim 200mm$ 为主，原岩以白云岩为主；砾石含量为 $50\% \sim 60\%$，棱角状，粒径为 $2 \sim 55mm$，原岩以白云岩为主；底面高程为 $316 \sim 390m$，厚度为 $0.8 \sim 29.4m$。

第②层碎石土内部发育②–1、②–2 层透镜体，其中，②–1、②–2 均为粉质黏土。颜色及物质组成与第①层一致。重型动力触探锤击数一般为 13~50 击，平均值为 26 击。碎石混合土的允许承载力一般在 $563 \sim 1074Pa$，中密–密实为主。分别描述如下。

②–1 粉质黏土，发育高程 $339 \sim 368m$，呈透镜体状，厚度 $0.5 \sim 3.3m$。

②–2 粉质黏土，发育高程 $324 \sim 341m$，呈透镜体状，厚度 $0.5 \sim 6.7m$。

第③层为粉质黏土，土黄色–红棕色，软塑–硬塑，黏粒含量为 $20\% \sim 35\%$；粉粒含量为 $60\% \sim 70\%$；局部含 $2\% \sim 5\%$ 碎砾石，粒径以 $2 \sim 100mm$ 为主，棱角状，原岩主要为白云岩、砂砾岩，颜色及物质组成与第①层基本一致；底面高程为 $319 \sim 347m$，厚度为 $2.7 \sim 17m$；标准贯入击数一般为 6~7 击，平均值为 6 击。粉质黏土的允许承载力一般在 $201.6 \sim 227.5kPa$。

第④层为碎石混合土，灰色－灰白色，结构中密－密实，碎石含量为30%～40%，棱角状，粒径为60～180mm，原岩以白云岩、砂砾岩为主；砾石含量为40%～50%，棱角状粒径为2～55mm，原岩以白云岩、砂砾岩为主，颜色及物质组成与第②层基本一致。底面高程为310～346m，厚度为2.4～19m。重型动力触探锤击数一般为5～30击，平均值为15击。碎石混合土的允许承载力一般在300～986kPa，稍密－密实为主[2]。

2.2 物理力学性质

在下水库覆盖层探坑、竖井及钻孔中共采取了28组土样，分别开展了物理力学性质试验。根据室内试验成果，粉质黏土天然密度平均值为1.89g/cm³，天然含水率平均值为19.7%，天然干密度为1.6g/cm³，和孔隙比（e）在0.8附近，液限为33.9～41.4，塑性指数为12.4～22.5。且粉质黏土为非分散性土。

由表1可知各土层剪切波速与其物质组成、埋藏深度和密实程度相关性较为明显。综合判定不存在砂土液化和软土震陷问题。

表1 钻孔剪切波测试成果统计表

土层名称	剪切波速区间（m/s）	剪切波速平均值（m/s）	上限剪切波速 V_{st} 平均值（m/s）	是否液化
粉质黏土	323～393	360	350	否
	102～412	283	235	否

通过对下水库覆盖层进行的多项试验，综合类比同类工程，并参考相关规范及手册，提出工程区各类结构面的岩土体物理力学参数建议指标，见表2。

表2 库（坝）土体物理力学参数建议值表

土层名称	土层编号	天然密度（g/cm³）	干密度（g/cm³）	渗透系数（cm/s）	允许水力比降	地基承载力（kPa）	抗剪强度 内摩擦角（°）	抗剪强度 凝聚力（KPa）	压缩模量（MPa）	压缩系数（MPa⁻¹）
粉质黏土	①	1.65～1.85	1.40～1.60	8～10×10⁻⁶	0.40～0.50	140～180	16～18	20～25	4～8（0～5m）	0.45～0.60
	③								10～12（5m以下）	
碎石混合土	②	2.0～2.05	1.90～1.95	5～8×10⁻³	0.15～0.25	380～420	27～29	5～10	15～20	0.09～0.10
	④									

由表2可知，粉质黏土物理力学性质较差，其与碎石混合土承载和变形模量差别较大。

由表2可知，下水库区覆盖层自上到下主要可分为4层，其中①③层为粉质黏土，②④层为碎石混合土层。①③层为粉质黏土渗透性基本一致，②④层为碎石混合土层渗透性基本一致。允许渗透比降较大，总体渗透稳定性较好。

3 下水库覆盖层主要工程地质问题

下水库在老虎山河左岸阶段内开挖填筑成库，最大坝高54.0m。根据钻孔资料，下水库范围内基岩面高程一般为310～380m，库底高程为348.5m，因此库盆一部分坐落于覆盖层之上，另一部分坐落于基岩上，库区边坡及库底地层岩性为碎石混合土和粉质黏土及九佛堂组泥岩夹砂砾岩。

采用颗分、物探面波测试、土体的自然休止角、室内抗剪试验、现场载荷试验等手段，进行了覆盖层的物理力学性质的研究，从而得出：①覆盖层厚度较大无法完全清除，粉质黏土物理力学性质较差，需要进行地基处理；②碎石混合土层物理力学性质较好，可直接作为堆石坝的坝基基础；③覆盖层固然可以为工程所利用，在其上直接筑坝建库，大大减少了开挖量的结论，但也存在以下主要工程地质问题，不均匀沉降变形、水库渗漏、边坡稳定、渗透变形、地下水扬压力等工程地质问题较为突出[3]。下水库工程地质纵剖面示意图如图3所示，详细分析如下：

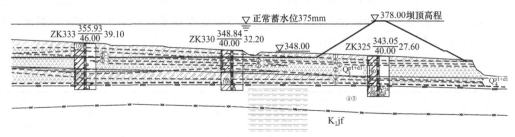

图3　下水库工程地质纵剖面示意图

3.1　水库渗漏问题

下水库区地下水位在319～373m之间，低于正常蓄水位高程375.00m。根据现场钻孔注水试验和室内试验，库区覆盖层碎石混合土渗透系数 $K = 6.73 \times 10^{-4} \sim 2.33 \times 10^{-3}$ cm/s，为中等透水；粉质黏土为极微–弱透水；根据钻孔压水试验，库区弱风化泥岩夹砂砾岩透水率为1.5～13.6Lu，为弱–中等透水，微风化泥岩夹砂砾岩透水率为1.1～3.9Lu，为弱透水。

由于库周及库底的岩性为碎石混合土和粉质黏土及九佛堂组泥岩夹砂砾岩，碎石混合土为相对透水层，粉质黏土为隔水层，泥岩夹砂砾岩为弱–中等透水，碎石混合土和粉质黏土互层，且在库底分布呈倾斜分布于泥岩夹砂砾岩之上，库盆开挖后，库底地层岩性为碎石混合土、粉质黏土及泥岩夹砂砾岩，水库蓄水后，主要存在库水沿碎石混合土和弱风化的泥岩夹砂砾岩向库周和库底渗漏问题。因此，建议对下水库进行全库防渗的措施。

3.2　库岸稳定性

下水库库内地面坡度较缓，一般为1°～10°，地表为第四系上更新统（ Q_3^{pl+dl} ）洪坡积物，未见基岩露头。下水库区未见滑坡及崩塌等不良地质现象，自然边坡整体稳定性较好。下水库在老虎山河左岸台地内开挖填筑成库，因此在库内开挖填筑形成边坡，最大坡高为30m。下水库开挖后库内边坡大部分为土质边坡，东侧靠近山体小部分为基岩边坡。岩性为泥岩夹砂砾岩。

3.2.1　环库公路以上边坡

根据水工布置方案，环库公路以上开挖后形成覆盖层边坡，边坡最大高度为27m，坡比为1：2，覆盖层岩性为粉质黏土及碎石混合土。开挖后边坡整体基本稳定，岩性分界线处稳定性较差，建议采取支护处理措施。粉质黏土遇水强度变低，边坡开挖后可能沿粉质黏土内部发生滑动破坏，边坡稳定性差，建议采取处理措施。

3.2.2 环库公路以下边坡

环库公路以下开挖后形成覆盖层边坡及基岩边坡，边坡最大高度为30m，坡比为1∶2，岩性为粉质黏土、碎石混合土及泥岩夹砂砾岩。开挖后边坡整体基本稳定，岩性分界线及基覆界线处稳定性较差，建议采取支护处理措施。粉质黏土遇水强度变低，边坡开挖后可能沿粉质黏土内部发生滑动，边坡稳定性差，建议边坡开挖后及时做好排水及支护措施。边坡基岩岩性主要为九佛堂组泥岩夹砂砾岩，岩质软弱，抗风化能力差，遇水泥化现象严重，边坡开挖后容易变形，边坡稳定性差，建议开挖后及时采取封闭和临时支护措施。

3.2.3 库外边坡

下水库南、北侧各发育一条冲沟，北侧冲沟距库周最近距离约为45m，南侧冲沟距库周最近距离约为28m，冲沟内坡度较陡，局部为陡坎。冲沟内未见基岩出露，主要为粉质黏土及碎石混合土；库外边坡局部稳定性较差，建议对库外边坡采取放坡＋护坡结合的处理措施。下水库西侧台地前缘地形陡峭，为一陡坎，沟距坝脚最近距离约为35m，主要为粉质黏土及碎石混合土，陡坎部分距库周较近，库外边坡局部稳定性较差，建议采取挡护处理措施。洪水可能对陡坎前缘产生冲刷，建议采取防护措施。

3.3 库底承载及变形问题

下水库开挖后库底为覆盖层和基岩，覆盖层有以粗颗粒为主的碎石混合土和以细颗粒为主的粉质黏土；基岩为九佛堂组泥岩夹砂砾岩。

粉质黏土地基承载力为140～180kPa，0～5m压缩模量为4～8MPa，5m以下压缩模量为10～12MPa；碎石混合土地基承载力为380～420kPa，压缩模量为15～20MPa。粉质黏土物理力学性质较差。下水库覆盖层中的第②④层碎石混合土层，均具有较高的承载力，基本能满足建库对地基的要求。但部分坝段可能无法避免粉质黏土作为坝基，且第②层碎石混合土下伏第③层粉质黏土层。尤其是第二层中存在厚度不一、强度较低的粉质黏土透镜状，故各段所产生沉降量也各不相同，变形模量差别较大，存在压缩变形及不均匀沉降问题。

3.4 库底渗透变形问题

水库蓄水后，最大水头约57m，在上下游水头作用下，库底覆盖层存在渗透稳定问题。

在渗透水流作用下，土体失去部分承载力及渗流阻力而产生渗透变形。在渗流作用下，土体失去全部承载能力或渗流阻力，成为渗透破坏。

第①层、第③层粉质黏土层为黏性土，粉质黏土和碎石混合土互层，第①层、第③层粉质黏土层渗透变形类型为接触流失。根据试验颗粒级配曲线（见图4），第②④层碎石混合土层不均匀系数为422，大于5。曲率系数为2.1，碎石混合土为级配连续的土。

粗粒和细粒粒径的界线粒径为2.2mm，小于该粒径的颗粒含量约为21%，小于25%。依据规范判定该层渗透变形类型为管涌型。

根据试验成果结合工程类比，库区第①层、第③层粉质黏土层渗透变形类型为接触流失；第②层、第④层碎石混合土渗透变形类型为管涌。第①层、第③层粉质黏土层允许水力比降为0.40～0.50；第②层、第④层碎石混合土允许水力比降为0.15～0.25。

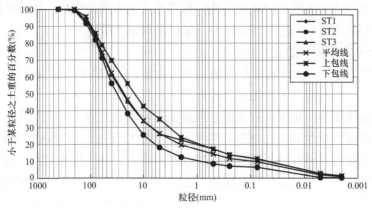

图 4　碎石混合土层（②④）颗粒级配曲线图

第四系松散堆积物的透水性能受土层结构、密实程度、颗粒级配、细粒含量、分选程度、颗粒形状等控制。因此，库底渗流控制应结合各层土体的透水性及允许坡降，进行可靠的防渗处理，确保库底土体的抗渗稳定性。施工时可采取以沥青混凝土面板＋库底黏土铺盖为主的防渗措施[4]。

3.5　库底扬压力问题

水库区在老虎山河左岸覆盖层内开挖和填筑成库，库底高程为 348.5m，根据库（坝）区钻孔地下水位长期观测数据可知，地下水位在 318～373m 之间。库底高程为 347.0～349.0m，低于库区东部地下水位高程，因此存在地下水对库底产生上浮的扬压力问题。建议下水库在采取全库防渗的基础上，针对库底扬压力部位采取相应的处理措施。

3.6　土的湿陷性问题

根据地质勘察和试验，第①层粉质黏土层表部松散部位多具有湿陷性，随深度增加，湿陷性逐渐降低。湿陷深度一般小于 5m，湿陷程度多为湿陷性轻微 – 湿陷性中等，具有Ⅰ～Ⅱ级非自重湿陷性，无自重湿陷性。建议采取工程措施对地基进行处理。

3.7　坝基岩土体的抗滑稳定问题

下水库建议采用碎石混合土作为坝基，但部分低坝段可能无法避免粉质黏土作为坝基，且第②层碎石混合土下伏第③层粉质黏土层。碎石混合土内摩擦角为 27°～29°，凝聚力为 5～10kPa；粉质黏土内摩擦角为 16°～18°，凝聚力为 20～25kPa。水库蓄水后，粉质黏土层的含水量增加，抗剪强度降低，在库水的推动下大坝下伏的碎石混合土与粉质黏土层接触部位或粉质黏土层随着外力作用及抗剪强度的降低，存在潜在抗滑稳定问题，建议设计进行坝基抗滑稳定复核，并采取相应的工程处理措施。

4　结束语

辽宁朝阳抽水蓄能电站下水库覆盖层厚度最大超过 50 m，是以粉质黏土和碎石混合土为主的覆盖层，属第四系坡洪积物。下水库覆盖层在垂向上有明显的分层特征，并随机夹杂有厚度不等的透镜体，总体上整个深厚覆盖层可按两种土体进行分析研究。

（1）下水库库盆一部分坐落于覆盖层之上，另一部分坐落在基岩上，覆盖层厚度较大无法完全清除，需考虑覆盖层的利用。对比之下碎石混合土层物理力学性质较好，可直接作为堆石坝的坝基；但部分坝段可能无法避免粉质黏土作为坝基，且第②层碎石混合土下伏第③层粉质黏土层，坝基可能沿碎石混合土与粉质黏土层接触线或粉质黏土内部发生滑动，存在潜在抗滑稳定问题，需要进行抗滑稳定分析并采取相应的工程处理措施。

（2）由于库盆深厚覆盖层各土层的性质差异，致使下水库存在压缩变形及不均匀沉降、水库渗漏及渗透稳定等工程地质问题。可通过对下水库库盆覆盖层进行地基加固等工程措施，提高下水库库盆土体抗变形能力；采用沥青混凝土面板＋库底黏土铺盖的全库盆防渗措施，可防止下水库库盆土体出现渗透破坏。

参考文献

［1］ 胡金山，张世殊，甘霖，等. 深厚覆盖层建坝土体利用研究［C］// 中国地质学会工程地质专业委员会. 2016 年全国工程地质学术年会论文集. 科学出版社，2016：1260-1266.

［2］ 周春宏，贾海波，曹强，等. 锦屏二级水电站闸基深厚覆盖层工程地质特性研究［J］. 水利规划与设计，2021（6）：113-116.

［3］ 王少川，富宝鑫，李院忠，等. 西龙池抽水蓄能电站枢纽建筑物工程地质条件和主要工程地质问题［C］// 抽水蓄能电站工程建设文集（2007），2007：92-97.

［4］ 刘德斌，张吉良，李兴华. 苏洼龙水电站坝基深厚覆盖层工程地质特性研究及利用［J］. 资源环境与工程，2017，31（4）：385-388.

［5］ 王飞，曹宝宝，云海浪. 阜康抽蓄电站下库深厚覆盖层工程性质特征分析［J］. 山西建筑，2023，49（1）：66-70.

作者简介

刘永峰（1983—），男，正高级工程师，主要从事水利水电工程地质勘察、地质灾害调查与评估工作。E-mail：liuyf@bjy.powerchina.cn

李 辉（1988—），男，高级工程师，主要从事水利水电工程地质勘察工作。E-mail：lihui@bjy.powerchina.cn

周衡立（1996—），男，工程师，主要从事水利水电工程地质勘察工作。E-mail：zhouhl@bjy.powerchina.cn

受喷面湿喷混凝土射流黏附过程研究进展

宁逢伟[1, 2]，毛春华[1, 2]，罗阳阳[1, 2]，郭子健[1, 2]，王美琪[1, 2]

（1. 中水东北勘测设计研究有限责任公司，吉林长春　130061；
2. 水利部寒区工程技术研究中心，吉林长春　130061）

摘要　为探明湿喷混凝土射流黏附过程，聚焦混凝土射流与受喷面的相互作用，回顾了受喷面状态经时演变特征及其对黏结性能的影响，分析了混凝土射流与受喷面交互作用的研究进展，探讨了射流黏附过程模拟的研究现状。结果表明，混凝土射流以离散颗粒射流形式向受喷面黏附，黏附过程伴随壁面射流，黏附、回弹、浆体填充等过程本质是空间分布颗粒的传质行为，应加强射流黏附过程的离散元模拟研究；受喷面黏附混凝土刚度逐层变化，流变学参数时变规律对刚度分布及其经时演变的影响，骨料嵌入深度与刚度逐层差异分布的关联性，均缺乏有效评价手段和定量描述方法。

关键词　湿喷混凝土；射流；受喷面；黏附过程

0　引言

喷射混凝土是洞室工程安全支护的重要手段，也是水利工程安全的重要保障措施之一[1]。它不仅是一种特殊的建筑材料，也是一种特殊的施工工艺。施工过程没有常规浇筑或振捣工艺，主要依靠高压风完成混凝土"浇筑"，凭借自身携带能量达到冲击密实。整个过程发生于受喷面，形成于射流与受喷面的相互作用，为射流黏附过程。一般用回弹率、一次喷射厚度和密实性三个技术指标进行定量表征[2]。

混凝土射流黏附与反弹发生于受喷面，形成于射流黏附过程。原材料、配合比、湿喷工艺参数等均是比较显著的影响因素[3]。然而，技术应用超前于理论研究。射流黏附过程主要包括射流如何向受喷面黏附以及受喷面黏附状态有何变化，发生变化的受喷面状态又如何反过来影响射流黏附行为等几种工况。因此，为探明喷射混凝土射流黏附过程，回顾了受喷面状态经时演变以及混凝土射流黏附行为所受影响的研究进展，分析了射流黏附过程的数值模拟分析现状，以期为射流黏附过程的理论研究起到抛砖引玉的效果。

1　受喷面状态及其经时演变特征的研究进展

1.1　受喷面湿喷混凝土黏附机制

喷射混凝土射流能够牢固黏附在受喷面表面是该项技术施工质量的根本保证。喷射混凝土施工结束，通常"悬挂"于临空面，根据混凝土是否黏附稳定，通常有两种失效机制：黏附力失效脱落机制和内聚力失效脱落机制，如图1所示。黏附力失效主要是初始受喷面状态下的混凝土黏附力学特性，内聚力失效是混凝土喷层与喷层之间的黏附力学特性。初始受喷面状态下黏附混凝土脱落破坏相当于混凝土与受喷面之间的黏附力抵抗不了自身重力和界面剪力，即为黏结强度。如顾瑞南等[4]测试了2种喷射混凝土的与围岩黏结强度、与老混凝土黏结强度，指出混凝土基面的黏结强度高于岩石基面。陈东[5]在喷射混凝土中掺入纳米外加剂，明显提高了与围岩黏结强度。张硕等[6]通过试验也发现了纳米外加剂提高与围岩黏结强度的积极作用。

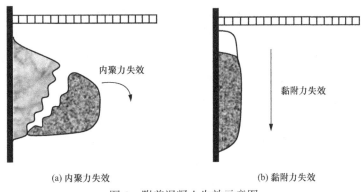

(a) 内聚力失效　　　　　　　　(b) 黏附力失效

图1　附着混凝土失效示意图

与初始受喷面状态下黏附混凝土的脱落失效机制不同，混凝土喷层与喷层之间的断裂破坏为内聚力失效，相当于喷射混凝土本体的抗拉强度不足以抵抗自身重力和界面剪力。如田文元等[7]通过掺加粗合成纤维将湿喷混凝土的28d劈裂抗拉强度提高了24%。程伟峰等[8]掺入硅灰、钢纤维并同时降低水胶比，将湿喷混凝土的劈裂抗拉强度提高了87%。宁逢伟等[9]测试了7.5%、10%和12.5%三种纳米级掺合料掺量下湿喷混凝土的轴心抗拉强度，得到了强度随掺量增加而提高的变化趋势。可见，无论是混凝土和初始受喷面之间，还是混凝土喷层与喷层之间，黏附力学方面都有较深厚的技术基础。不过，上述黏附力学研究主要以硬化混凝土为研究对象，少见流态或软固态喷射混凝土阶段的相关报道。此外，回溯到射流黏附过程，黏附与否将混凝土作为整体来看，是一种结果评价，没有区分黏附过程颗粒黏附，毕竟喷射混凝土黏附过程，各原材料黏附性能差异较大，如粗骨料和纤维的回弹率远高于其他组分。将混凝土射流细分为两相、三相，甚至多相组成，更能体现混凝土射流的黏附实质。

1.2　受喷面状态演变研究进展

流态或软固态混凝土射流的黏附力学性能既与混凝土配合比、湿喷工艺参数有关，也与受喷面状态密不可分。根据上文所述，受喷面状态包括初始受喷面状态以及喷层改变的受喷面状态。基面处理是改善初始受喷面状态的重要举措，去除松动颗粒、洗掉表面浮尘以及设定必要的粗糙度，均可提高老混凝土或围岩的黏结力，保障工程黏附质量[10-11]。对此，喷射混凝土与常规浇筑混凝土比较相似[12]。Malmgren等[13]曾比较了22MPa高压水凿毛工艺与常规手工凿毛工艺对喷射混凝土与围岩黏结强度的影响，发现前者明显高于后者。高压水凿毛一方面增加了基面粗糙度，另一方面提高了基体表面的清洁程度，改善了流态或软固态喷射混凝土与基体界面的紧密结合状态，提高了黏附力。

但是，射流黏附过程基面始终都在变化，不仅决定于初始受喷面状态，还会随黏附混凝土厚度变化而变化。当固定厚度黏附混凝土不同黏附层逐渐凝结硬化时，黏附层品质也体现出时变性特征，因喷射时间不同、内外黏附层温度不同，黏附层力学性质表现出差异性分布。不仅如此，受喷面黏附混凝土并非均匀分布，整个空间平面黏附层的纵横向材料品质及分布均不相同，并经时变化，增加了射流黏附过程的复杂性，不同黏附状态受喷面反过来又会如何与混凝土射流相互作用，均是需要回答的问题。

2　混凝土射流与受喷面交互作用的研究进展

混凝土射流的不均匀分布及其紊动扩散特征很难保持材料组成的稳定性。Ginouse 等[14-15]测试了湿喷混凝土射流断面的材料组成，发现均匀性低于喷射前的。空间分布方面，射流轴线附近骨料含量最高，沿径向方向逐次减少，边缘部位浆体最多。并且喷射距离越长，空间分布差异越大。由于混凝土的射流运动与黏附行为连续进行，材料组成的空间分布规律很大程度上会映射给黏附混凝土，根据 Ginouse 等[14-15]的测试结果，黏附混凝土材料组成的空间分布规律与混凝土射流基本一致，足见射流形态对材料组成分布的决定性影响。因此，受喷面状态主要先受射流状态影响，射流质量分布关系到黏附混凝土质量分布，相当于影响了喷射混凝土的浇筑过程。

关于混凝土射流与受喷面的相互作用，两者以激烈碰撞开始，以部分混凝土附着、部分混凝土反弹或脱落而结束[16]。按照以往研究与工程实践[17-18]，在回弹物料组成中，骨料所占比例明显高于浆体，因而骨料的回弹机理也比较受关注。Armelin 等[19-20]以干喷混凝土单粒径骨料作为研究对象，基于动量守恒定律和能量守恒定律推导了骨料冲击动能和回弹动能的计算公式，并根据回弹动能与冲击动能比值的平方根提出了回弹系数的概念和表达式，作为骨料是否发生回弹的判据。引入了新拌混凝土的极限弹性应变、静态贯入阻力和动态贯入阻力作为受喷面混凝土喷层性能的评价指标，将混凝土喷层对骨料反弹性能的影响进行了量化表征，考虑了配合比差异引起的浆体流变性能变化。此外，Armelin 等[21-22]还考察了骨料粒径、喷射风压、喷射距离等对骨料射流速度的影响，推导了射流速度关于骨料直径的理论表达式。Bindiganavile 等[23]在 Armelin 等的基础上，进一步引入了骨料密度的影响，修正了骨料回弹系数表达式。Ginouse 等[24]也通过试验分析了骨料粒径、骨料密度、喷射风压对骨料射流速度的影响，并基于牛顿第二定律推导了射流速度及速度场空间分布的数值分析表达式。与上述干喷混凝土骨料回弹研究的侧重角度不同，李鹏程等[25]基于湿喷混凝土一方面对比了喷层厚度（0、15、30mm）对单粒径骨料反弹速度和黏附率的影响，发现喷层厚度越大，骨料反弹速度越小，黏附率越高。另一方面，还对比了表面是否包裹浆体对骨料黏附率的影响，得到了表面包裹浆体骨料黏附率明显高于表面洁净骨料的结论。表面包裹浆体是湿喷混凝土骨料射流与干喷混凝土骨料射流的重要区别，包裹浆体的厚度、性能很大程度上取决于骨料密度、骨料粒径、浆体流变特性、浆骨比、喷射距离、喷射风压等。喷层厚度差异下受喷面状态变化对骨料嵌入程度的影响研究成果相对较多，但对于受喷面不同黏附层力学性能不同，射流冲击过程刚度变化报道较少，特别是受喷面非均匀分布的喷层厚度及材料刚度影响则更加复杂，需要进一步深入研究。

相比于湿喷混凝土骨料，浆体相的射流黏附性能常常被忽视。骨料在受喷面黏附离不开浆体相的联结作用。没有浆体的骨料冲击受喷面，结果只能是黏附或反弹，不会在受喷面流动。而浆体不同，空气射流在受喷面转为壁面射流是浆体冲击受喷面的主要行为方式。当浆体与骨料联结，能够带动骨料壁面流动时，将冲击动能更多转化为内能，从而降低骨料回弹率。浆体壁面射流填充作用，不仅联结骨料，也能够填充骨料与骨料之间空隙，改善密实度。浆体是一种接近理想流体的物质，其沿着受喷面的变化情况本质上是一个流变学问题，这是射流黏附过程的重要组成部分，值得深入研究。

3 射流黏附过程模拟研究现状及初步构想

3.1 数值模拟研究进展

日本学者 Puri 等[26-27]曾构建离散元模型对湿喷混凝土的射流黏附过程进行模拟，采用弹簧单元表征了浆体对骨料的联结功能，以及速凝剂对黏附性能的改善作用，实现了混凝土自搅拌到受喷面黏附与脱落的全过程模拟，具有一定的先进性和新颖性，能够将喷射混凝土问题系统化展示出来。但是，该模型推导理论基础是将喷射混凝土材料当作整体，与通常以内聚力失效或黏附力失效作为一次喷射厚度计算依据的实施方式大体相同。该模型推导建立主要基于均匀性假设，射流过程混凝土均匀黏附，骨料与浆体均匀分布，这与射流质量的离散分布特征不符，与实际工况有一定差异。

根据颗粒尺度差异，数值模拟很难将所有颗粒射流特性均体现出来，如浆体射流如何黏附、受哪些因素影响、怎样"束缚"骨料和填充孔隙，均难以阐明。尤其在速凝剂的催化作用下，经时急剧演变的浆体流变特性应如何与骨料射流协同作用，也是数值模拟缺少的理论指导，应进一步潜在射流黏附机制。

3.2 仿真模型初步构想

首先，将新拌混凝土近似看成分散骨料（固相）和连续浆体（液相）组成的二相流[28]。分别赋予浆体与骨料流体性质，将运动学理论与流变学理论进行交叉融合。

其次，以受喷面黏附状态主要模拟目标，包括黏附颗粒质量、体积、位移等分布情况，将骨料射流与浆体射流作为主要的输入对象，先模拟单相材料的受喷面黏附，实现过程模拟。再进行两相射流黏附模拟，不断调试两者相互作用，使其逐渐向工程实况靠拢。

再次，浆体与骨料黏附受喷面之前，两者都看成离散颗粒射流，黏附受喷面之后，浆体为连续相，能够形成壁面射流；骨料一直都是分散相，冲击受喷面瞬间进行回弹与否判断，对于不回弹的骨料颗粒随着浆体进行壁面射流，径向移动速度与浆体一致。

最后，受喷面黏附状态以射流轴线为中心，逐渐扩大模拟范围，以径向壁面射流速度峰值部位为分界线，将内侧与外侧两部分黏附混凝土分开模拟。

4 结束语

（1）当前射流黏附与否以混凝土整体作为讨论对象，是一种结果评价，没有区分黏附过程粗骨料、纤维、浆体等的颗粒黏附差异，应将射流分为两相、三相甚至多相组成，更能体现混凝土射流的黏附实质。

（2）初始受喷面状态的凿毛、高压水处理，以及黏附混凝土厚度变化对射流黏附行为的影响均有报道，但受喷面固定厚度混凝土黏附层凝结硬化状态差异等引起的刚度不均匀分布考虑较少，尚缺少有效的评价手段和定量描述方法。

（3）受喷面与混凝土射流交互作用中，骨料射流研究成果相对较多，但少见浆体射流的影响，尤其浆体射流如何与骨料射流相互作用，仍待研究。

（4）射流黏附过程数值模拟研究较少，仍以黏附混凝土整体或混凝土射流整体作为模拟对象，与射流不均匀分布、不均匀黏附实况不符，仍应加强离散元颗粒模拟研究。

参考文献

［1］ 左其亭，王子尧，马军霞. 我国现代治水研究热点与发展展望［J］. 水利发展研究，2024，24（6）：13-19.

［2］ D Beaupré. Rheology of high performance shotcrete [D]. Vancouver: University of British Columbia, 1994.

［3］ 宁逢伟，丁建彤，白银，等. 湿喷混凝土回弹率影响因素的研究进展［J］. 水利水电技术，2018，49（1）：149-155.

［4］ 顾瑞南，韩放，樊华. 结构加固用喷射砼优良高效性能的研究［J］. 江苏建筑，2001（2）：14-18.

［5］ 陈东. 纳米混凝土在不良地质隧洞支护中的应用［J］. 人民长江，2009，40（10）：32-33.

［6］ 张硕，徐进鹏，段兴平，等. 纳米钢纤维喷射混凝土设计及性能试验研究［J］. 人民长江，2018，49（S1）：257-259，263.

［7］ 田文元，成云海，邹成松，等. 干、湿喷混凝土和湿喷仿钢纤维混凝土强度性能比较分析［J］. 混凝土，2018（1）：158-160.

［8］ 程伟峰，林星平，丁一宁，等. 掺硅粉、钢纤维湿喷混凝土的工程应用研究［J］. 岩石力学与工程学报，2011，30（11）：2321-2329.

［9］ 宁逢伟，丁建彤，白银，等. 纳米级掺合料湿喷混凝土的施工及力学性能［J］. 人民黄河，2017，39（Z1）：139-142.

［10］ 张雷顺，韩菊红，郭进军，等. 新老混凝土粘结补强在某钢筋混凝土桥面板加固整修中的应用［J］. 土木工程学报，2003，36（4）：82-85.

［11］ 张雄，张蕾. 新老混凝土粘结面人造粗糙度表征及性能研究［J］. 同济大学学报（自然科学版），2013，41（5）：753-758.

［12］ 刘竹风. 喷射基层的性质对喷射混凝土粘结强度的影响［J］. 国外公路，1996，16（5）：53-54.

［13］ L Malmgren, E Nordlund, S Rolund. Adhesion strength and shrinkage of shotcrete [J]. Tunnelling and Underground Space Technology, 2005, 20 (20): 33-48.

[14] N Ginouse, M Jolin. Mechanisms of placement in sprayed concrete [J]. Tunnelling and Underground Space Technology, 2016, 58: 177−185.

[15] N Ginouse, M Jolin. Characterization of placement phenomenon in wet sprayed concrete [C]. // Proceedings of 7th international symposium on sprayed concrete, Sandefjord, Norway, 2014.

[16] N Banthia, S Mindess. Bringing science to an art: A decade of shotcrete research at the University of British Columbia [C].//Proceedings of 10th International Conference on Shotcrete for Underground Support, Whistler, Canada, 2006.

[17] 周翔. 骨料的特性对湿喷法喷射混凝土回弹率和抗压强度的影响［J］. 福建建设科技，2018（2）：17−20.

[18] M Jolin, B Bissonnette. A decade of shotcrete research at laval university [C]. // Proceedings of 10th international conference on shotcrete for underground support, Whistler, Canada, 2006.

[19] H S Armelin. Rebound and toughening mechanisms in steel fiber reinforced dry−mix shotcrete [D]. Vancouver: University of British Columbia, 1997.

[20] H S Armelin, N Banthia. Mechanics of aggregate rebound in shotcrete—(Part I) [J]. Materials and Structures, 1998, 31 (2): 91−98.

[21] H S Armelin, N Banthia, S Mindess. Kinematics of dry−mix shotcrete [J]. ACI Materials Journal, 1999, 96 (3): 283−290.

[22] H S Armelin, N Banthia, D R Morgan. Particle kinematics in dry−mix shotcrete−research in progress [A]. The proceedings of the ACI/SCA international conference on sprayed concrete/shotcrete, sprayed concrete technology for the 21st century [C], Edinburgh, 1996: 247−255.

[23] V Bindiganavile, N Banthia. Effect of particle density on its rebound in dry−mix shotcrete [J]. Journal of Materials in Civil Engineering, 2009, 21 (2): 58−64.

[24] N Ginouse, M Jolin. Experimental and numerical investigation of particle kinematics in shotcrete [J]. Journal of Materials in Civil Engineering, 2014, 26 (11): 1−5.

[25] 李鹏程. 湿喷混凝土射流碰壁回弹实验及数值模拟研究［D］. 青岛：山东科技大学，2019.

[26] U C Puri, T Uomoto. Numerical modeling−A new tool for understanding shotcrete [J]. Materials and Structures, 1999, 32 (4): 266−272.

[27] U C Puri, T Uomoto. Characterization of distinct element modeling parameters for fresh concrete and its application in shotcrete simulations [J]. Journal of Materials in Civil Engineering, 2002, 14 (2): 137−144.

[28] 蒋林华. 混凝土材料学［M］. 南京：河海大学出版社，2006.

作者简介

宁逢伟（1986—），男，博士，高级工程师，主要从事水工混凝土耐久设计与功能防护材料研究工作。E-mail：764366800@qq.com

毛春华（1973—），男，高级工程师，主要从事水工混凝土功能设计与检测方法相关研究工作。E-mail：337817869@qq.com

罗阳阳（1996—），男，工程师，主要从事水工混凝土结构检测技术研究工作。E-mail：1614108875@qq.com

郭子健（1997—），男，助理工程师，主要从事水工混凝土结构检测研究工作。E-mail：2406064321@qq.com

王美琪（1999—），女，助理工程师，主要从事水工混凝土功能设计与检测方法相关研究工作。E-mail：980343254@qq.com

水电站事故闸门锁定梁装置自动化改造

林圣杰[1]，杨忠坤[1]，刘　锦[2]，李春阳[1]，何润程[1]，张　鑫[1]

（1. 吉林敦化抽水蓄能有限公司，吉林敦化　133700；
2. 西安航天自动化股份有限公司，陕西西安　710065）

摘要　上水库事故闸门是抽水蓄能电站的一个重要组成部分，锁定梁装置是防止事故闸门异常下落影响机组的正常运行，是事故闸门设计中的一个重要环节。以电站上水库事故闸门锁定梁装置自动化改造为例，详细介绍了改造前面临的问题，以及该装置在结构、电气、控制软件上的改进方法，并描述了控制流程。此锁定梁装置改造已成功应用于吉林敦化抽水蓄能电站上库事故闸门的自动化控制系统中。

关键词　抽水蓄能电站；事故闸门；锁定梁装置；成功应用；自动化

0　引言

抽水蓄能电站是以新能源为主体的新型电力系统，通常建有一座高处的上水库和一座电站下游的下水库。当系统用电在负荷高峰时，电站采用一般水轮机作为发电运行机组，利用上水库为进水口，下水库为出水口进行发电，并向电网输送。当系统用电在负荷低谷时，机组又作为水泵，利用下水库为进水口，上水库为出水口向上库抽水蓄水。此类抽水蓄能电站不仅具有调峰、调频、调相、事故备用等功能，还可以促进新能源消纳，起到节能减排的作用。

电站发电厂房处于下水库正常水位以下几十米甚至几百米的深度，与上水库的正常水位高差更大，这是抽水蓄能电站在布置上的特殊性，当机组进水阀出现破坏时，上库水进入厂房，造成水淹厂房的风险。因此在电站的上水库配置了事故平板闸门用于上水库的挡水。

无人值守和自动化操作运行是水电站发展的趋势，也是提高工作效率的有效方法。所以实现平板闸门锁定梁的远程操作自动投退与监控是实现无人值守的重要途径之一[1]。对于抽水蓄能电站的安全、经济运行同样具有十分重要的现实意义。

1　工程概况

吉林敦化抽水蓄能电站位于吉林省敦化市北部小白林场，为目前东北地区最大、吉林省首座纯抽水蓄能电站，工程为一等，规模为大型，主要建筑物为1级建筑物，次要建筑物为 3 级建筑物。电站枢纽工程由上水库、下水库、水道系统、地下厂房和地面 GIS 等部分组成[2]。

传统方式的事故闸门在关闭前或开启后，需要通过人工搬运移动方式来完成两侧锁定梁装置的解锁或锁定。每根锁定梁重约 260kg，不但费力，而且费时。因此，对事故闸门锁定梁装置进行自动化改造显得十分重要。

电站上水库事故闸门锁定梁装置起初设计为传统方式，当闸门下闸时，靠人力将锁定梁移走。因此该系统无法实现远方操作和无人值守，增加了劳动强度，存在一定的劳动危险性[3]。而且经常启闭事故闸门和锁定梁装置的投退，其经济性和安全性也存在严重的影响。通过采用电力驱动的方式，解决锁定梁装置效率低的问题，实现现地和远方操作与监控，是需要解决的关键技术问题。

2 改造前面临的问题

2.1 人工搬运缺点多

电站改造前的上水库事故闸门锁定梁装置缺乏电力驱动机构，事故闸门正常提落前，锁定梁进入和撤离事故闸门门槽的水平投退是靠人力沿布置于门槽两侧的轨道上移动来完成其搬运和推拉。

总结起来，人力搬运存在以下缺点。

（1）每根锁定梁较重，可使用的工具有限，每次操作需要至少 4 人完成，人力搬运成本高，花费时间较长，维护工作量和管理难度大。

（2）操作地点靠近事故闸门井坑道边，四周装有安全围栏，作业空间狭小，操作人员和设备在搬运过程中存在落入闸门井的安全风险。

（3）人工搬运主要靠手工，费力耗时，还容易出错，操作人员需要多人协同移动，劳动强度大，效率低。

（4）事故闸门及锁定梁位于电站无人值守区域的上水库，搬运工作环境通常比较恶劣，例如东北地区冬季山路积雪、温度低、空气污浊等。

2.2 紧急状况操作滞后

电站上水库事故闸门地处电站偏远以及高寒山区，远离水利枢纽中央控制室，地理位置相隔较远。当出现紧急状况时，需要操作人员乘车上山，人力解除锁定，最后才能落下闸门。此间耽误时间长，环节不可控因素多，很可能造成事故的扩大；而与上库隧洞相连接的管路等部件若出现事故，上水库事故闸门不能及时切断水流，很可能导致水淹厂房，机组破坏[4]。如果维护人员常年驻守上水库，缺点是成本高，人员利用率低。

2.3 控制软件有待优化

上水库事故闸门由固定式卷扬启闭机进行牵引，已投产多年，其中卷扬机系统的多根钢丝绳由于长期负重，使用长度发生了一定的伸长，导致事故闸门开度数据出现一定偏移，需要重新校正。

事故闸门原程序由建设期的施工单位完成，该单位对于电站的常年运行状况缺乏完整的理解，存在设计缺陷。

改造后的事故闸门锁定梁装置为自动投退，需集成到事故闸门自动提落程序流程内。

由于上述原因，在控制软件上需要进行优化。

3 系统组成

改造后的上水库事故闸门锁定梁装置电力驱动系统由设备结构和电气控制系统组成。

设备结构有驱动设备、支撑座、脚轮、限位开关等，电气系统包括操作控制箱、相应电缆等。

3.1 设备结构

每套事故闸门设计了 2 组锁定梁，分别位于事故闸门两侧的门槽，在锁定梁的投退方向基础上并排加装有两个平行支撑座主体，位于支撑座的底部设置导轨，锁定梁底部安装有两个脚轮，分别在两个支撑座导轨上滚动。带有推杆的 2 台力矩电机同步驱动事故闸门两侧的锁定梁投退，电机选用三相交流 380V 电机，配有减速机等。

推杆的前端固定在锁定梁中心，推杆的后端与电机杆件相连。推杆为 DTZ100 直线铝合金推杆，由高强度和高耐磨材料制作，是具有高承载能力、抗冲击、低噪声、长寿命的优质产品。

每个锁定梁装置两侧分别串联投入和退出 2 个限位开关。限位开关为脚轮式，可以限制锁定梁的启停位置，具有接触发讯性能，动作可靠，性能稳定，频率响应快，应用寿命长，抗干扰能力强等特点。

每套支撑座采用非标加工，保证承重锁定梁能够在导轨上平稳移动，还能承载事故闸门的自重。

锁定梁装置设备结构示意图如图 1 所示。

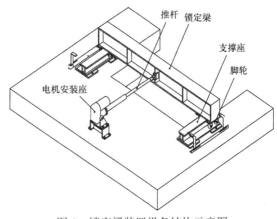

图 1　锁定梁装置设备结构示意图

3.2 电气系统

锁定梁装置的电气系统配有 1 面挂墙式操作控制箱，供电通过原事故闸门控制系统引入一路 AC 380V 电源，箱内配有国产化断路器、接触器、热继电器、操作开关、中间继电器、按钮、指示灯等，具有过载、短路保护功能，用于同时控制 2 台锁定梁装置的力矩电机。

操作控制箱工作方式设置为手动和自动两个方式。

（1）手动工作方式属于锁定梁单机构操作模式，力矩电机由电气硬接线回路控制。通过操作控制箱上相应"投入""退出"和"停止"按钮可以完成锁定装置的投入与退出，此方式主要用于装置的检修。

（2）自动工作方式，是锁定梁装置与事故闸门联动运行的控制模式，通过监控系统或事故闸门人机界面的"启门""闭门"和"停止"按钮，由事故闸门的 PLC 控制程序自动完成闸门提落和锁定梁装置投退的联动。

两种方式中，一般情况下采用自动工作方式操作。

3.3 软件组态

事故闸门锁定梁装置自动化改造，是在控制原理上新增 3 个 DI 量和 2 个 DO 量，新增 3 个 DI 量分别为手 / 自动切换、锁定梁投入位置反馈、锁定梁退出位置反馈；新增 2 个 DO 量分别为锁定梁投入控制信号、锁定梁退出控制信号。

在原理设计中新增 I/O 点不与事故闸门原有模块混用，即在原有模块的基础上，新增 1 块开关量输入模块和 1 块开关量输出模块，新增所有点位均接入新增模块中，模块上剩余点位提供后续技改及其他备用使用。

PLC 编程软件选用 Siemens 公司的 Step7V5.5 作为编程环境，该软件采用简明的梯形图、逻辑图和语句表等编程语言，使用方便，编程简单，而且还可以进行仿真调试。

4 自动运行流程

改造后的上水库事故闸门锁定梁装置控制程序可实现在"自动"方式下，事故闸门提升到位后自动投入锁定梁，事故闸门下落前自动退出锁定梁。它由事故闸门运行流程、锁定梁运行流程、锁定梁与事故闸门联动运行流程 3 个控制流程组成。

4.1 事故闸门运行流程

上水库事故闸门自动控制流程包括提升控制流程和下降控制流程 2 个流程。

事故闸门提升控制流程：设定事故闸门提升开度→事故闸门提升指令→安全制动器松闸→工作制动器松闸→事故闸门提升→提升到设定位→工作制动器上闸→安全制动器上闸→流程结束。

事故闸门下落控制流程：事故闸门下落指令→安全制动器松闸→工作制动器松闸→事故闸门下落→下落到底坎位→工作制动器上闸→安全制动器上闸→流程结束。

4.2 锁定梁运行流程

锁定梁运行自动控制流程包括投入控制流程和退出控制流程 2 个流程。

锁定梁投入控制流程：闸门两端力矩电机同步锁定启动→电机推杆驱动锁定梁装置投入运动→两端锁定梁投入到位→力矩电机停止→流程结束。

锁定梁退出控制流程：事故闸门下降指令发出→闸门两端力矩电机同步解锁启动→电机推杆驱动锁定梁装置退出运动→两端锁定梁退出到位→力矩电机停止→流程结束。

4.3 锁定梁与事故闸门联动运行流程

锁定梁与事故闸门联动控制流程：事故闸门提升控制流程→锁定梁投入控制流程→锁定梁退出控制流程→事故闸门下落控制流程→流程结束。锁定梁与事故闸门联动控制流程如图 2 所示。

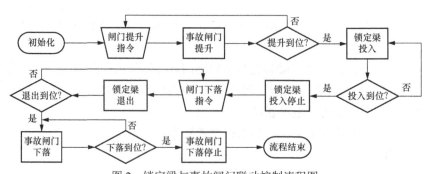

图 2　锁定梁与事故闸门联动控制流程图

锁定梁与事故闸门联动控制程序是在原已投入使用的事故闸门控制程序上新增完善，在原程序 FC4 块上进行调整。

新增的手 / 自动切换信号、锁定梁投入到位反馈信号、锁定梁退出到位反馈信号 DI 点，PLC 点位地址分别为 I12.0、I12.1、I12.2。锁定梁投入控制信号、锁定梁退出控制信号均为 DO 点，PLC 点位地址分别为 Q16.0、Q16.1，新增后的程序段如图 3 所示。

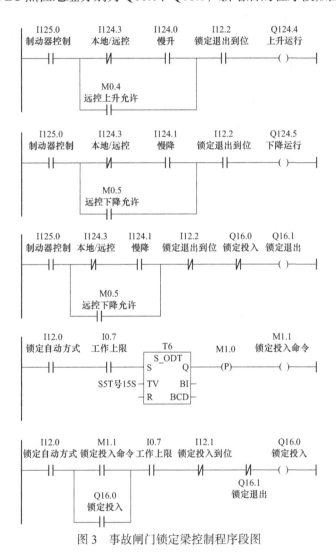

图 3　事故闸门锁定梁控制程序段图

5　主要闭锁保护功能

上水库事故闸门锁定梁装置控制流程的闭锁保护对于电站机组的运行安全至为重要。

5.1　自动和手动工作方式闭锁

系统在设计上选用操作方式选择开关，通过选择开关的机械机构来实现"自动"工作方式和"手动"工作方式的相互闭锁。

5.2　电机投入和退回闭锁

在力矩电机投入和退回的 2 个交流接触器控制线圈硬件接线上，相互接入一对动断触点来实现锁定梁装置投入和退回运行的相互闭锁。

5.3 投入限位开关闭锁电机运行

在力矩电机的投入交流接触器控制线圈硬件线路上，接入投入到位限位开关一对动断触点。通过投入到位限位开关的动作切断交流接触器控制线圈电源，使力矩电机停止运行，限制锁定梁装置继续锁定投入运行。

5.4 退回限位开关闭锁电机运行

在力矩电机的退回交流接触器控制线圈硬件线路上，接入退回到位限位开关一对动断触点。通过退回到位限位开关动作切断退回交流接触器控制线圈电源，使力矩电机停止运行，限制锁定梁装置继续解锁退回运行。

5.5 系统故障检测和保护功能

系统具有完备的运行状态检测，如锁定到位、解锁到位等位置检测开关，具有锁定、停止操作、紧急停机操作功能[5]。

6 结束语

上水库事故闸门正常运行时不能异常下落，事故时能够快速落门，两者的协同运行是电站安全运行的关键，这里从锁定梁装置的驱动结构和控制系统着手，分析了其设备结构、控制系统硬件配置及软件运行流程。系统安装完成后，对位置传感器进行了少量的调整，以保证位置状态的准确性。经过多次闸门启闭操作测试，整个机构工作正常，满足实际使用要求[6]。

经国网新源敦化抽水蓄能电站上水库事故闸门的相关试验和实际运行实践表明，该锁定梁装置设备结构合理、硬件配置齐全、软件运行流程动作正确。改造后的锁定梁装置只需 1 人即可完成所有的投退，操作简单，极大地提高了工作效率，满足设计要求。在闸门正常落门或进行水淹厂房试验时，自动锁定梁能可靠退出，保证闸门能可靠关闭；在闸门关闭时，锁定梁能可靠投入，保证闸门不会被误操作开启[7]。试验达到了保护电站厂房及机组的安全生产运行效果，保障了生产的需要。它的成功应用在以后的抽水蓄能电站偏远或高寒等恶劣环境地区的事故闸门设计中具有较高的推广借鉴价值。

参考文献

［1］ 钱正林，熊荣刚，赵勇. 水电站平板闸门锁定梁自动位移装置研制［J］. 水电站机电技术，2020，43（5）：52-54.

［2］ 长江科学院承担的吉林敦化抽蓄电站大坝安全在线监控系统通过竣工验收［J］. 长江科学院院报，2023，40（12）：153.

［3］ 张宝莉，张雷，侯纪坤，等. 平板闸门液压自动锁定梁的开发与应用［J］. 可再生能源，2012，30（7）：126-128.

［4］ 钟全胜，蒋立新，陈辉春. 黑麋峰抽水蓄能电站进 / 出水口事故闸门锁定装置优化

设计［J］. 水电站机电技术，2016，39（S2）：68-69，72.

［5］ 燕超. 彭水水电站升船机承船厢上锁定装置远程控制技改论述［J］. 电工技术，2021，（21）：14-15，19.

［6］ 高则宇，许静雅. 泄洪隧洞闸门锁定梁电动化改造［J］. 水电站机电技术，2023，46（10）：45-48.

［7］ 李甲骏，朱海峰，李永红，等. 张河湾抽水蓄能电站上水库闸门锁定梁系统改造［C］// 中国水力发电工程学会电网调峰与抽水蓄能专业委员会. 抽水蓄能电站工程建设文集 2016，2016：4.

作者简介

林圣杰（1996—），男，助理工程师，从事抽水蓄能电站机电设备维护检修管理工作。E-mail：1179461553@qq.com

杨忠坤（1986—），男，高级工程师，从事抽水蓄能电站机电管理工作。E-mail：853423069@qq.com

刘锦（1969—），男，研究院，从事电气自动化信息化研究工作。E-mail：liujin210@126.com

李春阳（1990—），男，工程师，从事抽水蓄能电站机电设备维护检修管理工作。E-mail：525508159@qq.com

何润程（2000—），男，助理工程师，从事抽水蓄能电站机电设备维护检修管理工作。E-mail：1932709895@qq.com

张鑫（1999—），男，助理工程师，从事抽水蓄能电站机电设备维护检修管理工作。E-mail：1595359005@qq.com

天荒坪抽水蓄能电站水泵水轮机转轮空蚀分析及修复

王　斌，曾　辉

（华东天荒坪抽水蓄能有限责任公司，浙江湖州　313300）

摘要　空化特性作为水泵水轮机的工作特性之一，对水泵水轮机的运行效率和稳定性起到决定作用，为探究抽水蓄能电站混流式水泵水轮机转轮空蚀特点和修复方法，以天荒坪电站1号机组转轮为例，分析了水泵水轮机空蚀特性及发展趋势，介绍了抽蓄电站转轮空蚀修复方法的提升要点，为同类型电站提供借鉴意义。

关键词　水泵水轮机；转轮；空蚀；修复

0　引言

天荒坪抽水蓄能电站位于浙江省安吉县境内，为日调节纯抽水蓄能电站。电站安装有6台单机容量为300MW的可逆式机组，其中水泵水轮机为单级混流，最大毛水头（毛扬程）为610.2m，转速为500r/min。相较于常规水电站，抽水蓄能电站机组启停频繁、运行时间长、工况转换复杂，有发电、发电调相、抽水、抽水调相等多种运行方式，存在更复杂的空蚀现象。转轮空蚀是设备运行中的突出问题，大规模空蚀将降低机组效率，引起机组振动及噪声加大，同时减少转轮使用寿命，缩短大修周期，影响电站的经济效益。因此转轮空蚀的检查、修复就显得尤为重要。现将天荒坪电站1号机组转轮叶片空蚀特性及发展过程，以及2024年1号机组A级检修中对转轮空蚀的处理方法介绍如下。

1　天荒坪电站转轮空蚀特性分析

空蚀现象经常发生于水泵、水轮机和船舶螺旋桨的叶片表面以及高水头泄水建筑物的局部表面上。水泵水轮机转轮空蚀主要受翼型空化影响，其破坏机理是一种复杂的过程，但可简单地描述为由于流体静压降在液体中形成气泡而造成的破坏。天荒坪电站水泵水轮机因其具备常规水泵和水轮机的双重功能，故其转轮叶片空蚀表象也具有多样式性。通常水泵水轮机转轮容易发生空蚀的部位有两个，一个是沿叶片表面上的低压区，另一个是叶片头部和水流发生撞击后的脱流区。实践表明，水泵水轮机水泵工况比水轮机工况易产生空化。

1.1 发电工况运行时转轮空蚀特性

水轮机工况时，水流撞击发生在进口边，叶片低压区在出口附近，静压降比较缓和，因此空化性能相对较好。根据天荒坪电站水泵水轮机模型试验，在正常发电运行的范围内，转轮进出口均未出现空蚀破坏，除在 600m 和 520m 的 2 个极限运行水头段空蚀裕度较小外，其余均有较大的安全裕度。但当机组有功小于 160MW 时，转轮空蚀和涡带也将随之发生。

1.2 抽水工况运行时转轮空蚀特性

天荒坪电站转轮吸出高度为 −70m，吸出高度决定了电站的空化系数，当水泵水轮机作为水泵运行时，水泵入口真空度大，而且进口撞击和低压区都发生在叶片进口处，静压降较大，空化性能差，因此水泵工况比水轮机工况运行更容易产生空蚀。根据天荒坪电站水泵水轮机模型试验结果，当电网频率为 50Hz 时，天荒坪电站水泵水轮机扬程在 524～614m 全扬程运行范围内，装置空蚀系数大于初生空蚀系数，理论上不会发生空蚀，但在两个极限扬程（524m 和 614m）上，空蚀裕度较小，已接近发生空蚀的临界状态。从实际运行情况来看，当抽水蓄能电站下库水位较低，即水泵水轮机处于较低的液面压力条件下进行水泵工况运行时，转轮空蚀问题将会进一步恶化。

2 天荒坪电站转轮空蚀产生及发展情况

天荒坪电站 1 号机组于 1998 年 9 月 30 日投产，水泵水轮机转轮叶片数为 9 片，进口直径为 4030mm，出口直径为 2045mm，转轮高度为 1118mm。

2.1 首次发现

1999 年 3 月 22 日—4 月 9 日 1 号水泵水轮机进行小修时，首次发现转轮每片叶片均存在空蚀破坏现象，空蚀呈带状分布在转轮的进口（泵工况）叶片正面与下环接合处，离叶片边缘 50～70mm，最大汽蚀面积为 $115 \times 30 = 3450$（mm^2）、最大破坏深度在 0.1mm 左右，转轮表面无异常裂纹，如图 1 所示。

首次发现 1 号转轮存在空蚀情况后，天荒坪电站主机厂家结合修前运行日志、现场观测结果和转轮模型试验数据综合分析，得出空蚀现象是由于抽水运行工况造成的结论。由于本次检查空蚀破坏较轻，仅对表面进行抛光处理。

2.2 空蚀发展

近十年来，随着华东电网区域内各类型发电装机容量逐渐平衡、特高压项目相继投运、区外来电逐年攀升以及新能源消纳越发迫切，天荒坪电站作为华东电网区域内第一座大型抽水蓄能电站，其在电网中的作用变得越发显著且多样，自 2016 年开始天荒坪电站按设计抽发能力运行，机组启停越发频繁、运行时长显著增加。表 1 所示为 2016 年天荒坪电站典型日负荷计划，机组处于高强度运行方式，机组抽水扬程变化幅度较大，最大扬程在 600mm 左右，下库最低水位在 300m 左右，距转轮进口中心高程在 75m 左右。

随着机组运行时间和启停次数的显著增加，随之带来的是转轮空蚀程度的显著加剧。通过查询天荒坪电站水泵水轮机空蚀检查记录，发现 2024 年之前，转轮空蚀均出现在泵工况叶片进水边。表 2 所示为天荒坪电站 1 号机组近十年（2014—2024 年）运行时长与转轮空蚀面积统计数据。

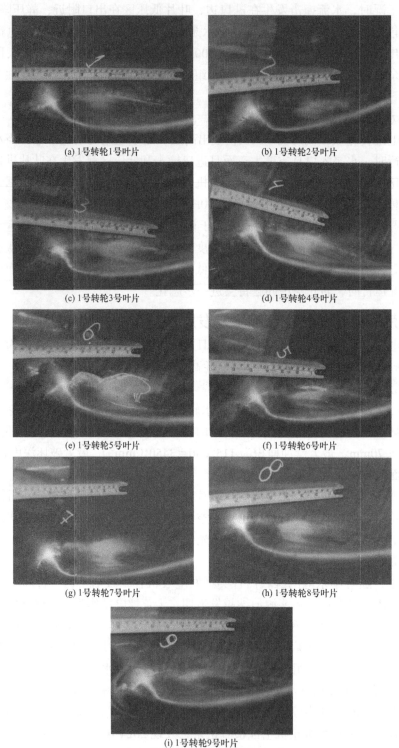

(a) 1号转轮1号叶片　　　　　　　(b) 1号转轮2号叶片

(c) 1号转轮3号叶片　　　　　　　(d) 1号转轮4号叶片

(e) 1号转轮5号叶片　　　　　　　(f) 1号转轮6号叶片

(g) 1号转轮7号叶片　　　　　　　(h) 1号转轮8号叶片

(i) 1号转轮9号叶片

图 1　1999 年 1 号转轮叶片空蚀情况（天荒坪电站）

表 1 　　　　　　　　　　2016 年机组典型日负荷计划（天荒坪电站）

时间	计划总负荷（∑MW）				实际总负荷（∑MW）			
	0	15	30	45	0	15	30	45
00:00	−630	−945	−1260	−1575	−692	−1005	−1315	−1619
01:00	−1575	−1575	−1575	−1575	−1620	−1617	−1615	−1607
02:00	−1575	−1575	−1575	−1575	−1605	−1603	−1598	−1593
03:00	−1575	−1575	−1575	−1575	−1584	−1551	−1549	−1542
04:00	−1575	−1575	−1575	−1575	−1534	−1530	−1524	−1520
05:00	−1575	−1575	−1575	−1575	−1512	−1506	−1494	−1492
06:00	−1575	−1575	−1575	−1575	−1483	−1472	−1469	−1461
07:00	−1260	−630	−315	0	−1158	−571	−282	0
08:00	0	0	0	0	0	0	0	0
09:00	300	300	600	900	302	301	602	894
10:00	1200	1200	1200	1200	1206	1212	1200	1200
11:00	900	300	0	0	887	301	0	0
12:00	0	0	0	0	0	0	0	0
13:00	200	800	1100	1400	199	811	1088	1414
14:00	1700	1700	1700	1700	1699	1697	1712	1694
15:00	1700	1400	1400	1400	1699	1390	1404	1387
16:00	1400	900	600	300	1381	890	592	269
17:00	−315	−630	−945	−1260	−325	−656	−954	−1262
18:00	−1260	−1260	−1260	−945	−1262	−1255	−1252	−935
19:00	−630	−315	0	600	−621	−307	0	599
20:00	900	1200	1500	1500	900	1192	1498	1511
21:00	1500	1200	1200	1200	1498	1188	1198	1202
22:00	900	900	600	300	900	903	597	298
23:00	0	0	0	−315	0	0	0	−332

表 2 　　　　　　　　　转轮近十年运行时长与空蚀情况统计（天荒坪电站）

检查年份	2014	2015	2016	2017	2018	2019	2020	2021	2022	2023	2024
发电运行小时数（h）	940	925	2034	1255	989	1303	2180	617	2532	550	1408
抽水运行小时数（h）	1212	1106	2622	1557	1094	1314	2568	685	3024	635	1674
正压面空蚀面积（mm²）	4350	2690	22650	11400	14500	9350	23350	8219	31700	825	9350
负压面空蚀面积（mm²）	0	725	14600	5650	9000	3700	21395	1560	12450	350	4400
最大空蚀深度（mm）	1.2	1.5	3	2	1.5	2	5	5	5	0.5	4
正压面面积变化率（mm²/h）	2.02	1.32	4.86	4.05	6.96	3.57	4.92	6.31	5.71	0.70	3.03
负压面面积变化率（mm²/h）	0.00	0.27	0.64	0.50	0.62	0.40	0.92	0.19	0.39	0.42	0.47

注　正压面和负压面均指转轮水泵工况叶片进水边；
　　发电运行小时数是指距上次空蚀修补后发电运行时长；
　　抽水运行小时数是指距上次空蚀修补后抽水运行时长；
　　正压面面积变化率＝正压面空蚀总面积÷（发电运行时长＋抽水运行时长）；
　　负压面面积变化率＝负压面空蚀总面积÷（发电运行时长＋抽水运行时长）。

通过分析表 2 中空蚀总面积、空蚀深度以及面积变化率等数据，发现自 2016 年开始天荒坪电站 1 号机组转轮空蚀情况较之前明显恶化，且主要发生于转轮（泵工况）叶片进水边正压面。

2.3 近期情况

2024 年天荒坪电站 1 号水泵水轮机 A 级检修，对转轮进行空蚀检查时发现，除叶片进水边（泵工况）依旧存在海绵状汽蚀问题外，出水边（泵工况）与下环接合处均出现严重的空蚀现象。2024 年天荒坪电站 1 号转轮典型空蚀现象如图 2 所示。根据本文第 1 部分关于转轮空蚀特性分析内容，初步判断 2024 年检修发现的叶片出水边（泵工况）与下环接合处空蚀现象主要原因为机组长期高强度、非最优工况运行状态下转轮空化性能在水轮机工况下变差。

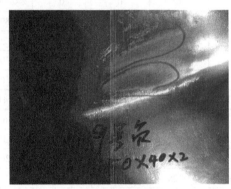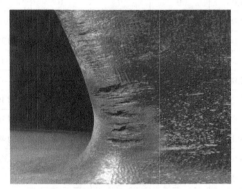

(a) 转轮进水边(泵工况)正压面空蚀   (b) 转轮出水边(泵工况)鼻端空蚀

图 2 　 2024 年天荒坪电站 1 号转轮叶片典型空蚀现象

3 天荒坪电站转轮空蚀修补

天荒坪电站转轮材料为 16Cr5Ni 不锈钢，系高强度马氏体转轮。马氏体材料的机械性能的显著特点是具有高硬度和高强度。马氏体材料硬度主要取决于其含碳质量分数，并随质量分数的增加而升高，当含碳质量分数达到 6% 时，淬火钢硬度接近最大值，含碳质量分数进一步增加，虽然马氏体的硬度会有所提高，但由于残余奥氏体数量增加，反而使钢的硬度有所下降。天荒坪电站水泵水轮机转轮的材料化学成分见表 3。

表 3 　　　　　　　　　水泵水轮机转轮的材料化学成分（天荒坪电站）　　　　　单位：%

材料	C	Si	Mn	P	S	Cr	Ni	Mo	Cu	W	V
16Cr5Ni 不锈钢	≤0.06	≤1.00	≤1.00	≤0.035	≤0.030	15～17	4.5～6.0	0.4～1.0	≤0.50	≤0.10	≤0.03

针对转轮空蚀修复，焊接仍是重要方法之一。当采用材质相同的焊接材料焊接 16Cr 型马氏体不锈钢时，为了细化焊缝金属的晶粒，提高焊缝的塑性和韧性，最好采用添加少量的 Mo、Ti、Al 等合金元素的焊接材料，同时采用特定的方法和工艺措施。修复 16Cr5Ni 马氏体不锈钢水轮机的最常用焊接方法有手工电弧焊和气体保护焊。

3.1 手工电弧焊

手工电弧焊是工业生产中应用最广泛的焊接方法，它的原理是利用电弧放电（俗称电弧燃烧）所产生的热量将焊条与工件互相熔化并在冷凝后形成焊缝，从而获得牢固的接头。手工电弧焊具有设备轻便、灵活、成本低、易操作，可在任何有电源的地方进行焊接作业等优点。但是，也有易产生有害的气体和烟尘、焊接接头质量不易控制、焊接残余应力大、变形量大等缺点，而且生产效率低、劳动强度大。

3.2 气体保护焊

气体保护焊通常按照电极是否熔化和保护气体的不同，分为非熔化极（钨极）惰性气体保护焊（TIG 氩弧焊）和熔化极气体保护焊（GMAW），主要利用氩气、二氧化碳等作为焊接区域保护气体的电弧焊。其原理是在以电弧为热源进行焊接时，同时从喷枪的喷嘴中连续喷出保护气体把空气与焊接区域中的熔化金属隔离开来，以保护电弧和焊接熔池中的液态金属不受大气中的氧、氮、氢等污染。因此，气体保护焊具有焊接质量好、焊接应力小、变形量少等优点，但也存在易产生臭氧和氮氧化物、紫外线辐射强度大、会产生少量高频电磁场及放射性（钍钨极）、焊接设备比较复杂等缺点。

3.3 天荒坪电站 1 号转轮空蚀修复工艺

2024 年天荒坪电站 1 号转轮空蚀修复采用钨极氩弧焊的处理方式，但在施工队伍、焊接材料、修复工艺等方面均进行了提升。在施工队伍方面，邀请设备原厂家专业人员进行空蚀修复工作；在焊材选择方面，采用添加适量合金元素的 Avesta 248 SV 型号不锈钢焊丝代替 316L/SKR 不锈钢焊丝；在修复工艺方面，使用转轮专用加热器进行更为精确的焊前母体加热和焊后消应力热处理控制，同时高度注意焊接作业时间间隔，尽可能减少局部温度过高引起的变形和应力变化，主要修复流程如下。

（1）目视检查转轮整体流道、PT 探伤、止裂准备。

（2）划定需要补焊的范围，测量相应尺寸并拍照作记录，作为最终修复后参考。

（3）对需要补焊位置进行打磨处理，去除空蚀磨蚀痕迹，使补焊表面平整顺滑。

（4）UT 探伤和着色（磁粉）表面探伤，满足 CCH70-3 Ⅱ级标准验收。

（5）清理干净待补焊区域。

（6）使用钨极氩弧焊修补划定的待补焊区域。

（7）现场手工打磨补焊区域。

（8）着色探伤打磨区域，确保区域没有缺陷。

（9）对补焊区域进行 UT 和 MT 探伤，并扩大探伤范围至补焊区域附近 150mm，满足 CCH70-3 Ⅱ级标准验收。

（10）对探伤合格的补焊区域进行热处理消应力：加热至 585℃保温 4～6h，升降温速率不大于 50℃/h。

（11）对补焊区域再次进行探伤。

（12）做好相应记录。

（13）使用千叶抛光轮抛光至最终表面粗糙度到达 Ra3.2 要求。

（14）检测打磨抛光后过流面型线表面波浪度不超过 1/100mm。

4 结束语

水轮机（水泵）空蚀造成的破坏是水电站（抽蓄电站）长期存在的安全隐患，本文通过详细介绍天荒坪电站 1 号转轮空蚀发展过程，用实例论证了水泵水轮机空蚀主要产生于泵工况运行，同时说明了长期高强度、非最优工况运行也将导致水轮机工况空蚀性能变差。最后，通过介绍 2024 年 1 号转轮空蚀修复在施工队伍、焊材选择和修复工艺上的提升方法，为同类型电站提供一定的借鉴意义。在构建新型电力系统的大背景下，如何通过转轮材质选择和结构形态设计避免空蚀的产生以及投产后如何通过优化机组运行方式和改良检修工艺延长转轮空蚀修复周期，让抽蓄电站发挥更大更强的作用，接下来仍需继续探索。

参考文献

国网新源控股有限公司. 抽水蓄能机组及其辅助设备技术　水泵水轮机［M］. 北京：中国电力出版社，2019.

作者简介

王　斌（1992—），男，工程师，主要从事抽水蓄能电站水泵水轮机运维工作。E-mail：2393314514@qq.com

曾　辉（1976—），男，高级技师，高级工程师，主要从事抽水蓄能电站机械设备技术管理工作。E-mail：thpyjbzh@163.com

无线网桥射频配合千兆带宽在抽水蓄能电站中的应用研究

张志超

（内蒙古赤峰抽水蓄能有限公司，内蒙古赤峰　024000）

摘要　视频监控是智慧工地建造过程中较为重要的一环，对视频监控在智慧工地中的应用做了简单的介绍，并对比了现有监控手段中有线监控系统、无线监控系统的优缺点。因施工现场环境不适合进行有线设备的搭设，本文通过无线网桥解决了有线数据传输的问题，通过风能光能发电解决了监控系统供电问题，真正实现监控系统的无线化。文中对监控系统实现无线传输的原理进行了简单介绍，使用闲置上行链路宽带进行信号传输，在满足网速要求的同时，不需要互联网专线的接入，减少了在运营线路上的投资，增强了无线监控系统的普遍适用性；使用 5.8GHz 频段的无线网桥，解决了 2.4GHz 频段无线网桥传播电磁波信号时，容易受其他设备发射信号干扰造成传输质量下降的问题，通过无线网桥与交换机的协作，实现了高清远距离数据的传输。本文结合实际工程特点，建立的无线监控系统，能够适应工地复杂的现场环境。

关键词　视频监控；无线网桥；上行宽带；供电系统

0　引言

2020 年 7 月 3 日，住房和城乡建设部联合国家发展和改革委员会等其他相关部门，联合对智慧工地的建设提出指导意见。大力推进先进制造设备、智能设备在工地中的应用，让工地规范化、科学化施工，提升各类施工机具的性能和效率，提高机械化施工程度，加快传感器、高速移动通信、无线射频、近场通信及二维码识别等建筑物联网技术的应用，提升数据资源利用水平和信息服务能力[1]。

施工现场的视频监控，可以实现各级领导对现场施工情况、施工进度，全方位监控及监管的目标，减少了施工过程中的人为干预，增强了施工过程中的安全性可控性[2]。视频监控手段已经在施工现场广泛应用，视频监控系统分为有线式监控系统和无线式监控系统两种，有线式监控系统需要进行网线的铺设及供电设备铺设，有线式监控系统传输更加稳定，不会出现掉线及延迟的现象，但现场交通繁重，施工路况复杂，致使现场铺设光缆难度大、成本高，且光缆容易因土建施工遭到破坏，因此，施工现场不适合有线监控系统的架设。无线式视频监控系统，无需网线的铺设，通过无线网桥即可实现视频的实时传输，解决了有线监控系统中网线容易损坏的问题，但无线监控系统中网桥发射的电磁波信号容易受其他设备发射的信号干扰，使传输质量下降。

无线监控系统[3]使用时，需要解决高清数据传输问题，以及无线供电问题，为得到高效稳定的传输画面，本文着重对无线监控系统进行优化，从无线网桥传输频率、摄像头监控传输方式、运营线路三方面入手对无线监控系统进行优化，使优化后的无线监控系统传输更加稳定，同时本文将风能光能发电系统与无线监控系统结合在一起，真正地解决了无线监控系统的供电问题。

1　无线监控系统

1.1　无线网桥

无线网络（wireless network）是利用无线电射频或红外线等无线传输媒体的技术构成的通信网络系统[4]，目前最为常见的无线网桥一般是基于 IEEE802.11 系列无线局域网协议的无线网桥，2.4GHz 频段的无线网桥一般采用 IEEE802.11b 或 IEEE802.11g 协议，5.8GHz 频段的无线网桥一般采用 IEEE802.11a 协议[5]。无线网桥的工作原理，其实就是通过指定频段的电磁波发送与接收进行无线桥接[6]，因为电磁波传输是直线传播的，所以使用无线网桥时一定要确保传输路径中没有阻挡物。无线网桥工作过程中，发送端网桥把有线网口接收的数据信息，利用无线电磁波信号定向发射到空间中，接收端网桥接收空间中的无线电磁波信号并解析出所携带的数据信息[7]。

无线网桥基于 WIFI 技术，主要工作在 2.4GHz 或 5.8GHz 两个频段内，无线网桥按照电磁波频段可以分为 2.4GHz 无线网桥和 5.8GHz 无线网桥，两种网桥的技术参数[8]见表 1。

表 1　　　　　　　　　　　　　　网桥的技术参数

技术指标	2.4GHz 网桥	5.8GHz 网桥
传输方式	电磁波	电磁波
传输距离	1km 以内	大于 1km
工作场地	室内	室外
优缺点	容易被同频段设备干扰，但价格经济	不容易被同频段设备干扰，但价格较贵
传输信道	可选择信道较少	可选择信道较多

1.2　闲置上行链路宽带

上行链路带宽就是用户通过计算机或其他移动设备向网络传输数据时的频率范围，上行宽带影响的是上传速度，下行链路带宽就是用户从网络上下载传输数据的频率波动范围[9]，闲置宽带是指网络传输过程中未被占用的传输带宽，通常使用可用率的大小来衡量宽带闲置多少，可用率计算公式为：

$$C = \frac{A - B}{A} \tag{1}$$

式中　C——网络可利用率；

  A——网络传输额定带宽；

  B——网络传输时占用的带宽。

1.3　无线监控系统组成

  整个无线监控系统[10-11]如图1、图2所示，主要由摄像头、无线网桥、交换机、监控终端、监控硬盘、路由器、互联网、视频服务器、防火墙等组成，无线网桥是数据传输与接收的主要装置，交换机是信号转换装置，监控硬盘是监控数据的存储装备，监控终端是监控画面的显示装置，路由器负责将监控数据通过互联网上传到视频服务器，监控终端可以借助视频服务器实时观看现场画面，实现对现场的监控。

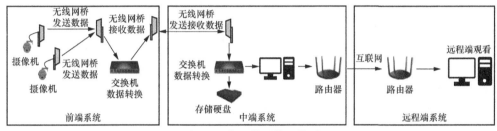

图 1　无线监控系统工作图

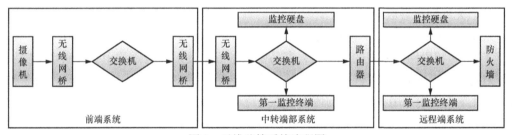

图 2　无线监控系统流程图

2　工程概况

  内蒙古芝瑞抽水蓄能电站位于内蒙古自治区赤峰市克什克腾旗芝瑞镇境内，距克什克腾旗（经棚镇）有县级公路"经山线"相通，公路里程约 75km，距赤峰市公路里程约 150km。本工程为大型一等工程，规划装机容量 1200MW，装机 4 台，单机容量 300MW，额定发电水头 443m。年发电量为 20.08 亿 kWh，年抽水电量为 26.77 亿 kWh，电站建成后主要承担电网调峰、填谷、调频、调相及紧急事故备用等任务。

  为实现实时监控现场功能，在本工程施工建设的过程中，拟使用无线监控系统对工地进行实时监控。

3　无线监控系统布设

3.1　供电系统

  监控系统的工作离不开电力的支持，因现场监控系统施工工期紧，各监控摄像头距离较远，采用铺设电线的方式给设备通电费时费力，且现场交通量大，施工环境复杂，不适合铺设电线的方式给无线监控系统进行供电。春夏季内蒙古的日照时间增长，其次内蒙古

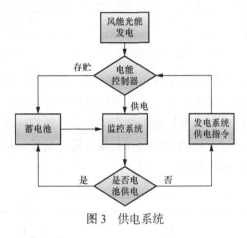

图 3 供电系统

是我国较大的风力发电基地，故而可以采用光能发电和风力发电两种结合的方式给无线监控系统进行供电，在日照和风力充足的情况下，可以将剩余电量储存至电池中，以备在特殊环境下使用，供电系统[12-13]如图 3 所示

3.2 摄像头传输方式

摄像头的数据传输主要有视频传输全码流、视频传输子码流两种方式[14]，主码流一般码流较大，清晰度高，占用的带宽也就高，视频容易出现卡顿；子码流在主码流的图像基础上降低了图像格式，清晰度较主码流低，但占用带宽小。本文中利用宽带上行链路进行网络信号的传递，工程沿线距离城镇不远，当地通信带宽有上行链路空余空间，100M 家庭宽带上行链路带宽一般是 4M，同时使用的概率很小，这个 4M 上行链路基本没有使用满荷，空载的部分正是可以借用的地方，但是无法满足主码流传输时对网速的要求，因此选择视频传输子码流的方式进行摄像头数据的传输。

3.3 无线网桥参数设置

无线网桥通过发射接收电磁波信号进行数据的传输，因使用 2.4GHz 频段的设备较多，使用 2.4GHz 频段网桥发射的电磁波，容易受其他设备发射的电磁波干扰，出现传输质量下降的问题；而 5.8GHz 无线网桥传输速率大，稳定性更高，传输距离远，且不容易被干扰，因此本工程中选用 5.8GHz 的传输速率进行现场监控数据的传输[15]。

因无线网桥发射和接收的电磁波传输是直线传播的，所以使用无线网桥时一定要确保传输路径中没有阻挡物，且无线网桥角度安排要适宜。角度不合适，会导致监控画面卡顿，由此需要增加接收端，通过无线网桥与交换机的协作，使传播画面更加清晰。

3.4 无线监控系统布置

因现场场地过大，监控数量较多，现仅展示部分线路的监控连接布置图，部分线路监控布置图如图 4 所示。从图 4 中可以看出为保证视频传输质量，对 4、5 号摄像头增设接收端，通过无线网桥交换机的协作实现远距离大角度视频传输。

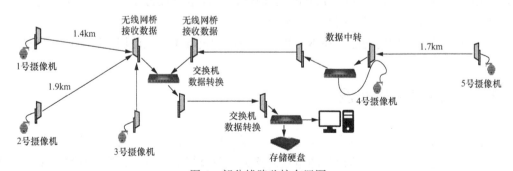

图 4 部分线路监控布置图

3.5　无线监控设备组装

3.5.1　立杆就位摄像头及供电设备组装

根据提前设定的监控安装位置进行地基开挖，地基坑深度的允许偏差为 +100mm、−50mm。调整立杆与太阳能电池组件的方向，组装灯杆时，螺栓连接处连接紧固，受力均匀，必要时采用螺纹锁固胶进行固定。使用螺栓固定太阳电池组件的两边并紧固，安放太阳电池组件时，接线盒应保持连接线向下，最后依据摄像头的结构将摄像头安装在立杆上。

3.5.2　无线网桥安装

安装无线网桥时，第一步是固定无线网桥设备的安装支架。支架的稳定性直接影响信号传输的稳定性。安装时，由于支架表面比较光滑，所以需要在支架上套上一层胶圈，然后使用 U 形夹将无线网桥固定在支架上。此外，无线网桥的发射和接收信号天线必须对齐，以保证稳定的信号接收。组装完成后的监控系统如图 5 所示。

图 5　组装完成后的监控系统

3.5.3　软件调试

无线网桥设备的调试需要通过 IE 浏览器或第三方浏览器进入设备的软件调试界面。先更改本机 IP 地址，保证设备 IP 地址与本机 IP 地址在同一网段；操作方法如下：打开"控制面板"→"网络和共享中心"→"更改适配器设置"→"本地连接"→"属性"→"Internet 协议版本 4（TCP/IPv4）"手动设置计算机 IP 地址。

无线网桥设备本身内置了对无线网桥 IP 地址的正确规划。使用无线网桥构建的无线传输系统会使用大量的 IP 地址。为了防止无线网桥设备的 IP 地址与局域网内其他设备的 IP 地址冲突，重新规划设备的 IP 地址。将无线网桥设备的 IP 地址、网络摄像机的 IP 地址、硬盘录像机的 IP 地址划分为不同的网段，调试完成后可以稳定接收现场的实时监控画面，调试完成后监控画面如图 6 所示。

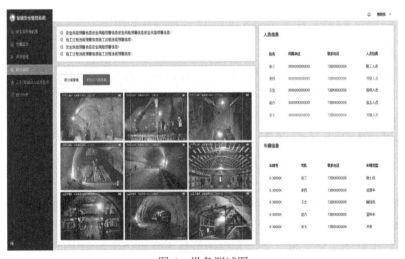

图 6　设备调试图

3.6 组合测试

组装完成后进行设备的调试，通过在线实时观测，无线监控系统的供电系统正常工作，网速传输速率满足要求，远程端观看未出现卡顿现象，其次该无线监控系统从搭建完毕开始使用，到工程施工结束，整个期间供电系统正常工作，视频无卡顿现象，由此可以认定该无线监控系统可以适应工地恶劣的施工环境，后续可以投入到其他工程中使用。

4 结束语

本文对视频监控在智慧工地中的应用做了简单的介绍，对比了有线监控系统、无线监控系统的优缺点，并对无线监控系统的理论进行了推导，本文主要得出如下结论。

（1）无线监控系统更适合工地复杂的环境以及繁重的车流状况，避免了有线监控系统断线的风险，使监控系统更加稳定。

（2）利用风能光能给监控设备供电，在减少能源消耗的同时，避免了电线的架设，节省了人力物力，同时避免了电线被挖断的风险。

（3）利用闲置上行链路宽带进行信号传输，在满足网速要求的同时，不需要互联网专线的接入，减少了在运营线路上的投资，增强了无线监控系统的适用性。

（4）使用 5.8GHz 频段的无线网桥，解决了 2.4GHz 频段无线网桥传播电磁波信号时，容易受其他设备发射的信号干扰，造成传输质量下降的问题。

（5）本文结合实际工程特点，建立的无线监控系统，能够适应工地复杂的现场环境。

参考文献

［1］ 高佩勇. 智慧工地系统在建筑工程管理中的应用探讨［J］. 中国建筑金属结构，2022（8）：104-106.

［2］ 赵羽. 基于轻量级神经网络的智慧工地视频监控系统研究［D］. 南京邮电大学，2021.

［3］ 孙辉. 对无线网桥设备使用现状的分析及思考［J］. 中国无线电，2022（6）：99-100.

［4］ 王海波. 无线局域网络技术与应用［J］. 电脑知识与技术，2016，12（8）：49-50.

［5］ 蓝彦，廖占勇，郑健兵，刘广林. 无线网桥在长距离引水工程中的应用［J］. 水电自动化与大坝监测，2011，35（6）：74-77.

［6］ Sandalidis H G, Tsiftsis T A, Karagiannidis G K, et al. BER Performance of FSO Links over Strong Atmospheric Turbulence Channels with Pointing Errors [J]. IEEE Communications Letters, 2008, 12 (1): 44-46.

［7］ Fidler P R A, Middleton C R, Hoult N A, et al. Wireless structural health monitoring at the Humber Bridge UK [J]. Bridge Engineering, 2008, 161 (4): 189-195.

［8］ 周永祥，王红玉，刘建泉，等. 无线网桥技术在野骆驼监测中的应用［J/OL］. 林业

科技通讯：1-5［2022-09-28］.

［9］ 代错垒. 宽带认知通信系统上行信道关键技术研究及实现［D］. 电子科技大学，2020.

［10］ 康万杰，潘有顺，陈秋菊. 基于无线传感器网络信息融合的森林火灾无线监控系统［J］. 宁夏师范学院学报，2022，43（4）：87-95.

［11］ 甘国红，冉景埜，张流凯，王新环. 矿区泵房远程无线监控系统设计［J］. 电子世界，2021（17）：162-163.

［12］ 马虹. 风光互补智能供电系统的软件设计［J］. 南京工业职业技术学院学报，2015，15（2）：29-32

［13］ 王潇. 一种基于风光互补电源的无线监控系统［J］. 工矿自动化，2021，47（S1）：81，100

［14］ 肖婷婷，黄晓. 基于AHD监控设备的双码流存储回放方案设计［J］. 电子设计工程，2017，25（3）：53-55，60.

［15］ 王学成. 高速公路施工远程视频监控系统设计与应用［D］. 天津大学，2012.

作者简介

张志超（1995—），男，助理工程师，主要从事抽水蓄能电站工电气专业工作。E-mail：1148461744@qq.com

严寒地区面板堆石坝关键技术研究与应用

李　斌，贾　涛，孟宪磊

（河北丰宁抽水蓄能有限公司，河北承德　068350）

摘要　本文以河北丰宁抽水蓄能电站上水库大坝为例，阐述了严寒地区面板堆石坝建设关键技术。通过这些技术的应用，达到了控制坝体本身变形与综合变形协调、构建优质面板及止水防渗体系的目的，有助于严寒地区面板堆石坝建设质量的提升。

关键词　严寒地区；面板堆石坝；变形控制；防渗体系

0　引言

面板堆石坝是目前国内外采用最广泛的一种坝型，结合水库地形地质条件，直接利用库盆或者进出水口开挖的土石料填筑堆石坝，更是当今抽水蓄能电站选用坝型的一种趋势。

抽水蓄能电站上、下水库具有水位变幅大，而且升降频繁、水库防渗要求高等特点[1]，因此，出于坝体适应变形能力、耐久性和少渗漏角度考量，抽水蓄能电站面板堆石坝关键技术核心在于坝体本身变形控制与综合变形协调、防渗体系构建（包括面板、止水结构等）两方面。

本文即以河北丰宁抽水蓄能电站上水库大坝为例，从以上方面阐述严寒地区面板堆石坝设计施工关键技术及应注意事项。

1　工程概况

河北丰宁抽水蓄能电站上水库整体高程 1510.3m，多年平均气温为 1.3℃，极端气温低至 -40℃，最冷月平均温度达 -18.1℃，属典型的严寒地区。

大坝坝型为混凝土面板堆石坝，坝顶长度为 570m，最大坝高为 120.3m，上、下游坡比均为 1∶1.4，坝体从上游到下游依次为坝前盖重、黏土护坡、混凝土面板、垫层区、过渡区、主堆石区、次堆石区及下游干砌石护坡，总填筑量为 415 万 m³。大坝面板混凝土共分 53 条块，其中河床受压区面板宽度为 12m，左、右岸受拉应力区面板宽度为 10m，面板斜长最大块约 207.5m，死水位 EL.1460m 以上混凝土标号为 C30W12F400，以下为 C30W12F300，面板均采取一次性拉成方式。

2　坝体变形控制与综合变形协调关键技术

高混凝土面板堆石坝因其结构上的特点，坝体堆石的变形对大坝的运行特性和安全有着重要影响，简以言之，堆石体的变形决定了大坝的整体工作形态、混凝土面板的应力状态、面板接缝止水系统位移的量值[2]。这里的变形，既包括大坝整体变形总量的控制，也包括各区的变形协调控制。

2.1 大坝优质、快速填筑技术

填筑质量决定了坝体沉降变形总量，而快速填筑则意味着坝体有了更长时间的沉降期，从而更有利于面板浇筑期与堆石体的变形协同。基于该上理念，丰宁电站探索出了采用数字化碾压系统控制碾压参数与采用瞬态面波法进行碾压质量快速检测的"双控"碾压质量评判技术，为大坝填筑质量提供了实时、均质、可靠的保障，也提高了施工速度。

对碾压过程的控制，采用数字化碾压系统，其核心是应用GPS全球定位系统以及各种监测设备对大坝碾压施工全过程进行全天候监控，实时动态监控碾压机械的运行轨迹，对碾压轨迹、速度、碾压遍数、层厚等关键质量指标实现实时分析与动态反馈[3]，保证坝体填筑的均质性。

对质量检测手段，研究快速检测方法应用，结果表明，采用地震仪的多道瞬态面波法检测结果与挖坑法试验结果拟合误差最小（全部误差均在5%以内）[4]。应用此技术，将堆石坝质量检测时间（即停工待检时间）由4h缩短至20min，加快了现场资源调配，大大提高了施工效率及进度。

2.2 坝前砂浆翻模固坡技术

相比于散粒体的堆石，混凝土面板是一个刚性结构，面板与堆石体间的变形不协调将会直接导致接触面间错动与脱空，也将导致面板应力状态的变化。坝前砂浆防护垫层是面板的基础，其施工质量直接关系到这种层间结合性能。

丰宁电站上水库大坝坝前砂浆垫层以高程1443m为分界，以下采用斜坡碾压固坡法，以上采用翻模固坡法。通过对比可知，翻模固坡法施工的砂浆垫层（强度低于M5）相较于斜坡碾压法施工的垫层砂浆（强度低于M10）更好地发挥了垫层的柔性支撑作用。另外，通过采用翻模固坡法使得坝前砂浆垫层平整度得到有效提升，为面板提供了更为均质的保障[5]。

2.3 喷涂乳化沥青降低层间约束

在坝体填筑、蓄水过程中，由于面板与垫层的接触作用，两者之间容易出现剪切滑动或者脱开，引起面板发生挤压破坏或脱空现象[6]。采用数值分析手段研究喷涂乳化沥青前后接触面力学特性对面板堆石坝应力变形的影响试验表明，与无保护接触面相比，喷涂乳化沥青的接触面非线性指标及强度指标均有大幅度降低，乳化沥青形成了完整的过渡层来隔离垫层料和混凝土面板的直接接触，并起到很好的"阻隔—润滑"效果，接触面涂乳化沥青对减小面板拉应力，改善其受力状态有一定作用[7]。

丰宁电站上水库大坝部分坝块采用了"两油两砂"的乳化沥青施工工艺，即通过两次喷洒工艺，在固坡砂浆面上形成2mm的柔性结构薄层。因该层以沥青为胶合料、以砂为结构骨架，其与固坡砂浆垫层黏结紧密，可填补垫层细小孔洞，表面相对光滑，又与面板材质异质，因此达到了减小固坡砂浆与面板间层间约束的目的。

后期面板裂缝普查资料分析表明，对相邻两块的面板，喷涂乳化沥青的坝块裂缝数量明显少于未喷涂乳化沥青的坝块，这也印证了喷涂乳化沥青对于降低面板与固坡砂浆垫层间约束的作用是显著的。

3 面板防渗结构关键技术

3.1 高性能面板混凝土的配制

寒冷地区抽水蓄能电站混凝土面板工作条件极其苛刻，它长期经受着低温、昼夜温差、冻融循环和剥蚀破坏等各种不利自然因素作用和水位频繁涨落带来的疲劳荷载作用，因此对混凝土本体的抗裂和抗冻融耐久性要求极高。

对于严寒地区的高性能面板混凝土的配制，从混凝土材料角度出发，优选混凝土原材料，采用高性能外加剂、优质掺合料、不同纤维材料、混凝土减缩新材料等，尽可能使混凝土具有低绝热温升、高抗拉强度、低收缩、低弹模、高极限拉伸特性，显著提高面板混凝土本体的抗裂能力，并具有良好的和易性、保坍性及长距离运输抗离析性能。高性能抗冻抗裂混凝土探究过程如图 1 所示。

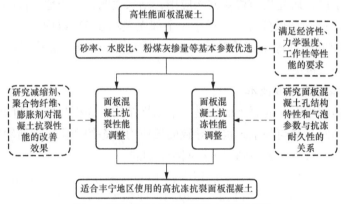

图 1　高性能抗冻抗裂混凝土探究过程

通过各项试验有如下结论。

（1）水胶比为 0.36～0.39、粉煤灰掺量为 20% 的情况下，可同时满足力学、抗冻、抗渗设计指标，抗裂性和体积稳定性较好。

（2）须采用优质引气剂和减水剂，尤其是采用优质引气剂更为重要，并且必须达到一定的含气量，从而达到高抗冻的要求。

（3）应控制石粉含量不超过 10%，以降低水用量和混凝土施工性能。

（4）试验得出最优配合比，见表 1。

表 1　　　　　　　　　　　　　　面板混凝土最优配比

| 混凝土强度等级 | 坍落度（mm） | 水胶比 | 粉煤灰掺量（%） | 砂率（%） | 1m³ 混凝土材料用量（kg） | | | | | | 减水剂掺量（%） | 引气剂掺量（/万） | 减水剂（kg） | 引气剂（kg） | PVA纤维（kg） |
					水	水泥	粉煤灰	砂	5～20mm	20～40mm					
C30W12 F400	70～90	0.36	20	34	130	289	72	607	650	532	0.7	11	2.528	0.04	0.9

3.2 防离析保水措施，保证一次拉成入仓混凝土质量

超长面板混凝土一次浇筑的难点在于，经长度约 200m 的坡面溜槽运输后，若不采取针对性的措施，低坍落度混凝土会出现骨料分离、坍落度损失等现象，进而影响入仓混凝土质量。为解决这个问题，丰宁电站通过对传统溜槽进行改造，设计了防离析保水措施[8]，最大限度地减少了混凝土水分流失，也保证了混凝土入仓坍落度。

该溜槽采用 2mm 厚钢板制作，每节长 2.0m，U形结构，采用对接式连接，每节溜槽一端设挂钩，另一端设挂环。溜槽上采用 EPE 轻型保温卷材作盖板（提高其保水性能，并遮挡飞石），内壁进行光滑耐磨处理。溜槽内每隔 10~15m 设置一道橡胶软挡板（防止骨料分离，保障混凝土的性能）。为保证溜槽的安全稳固，每条溜槽均需串联一条 ϕ10mm 的钢丝绳作为保险，避免出现溜槽挂钩断裂。具体结构见图 2。

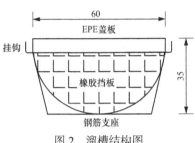

图 2　溜槽结构图

3.3 施工过程流水养护

丰宁电站上水库面板混凝土施工时段为 5—9 月，白天温度可达 30℃，昼夜温差可达 20℃。面板混凝土收面完成后，需尽快进行保水养护，否则会出现因混凝土表面水分蒸发过快出现干缩裂缝；另外，混凝土浇筑完成 24~48h 后水化热达到高峰期，加之昼夜温差大，会导致面板混凝土因内外温差过大产生温度裂缝。

针对以上问题，经过反复研究、试验，制作了一套施工期拖地式自动覆盖养护系统[9]，具体如下。

（1）养护水管布置：在坝顶布置一条钢管，在每块面板处留置 2 个接头，其中一个接头安装镀锌钢管，管上钻设小孔，用于面板成型后混凝土的长流水养护，另外一个接头接软管至滑模上，用于浇筑过程中的面板混凝土养护。

（2）拖地式自动覆盖养护系统：在传统的滑模收面平台尾部设置 2 个固定点安装拖地式土工布辊筒及养护花管，将滑模牵引力转化为辊筒滚动动力，实现土工布的自动覆盖和养护，保证了对初凝后混凝土的及时覆盖及流水养护。

3.4 越冬保护

传统的面板混凝土冬季保温措施为"塑料薄膜保水＋保温被"覆盖，但丰宁电站冬季气候寒冷干燥，多为 7~8 级大风天气，若仅采用该种保温方式，因保温被被大风频繁吹开，会严重影响面板混凝土的保温效果，且需要反复覆盖加固。

经理论计算及实验，面板混凝土低温季节防护采用"涂刷混凝土养护剂保水＋粘贴 10cm 防火苯板（XPS）保温＋三防帆布覆盖防风"的措施，不仅可满足混凝土的保水保温，也可满足寒冷干燥冬季的森林防火要求，并且能够抵挡冬季极为常见的 7~8 级大风天气。

根据布设在面板上的贴片式温度计显示，在环境温度为 −28℃时，面板混凝土温度依然为正温，说明冬季保温措施得当，达到了预计效果。

4 止水结构关键技术

4.1 铜止水一次成型

在混凝土面板的防渗体系中，铜止水是最重要的防渗结构之一，在施工过程中，铜止水的加工成型、鼻腔内填充材料、焊接等工艺流程复杂烦琐，质量保证率不高[10]。

丰宁抽水蓄能电站上水库大坝共分 53 个条块，铜止水安装总量达 6900m，通过自行设计滚压式铜止水成型机支架平台，将滚压式铜止水成型机调整成与坝面坡度一致，使用铜止水成型机滚压，通过人工辅助牵引达到一次成型、就位，保证了铜止水施工质量。

另外，各条缝结合部位采用一次冲压成型的异型接头，大大减少了铜止水接头焊接的数量。

4.2 涂覆型柔性表层止水

在传统表层止水设计中，通常在塑性填料表面设置防护盖板，如 GB 复合三元乙丙（EPDM）板、橡胶板和复合 SB 橡胶板等，通过锚固的方式与面板连接，如图 3 所示。但寒冷地区面板堆石坝在冰拔、冰胀等因素影响下，接缝位移量更大，止水结构受损情况较为突出。

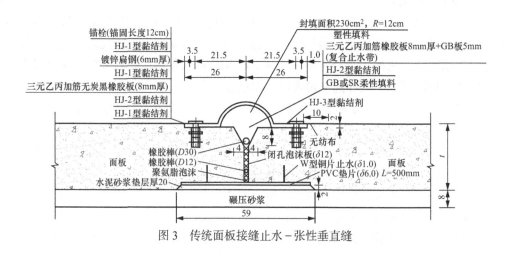

图 3 传统面板接缝止水－张性垂直缝

为有效应对冰拔作用，提高表层止水耐久性，丰宁电站采用手刮聚脲涂覆型柔性防渗涂层材料替代传统的刚性盖板，并采用了涂覆型柔性盖板止水结构[11]，即将手刮聚脲刮涂在塑性填料和混凝土表面，固化后形成全封闭的柔性防渗涂层，与混凝土面板粘接成一体，既可以作为一道独立的表层止水层，又可以保护下部塑性填料。具体结构型式如图 4 所示。

5 结束语

（1）通过多种技术研究与应用，达到了控制坝体本身变形与综合变形协调，构建优质面板及止水防渗体系的目的。截至目前（蓄水并稳定运行 2 年后），丰宁电站上水库大坝沉降值为 945mm，为最大坝高的 0.78%，坝体渗漏量为 6.62L/s，远低于的设计值 25.9L/s，印证了以上技术手段是行之有效的。

（2）以上技术对严寒地区类似条件的面板堆石坝建设有借鉴意义，其他面板堆石坝也可参考使用。

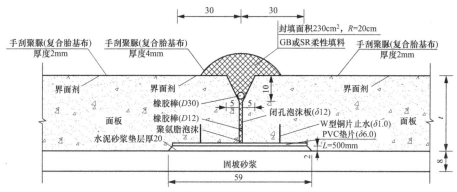

图 4　典型涂覆型盖板形式止水结构（张性缝）

参考文献

［1］　邱彬如，刘连希. 抽水蓄能电站工程技术［M］. 北京：中国电力出版社，2008.

［2］　徐泽平. 现代高混凝土面板堆石坝筑坝关键技术［C］// 中国混凝土面板堆石坝 30 年学术研讨会论文集. 2016：29-38.

［3］　马雨峰，李斌，韩彦宝，等. 数字化智能碾压系统在抽水蓄能电站中的应用［J］. 西北水电，2018（4）：101-104.

［4］　潘福营，李斌. 瞬态面波法检测技术在丰宁抽水蓄能电站上水库面板堆石坝中的应用［C］// 土石坝技术 2018 年论文集，2019：7.

［5］　孟宪磊，李斌，陈玉荣，等. 翻模固坡与碾压固坡砂浆技术对于提升面板堆石坝坝前砂浆平整度的对比分析［C］// 中国水力发电工程学会电网调峰与抽水蓄能专业委员会. 抽水蓄能电站工程建设文集 2018. 河北丰宁抽水蓄能有限公司，2018：4.

［6］　白旭宏，黄艺升. 天生桥一级水电站混凝土面板堆石坝设计施工及其认识［J］. 水力发电学报，2000，69（2）：108-123.

［7］　李斌，刘双华，杨昕光，等. 接触面特性对面板堆石坝应力变形的影响性研究［J］. 水电与抽水蓄能，2018，4（6）：84-89.

［8］　吴明怡. 严寒大温差超长混凝土面板一次成型施工技术研究［J］. 四川水利，2021，42（5）：63-64.

［9］　国家电网有限公司，国网新源控股有限公司，河北丰宁抽水蓄能有限公司，等. 一种面板混凝土的拖地式养护系统：CN201921465890.8［P］. 2020-10-30.

［10］　李平平. 超长止水一次冷压成型就位施工［C］// 中国混凝土面板堆石坝 30 年学术研讨会论文集，2016：315-318.

［11］　巩静. 面板坝面板防护及涂覆型结构止水施工技术的应用［J］. 四川水利，2021，42（2）：107-109.

作者简介

李　斌（1989—），男，高级工程师，主要从事抽水蓄能电站建设管理工作。E-mail：18831415131@qq.com

贾　涛（1989—），男，工程师，主要从事抽水蓄能电站建设管理工作。E-mail：448559229@qq.com

孟宪磊（1991—），男，工程师，主要从事抽水蓄能电站建设管理工作。E-mail：934854470@qq.com